科學技術叢書

工程數學(下)

羅錦興 著

國家圖書館出版品預行編目資料

工程數學／羅錦興著 . -- 初版 . -- 臺北
市：三民，民87
　　　面；　　公分
　ISBN 957-14-2272-X（上冊：裝平）
　ISBN 957-14-2567-2（下冊：平裝）

　　1.工程數學

440.11　　　　　　　　　　　86002560

國際網路位址　http://sanmin.com.tw

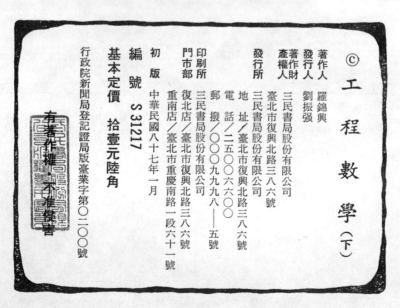

© 工　程　數　學（下）

著作人　羅錦興
發行人　劉振強
產著作財權人　三民書局股份有限公司
發行所　三民書局股份有限公司
　　　　地址／臺北市復興北路三八六號
　　　　電話／二五○○六六○○
　　　　郵撥／○○○九九九八――五號
印刷所　三民書局股份有限公司
門市部　復北店／臺北市復興北路三八六號
　　　　重南店／臺北市重慶南路一段六十一號
初版　　中華民國八十七年一月
編　號　S 31217
基本定價　拾壹元陸角
行政院新聞局登記證局版臺業字第○二○○號

有著作權　不准侵害

ISBN 957-14-2567-2（下冊：平裝）

序

　　本書承蒙三民書局的厚愛及專精的編輯能力而得以完成，尤其編輯部同仁的體諒與鼓勵，使本人在百忙當中，陸陸續續歷經三年的親筆完成此鉅著（沒想到有這麼多）。也感謝太太李秀勳小姐面對四位頑皮兒子的辛苦持家，才能使本書安心的撰寫。本書的編寫完全出自個人多年教書的經驗，故不同於國外書籍編寫的次序，目的是希望讀者能夠容易了解工程數學的學習次序，進而喜歡數學。有一點需要跟讀者溝通的是，希望讀者把工程數學當作歷史來學習。基本上，隨著工程問題的歷史演進，數學也跟著變化，從這個脈絡，您會發現，數學就容易許多，因為我們感興趣的是工程問題，而非數學問題。就好比吃藥，若數學是苦藥，但用工程的糖衣包住，您吞下時仍是覺得甜甜的，而猶可回味，這是學好工程數學的方法，因此各位一定要重視每章中提及的工程應用章節（通常放在最後一節）。工程應用章節提醒各位該章所學到的數學，如何去解答那一些工程問題？以增加各位的印象。本書謹獻給各位讀者，願從各位的回應，使本書更加完善、易懂，以增進社會的研發能力。

羅　錦　興　謹識

工程數學（下）

目　次

序

緒　論

第七章　向量及向量的微分

第八章　向量的積分

第九章　矩　陣

第十章　複數和複變函數

第十一章　複數積分

第十二章　初值問題的數值分析法

緒　論

　　上冊把常微分和偏微分方程式的解題技巧作一系列的討論，其中還包含有拉卜拉斯轉換、傅立葉轉換、冪級數解法等。而下冊則分別介紹向量分析、矩陣、複變、數值分析等四大部份，其中向量分析介紹得比較詳細，以作為電磁學的數學基礎，而矩陣、複變、數值分析在一般為一學期的課程（矩陣含在線性代數中），所以在本書中只作理論基礎的介紹，以適合一般工程數學之用。如果要更深入的話，可分別修上述提及的三門課程。

第七章 向量及向量的微分

7.0　前言

　　向量在本世紀中用得最普遍應該是電磁場（包括電場、磁場及電磁共存的場）和力場（萬有引力、推力、摩擦力等）。由於電磁是比較難捉摸的東西，故大部分皆偏向電磁方面的範例。有些向量符號的物理意義是理解電磁的基本關鍵，在這些符號會有詳細的說明，請各位務必要再三細讀，不要匆匆略過。千萬要注意，由於通信上用的微波、無線電波皆以電磁為基礎，一般生活上也常碰到，因此本章和第八章的了解是非常有助於電磁的理解，切記之！

7.1　向量與純量

　　純量 (scalar) 指的是物理量的大小 (magnitude)，譬如溫度 25℃，速度每秒 50 公尺等等。向量 (vector) 相當於純量＋方向，即物理量的大小和方向，譬如風往東南方向以每秒 50 公尺的速度進行，其中每秒 50 公尺是速度的大小，東南是行進的方向。一般純量以 I（電流）、E（電場）、B（磁場）表示之；而向量則在純量的符號上加箭頭以表示方向為 $\vec{I}$、$\vec{E}$、$\vec{B}$。簡言之，對某一向量 $\vec{F}$，在直角坐標軸上的表達法為

$$\vec{F} = \langle a,b,c \rangle = a\,\vec{i} + b\,\vec{j} + c\,\vec{k} \tag{7.1}$$

其中 $\vec{i} = \langle 1,0,0 \rangle$, $\vec{j} = \langle 0,1,0 \rangle$, $\vec{k} = \langle 0,0,1 \rangle$ 分別代表 x, y, z 的單位向量，而 $a\,\vec{i}$, $b\,\vec{j}$, $c\,\vec{k}$ 則分別為 $\vec{F}$ 在 x, y, z 方向的分量。

　　根據 (7.1) 式之向量符號定義，可以在坐標空間上標出該向量如圖 7.1 (a)所示。然而根據向量的定義為

$$\text{向量} = \text{純量} + \text{方向}$$

因此，在空間上，任何起始點不同的向量，只要它們的大小和方向一樣的話，就都視為同一向量（見圖 7.1 (b)）。

　　向量的大小一般表示為

$$\|\vec{F}\| = \sqrt{a^2 + b^2 + c^2}$$

所謂單位向量是指大小是 1 的向量，譬如前面提及的 x 方向之單位向量 $\vec{i} = \langle 1,0,0 \rangle$，其大小 $\|\vec{i}\| = \sqrt{1^2 + 0^2 + 0^2} = 1$。任一向量只要除以其大小就可成為單位向量 $\vec{u}$，譬如

$$\vec{u} = \frac{\vec{F}}{\|\vec{F}\|}$$

圖 7.1　向量的幾何圖形

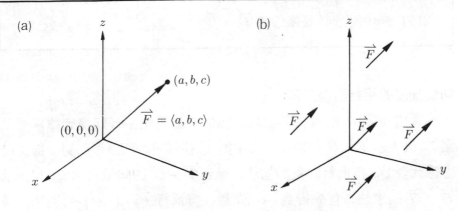

(a)

$\vec{F} = \langle a, b, c \rangle$

(b)

$\vec{F}$

定理 7.1　向量的代數 (algebra)

對任意兩向量 $\vec{F}$ 和 $\vec{G}$、純量 α 和 β 擁有下列運算關係式:

(1) $\vec{F} + \vec{G} = \vec{G} + \vec{F}$：加法的交換律 (commutative law)。

(2) $(\vec{F} + \vec{G}) + \vec{H} = \vec{F} + (\vec{G} + \vec{H})$：加法的結合律 (associative law)。

(3) $\alpha \vec{F} = \vec{F} \alpha$：乘法的交換律。

(4) $(\alpha\beta)\vec{F} = \alpha(\beta\vec{F})$：乘法的結合律。

(5) $\alpha(\vec{F} + \vec{G}) = \alpha\vec{F} + \alpha\vec{G}$：分配律之一 (distributive law)。

(6) $(\alpha + \beta)\vec{F} = \alpha\vec{F} + \beta\vec{F}$：分配律之二。

(7) $\vec{F} + \vec{0} = \vec{F}$，$\vec{0} = \langle 0, 0, 0 \rangle$ 是零向量。

定理 7.2　向量大小的代數

對任一向量 $\vec{F}$ 和純量 α，有下列關係式：

(1) $\|\alpha\vec{F}\| = |\alpha|\,\|\vec{F}\|$，其中 $|\alpha|$ 代表 α 的絕對值。

(2) $\|\vec{F}\| = 0$ 充分必要條件為 $\vec{F} = \vec{0}$。

向量加法的平行四邊定律：

　　對兩向量 $\vec{F}$ 和 $\vec{G}$，其加減之後的向量可由平行四邊定律求得。圖 7.2 (a)表示 $\vec{F} + \vec{G}$ 的求法，其中把 $\vec{F}$ 移到平行四邊形的另一邊（以虛線代表），再進行向量的加法，得到 $\vec{F} + \vec{G}$ 的向量。圖 7.2 (b)表示 $\vec{F} - \vec{G}$ 的求法：首先得到 $-\vec{G}$ 向量，再進行 $\vec{F} + (-\vec{G})$ 的加法，得到 $\vec{F} - \vec{G}$ 的向量（虛線表示），再平行移到四邊形的另一邊（實線表示）。

圖 7.2　向量加法的平行四邊定律

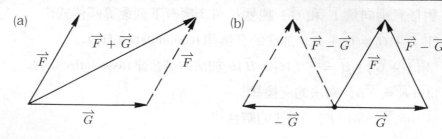

定理7.3　三角不等式 (triangle inequality)

對任何兩向量 $\vec{F}$ 和 $\vec{G}$, 可求得下列不等式:

$$\|\vec{F}+\vec{G}\| \le \|\vec{F}\| + \|\vec{G}\|$$

以上的定理很容易證得, 因此這裡不再贅述之。

$$\boxed{\text{解題範例}}$$

【範例 1】

證明定理 7.1 的 (1) $\vec{F} + \vec{G} = \vec{G} + \vec{F}$, (2) $\alpha(\vec{F} + \vec{G}) = \alpha\vec{F} + \alpha\vec{G}$

【解】

設 $\vec{F} = \langle a_1, b_1, c_1 \rangle$, $\vec{G} = \langle a_2, b_2, c_2 \rangle$

(1) $\vec{F} + \vec{G} = \langle a_1, b_1, c_1 \rangle + \langle a_2, b_2, c_2 \rangle = \langle a_1 + a_2, b_1 + b_2, c_1 + c_2 \rangle$

$\vec{G} + \vec{F} = \langle a_2, b_2, c_2 \rangle + \langle a_1, b_1, c_1 \rangle = \langle a_2 + a_1, b_2 + b_1, c_2 + c_1 \rangle$

$\qquad\quad = \langle a_1 + a_2, b_1 + b_2, c_1 + c_2 \rangle = \vec{F} + \vec{G}$

$(2)\alpha(\vec{F} + \vec{G}) = \alpha\langle a_1 + a_2, b_1 + b_2, c_1 + c_2 \rangle$

$\qquad\qquad = \langle \alpha(a_1 + a_2),\ \alpha(b_1 + b_2),\ \alpha(c_1 + c_2) \rangle$

$\alpha\vec{F} + \alpha\vec{G} = \alpha\langle a_1, b_1, c_1 \rangle + \alpha\langle a_2, b_2, c_2 \rangle$

$\qquad\qquad = \langle \alpha a_1, \alpha b_1, \alpha c_1 \rangle + \langle \alpha a_2, \alpha b_2, \alpha c_2 \rangle$

$\qquad\qquad = \langle \alpha a_1 + \alpha a_2, \alpha b_1 + \alpha b_2, \alpha c_1 + \alpha c_2 \rangle$

$\qquad\qquad = \langle \alpha(a_1 + a_2), \alpha(b_1 + b_2), \alpha(c_1 + c_2) \rangle$

$\qquad\qquad = \alpha\langle a_1 + a_2, b_1 + b_2, c_1 + c_2 \rangle$

$\qquad\qquad = \alpha(\vec{F} + \vec{G})$

【範例 2】

證明定理 7.2 的 $\|\alpha\vec{F}\| = |\alpha|\ \|\vec{F}\|$

【解】

設 $\vec{F} = \langle a, b, c \rangle$，則

$$\alpha \vec{F} = \alpha \langle a, b, c \rangle = \langle \alpha a, \alpha b, \alpha c \rangle$$

$$\|\alpha \vec{F}\| = \sqrt{(\alpha a)^2 + (\alpha b)^2 + (\alpha c)^2} = \sqrt{\alpha^2 [a^2 + b^2 + c^2]}$$

$$= |\alpha| \sqrt{a^2 + b^2 + c^2} = |\alpha| \, \|\vec{F}\|$$

【範例 3】

以東南西北為坐標軸，畫出一 $10 \, \text{N}$（牛頓）往東偏北 $30°$ 方向的力量。

【解】

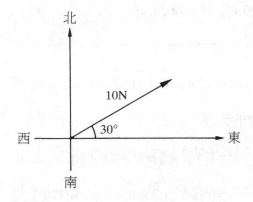

【範例 4】

一摩托車從原點往北走 6 公里，再往北偏東 $60°$ 走 8 公里，求摩托車離原點多少公里？

【解】

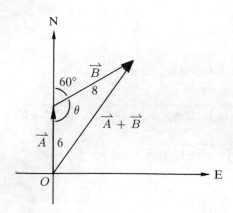

由圖中，可將 $\vec{A}, \vec{B}$ 分別化為

$$\vec{A} = \langle 0, 6 \rangle, \quad \vec{B} = \langle 4\sqrt{3}, 4 \rangle$$

$$\vec{A} + \vec{B} = \langle 4\sqrt{3}, \ 10 \rangle$$

$$\|\vec{A} + \vec{B}\| = \sqrt{(4\sqrt{3})^2 + (10)^2} = \sqrt{148} = 2\sqrt{37}$$

或者由三角函數的定理：

$$\|\vec{A} + \vec{B}\|^2 = \|\vec{A}\|^2 + \|\vec{B}\|^2 - 2\|\vec{A}\| \ \|\vec{B}\| \cos\theta$$

$$= 6^2 + 8^2 - 2 \times 6 \times 8 \times \cos(120°)$$

$$= 36 + 64 - 2 \times 48 \times (-\frac{1}{2})$$

$$= 148$$

故

$$\|\vec{A} + \vec{B}\| = \sqrt{148} = 2\sqrt{37}$$

【範例5】

$\vec{A} = 3\vec{i} - 2\vec{j} + \vec{k}$，$\vec{B} = 2\vec{i} - 4\vec{j} - 3\vec{k}$，$\vec{C} = -\vec{i} + 2\vec{j} + 2\vec{k}$，求各

向量和的大小：(1) $\vec{A} + \vec{B} + \vec{C}$，(2) $2\vec{A} - 2\vec{B} - 3\vec{C}$

【解】

(1) $\vec{A} + \vec{B} + \vec{C} = (3 + 2 - 1)\vec{i} + (-2 - 4 + 2)\vec{j} + (1 - 3 + 2)\vec{k}$

$$= 4\vec{i} - 4\vec{j} + 0\vec{k}$$

$$\|\vec{A} + \vec{B} + \vec{C}\| = \sqrt{4^2 + 4^2} = 4\sqrt{2}$$

(2) $2\vec{A} - 2\vec{B} - 3\vec{C} = (6 - 4 + 3)\vec{i} + (-4 + 8 - 6)\vec{j} + (2 + 6 - 6)\vec{k}$

$$= 5\vec{i} - 2\vec{j} + 2\vec{k}$$

$$\|2\vec{A} - 2\vec{B} - 3\vec{C}\| = \sqrt{25 + 4 + 4} = \sqrt{33}$$

【範例6】

用大小和角度來表達向量 $\vec{F}$。

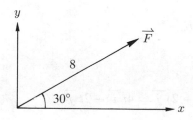

【解】

$$\vec{F} = 8\cos 30° \vec{i} + 8\sin 30° \vec{j}$$

【範例7】

以向量的方式，找出通過兩點 $(1, 2)$ 和 $(5, 4)$ 的直線方程式。

【解】

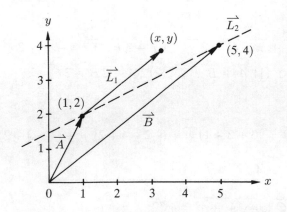

從圖中可知通過兩點 $(1,2)$ 和 $(5,4)$ 之線的向量為

$$\vec{L_2} = \vec{B} - \vec{A} = 4\,\vec{i} + 2\,\vec{j}$$

而任何點 (x,y) 和點 $(1,2)$ 之間的向量 $\vec{L_1}$ 為

$$\vec{L_1} = (x-1)\,\vec{i} + (y-2)\,\vec{j}$$

若要這些點 (x,y) 落在通過兩點 $(1,2)$ 和 $(5,4)$ 的直線上，顯然地，$\vec{L_1}$ 和 $\vec{L_2}$ 必須平行（即 $\vec{L_1}//\vec{L_2}$），但大小則不拘，即

$$\vec{L_1} = t\vec{L_2},\ t \in R$$

由上式得到

$$(x-1)\,\vec{i} + (y-2)\,\vec{j} = 4t\,\vec{i} + 2t\,\vec{j}$$

或

$$x - 1 = 4t$$

$$y - 2 = 2t$$

一般將上兩式寫成

$$\frac{x-1}{4} = \frac{y-2}{2} \tag{7.2}$$

(7.2) 式稱為直線的正常型(normal form)。

【範例 8】

求通過兩點 $(1, 2, 4)$ 和$(6, 2, -3)$ 的直線方程式。

【解】

$$\vec{L} = \langle 1, 2, 4 \rangle - \langle 6, 2, -3 \rangle = -5\,\vec{i} + 0\,\vec{j} + 7\,\vec{k}$$

故直線方程式為

$$\frac{x-1}{-5} = \frac{z-4}{7}, \ x = 2$$

習 題

1. 分辨下列物理量是純量或向量：
   (a)動能，(b)電場，(c)熵 (entropy)，(d)功，(e)向心力，(f)溫度，(g)電位，(h)電量，(i)剪壓 (shearing stress)，(j)頻率，(k)重量，(l)卡洛里，(m)動量 (momentum)，(n)能量，(o)磁場。

2. 計算 $\vec{F} + \vec{G}$, $\vec{F} - \vec{G}$, $\|\vec{F}\|$ 和 $\|\vec{G}\|$：
   (a) $\vec{F} = \langle 2, -3, 5 \rangle$, $\vec{G} = \langle \sqrt{2}, 6, -5 \rangle$
   (b) $\vec{F} = \langle 1, 0, -3 \rangle$, $\vec{G} = \langle 0, 4, 0 \rangle$
   (c) $\vec{F} = \langle 2, -5, 0 \rangle$, $\vec{G} = \langle 1, 5, -1 \rangle$
   (d) $\vec{F} = \langle \sqrt{2}, 1, -6 \rangle$, $\vec{G} = \langle 8, 0, 2 \rangle$

3. 設 $\vec{A} = 2\vec{i} - \vec{j} + 3\vec{k}$, $\vec{B} = \vec{i} + \vec{j} - \vec{k}$, $\vec{C} = 4\vec{k}$，求：
   (a) $\vec{A} + \vec{B}$
   (b) $3\vec{A} - 2\vec{B} + 4\vec{C}$
   (c) $3\vec{B} - 6\vec{C}$, $3(\vec{B} - 2\vec{C})$
   (d) $\|\vec{A} + \vec{B}\|$, $\|\vec{A}\| + \|\vec{B}\|$
   (e) $\dfrac{\vec{B}}{\|\vec{B}\|}$, $\dfrac{\vec{C}}{\|\vec{C}\|}$

4. 求通過兩點間的直線之正常型方程式：
   (a) $(3, 0, 0)$, $(-3, 1, 0)$
   (b) $(0, 1, 3)$, $(0, 0, 1)$
   (c) $(1, 0, -4)$, $(-2, -2, 5)$
   (d) $(-4, -2, 5)$, $(1, 1, -5)$
   (e) $(3, 3, -5)$, $(2, -6, 1)$
   (f) $(4, -8, 1)$, $(-1, 0, 0)$

5. 一重達 50 公斤的物體懸掛在繩子的中央，求繩張力的大小。

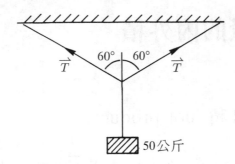

6. 在 xy 平面上，給予大小和角度，畫出該向量 $\vec{F}$ 的向量圖。

(a) $6, 60°$ (b) $6, 135°$ (c) $\sqrt{2}, 30°$

(d) $5, 140°$ (e) $15, 175°$ (f) $25, 270°$

7. 一組基底向量 (base vector) $\vec{A_1}, \vec{A_2}, \vec{A_3}$ 和另一組基底向量 $\vec{B_1}, \vec{B_2}, \vec{B_3}$ 的關係式為

$$\vec{A_1} = 2\vec{B_1} + 3\vec{B_2} - \vec{B_3}$$

$$\vec{A_2} = \vec{B_1} - 2\vec{B_2} + 2\vec{B_3}$$

$$\vec{A_3} = -2\vec{B_1} + \vec{B_2} - 2\vec{B_3}$$

若 $\vec{F} = 3\vec{B_1} - \vec{B_2} + 2\vec{B_3}$，請將 $\vec{F}$ 用 $\vec{A_1}, \vec{A_2}, \vec{A_3}$ 表示之。

8. 有四股力量同時作用在一點上：$\vec{F_1} = 2\vec{i} + 3\vec{j} - 5\vec{k}$，$\vec{F_2} = -5\vec{i} + \vec{j} + 3\vec{k}$，$\vec{F_3} = \vec{i} - 2\vec{j} + 4\vec{k}$，$\vec{F_4} = 4\vec{i} - 3\vec{j} - 2\vec{k}$，求(a)點的受力，(b)點受力的大小。

9. (a)證明 $\vec{A} = 3\vec{i} + \vec{j} - 2\vec{k}$，$\vec{B} = -\vec{i} + 3\vec{j} + 4\vec{k}$，$\vec{C} = 4\vec{i} - 2\vec{j} - 6\vec{k}$ 可以形成三角形的邊。

(b)求三角形各中垂線的長度。

10. 三個力量同時作用在一點上，其中 $\vec{G} = 3\vec{j} - 4\vec{k}$，$\vec{H} = \vec{i} - \vec{j}$，當平衡時，求另一力量 $\vec{F}$。

7.2 向量的內外積

1.向量的內積 (dot product)

對兩向量 $\vec{F} = a_1\vec{i} + b_1\vec{j} + c_1\vec{k}$ 和 $\vec{G} = a_2\vec{i} + b_2\vec{j} + c_2\vec{k}$，內積的定義為

$$\vec{F} \cdot \vec{G} = a_1a_2 + b_1b_2 + c_1c_2 \tag{7.3}$$

這麼樣的定義向量內積，是因為要符合發現的物理現象，譬如電場 $\vec{E}$ 把單一電荷（即 $q = +1$）移動一段距離所作的功為

$$W = \int_C \vec{E} \cdot d\vec{l}$$

C 是電荷移動的曲線，$d\vec{l}$ 是曲線在某一小段加上方向，如圖 7.3 所示。在此場合，向量內積正好可解釋此物理現象。

圖7.3　某單一電荷在電場 $\vec{E}$ 中移動的情形

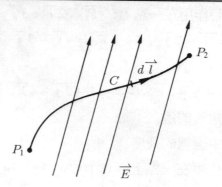

定理7.4　　向量內積的代數

對任何三向量 $\vec{F}, \vec{G}, \vec{H}$ 及純量 α，有下列關係式：

(1) $\vec{F} \cdot \vec{G} = \vec{G} \cdot \vec{F}$　（交換律）

(2) $\vec{F} \cdot (\vec{G} + \vec{H}) = \vec{F} \cdot \vec{G} + \vec{F} \cdot \vec{H}$　（分配律）

(3) $\alpha(\vec{F} \cdot \vec{G}) = (\alpha\vec{F}) \cdot \vec{G} = \vec{F} \cdot (\alpha\vec{G})$

(4) $\vec{F} \cdot \vec{F} = \|\vec{F}\|^2$

(5) $\vec{F} \cdot \vec{F} = 0$，充分必要條件為 $\vec{F} = \vec{0}$

(6) $\vec{F} \cdot \vec{G} = \|\vec{F}\| \|\vec{G}\| \cos\theta$

(7) 若 $\vec{F} \cdot \vec{G} = 0$ 且 $\vec{F}$ 和 $\vec{G}$ 都不是零向量，則 $\vec{F}$ 和 $\vec{G}$ 垂直。

(8) $\vec{i} \cdot \vec{i} = \vec{j} \cdot \vec{j} = \vec{k} \cdot \vec{k} = 1$, $\vec{i} \cdot \vec{k} = \vec{i} \cdot \vec{j} = \vec{k} \cdot \vec{j} = 0$

【證明】

(1) $\vec{F} = a_1 \vec{i} + b_1 \vec{j} + c_1 \vec{k}$, $\vec{G} = a_2 \vec{i} + b_2 \vec{j} + c_2 \vec{k}$

$\quad \vec{F} \cdot \vec{G} = a_1 a_2 + b_1 b_2 + c_1 c_2 = a_2 a_1 + b_2 b_1 + c_2 c_1 = \vec{G} \cdot \vec{F}$

(3) $\alpha(\vec{F} \cdot \vec{G}) = \alpha a_1 a_2 + \alpha b_1 b_2 + \alpha c_1 c_2$

$$= (\alpha a_1)a_2 + (\alpha b_1)b_2 + (\alpha c_1)c_2 = (\alpha\vec{F}) \cdot \vec{G}$$

$$= a_1(\alpha a_2) + b_1(\alpha b_2) + c_1(\alpha c_2) = \vec{F} \cdot (\alpha\vec{G})$$

(6) 以圖 7.4 的 $\vec{F}, \vec{G}, \vec{F} - \vec{G}$ 的向量關係圖說明之。

圖7.4　$\vec{F}, \vec{G}, \vec{F} - \vec{G}$ 的向量關係圖

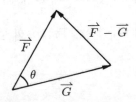

從圖中的三角形關係，根據餘弦定律得到

$$\|\vec{F} - \vec{G}\|^2 = \|\vec{F}\|^2 + \|\vec{G}\|^2 - 2\|\vec{F}\| \|\vec{G}\| \cos\theta$$

然而根據定理 7.4 之(4) $(\vec{F} \cdot \vec{F} = \|\vec{F}\|^2)$，則

$$\|\vec{F} - \vec{G}\|^2 = (\vec{F} - \vec{G}) \cdot (\vec{F} - \vec{G})$$

$$= \vec{F} \cdot \vec{F} + \vec{G} \cdot \vec{G} - 2\vec{F} \cdot \vec{G}$$

$$= \|\vec{F}\|^2 + \|\vec{G}\|^2 - 2\vec{F} \cdot \vec{G}$$

比較上述兩個關係式，得證

$$\vec{F} \cdot \vec{G} = \|\vec{F}\| \|\vec{G}\| \cos\theta \tag{7.4}$$

或者

$$\cos\theta = \frac{\vec{F} \cdot \vec{G}}{\|\vec{F}\| \|\vec{G}\|}, \ \text{若} \ \vec{F} \neq 0 \ \text{且} \ \vec{G} \neq 0 \tag{7.5}$$

定理 7.5　科煦 – 喜華茲 (Cauchy-Schwarz) 不等式

對任兩向量 $\vec{F}$ 和 $\vec{G}$，

$$|\vec{F} \cdot \vec{G}| \leq \|\vec{F}\| \|\vec{G}\|$$

【證明】

$$|\vec{F} \cdot \vec{G}| = |\ \|\vec{F}\| \|\vec{G}\| \cos\theta| = \|\vec{F}\| \|\vec{G}\| \ |\cos\theta|$$

$$\leq \|\vec{F}\| \|\vec{G}\| \quad (\text{因為} \ |\cos\theta| \leq 1 \ )$$

定理7.6

對任兩向量 $\vec{F}$ 和 $\vec{G}$，兩純量 α 和 β，

$$\|\alpha\vec{F} + \beta\vec{G}\|^2 = \alpha^2\|\vec{F}\|^2 + \beta^2\|\vec{G}\|^2 + 2\alpha\beta\vec{F} \cdot \vec{G}$$

【證明】

$$\|\alpha\vec{F} + \beta\vec{G}\|^2 = (\alpha\vec{F} + \beta\vec{G}) \cdot (\alpha\vec{F} + \beta\vec{G})$$

$$= \alpha^2\vec{F} \cdot \vec{F} + \beta^2\vec{G} \cdot \vec{G} + \alpha\beta\vec{F} \cdot \vec{G} + \alpha\beta\vec{G} \cdot \vec{F}$$

$$= \alpha^2\|\vec{F}\|^2 + \beta^2\|\vec{G}\|^2 + 2\alpha\beta\vec{F} \cdot \vec{G}$$

若 $\alpha = \beta = 1$，則

$$\|\vec{F} + \vec{G}\|^2 = \|\vec{F}\|^2 + \|\vec{G}\|^2 + 2\vec{F} \cdot \vec{G}$$

$$\leq \|\vec{F}\|^2 + \|\vec{G}\|^2 + 2|\vec{F} \cdot \vec{G}|$$

$$\leq \|\vec{F}\|^2 + \|\vec{G}\|^2 + 2\|\vec{F}\|\,\|\vec{G}\| \quad (定理7.5)$$

$$= (\|\vec{F}\| + \|\vec{G}\|)^2$$

因此得到三角不等式

$$\|\vec{F} + \vec{G}\| \leq \|\vec{F}\| + \|\vec{G}\|$$

2.向量的外積 (cross product)

對兩向量 $\vec{F} = a_1\vec{i} + b_1\vec{j} + c_1\vec{k}$ 和 $\vec{G} = a_2\vec{i} + b_2\vec{j} + c_2\vec{k}$，外積的定義為

$$\vec{F} \times \vec{G} = \begin{vmatrix} \vec{i} & \vec{j} & \vec{k} \\ a_1 & b_1 & c_1 \\ a_2 & b_2 & c_2 \end{vmatrix}$$

$$= (b_1 c_2 - b_2 c_1) \vec{i} + (a_2 c_1 - a_1 c_2) \vec{j} + (a_1 b_2 - a_2 b_1) \vec{k}$$

$$(7.6)$$

或

$$\vec{F} \times \vec{G} = \|\vec{F}\| \, \|\vec{G}\| \sin\theta \, \vec{u}$$

其中 θ 是 $\vec{F}$ 和 $\vec{G}$ 的夾角； $\vec{u}$ 是單位向量，方向根據右手定則決定之，如圖 7.5 所示。所謂右手定則是用右手手掌從 $\vec{F}$ 掃到 $\vec{G}$ 時，拇指所指的方向；亦可用右手掌的三指決定之，即令拇指指向 $\vec{F}$ 方向，食指指向 $\vec{G}$ 方向，那麼中指所指的方向便是 $\vec{F} \times \vec{G}$ 的方向。

圖 7.5　 $\vec{F} \times \vec{G}$ 的方向由右手定則決定

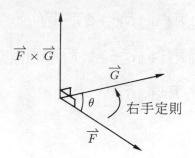

同理，這麼樣的定義向量外積，也是正好用來解釋另一物理現象。譬如一電荷 q 以速度 $\vec{v}$ 通過一磁場 $\vec{B}$ 所產生的推力 $\vec{F}$，正好符合向量外積的定義：

$$\vec{F} = q\vec{v} \times \vec{B}$$

因推力 $\vec{F}$ 造成電荷移動的軌跡，可由圖 7.6 中的虛線做粗略的表示。

圖7.6　電荷根據 $\vec{v} \times \vec{B}$ 的推力方向來移動（虛線）

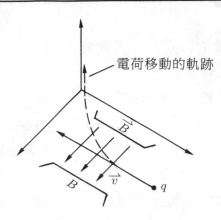

電荷移動的軌跡

另外 $\vec{F} \times \vec{G}$ 的大小（即 $\|\vec{F} \times \vec{G}\|$）在數學上亦有其特定的意義。從圖7.7 可知，由 $\|\vec{F}\|$ 和 $\|\vec{G}\|$ 形成的平行四邊形，其面積為

$$面積 = \|\vec{F}\| \, \|\vec{G}\| \sin\theta = \|\vec{F} \times \vec{G}\|$$

因此 $\|\vec{F} \times \vec{G}\|$ 可用來計算 $\|\vec{F}\|$ 和 $\|\vec{G}\|$ 所形成的平行四邊形之面積。而 $\frac{1}{2}\|\vec{F} \times \vec{G}\|$ 是 $\|\vec{F}\|$、$\|\vec{G}\|$、$\|\vec{F} - \vec{G}\|$ 三邊合成的三角形的面積。

圖7.7　$\|\vec{F} \times \vec{G}\|$ 正好是平行四邊形的面積

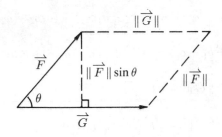

定理 7.7

對任何三向量 $\vec{F}$, $\vec{G}$, $\vec{H}$ 及純量 α, 則

(1) $\vec{F} \times \vec{G} = -\vec{G} \times \vec{F}$

　　（交換律不符合，但可稱為「反交換律」）

(2) $\vec{F} \times (\vec{G} + \vec{H}) = \vec{F} \times \vec{G} + \vec{F} \times \vec{H}$　　（分配律）

(3) $\alpha(\vec{F} \times \vec{G}) = (\alpha\vec{F}) \times \vec{G} = \vec{F} \times (\alpha\vec{G}) = (\vec{F} \times \vec{G})\alpha$

(4) $\|\vec{F} \times \vec{G}\| = \|\vec{F}\| \, \|\vec{G}\| \sin\theta$, $0 \le \theta \le \dfrac{\pi}{2}$ 為 $\vec{F}$ 和 $\vec{G}$ 的夾角。

(5) $\vec{F} \times \vec{G}$ 垂直於兩向量 $\vec{F}$ 和 $\vec{G}$。

(6) 若 $\vec{F} \ne 0$ 且 $\vec{G} \ne 0$, 則 $\vec{F} \times \vec{G} = 0$ 表示 $\vec{F}$ 垂直於 $\vec{G}$。

(7) $\vec{i} \times \vec{i} = \vec{j} \times \vec{j} = \vec{k} \times \vec{k} = 0$

　　$\vec{i} \times \vec{j} = \vec{k}$, $\quad \vec{j} \times \vec{k} = \vec{i}$, $\quad \vec{k} \times \vec{i} = \vec{j}$

【證明】

令 $\vec{F} = a_1\vec{i} + b_1\vec{j} + c_1\vec{k}$, $\vec{G} = a_2\vec{i} + b_2\vec{j} + c_2\vec{k}$

(1) $\vec{F} \times \vec{G} = \begin{vmatrix} \vec{i} & \vec{j} & \vec{k} \\ a_1 & b_1 & c_1 \\ a_2 & b_2 & c_2 \end{vmatrix} = - \begin{vmatrix} \vec{i} & \vec{j} & \vec{k} \\ a_2 & b_2 & c_2 \\ a_1 & b_1 & c_1 \end{vmatrix} = -\vec{G} \times \vec{F}$

(4) $\|\vec{F} \times \vec{G}\|^2 = (b_1c_2 - b_2c_1)^2 + (a_2c_1 - a_1c_2)^2 + (a_1b_2 - a_2b_1)^2$

$$= (a_1^2 + b_1^2 + c_1^2)(a_2^2 + b_2^2 + c_2^2) - (a_1a_2 + b_1b_2 + c_1c_2)^2$$

$$= \|\vec{F}\|^2\|\vec{G}\|^2 - (\vec{F} \cdot \vec{G})^2$$

$$= \|\vec{F}\|^2\|\vec{G}\|^2 - \|\vec{F}\|^2\|\vec{G}\|^2 \cos^2\theta$$

$$= \|\vec{F}\|^2\|\vec{G}\|^2(1 - \cos^2\theta)$$

$$= \|\vec{F}\|^2\|\vec{G}\|^2 \sin^2\theta$$

得證 $\|\vec{F} \times \vec{G}\| = \|\vec{F}\| \, \|\vec{G}\| \sin\theta$ （因為 $\sin\theta \geq 0, \; 0 \leq \theta \leq \dfrac{\pi}{2}$）

(5) $\vec{F} \cdot (\vec{F} \times \vec{G}) = \begin{vmatrix} a_1 & b_1 & c_1 \\ a_1 & b_1 & c_1 \\ a_2 & b_2 & c_2 \end{vmatrix} = 0$ 　　（因為兩列一樣）

同理 $\vec{G} \cdot (\vec{F} \times \vec{G}) = 0$

得證 $\vec{F}$ 和 $\vec{G}$ 同時垂直於 $\vec{F} \times \vec{G}$

3.純量三乘積 (scalar triple product)

對任三向量 $\vec{F}$、$\vec{G}$、$\vec{H}$，純量三乘積的定義為

$$[\vec{F}, \vec{G}, \vec{H}] = \vec{F} \cdot (\vec{G} \times \vec{H})$$

根據上述定義，$|\vec{F} \cdot (\vec{G} \times \vec{H})|$ 正好代表由 $\|\vec{F}\|$，$\|\vec{G}\|$，$\|\vec{H}\|$ 形成之平行六面體的體積。從圖 7.8 中來計算平行六面體的體積：

$$|\vec{F} \cdot (\vec{G} \times \vec{H})| = \|\vec{F}\| \, \|\vec{G} \times \vec{H}\| \, |\cos\theta|$$

其中 $\|\vec{G} \times \vec{H}\|$ 代表 $\|\vec{G}\|$ 和 $\|\vec{H}\|$ 形成的平行四邊形的面積，而 θ 是 $\vec{F}$ 和 $\vec{G} \times \vec{H}$ 的夾角，再定義 ϕ 為 $\vec{F}$ 和平面（包含 $\vec{G}$ 和 $\vec{H}$）之間的夾角，可知 $\theta + \phi = \dfrac{\pi}{2}$，因為 $\vec{G} \times \vec{H}$ 垂直於 $\vec{G}$ 和 $\vec{H}$。上式可變為

$$|\vec{F} \cdot (\vec{G} \times \vec{H})| = \|\vec{F}\| \, \|\vec{G} \times \vec{H}\| \left| \cos\left(\dfrac{\pi}{2} - \phi\right) \right|$$

$$= \|\vec{F}\| \, |\sin\phi| \, \|\vec{G} \times \vec{H}\|$$

=平行六面體的體積，因為 $\|\vec{F}\| \, |\sin\phi|$ 即是
平行六面體的高。

圖 7.8　$|\vec{F} \cdot (\vec{G} \times \vec{H})|$ 等於平行六面體的體積

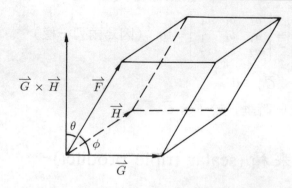

定理 7.8

對任何三向量 $\vec{F} = a_1 \vec{i} + b_1 \vec{j} + c_1 \vec{k}$, $\vec{G} = a_2 \vec{i} + b_2 \vec{j} + c_2 \vec{k}$, $\vec{H} = a_3 \vec{i} + b_3 \vec{j} + c_3 \vec{k}$, 及純量 α 和 β, 則

(1) $[\vec{F}, \vec{G}, \vec{H}] = \begin{vmatrix} a_1 & b_1 & c_1 \\ a_2 & b_2 & c_2 \\ a_3 & b_3 & c_3 \end{vmatrix}$

(2) $[\vec{F}, \vec{G}, \vec{H}] = [\vec{G}, \vec{H}, \vec{F}] = [\vec{H}, \vec{F}, \vec{G}]$

(3) $[\vec{F}, \vec{G}, \vec{H}] = -[\vec{F}, \vec{H}, \vec{G}]$

(4) $[\alpha \vec{F} + \beta \vec{K}, \vec{G}, \vec{H}] = \alpha[\vec{F}, \vec{G}, \vec{H}] + \beta[\vec{K}, \vec{G}, \vec{H}]$

　　$[\vec{F}, \alpha \vec{G} + \beta \vec{K}, \vec{H}] = \alpha[\vec{F}, \vec{G}, \vec{H}] + \beta[\vec{F}, \vec{K}, \vec{H}]$

　　$[\vec{F}, \vec{G}, \alpha \vec{H} + \beta \vec{K}] = \alpha[\vec{F}, \vec{G}, \vec{H}] + \beta[\vec{F}, \vec{G}, \vec{K}]$

(5) 若 $\vec{F}$, $\vec{G}$, $\vec{H}$ 在同一平面上或 $\vec{F}$, $\vec{G}$, $\vec{H}$ 之中任一向量是其他兩向量的組合, 則 $[\vec{F}, \vec{G}, \vec{H}] = 0$; 反之, 若 $[\vec{F}, \vec{G}, \vec{H}] \neq 0$, 則 $\vec{F}, \vec{G}, \vec{H}$ 不在同一平面上或稱為三向量線性獨立。

【證明】

(1) $[\vec{F}, \vec{G}, \vec{H}] = \vec{F} \cdot (\vec{G} \times \vec{H})$

$\quad = (a_1 \vec{i} + b_1 \vec{j} + c_1 \vec{k})[(b_2c_3 - b_3c_2)\vec{i} + (a_3c_2 - a_2c_3)\vec{j}$

$\quad\quad + (a_2b_3 - a_3b_2)\vec{k}]$

$\quad = a_1(b_2c_3 - b_3c_2) + b_1(a_3c_2 - a_2c_3) + c_1(a_2b_3 - a_3b_2)$

$\quad = \begin{vmatrix} a_1 & b_1 & c_1 \\ a_2 & b_2 & c_2 \\ a_3 & b_3 & c_3 \end{vmatrix}$

(2) $[\vec{F}, \vec{G}, \vec{H}] = \begin{vmatrix} a_1 & b_1 & c_1 \\ a_2 & b_2 & c_2 \\ a_3 & b_3 & c_3 \end{vmatrix} = - \begin{vmatrix} a_2 & b_2 & c_2 \\ a_1 & b_1 & c_1 \\ a_3 & b_3 & c_3 \end{vmatrix}$

$\quad = (-1) \times (-1) \begin{vmatrix} a_2 & b_2 & c_2 \\ a_3 & b_3 & c_3 \\ a_1 & b_1 & c_1 \end{vmatrix}$

$\quad = [\vec{G}, \vec{H}, \vec{F}]$

同理亦可得證 $[\vec{G}, \vec{H}, \vec{F}] = [\vec{H}, \vec{F}, \vec{G}]$

(5) 由於 $\vec{F}, \vec{G}, \vec{H}$ 在同一平面上，所以存在 α 和 β，使得

$\quad\quad \vec{F} = \alpha\vec{G} + \beta\vec{H}$

因此

$\quad\quad [\vec{F}, \vec{G}, \vec{H}] = \vec{F} \cdot (\vec{G} \times \vec{H})$

$\quad\quad\quad = (\alpha\vec{G} + \beta\vec{H}) \cdot (\vec{G} \times \vec{H})$

$\quad\quad\quad = \alpha\vec{G} \cdot (\vec{G} \times \vec{H}) + \beta\vec{H} \cdot (\vec{G} \times \vec{H})$

$\quad\quad\quad = 0 \quad$（由定理 7.7 之(5)）

　　另外運用內外積的定理，尚有一些電磁學中常用到的向量相等式 (vector identities):

(1) $\vec{A} \times (\vec{B} \times \vec{C}) = (\vec{A} \cdot \vec{C})\vec{B} - (\vec{A} \cdot \vec{B})\vec{C}$

(2) $(\vec{A} \times \vec{B}) \times \vec{C} = (\vec{A} \cdot \vec{C})\vec{B} - (\vec{B} \cdot \vec{C})\vec{A}$

(3) $(\vec{A} \times \vec{B}) \times (\vec{C} \times \vec{D}) = [\vec{A}, \vec{C}, \vec{D}]\vec{B} - [\vec{B}, \vec{C}, \vec{D}]\vec{A}$

(4) $(\vec{A} \times \vec{B}) \cdot (\vec{C} \times \vec{D}) = (\vec{A} \cdot \vec{C})(\vec{B} \cdot \vec{D}) - (\vec{A} \cdot \vec{D})(\vec{B} \cdot \vec{C})$

解題範例

【範例1】

力量 $\vec{F} = 2\vec{i} - \vec{j} - 2\vec{k}$ 作用於一物體沿著 $\vec{r} = 2\vec{i} + 2\vec{j} - 4\vec{k}$ 移動，求所作之功。

【解】

$$功 = \vec{F} \cdot \vec{r} = \langle 2, -1, -2 \rangle \cdot \langle 2, 2, -4 \rangle = 4 - 2 + 8 = 10$$

【範例2】

找出 $\vec{F} = \vec{i} - 2\vec{j} + \vec{k}$ 投影在 $\vec{G} = 2\vec{i} - 3\vec{j} + \sqrt{3}\vec{k}$ 的大小。

【解】

先找出 $\vec{G}$ 方向的單位向量 $\vec{g}$，

$$\vec{g} = \frac{\vec{G}}{\|\vec{G}\|} = \frac{2\vec{i} - 3\vec{j} + \sqrt{3}\vec{k}}{\sqrt{2^2 + 3^2 + 3}} = \frac{1}{2}\vec{i} - \frac{3}{4}\vec{j} + \frac{\sqrt{3}}{4}\vec{k}$$

投影大小即為

$$\vec{F} \cdot \vec{g} = \|\vec{F}\| \, \|\vec{g}\| \cos\theta = \|\vec{F}\| \cos\theta$$

$$= \langle 1, -2, 1 \rangle \cdot \left\langle \frac{1}{2}, -\frac{3}{4}, \frac{\sqrt{3}}{4} \right\rangle$$

$$= \frac{1}{2} + \frac{3}{2} + \frac{\sqrt{3}}{4} = 2 + \frac{\sqrt{3}}{4}$$

或直接導出公式亦可，即

$$\vec{F} \cdot \vec{g} = \vec{F} \cdot \frac{\vec{G}}{\|\vec{G}\|} = \frac{\vec{F} \cdot \vec{G}}{\|\vec{G}\|} \tag{7.7}$$

【範例3】

用繩拖住一臺停在斜坡的汽車，車重 5 噸，斜坡角度30°，試問需要多少力才能拖住這輛汽車？

【解】

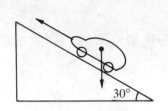 

汽車在斜坡方向的分量之大小為

$$5 \text{ 噸} \times \cos 60° = 2.5 \text{ 噸}$$

因此達平衡時，拉力要2.5噸。

【範例4】

求出兩條線 L_1 和 L_2 的夾角，L_1 和 L_2 的參數方程式為

$$L_1 : \begin{cases} x = 1 + 4t \\ y = 2 - 4t \\ z = -1 + 7t \end{cases} , t \in R$$

$$L_2 : \begin{cases} x = 4 - 3p \\ y = 2 \\ z = -5 + 4p \end{cases} , p \in R$$

【解】

將 L_1 和 L_2 寫成正常型，

$$L_1 : \frac{x-1}{4} = \frac{y-2}{-4} = \frac{z+1}{7}$$

$$L_2 : \frac{x-4}{-3} = \frac{z+5}{4}, \ y = 2$$

因此可以得到分別代表 L_1 和 L_2 的基本向量，

$$\vec{L_1} = 4\,\vec{i} - 4\,\vec{j} + 7\,\vec{k}$$

$$\vec{L_2} = -3\,\vec{i} + 4\,\vec{k}$$

$$\cos\theta = \frac{\vec{L_1} \cdot \vec{L_2}}{\|\vec{L_1}\|\ \|\vec{L_2}\|} = \frac{-12 + 28}{\sqrt{4^2 + 4^2 + 7^2} \cdot \sqrt{3^2 + 4^2}} = \frac{16}{9 \times 5} = \frac{16}{45}$$

$$\theta = \cos^{-1}\left(\frac{16}{45}\right) \approx 69.17°$$

【範例 5】

找出第 4 題兩線 L_1 和 L_2 的交叉點。

【解】

由 L_2 的 $y = 2$，得到 L_1 和 L_2 的交叉點要在 $y = 2$ 的平面上。把 L_2 的 $y = 2$ 代入 L_1 的 $y = 2 - 4t$，求得 $t = 0$，因此，從 L_1 的觀點，其在 $y = 2$ 平面的交點為 $(1, 2, -1)$。

再將 $(1, 2, -1)$ 代入 L_2 的參數方程式看看是否成立？首先將 $x = 1$ 代入 $x = 4 - 3p$ 中，求得 $p = 1$；再將 $p = 1$ 代入 $z = -5 + 4p = -5 + 4 \cdot 1 = -1$，結果仍然得到 $(1, 2, -1)$ 的點，因此結論 L_1 和 L_2 的交叉點的確是 $(1, 2, -1)$。但是如果得到不同的點，就稱為兩線沒有交叉點。

【範例 6】

找出通過點 $(-2, 1, 2)$ 及垂直於 $\vec{N} = (1, -2, 4)$ 的平面方程式。

【解】

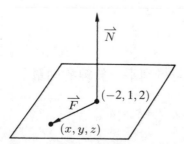

在平面上任何點 (x, y, z) 與點 $(-2, 1, 2)$ 形成的向量 $\vec{F}$ 為

$$\vec{F} = (x+2)\,\vec{i} + (y-1)\,\vec{j} + (z-2)\,\vec{k}$$

若 $\vec{F}$ 垂直於 $\vec{N}$，則

$$\vec{F} \cdot \vec{N} = 0$$

得到

$$(x+2) \times 1 + (y-1) \times (-2) + (z-2) \times 4 = 0$$

或

$$x - 2y + 4z = 4$$

因此直接從上述的平面方程式中，提出 x, y, z 前面的係數，就得到垂直於平面的向量 $\vec{N} = \vec{i} - 2\vec{j} + 4\vec{k}$，一般稱 $\vec{N}$ 為平面的法向量，而單位法向量 $\vec{n}$ 可直接由 $\vec{N}$ 求得之：

$$\vec{n} = \frac{\vec{N}}{\|\vec{N}\|} = \frac{\vec{i} - 2\vec{j} + 4\vec{k}}{\sqrt{1^2 + 2^2 + 4^2}} = \frac{1}{\sqrt{21}}(\vec{i} - 2\vec{j} + 4\vec{k})$$

【範例 7】

求點 $(1, 1, 2)$ 到(a)線 L，(b)平面 P 的距離（指最近的距離）。

$$L : \frac{x-2}{2} = \frac{y-1}{-3} = \frac{z+2}{4}$$

$$P : 2x - 4y + z = 4$$

【解】

(a)由線 L 的正常型，可得到平行於線的向量

$$\vec{L} = 2\vec{i} - 3\vec{j} + 4\vec{k}$$

線上任何點 (x,y,z) 和點 $(1,1,2)$ 可形成一向量 $\vec{F}$

$$\vec{F} = (x-1)\vec{i} + (y-1)\vec{j} + (z-2)\vec{k}$$

從 $\vec{L}$ 和 $\vec{F}$ 可以得到兩向量的夾角 θ 為

$$\cos\theta = \frac{\vec{F} \cdot \vec{L}}{\|\vec{F}\|\,\|\vec{L}\|}$$

而由下圖中, 可得到從點 $(1,1,2)$ 到線 L 的最近距離 d 正好為

$$d = \|\vec{F}\|\,|\sin\theta| = \|\vec{F}\|\sqrt{1 - \cos^2\theta} \tag{7.8}$$

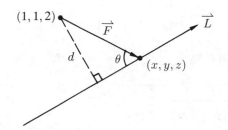

因此, 可以隨得找線上的一點, 設是點 $(2,1,-2)$, 代入上面的公式中,
得到

$$\vec{F} = \vec{i} - 4\vec{k}$$

$$\cos\theta = \frac{2-16}{\sqrt{1^2+4^2} \cdot \sqrt{2^2+3^2+4^2}} = \frac{-14}{\sqrt{17} \times \sqrt{29}}$$

$$d = \sqrt{1^2+4^2} \times \sqrt{1 - \frac{14 \times 14}{17 \times 29}} = \sqrt{17} \times \frac{\sqrt{17 \times 29 - 196}}{\sqrt{17 \times 29}}$$

$$= \frac{\sqrt{297}}{\sqrt{29}} \approx 3.2$$

(b)由平面方程式可得到法向量 $\vec{N}$,

$$\vec{N} = 2\vec{i} - 4\vec{j} + \vec{k}$$

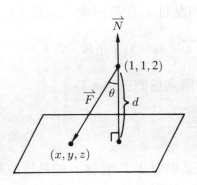

而平面上任意點 (x, y, z) 與點 $(1, 1, 2)$ 所形成的向量 $\vec{F}$ 為

$$\vec{F} = (x-1)\vec{i} + (y-1)\vec{j} + (z-2)\vec{k}$$

則 $\vec{F}$ 和 $\vec{N}$ 的夾角 θ 為

$$\cos\theta = \frac{\vec{F} \cdot \vec{N}}{\|\vec{F}\| \, \|\vec{N}\|}$$

而點 $(1, 1, 2)$ 到平面的最近距離（垂直於平面的距離） d 正好為（見上圖）

$$d = \|\vec{F}\| \, |\cos\theta| = \frac{|\vec{F} \cdot \vec{N}|}{\|\vec{N}\|} \tag{7.9}$$

平面上找出任何一點是 $(0, -1, 0)$，代入上述公式得到

$$\vec{F} = -\vec{i} - 2\vec{j} - 2\vec{k}$$

$$d = \frac{|-2+8-2|}{\sqrt{2^2+4^2+1^2}} = \frac{4}{\sqrt{21}}$$

【範例 8】

設 $\vec{A} = 3\vec{i} - \vec{j} + 2\vec{k}$，$\vec{B} = 2\vec{i} + \vec{j} - \vec{k}$，$\vec{C} = \vec{i} - 2\vec{j} + 2\vec{k}$，求

(a) $(\vec{A} \times \vec{B}) \times \vec{C}$，(b) $\vec{A} \times (\vec{B} \times \vec{C})$

【解】

(a) $\vec{A} \times \vec{B} = \begin{vmatrix} \vec{i} & \vec{j} & \vec{k} \\ 3 & -1 & 2 \\ 2 & 1 & -1 \end{vmatrix} = (1-2)\vec{i} - (-3-4)\vec{j} + (3+2)\vec{k}$

$$= -\vec{i} + 7\vec{j} + 5\vec{k}$$

$(\vec{A} \times \vec{B}) \times \vec{C} = \begin{vmatrix} \vec{i} & \vec{j} & \vec{k} \\ -1 & 7 & 5 \\ 1 & -2 & 2 \end{vmatrix} = 24\vec{i} + 7\vec{j} - 5\vec{k}$

(b) $\vec{B} \times \vec{C} = \begin{vmatrix} \vec{i} & \vec{j} & \vec{k} \\ 2 & 1 & -1 \\ 1 & -2 & 2 \end{vmatrix} = -5\vec{j} - 5\vec{k}$

$\vec{A} \times (\vec{B} \times \vec{C}) = \begin{vmatrix} \vec{i} & \vec{j} & \vec{k} \\ 3 & -1 & 2 \\ 0 & -5 & -5 \end{vmatrix} = 15\vec{i} + 15\vec{j} - 15\vec{k}$

因此 $(\vec{A} \times \vec{B}) \times \vec{C} \neq \vec{A} \times (\vec{B} \times \vec{C})$，結合律不適用。

【範例9】

力的動量 $\vec{m}$ 定義為

$$\vec{m} = \vec{r} \times \vec{F}$$

其中 $\vec{r}$ 是參考點到物體的位置向量， $\vec{F}$ 是作用在物體上的力。

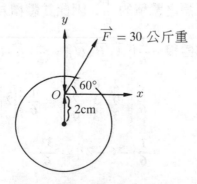

現在有一輪盤，離盤心兩公分的點的受力 $\vec{F}$ 如圖所示，求對輪心的力之動量。

【解】

$$\vec{m} = \vec{r} \times \vec{F}$$

$$\vec{r} = 2\,\vec{j}$$

$$\vec{F} = 30\cos 60° \,\vec{i} + 30\sin 30° \,\vec{j} = 15\,\vec{i} + 15\sqrt{3}\,\vec{j}$$

$$\vec{m} = \vec{r} \times \vec{F} = \begin{vmatrix} \vec{i} & \vec{j} & \vec{k} \\ 0 & 2 & 0 \\ 15 & 15\sqrt{3} & 0 \end{vmatrix} = -30\,\vec{k}$$

【範例 10】

求三角錐的體積，角錐由 $\vec{A} = \langle 2,0,3 \rangle$，$\vec{B} = \langle 0,3,2 \rangle$，$\vec{C} = \langle 3,3,0 \rangle$ 三向量形成如圖所示。

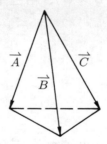

【解】

三角錐為平行六面體之體積的 $\dfrac{1}{6}$，因此其體積為

$$三角錐的體積 = \frac{1}{6}|[\vec{A}, \vec{B}, \vec{C}]| = \frac{1}{6}|\vec{A} \cdot (\vec{B} \times \vec{C})|$$

$$= \frac{1}{6}\begin{Vmatrix} 2 & 0 & 3 \\ 0 & 3 & 2 \\ 3 & 3 & 0 \end{Vmatrix} = \frac{1}{6}\left| \left[2\begin{vmatrix} 3 & 2 \\ 3 & 0 \end{vmatrix} + 3\begin{vmatrix} 0 & 3 \\ 3 & 3 \end{vmatrix} \right] \right|$$

$$= \frac{1}{6}|-6-27| = \frac{33}{6}$$

【範例 11】

證明 $\vec{A} \times (\vec{B} \times \vec{C}) = (\vec{A} \cdot \vec{C})\vec{B} - (\vec{A} \cdot \vec{B})\vec{C}$

【解】

令 $\vec{A} = \langle a_1, a_2, a_3 \rangle$, $\vec{B} = \langle b_1, b_2, b_3 \rangle$, $\vec{C} = \langle c_1, c_2, c_3 \rangle$

先求

$$\vec{B} \times \vec{C} = (b_2 c_3 - b_3 c_2)\vec{i} + (b_3 c_1 - b_1 c_3)\vec{j} + (b_1 c_2 - b_2 c_1)\vec{k}$$

再求

$$\vec{A} \times (\vec{B} \times \vec{C}) = \begin{vmatrix} \vec{i} & \vec{j} & \vec{k} \\ a_1 & a_2 & a_3 \\ b_2 c_3 - b_3 c_2 & b_3 c_1 - b_1 c_3 & b_1 c_2 - b_2 c_1 \end{vmatrix}$$

$$= (a_2 b_1 c_2 - a_2 b_2 c_1 - a_3 b_3 c_1 + a_3 b_1 c_3)\vec{i}$$

$$+ (a_3 b_2 c_3 - a_3 b_3 c_2 - a_1 b_1 c_2 + a_1 b_2 c_1)\vec{j}$$

$$+ (a_1 b_3 c_1 - a_1 b_1 c_3 - a_2 b_2 c_3 + a_2 b_3 c_2)\vec{k}$$

再驗證

$$(\vec{A} \cdot \vec{C})\vec{B} - (\vec{A} \cdot \vec{B})\vec{C}$$

$$= (a_1 c_1 + a_2 c_2 + a_3 c_3)(b_1 \vec{i} + b_2 \vec{j} + b_3 \vec{k})$$

$$- (a_1 b_1 + a_2 b_2 + a_3 b_3)(c_1 \vec{i} + c_2 \vec{j} + c_3 \vec{k})$$

$$= \vec{A} \times (\vec{B} \times \vec{C})$$

【範例 12】

證明 $\vec{A} \cdot (\vec{B} \times \vec{C}) = \vec{B} \cdot (\vec{C} \times \vec{A}) = \vec{C} \cdot (\vec{A} \times \vec{B})$

【解】

令 $\vec{A} = \langle a_1, a_2, a_3 \rangle$, $\vec{B} = \langle b_1, b_2, b_3 \rangle$, $\vec{C} = \langle c_1, c_2, c_3 \rangle$

$$\vec{A} \cdot (\vec{B} \times \vec{C}) = \begin{vmatrix} a_1 & a_2 & a_3 \\ b_1 & b_2 & b_3 \\ c_1 & c_2 & c_3 \end{vmatrix} = - \begin{vmatrix} b_1 & b_2 & b_3 \\ a_1 & b_2 & a_3 \\ c_1 & c_2 & c_3 \end{vmatrix}$$

$$= \begin{vmatrix} b_1 & b_2 & b_3 \\ c_1 & c_2 & c_3 \\ a_1 & a_2 & a_3 \end{vmatrix} = \vec{B} \cdot (\vec{C} \times \vec{A})$$

$$= - \begin{vmatrix} c_1 & c_2 & c_3 \\ b_1 & b_2 & b_3 \\ a_1 & a_2 & a_3 \end{vmatrix} = \begin{vmatrix} c_1 & c_2 & c_3 \\ a_1 & a_2 & a_3 \\ b_1 & b_2 & b_3 \end{vmatrix}$$

$$= \vec{C} \cdot (\vec{A} \times \vec{B})$$

$$\boxed{\text{習　題}}$$

1. $\vec{F} = \langle 2,1,3 \rangle$, $\vec{G} = \langle 1,0,4 \rangle$, $\vec{H} = \langle 3,-1,2 \rangle$，求：

　(a) $\vec{F} \cdot \vec{G}$

　(b) $\|\vec{F}\|$, $\|\vec{G}\|$, $\|\vec{H}\|$

　(c) $(\vec{F} + \vec{G}) \cdot \vec{H}$

　(d) $\|\vec{F} + \vec{G} + \vec{H}\|$

　(e) $(\vec{F} - \vec{H}) \cdot \vec{G}$

　(f) $\|\vec{F} + \vec{H}\|$, $\|\vec{F}\| + \|\vec{H}\|$

　(g) $\vec{F} \cdot (\vec{G} + \vec{H})$

　(h) $\vec{F} \cdot \vec{G} + \vec{G} \cdot \vec{H} + \vec{H} \cdot \vec{F}$

2. 給三點 F, G, H，找出 $\overline{FG}$ 線段和 F 到 $\overline{GH}$ 中點之線段的夾角：

　(a) $F = (1,-2,6)$, $G = (3,0,1)$, $H = (4,2,-7)$

　(b) $F = (3,-2,-3)$, $G = (-2,0,1)$, $H = (1,1,7)$

　(c) $F = (1,-2,6)$, $G = (0,4,-3)$, $H = (-3,-2,7)$

　(d) $F = (0,0,-2)$, $G = (1,-3,4)$, $H = (-2,6,1)$

3. 求值：

　(a) $\vec{k} \cdot (\vec{i} + \vec{j})$

　(b) $(\vec{i} - 2\vec{k}) \cdot (\vec{j} + 3\vec{k})$

　(c) $(2\vec{i} - \vec{j} + 3\vec{k}) \cdot (3\vec{i} + 2\vec{j} - \vec{k})$

4. 推導定理 7.4 的第 4 和第 5 條。

5. 求 $\vec{F} = \langle 4,-3,1 \rangle$ 在線上的投影，此線通過點 $(2,3,-1)$ 及 $(-2,-4,3)$。

6. 一力量 $\vec{F} = \langle 1,2,0 \rangle$ 將物體從點 $(4,-7,3)$ 移到點 $(4,-7,8)$，求所作之功。

7. $\vec{F} = \langle c,2,0 \rangle$ 垂直於 $\vec{G} = \langle 3,4,-1 \rangle$，求 c。

8. 找出平面 $2x + y - 2z = 5$ 的單位法向量。

9. 寫出通過兩點之線的正常型方程式：

   (a) $(1, -2, 4)$, $(6, 1, 1)$

   (b) $(0, 2, 3)$, $(-2, 4, 1)$

   (c) $(-2, 1, -5)$, $(6, 7, 2)$

   (d) $(2, 14, 1)$, $(7, 0, 0)$

10. 給予一點及法向量，找出通過該點的平面方程式：

    (a) $(2, 1, -4)$, $\langle 3, -2, 1 \rangle$

    (b) $(1, 1, -3)$, $\langle -6, 1, -2 \rangle$

    (c) $(4, 4, 7)$, $\langle -4, 2, 3 \rangle$

    (d) $(-3, -7, 0)$, $\langle 1, 0, 2 \rangle$

11. 求兩直線間的夾角：

    (a) $L_1 : 4x - y = 2$; $L_2 : x + 4y = 3$

    (b) $L_1 : x + y = 1$; $L_2 : 2x - 3y = 0$

12. 求兩平面間的夾角：

    (a) $x + 2y + z = 1$ 和 $2x - y + 3z = -1$

    (b) $x + y + z = 1$ 和 $x - y = 2$

13. 求 $\vec{F}$ 在 $\vec{G}$ 上的投影：

    (a) $\vec{F} = \langle 2, -3, 6 \rangle$, $\vec{G} = \langle 1, 2, 2 \rangle$

    (b) $\vec{F} = \langle 1, 1, 2 \rangle$, $\vec{G} = \langle 0, 0, 6 \rangle$

    (c) $\vec{F} = \langle 0, 3, -4 \rangle$, $\vec{G} = \langle 0, 4, 3 \rangle$

    (d) $\vec{F} = \langle 2, 3, 0 \rangle$, $\vec{G} = \langle -2, -3, 0 \rangle$

    (e) $\vec{F} = \langle 3, 0, -2 \rangle$, $\vec{G} = \langle 1, 0, 1 \rangle$

    (f) $\vec{F} = \langle -2, -5, 6 \rangle$, $\vec{G} = \langle 1, 0, 2 \rangle$

14. 一物體以角速度 $\vec{\omega}$ 作旋轉且旋轉軸通過點 O，證明物體內任何一點 P 的速度 $\vec{v}$ 可由向量 $\overrightarrow{OP}$ 和 $\vec{\omega}$ 求得且 $\vec{v} = \overrightarrow{OP} \times \vec{\omega}$。

15. 證明定理 7.7 的第 2 和第 6 條。

16. 證明 $\|\vec{F} \times \vec{G}\|^2 + |\vec{F} \cdot \vec{G}|^2 = \|\vec{F}\|^2 \|\vec{G}\|^2$

17. 證明正弦定律:

$$\frac{\sin\theta_A}{\|\vec{A}\|} = \frac{\sin\theta_B}{\|\vec{B}\|} = \frac{\sin\theta_C}{\|\vec{C}\|}$$

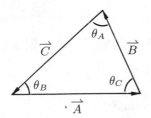

18. 令 $\vec{A} = \langle 1,1,0 \rangle$, $\vec{B} = \langle -1,2,0 \rangle$, $\vec{C} = \langle 2,3,1 \rangle$, $\vec{D} = \langle 5,-7,2 \rangle$, 求:

(a) $\vec{A} \times \vec{B}$, $\vec{B} \times \vec{A}$

(b) $\vec{A} \times \vec{C}$, $\|\vec{A} \times \vec{C}\|$, $\vec{A} \cdot \vec{C}$

(c) $(\vec{A} + \vec{B}) \times \vec{C}$, $\vec{A} \times \vec{C} + \vec{A} \times \vec{B}$

(d) $(\vec{A} - \vec{B}) \times (\vec{A} - \vec{C})$

(e) $\vec{A} \times \vec{C} + \vec{C} \times \vec{A}$

(f) $(3\vec{A} - 6\vec{B}) \times \vec{C}$, $3\vec{C} \times (2\vec{B} - \vec{A})$

(g) $(\vec{A} \cdot \vec{B})\vec{C}$, $(\vec{A} \times \vec{B}) \cdot \vec{C}$

(h) $(\vec{A} \times \vec{B}) \times \vec{C}$, $\vec{A} \times (\vec{B} \times \vec{C})$

19. 求通過三點的平面方程式:

(a) $(1, 2, \frac{1}{4})$, $(4, 2, -2)$, $(0, 8, 4)$

(b) $(1, 6, 1)$, $(9, 1, -31)$, $(-5, -2, 25)$

(c) $(4, 1, 1)$, $(-2, -2, 3)$, $(6, 0, 1)$

(d) $(0, 0, 2)$, $(-4, 1, 0)$, $(2, -1, 1)$

(e) $(-4, 2, -6)$, $(1, 1, 3)$, $(-2, 4, 5)$

20. 求三角形的面積, 其三頂點分別為:

(a) $(6, -1, 3)$, $(6, 1, 1)$, $(3, 3, 3)$

(b) $(2, 2, 2)$, $(5, 2, 4)$, $(-2, 4, -1)$

(c) $(1, -3, 7)$, $(2, 1, 1)$, $(6, -1, 2)$

(d) $(6, 1, 1)$, $(7, -2, 4)$, $(8, -4, 3)$

(e) $(-2, 1, 6)$, $(2, 1, -7)$, $(4, 1, 1)$

(f) $(1, 1, -6)$, $(5, -3, 0)$, $(-2, 4, 1)$

21. 在 xy 平面上，有兩單位向量 $\vec{a}$ 和 $\vec{b}$ 對 x 軸的夾角分別為 α 和 β。

(a) 證明 $\vec{a} = \cos\alpha\,\vec{i} + \sin\alpha\,\vec{j}$

$$\vec{b} = \cos\beta\,\vec{i} + \sin\beta\,\vec{j}$$

(b) 用 $\vec{a} \cdot \vec{b}$ 證明

$$\cos(\alpha - \beta) = \cos\alpha\cos\beta + \sin\alpha\sin\beta$$

$$\cos(\alpha + \beta) = \cos\alpha\cos\beta - \sin\alpha\sin\beta \quad (\text{提示：重新用 } -\alpha \text{ 角度求 } \vec{a})$$

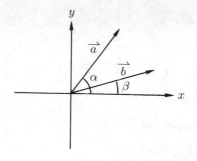

22. 證明 $(\vec{A} \times \vec{B}) \cdot (\vec{C} \times \vec{D}) = (\vec{A} \cdot \vec{C})(\vec{B} \cdot \vec{D}) - (\vec{A} \cdot \vec{D})(\vec{B} \cdot \vec{C})$

23. 證明 $\vec{A} \times (\vec{B} \times \vec{C}) + \vec{B} \times (\vec{C} \times \vec{A}) + \vec{C} \times (\vec{A} \times \vec{B}) = \vec{0}$

24. 證明 $(\vec{A} \times \vec{B}) \times (\vec{C} \times \vec{D}) = [\vec{A}, \vec{C}, \vec{D}]\vec{B} - [\vec{B}, \vec{C}, \vec{D}]\vec{A}$

25. 證明 $(\vec{A} \times \vec{B}) \cdot (\vec{B} \times \vec{C}) \times (\vec{C} \times \vec{A}) = [\vec{A}, \vec{B}, \vec{C}]^2$

26. 給予邊的向量，求平行六面體的體積：

(a) $\langle 1, 1 \rangle$, $\langle 1, -1 \rangle$, $\langle 1, 2, 4 \rangle$

(b) $\langle 2, -6 \rangle$, $\langle 0, 1, 1 \rangle$, $\langle 1, 1 \rangle$

(c) $\langle 1, -2, 0 \rangle$, $\langle 1, 2, -1 \rangle$, $\langle 1, 3, -1 \rangle$

(d) $\langle 4, 2, 0 \rangle$, $\langle 1, 0, -2 \rangle$, $\langle 2, 6, 1 \rangle$

(e) $\langle 0, 0, 2 \rangle$, $\langle 8, 6, 0 \rangle$, $\langle 0, 1, -2 \rangle$

(f) $\langle -7, 4, -1 \rangle$, $\langle 8, 6, -1 \rangle$, $\langle 4, 6, 3 \rangle$

(g) $\langle 3, 3, -4 \rangle$, $\langle 1, -6, 3 \rangle$, $\langle 3, 0, 4 \rangle$

(h) $\langle -10, 1, -2 \rangle$, $\langle 8, 6, -1 \rangle$, $\langle 8, -11, 3 \rangle$

27. 簡化 $(\vec{F} + \vec{G}) \cdot (\vec{G} + \vec{H}) \times (\vec{H} + \vec{F})$

28. 給予四頂點，求三角錐的體積：

(a) $(0, 0, 0)$, $(1, 0, 0)$, $(0, 1, 0)$, $(0, 0, 1)$

(b) $(0, 1, 2)$, $(5, 5, 6)$, $(1, 2, 1)$, $(3, 3, 1)$

(c) $(-3, 2, 3)$, $(1, 1, 0)$, $(0, -1, 0)$, $(4, 3, -7)$

(d) $(-2, 4, 4)$, $(7, 2, -3)$, $(5, 5, 8)$, $(-2, 4, 1)$

(e) $(6, -1, 4)$, $(0, -3, 0)$, $(-5, 7, 2)$, $(1, 1, -7)$

(f) $(4, 4, -2)$, $(0, 0, 0)$, $(4, -2, 8)$, $(5, 7, 1)$

29. 由習題 21，求證公式：

$$\sin(\alpha - \beta) = \sin\alpha\cos\beta - \cos\alpha\sin\beta$$

$$\sin(\alpha + \beta) = \sin\alpha\cos\beta + \cos\alpha\sin\beta$$

30. 求點 $(3, -2, -1)$ 到平面的距離，平面通過三點為 $(0, 0, 0)$, $(1, 3, 4)$, $(2, 1, -2)$。

31. 求點 $(6, -4, 4)$ 到通過兩點 $(2, 1, 2)$ 和 $(3, -1, 4)$ 之線的最近距離。

32. 給予點 $A : (2, 1, 3)$, $B : (1, 2, 1)$, $C : (-1, -2, -2)$, $D : (1, -4, 0)$，求 $\overline{AB}$ 線和 $\overline{CD}$ 線之間最短的距離。

7.3 向量的微分

當飛機或飛彈在空間畫出一條軌跡 (trajectory)，由於軌跡在畫時有方向性且是時間的函數，因此必須用含有變數的向量函數來描述這條軌跡。尤其太空船或衛星在宇宙中運行時，都可由這些向量函數來描述或控制其運行的軌跡。

本節要介紹的是能描述軌跡的位置向量 (position vector) $\vec{r}(t)$，

$$\vec{r}(t) = x(t)\,\vec{i} + y(t)\,\vec{j} + z(t)\,\vec{k} = \langle x(t), y(t), z(t) \rangle, \ t \in R$$

其中 $x(t), y(t), z(t)$ 是將參考點視為原點的 x, y, z 坐標軸分量，如圖 7.9 所示。

圖 7.9　位置向量 $\vec{r}(t)$ 指向軌跡上的各點

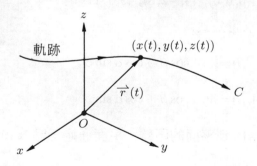

若 $\vec{r}(t)$ 的所有成分（即 $x(t), y(t), z(t)$ ）是連續的，則 $\vec{r}(t)$ 是連續的；同理，若 $\vec{r}(t)$ 的所有成分是可微分的，則 $\vec{r}(t)$ 是可微分的。$\vec{r}(t)$ 掃過軌跡線 C 的方向由變數 t 決定之：t 漸增所畫出的 C 方向稱為正感 (positive sense)；反之，則為負感方向。一般習慣上採用正感方向。

　　向量的微分和純量的微分大不相同，因為向量的微分和方向有關，請見圖 7.10 的詳細說明。根據微分的定義，首先必須計算 $\Delta \overrightarrow{r}(t)$，

$$\Delta \overrightarrow{r}(t) = \overrightarrow{r}(t + \Delta t) - \overrightarrow{r}(t)$$

圖 7.10　$\Delta \overrightarrow{r}(t)$ 的意義

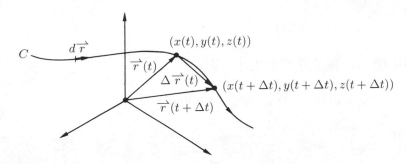

　　從圖 7.10 可知 $\Delta \overrightarrow{r}(t)$ 的方向，而 $\overrightarrow{r}(t)$ 的向量微分 $\dfrac{d \overrightarrow{r}(t)}{dt}$ 定義為

$$\frac{d \overrightarrow{r}}{dt} = \lim_{\Delta t \to 0} \frac{\Delta \overrightarrow{r}(t)}{\Delta t} = \lim_{\Delta t \to 0} \frac{\overrightarrow{r}(t + \Delta t) - \overrightarrow{r}(t)}{\Delta t}$$

同時，

$$d \overrightarrow{r}(t) = \lim_{\Delta t \to 0} \Delta \overrightarrow{r}(t) = \lim_{\Delta t \to 0} (\overrightarrow{r}(t + \Delta t) - \overrightarrow{r}(t))$$

　　在幾何上，從圖 7.10 中可了解 $d\overrightarrow{r}(t)$ 代表的是軌跡線上的某一微小段落且方向指向軌跡運行的方向。將這些微小段落 $\|d\overrightarrow{r}\|$ 加起來，就可以求得軌跡線兩點之間的長度（稱為弧長，arc length）s 為

$$s = \int_a^b \|d\overrightarrow{r}\| = \int_a^b \frac{\|d\overrightarrow{r}\|}{dt} dt = \int_a^b \|\overrightarrow{r}'\| dt$$

$$= \int_a^b \sqrt{(x'(t))^2 + (y'(t))^2 + (z'(t))^2}\ dt$$

由上述結果，我們可以定義長度函數 $s(t)$ 為軌跡線從點 a 到某一時間 t 的長度，

$$s(t) = \int_a^t \|d\vec{r}\| = \int_a^t \|\vec{r}'(\tau)\| d\tau \qquad (7.10)$$

將 $s(t)$ 微分, 得到

$$\frac{ds}{dt} = \|\vec{r}'(t)\|$$

從物理上, $\vec{r}'(t)$ 的定義是速度 $\vec{v}$, 即

$$\vec{v} = \vec{r}'(t) = \frac{d\vec{r}}{dt}$$

那麼 $s'(t)$ 就是速度的大小, 即

$$s'(t) = v(t) = \|\vec{v}\| = \|\vec{r}'(t)\|$$

且

$$s(t) = \int_a^t v(\tau)d\tau = \int_a^t \|\vec{v}(\tau)\| d\tau$$

同時, 由圖 7.10 中, 若從 $d\vec{r}$ 的方向左右延伸, 可以得到軌跡 C 的切線, 因此 $d\vec{r}$ 或 $\frac{d\vec{r}}{dt}$ 是軌跡線的切線向量 (tangent vector)。而單位切線向量 $\vec{T}$ 可從 $d\vec{r}$ 計算而得, 即

$$\vec{T} = \frac{\dfrac{d\vec{r}}{dt}}{\left\|\dfrac{d\vec{r}}{dt}\right\|} = \frac{d\vec{r}}{\|d\vec{r}\|} = \frac{d\vec{r}}{ds} \qquad (7.11)$$

　　有時候, 位置向量 $\vec{r}(t)$ 的變數 t 可以藉由 (7.10) 式轉換為變數 s, 即

$$\vec{r}(t) = \vec{r}(s), \text{ 其中 } t = t(s) \text{ 可由 (7.10) 式求得}$$

那麼順理成章的可以得證 $\vec{r}'(s) = \frac{d\vec{r}}{ds}$ 如上所述為單位向量。至於加速度的定義 $\vec{a}(t)$ 是

$$\vec{a}(t) = \vec{v}'(t) = x''(t)\vec{i} + y''(t)\vec{j} + z''(t)\vec{k}$$

定理7.9

若向量 $\vec{A}(t)$ 和 $\vec{B}(t)$ 及純量 $\phi(t)$ 是可微分的, 則

(1) $\dfrac{d}{dt}(\vec{A}+\vec{B}) = \dfrac{d\vec{A}}{dt} + \dfrac{d\vec{B}}{dt}$

(2) $\dfrac{d}{dt}(\vec{A}\cdot\vec{B}) = \vec{A}\cdot\dfrac{d\vec{B}}{dt} + \dfrac{d\vec{A}}{dt}\cdot\vec{B}$

(3) $\dfrac{d}{dt}(\vec{A}\times\vec{B}) = \dfrac{d\vec{A}}{dt}\times\vec{B} + \vec{A}\times\dfrac{d\vec{B}}{dt}$

(4) $\dfrac{d}{dt}(\phi\vec{A}) = \dfrac{d\phi}{dt}\vec{A} + \phi\dfrac{d\vec{A}}{dt}$

(5) $\dfrac{d}{dt}(\vec{A}\cdot\vec{B}\times\vec{C}) = \dfrac{d\vec{A}}{dt}\cdot\vec{B}\times\vec{C} + \vec{A}\cdot\dfrac{d\vec{B}}{dt}\times\vec{C} + \vec{A}\cdot\vec{B}\times\dfrac{d\vec{C}}{dt}$

(6) $\dfrac{d}{dt}[\vec{A}\times(\vec{B}\times\vec{C})] = \dfrac{d\vec{A}}{dt}\times(\vec{B}\times\vec{C}) + \vec{A}\times\left(\dfrac{d\vec{B}}{dt}\times\vec{C}\right)$

$$+ \vec{A}\times\left(\vec{B}\times\dfrac{d\vec{C}}{dt}\right)$$

【證明】

令 $\vec{A}(t) = a_1(t)\vec{i} + a_2(t)\vec{j} + a_3(t)\vec{k}$

$\vec{B}(t) = b_1(t)\vec{i} + b_2(t)\vec{j} + b_3(t)\vec{k}$

(2) $\dfrac{d}{dt}(\vec{A}\cdot\vec{B}) = \dfrac{d}{dt}(a_1 b_1 + a_2 b_2 + a_3 b_3)$

$\qquad = a_1' b_1 + a_2' b_2 + a_3' b_3 + a_1 b_1' + a_2 b_2' + a_3 b_3'$

$\qquad = \dfrac{d\vec{A}}{dt}\cdot\vec{B} + \vec{A}\cdot\dfrac{d\vec{B}}{dt}$

$(4) \dfrac{d}{dt}(\phi \vec{A}) = \dfrac{d}{dt}(\phi a_1 \vec{i} + \phi a_2 \vec{j} + \phi a_3 \vec{k})$

$\qquad\qquad = \phi' a_1 \vec{i} + \phi' a_2 \vec{j} + \phi' a_3 \vec{k} + \phi a_1' \vec{i} + \phi a_2' \vec{j} + \phi a_3' \vec{k}$

$\qquad\qquad = \phi' \vec{A} + \phi \vec{A}'$

若向量 $\vec{F}$ 含有兩個變數以上（即 $\vec{F} = \vec{F}(x,y)$）且是可微分的，則向量偏微分的定量與純量偏微分幾乎相同，即

$$\frac{\partial \vec{F}}{\partial x} = \lim_{\Delta x \to 0} \frac{\vec{F}(x+\Delta x, y) - \vec{F}(x,y)}{\Delta x}$$

$$\frac{\partial \vec{F}}{\partial y} = \lim_{\Delta y \to 0} \frac{\vec{F}(x, y+\Delta y) - \vec{F}(x,y)}{\Delta y}$$

則全微分 $d\vec{F}$ 為

$$d\vec{F}(x,y) = \frac{\partial \vec{F}}{\partial x} dx + \frac{\partial \vec{F}}{\partial y} dy$$

定理 7.10

若 $\vec{A}(x,y)$ 和 $\vec{B}(x,y)$ 是可微分的，則

$(1) \dfrac{\partial}{\partial x}(\vec{A} \cdot \vec{B}) = \dfrac{\partial \vec{A}}{\partial x} \cdot \vec{B} + \vec{A} \cdot \dfrac{\partial \vec{B}}{\partial x}$

$(2) \dfrac{\partial}{\partial x}(\vec{A} \times \vec{B}) = \dfrac{\partial \vec{A}}{\partial x} \times \vec{B} + \vec{A} \times \dfrac{\partial \vec{B}}{\partial x}$

$(3) \dfrac{\partial^2}{\partial y \partial x}(\vec{A} \cdot \vec{B}) = \dfrac{\partial^2 \vec{A}}{\partial y \partial x} \cdot \vec{B} + \dfrac{\partial \vec{A}}{\partial x} \cdot \dfrac{\partial \vec{B}}{\partial y} + \dfrac{\partial \vec{A}}{\partial y} \cdot \dfrac{\partial \vec{B}}{\partial x} + \vec{A} \cdot \dfrac{\partial^2 \vec{B}}{\partial y \partial x}$

【證明】

$(3)\dfrac{\partial^2}{\partial y\partial x}(\vec{A}\cdot\vec{B})=\dfrac{\partial}{\partial y}\left[\dfrac{\partial}{\partial x}(\vec{A}\cdot\vec{B})\right]$

$\qquad\qquad\quad=\dfrac{\partial}{\partial y}\left[\dfrac{\partial\vec{A}}{\partial x}\cdot\vec{B}+\vec{A}\cdot\dfrac{\partial\vec{B}}{\partial x}\right]$

$\qquad\qquad\quad=\dfrac{\partial^2\vec{A}}{\partial y\partial x}\cdot\vec{B}+\dfrac{\partial\vec{A}}{\partial x}\cdot\dfrac{\partial\vec{B}}{\partial y}+\dfrac{\partial\vec{A}}{\partial y}\cdot\dfrac{\partial\vec{B}}{\partial x}+\vec{A}\cdot\dfrac{\partial^2\vec{B}}{\partial y\partial x}$

解題範例

【範例 1】 直線的 $\vec{r}(t)$

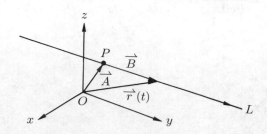

由 L 線的已知點 P 和平行於線的向量 $\vec{B}$，可獲得線的位置向量為

$$\vec{r}(t) = \vec{A} + t\vec{B}$$

若 $P = (1, 2, 3)$, $\vec{B} = \langle 1, -1, 2 \rangle$，則直線 L 為

$$\vec{r}(t) = \langle 1, 2, 3 \rangle + t \langle 1, -1, 2 \rangle = \langle 1+t, 2-t, 3+2t \rangle$$

由 $\vec{r}(t)$ 的成分可知

$$x(t) = 1+t, \ y(t) = 2-t, \ z(t) = 3+2t$$

寫成正常型為

$$\frac{x-1}{1} = \frac{y-2}{-1} = \frac{z-3}{2}$$

【範例 2】 橢圓的 $\vec{r}(t)$

已知 xy 平面上的橢圓方程式為

$$\frac{x^2}{a^2} + \frac{y^2}{b^2} = 1, \ z = 0$$

故可令 $x(t) = a\cos t,\ y(t) = b\sin t,\ t \in [0, 2\pi]$ 可符合上述方程式，即刻
得到橢圓的位置向量，

$$\vec{r}(t) = x(t)\,\vec{i} + y(t)\,\vec{j} + z(t)\,\vec{k} = a\cos t\,\vec{i} + b\sin t\,\vec{j}$$

【範例3】圓形螺旋(circular helix)

$$\vec{r}(t) = 2\cos t\,\vec{i} + 2\sin t\,\vec{j} + t\,\vec{k},\ t \in [0, 2\pi]$$

(a)畫其正感軌跡。

(b)求軌跡線的長度。

【解】

(a) $x^2 + y^2 = (2\cos t)^2 + (2\sin t)^2 = 4$，在 xy 平面是圓形。

　　$z = t,\ t$ 從 0 到 2π 為正感方向。

　　起始點是 $(2, 0, 0)$ 當 $t = 0$

　　終點是 $(2, 0, 2\pi)$ 當 $t = 2\pi$

　　請見下圖的軌跡線是以圓形螺旋的方式爬高一個螺距。

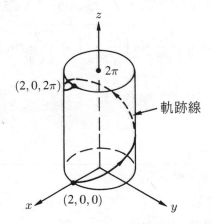

(b)軌跡線長 s，先求

$$\vec{r}\,'(t) = -2\sin t\,\vec{i} + 2\cos t\,\vec{j} + \vec{k}$$

$$\|\overrightarrow{r}'(t)\| = \sqrt{(-2\sin t)^2 + (2\cos t)^2 + 1^2} = \sqrt{5}$$

$$s = \int_0^{2\pi} \|\overrightarrow{r}'(t)\| dt = \int_0^{2\pi} \sqrt{5} dt = 2\pi\sqrt{5}$$

【範例 4】

將範例 3 的 $\overrightarrow{r}(t)$ 改為 $\overrightarrow{r}(s)$，並且驗證 $\overrightarrow{r}(s)$ 為單位向量。

【解】

$$s(t) = \int_0^t \|\overrightarrow{r}'(\tau)\| d\tau = \int_0^t \sqrt{5} d\tau = \sqrt{5}t$$

得到

$$t = \frac{1}{\sqrt{5}} s$$

代入 $\overrightarrow{r}(t)$ 中，

$$\overrightarrow{r}(s) = 2\cos\left(\frac{1}{\sqrt{5}}s\right)\overrightarrow{i} + 2\sin\left(\frac{1}{\sqrt{5}}s\right)\overrightarrow{j} + \frac{1}{\sqrt{5}}s\overrightarrow{k}$$

$$\overrightarrow{r}'(s) = -\frac{2}{\sqrt{5}}\sin\left(\frac{1}{\sqrt{5}}s\right)\overrightarrow{i} + \frac{2}{\sqrt{5}}\cos\left(\frac{1}{\sqrt{5}}s\right)\overrightarrow{j} + \frac{1}{\sqrt{5}}\overrightarrow{k}$$

$$\|\overrightarrow{r}'(s)\| = \sqrt{\left[\frac{-2}{\sqrt{5}}\sin\left(\frac{1}{\sqrt{5}}s\right)\right]^2 + \left[\frac{2}{\sqrt{5}}\cos\left(\frac{1}{\sqrt{5}}s\right)\right]^2 + \left(\frac{1}{\sqrt{5}}\right)^2}$$

$$= \sqrt{\frac{4}{5} + \frac{1}{5}} = 1$$

【範例 5】

軌跡線 $x = t^2 + 1$, $y = 4t - 3$, $z = 2t^2 - 6t$,

(a)找出單位切線向量。

(b)找出 $t = 2$ 時的單位切線向量。

【解】

(a)
$$\vec{r}(t) = (t^2 + 1)\,\vec{i} + (4t - 3)\,\vec{j} + (2t^2 - 6t)\,\vec{k}$$

$$\vec{r}\,'(t) = 2t\,\vec{i} + 4\,\vec{j} + (4t - 6)\,\vec{k}$$

$$\|\vec{r}\,'(t)\| = \sqrt{(2t)^2 + 16 + (4t - 6)^2}$$

$$\vec{T}(t) = \frac{\vec{r}\,'(t)}{\|\vec{r}\,'(t)\|} = \frac{2t\,\vec{i} + 4\,\vec{j} + (4t - 6)\,\vec{k}}{\sqrt{(2t)^2 + 16 + (4t - 6)^2}}$$

(b)當 $t = 2$ 時，

$$\vec{T}(2) = \frac{4\,\vec{i} + 4\,\vec{j} + 2\,\vec{k}}{\sqrt{4^2 + 16 + 2^2}} = \frac{2}{3}\,\vec{i} + \frac{2}{3}\,\vec{j} + \frac{1}{3}\,\vec{k}$$

【範例 6】

若 $\vec{F} = \langle 5t^2, t, -t^3 \rangle$, $\vec{G} = \langle \sin t, -\cos t, 0 \rangle$，求

(a) $\dfrac{d}{dt}(\vec{F} \cdot \vec{G})$

(b) $\dfrac{d}{dt}(\vec{F} \times \vec{G})$

(c) $\dfrac{d}{dt}(\vec{F} \cdot \vec{F})$

【解】

(a) $\vec{F} \cdot \vec{G} = 5t^2 \sin t - t \cos t$

$$\frac{d}{dt}(\vec{F} \cdot \vec{G}) = 5t^2 \cos t + 10t \sin t + t \sin t - \cos t$$

$$= (5t^2 - 1)\cos t + 11t \sin t$$

(b) $\vec{F} \times \vec{G} = \begin{vmatrix} \vec{i} & \vec{j} & \vec{k} \\ 5t^2 & t & -t^3 \\ \sin t & -\cos t & 0 \end{vmatrix} = \langle -t^3 \cos t, -t^3 \sin t, -5t^2 \cos t - t \sin t \rangle$

$$\frac{d}{dt}(\vec{F} \times \vec{G}) = \langle t^3 \sin t - 3t^2 \cos t, -t^2(t \cos t + 3 \sin t),$$

$$5t^2 \sin t - 11t \cos t - \sin t \rangle$$

(c) $\overrightarrow{F} \cdot \overrightarrow{F} = \|\overrightarrow{F}\|^2 = (5t^2)^2 + t^2 + (-t^3)^2 = 25t^4 + t^2 + t^6$

$\dfrac{d}{dt}(\overrightarrow{F} \cdot \overrightarrow{F}) = 100t^3 + 2t + 6t^5$

或

$$\dfrac{d}{dt}(\overrightarrow{F} \cdot \overrightarrow{F}) = \overrightarrow{F} \cdot \dfrac{d\overrightarrow{F}}{dt} + \dfrac{d\overrightarrow{F}}{dt} \cdot \overrightarrow{F} = 2\overrightarrow{F} \cdot \dfrac{d\overrightarrow{F}}{dt}$$

$$= 2\langle 5t^2, t, -t^3 \rangle \cdot \langle 10t, 1, -3t^2 \rangle$$

$$= 100t^3 + 2t + 6t^5$$

【範例 7】

一物體移動的軌跡由位置向量表示為

$$\overrightarrow{r}(t) = \cos \omega t \, \overrightarrow{i} + \sin \omega t \, \overrightarrow{j}, \ \omega \text{是常數}$$

(a)求速度 $\overrightarrow{v}$，且證明 $\overrightarrow{v}$ 垂直於 $\overrightarrow{r}$。

(b)求加速度 $\overrightarrow{a}$，說明 $\overrightarrow{a}$ 指向圓中心。

(c)求角速度 $\overrightarrow{\omega}$ 的大小是常數。

【解】

從 $\overrightarrow{r}(t)$ 可知物體是繞著半徑為 1 的圓周移動，因為

$$\|\overrightarrow{r}\|^2 = x^2 + y^2 = (\cos \omega t)^2 + (\sin \omega t)^2 = 1$$

(a) $\overrightarrow{v} = \overrightarrow{r}\,'(t) = -\omega \sin \omega t \, \overrightarrow{i} + \omega \cos \omega t \, \overrightarrow{j}$

$$\overrightarrow{v} \cdot \overrightarrow{r} = -\omega \sin \omega t \cos \omega t + \omega \cos \omega t \sin \omega t = 0$$

(b) $\overrightarrow{a} = \overrightarrow{v}\,'(t) = -\omega^2 \cos \omega t \, \overrightarrow{i} - \omega^2 \sin \omega t \, \overrightarrow{j}$

$$= -\omega^2 (\cos \omega t \, \overrightarrow{i} + \sin \omega t \, \overrightarrow{j})$$

$$= -\omega^2 \overrightarrow{r}$$

加速度的方向正好是位置向量的相反，故其方向指向圓心。

(c)由 7.2 節的習題14可知角速度 $\vec{\omega}$ 和 $\vec{v},\vec{r}$ 之間的關係式是

$$\vec{v} = \vec{\omega} \times \vec{r}$$

這意思是指 $\vec{\omega}$ 垂直於 $\vec{v}$，由(a)已知 $\vec{v}$ 和 $\vec{r}$ 皆在 xy 平面上，故可論定 $\vec{\omega}$ 只在 z 的方向，即 $\vec{\omega} = c\,\vec{k}$，$c$ 是某變數。因此 $\vec{\omega}$ 在本範例中垂直於 $\vec{v}$ 和 $\vec{r}$，運用這項推論（見下圖），令

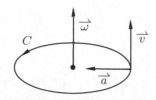

$$\vec{r} \times \vec{v} = \vec{r} \times (\vec{\omega} \times \vec{r}) = \vec{\omega}(\vec{r} \cdot \vec{r}) - \vec{r}(\vec{r} \cdot \vec{\omega})$$

已知 $\vec{r} \cdot \vec{r} = \|\vec{r}\|^2 = 1$ 且 $\vec{r} \cdot \vec{\omega} = 0$，得到

$$\vec{\omega} = \vec{r} \times \vec{v} = \begin{vmatrix} \vec{i} & \vec{j} & \vec{k} \\ \cos \omega t & \sin \omega t & 0 \\ -\omega \sin \omega t & -\omega \cos \omega t & 0 \end{vmatrix}$$

$$= \omega(\cos^2 \omega t + \sin^2 \omega t)\,\vec{k} = \omega\,\vec{k}$$

得證角速度的大小是常數，即 ω。

【範例 8】

若 $\vec{F}(x,y) = (x^2 y - x^3)\,\vec{i} + (e^{xy} - y \cos x)\,\vec{j} + (x^2 \sin y)\,\vec{k}$，求

(a) $\dfrac{\partial \vec{F}}{\partial x}$, 　(b) $\dfrac{\partial \vec{F}}{\partial y}$, 　(c) $\dfrac{\partial^2 \vec{F}}{\partial x^2}$, 　(d) $\dfrac{\partial \vec{F}}{\partial x \partial y}$

【解】

(a) $\dfrac{\partial \vec{F}}{\partial x} = (2xy - 3x^2)\,\vec{i} + (ye^{xy} + y \sin x)\,\vec{j} + (2x \sin y)\,\vec{k}$

(b) $\dfrac{\partial \vec{F}}{\partial y} = x^2 \vec{i} + (xe^{xy} - \cos x)\vec{j} + (x^2 \cos y)\vec{k}$

(c) $\dfrac{\partial^2 \vec{F}}{\partial x^2} = \dfrac{\partial}{\partial x}(\dfrac{\partial \vec{F}}{\partial x}) = (2y - 6x)\vec{i} + (y^2 e^{xy} + y \cos x)\vec{j} + (2 \sin y)\vec{k}$

(d) $\dfrac{\partial \vec{F}}{\partial x \partial y} = \dfrac{\partial}{\partial x}(\dfrac{\partial \vec{F}}{\partial y}) = 2x\vec{i} + (xye^{xy} + \sin x)\vec{j} + (2x \cos y)\vec{k}$

【範例9】

若 $\phi(x, y, z) = xyz$ 且 $\vec{F} = xz^2 \vec{i} - xy\vec{j} + yz^2 \vec{k}$，求 $\dfrac{\partial^2 (\phi \vec{F})}{\partial x \partial z}$

【解】

$$\phi\vec{F} = x^2 yz^3 \vec{i} - x^2 y^2 z \vec{j} + xy^2 z^3 \vec{k}$$

$$\frac{\partial(\phi\vec{F})}{\partial z} = 3x^2 yz^2 \vec{i} - x^2 y^2 \vec{j} + 3xy^2 z^2 \vec{k}$$

$$\frac{\partial(\phi\vec{F})}{\partial x \partial z} = \frac{\partial}{\partial x}\left(\frac{\partial(\phi\vec{F})}{\partial z}\right) = 6xyz^2 \vec{i} - 2xy^2 \vec{j} + 3y^2 z^2 \vec{k}$$

習　題

1. 證明定理 7.9 的第 3 條和第 5 條。

2. 證明 $\vec{A} \cdot \dfrac{d\vec{A}}{dt} = \parallel \vec{A} \parallel \dfrac{d\parallel \vec{A} \parallel}{dt}$

3. 求下列直線的位置向量:

   (a)通過點 $(1,1,0)$ 且平行於 $\vec{L} = \vec{k}$

   (b)通過點 $(-3,1,-2)$ 且平行於 $\vec{L} = 3\vec{i} - \vec{k}$

   (c)通過點 $(3,4,1)$ 且平行於 $\vec{L} = 3\vec{i} + 5\vec{j} - \vec{k}$

   (d)通過兩點 $(0,0,0)$ 及 $(2,2,2)$

   (e)通過兩點 $(3,-1,5)$ 及 $(5,-5,5)$

   (f)通過兩點 $(1,4,-2)$ 及 $(2,2,3)$

   (g)兩平面相交之線: $y = x,\ z = 0$

   (h)兩平面相交之線: $x + y + z = 1,\ y - z = 0$

4. 找出曲線的位置向量和切線向量:

   (a) $x = t,\ y = \sin(2\pi t),\ z = \cos(2\pi t)$

   (b) $x = t,\ y = t^2,\ z = 1$

   (c) $x = \cosh(t),\ y = \sinh(t),\ z = 4t$

   (d) $x = t,\ y = t^3,\ z = 2$

   (e) $x = e^t \cos t,\ y = e^t \sin t,\ z = e^t$

   (f) $x = 2\cos t,\ y = \sin t,\ z = 0$

   (g) $x = 2\cos(2t),\ y = 2\sin(2t),\ z = 1 - 3t$

   (h) $x = 3\cos t,\ y = 3\sin t,\ z = 4t$

   (i) $x = 4\ln(2t + 1),\ y = 4\sinh(3t),\ z = 1$

   (j) $x = t,\ y = t^2,\ z = t^3$

(k) $x = 2 - \sinh(t)$, $y = \cosh(t)$, $z = \ln(t)$

(l) $x^2 + y^2 = 1$, $z = 1$

(m) $4x^2 + y^2 = 16$, $z = 2$

(n) $4x^2 - 9y^2 = 36$, $z = 1$

(o) $x^2 + y^2 = 4$, $z = \tan^{-1}\left(\dfrac{y}{x}\right)$

(p) $(x-1)^2 + 4(y+2)^2 = 4$, $z = 1$

5. 求出 $s(t)$, $\vec{r}(s)$ 及曲線的長度：

(a) $x = t$, $y = \cosh(t)$, $z = 1$, $t \in [0, \pi]$

(b) $x = \dfrac{1}{5}\sin t$, $y = \dfrac{1}{5}\sin t$, $z = 5$, $t \in [0, \pi]$

(c) $x = y = z = t^2$, $t \in [-1, 1]$

(d) $x = t^2$, $y = \dfrac{3}{2}t^2$, $z = 2t^2$, $t \in [1, 3]$

6. 已知物體移動的軌跡線之參數方程式是

$$x = e^{-t}, \quad y = \cos 3t, \quad z = \sin 3t$$

求(a)速度及加速度。

　　(b)速度及加速度在 $t = 0$ 時的大小。

　　(c)速度及加速度在 $t = 1$ 時且在 $2\vec{i} - 3\vec{j}$ 方向的投影。

7. 證明 $(\vec{r} \times \vec{r}')' = \vec{r} \times \vec{r}''$

8. $\vec{F} = \langle t^2, -t, 2t+1 \rangle$, $\vec{G} = \langle 2t-3, 1, -t \rangle$, 求在 $t = 1$ 時，

(a) $\dfrac{d}{dt}(\vec{F} \cdot \vec{G})$

(b) $\dfrac{d}{dt}\|\vec{F} + \vec{G}\|$

(c) $\dfrac{d}{dt}(\vec{F} \times \vec{G})$

(d) $\dfrac{d}{dt}(\vec{F} \times \dfrac{d\vec{G}}{dt})$

9. 給予向量的常微分方程式及初值條件，

$$\frac{d^2 \overrightarrow{F}(t)}{dt^2} = 6t\,\overrightarrow{i} - 24t^2\,\overrightarrow{j} + 4\sin t\,\overrightarrow{k}$$

$$\overrightarrow{F}(0) = \langle 2, 1 \rangle$$

$$\frac{d\overrightarrow{F}}{dt}(0) = \langle -1, 0, -3 \rangle$$

求普通答案。

10. 若 $\overrightarrow{c_1}$ 和 $\overrightarrow{c_2}$ 為常數向量，試證 $\overrightarrow{y} = e^{-t}(\overrightarrow{c_1}\cos t + \overrightarrow{c_2}\sin t)$ 是向量微分方程式 $\overrightarrow{y}'' + 2\overrightarrow{y}' + 2\overrightarrow{y} = 0$ 的解答。

11. 證明向量微分方程式 $\overrightarrow{y}'' + 2\alpha\overrightarrow{y}' + \omega^2\overrightarrow{y} = 0$ 的解答為：

(a) 低阻尼，$\alpha^2 > \omega^2$

$$\overrightarrow{y} = e^{-\alpha t}(\overrightarrow{c_1}e^{\sqrt{\alpha^2 - \omega^2}\,t} + \overrightarrow{c_2}e^{-\sqrt{\alpha^2 - \omega^2}\,t}), \ \overrightarrow{c_1} 和 \overrightarrow{c_2} 是任意常數向量$$

(b) 臨界阻尼，$\alpha^2 = \omega^2$

$$\overrightarrow{y} = e^{-\alpha t}(\overrightarrow{c_1} + \overrightarrow{c_2}t)$$

(c) 過阻尼，$\alpha^2 < \omega^2$

$$\overrightarrow{y} = e^{-\alpha t}[\overrightarrow{c_1}\sin(\sqrt{\omega^2 - \alpha^2}\,t) + \overrightarrow{c_2}\cos(\sqrt{\omega^2 - \alpha^2}\,t)]$$

12. 利用習題 11 的結果，解向量微分方程式：

(a) $\overrightarrow{y}'' - 4\overrightarrow{y}' - 5\overrightarrow{y} = 0$

(b) $\overrightarrow{y}'' + 2\overrightarrow{y}' + \overrightarrow{y} = 0$ 且 $\overrightarrow{y}(0) = \langle 1, 1, 1 \rangle$, $\overrightarrow{y}'(0) = \langle 1, 0, 1 \rangle$

(c) $\overrightarrow{y}'' + 4\overrightarrow{y} = 0$

13. 解聯立微分方程式：

$$\frac{d\overrightarrow{y}}{dt} = \overrightarrow{x}$$

$$\frac{d\overrightarrow{x}}{dt} = -\overrightarrow{y}$$

14. 若 $\overrightarrow{r}(t) = \langle \cos xy, 3xy - 2x^2, -(3x + 2y) \rangle$，求：

(a) $\dfrac{\partial \vec{r}}{\partial x}$ (b) $\dfrac{\partial \vec{r}}{\partial y}$ (c) $\dfrac{\partial^2 \vec{r}}{\partial x^2}$

(d) $\dfrac{\partial^2 \vec{r}}{\partial y^2}$ (e) $\dfrac{\partial^2 \vec{r}}{\partial x \partial y}$ (f) $\dfrac{\partial^2 \vec{r}}{\partial y \partial x}$

15. 計算 $\dfrac{d}{dt}[\phi(t)\vec{F}(t)]$:

(a) $\phi(t) = 2\cos(3t),\ \vec{F} = \langle 1, 3t^2, 2t \rangle$

(b) $\phi(t) = \dfrac{1}{2} - t^3,\ \vec{F} = \langle t, -\cosh(t), e^t \rangle$

(c) $\phi(t) = \dfrac{1}{2}t^2 - t + \dfrac{3}{2},\ \vec{F} = \langle \ln t, e^t, -t^2 \rangle$

(d) $\phi(t) = t + \dfrac{3}{2},\ \vec{F} = \langle 1 - 3t, t^4, -t \rangle$

16. 若 $\vec{c_1}$ 和 $\vec{c_2}$ 是任意常數向量， λ 是特徵值，證明

$$\vec{B} = e^{-\lambda x}[\vec{c_1}\sin(\lambda y) + \vec{c_2}\cos(\lambda y)]$$

是偏微分方程式的解答。

$$\frac{\partial^2 \vec{B}}{\partial x^2} + \frac{\partial^2 \vec{B}}{\partial y^2} = 0$$

17. 根據下列之位置向量 $\vec{r}(t)$ 且 $t = 0$，描述軌跡形狀，求速度、速度之大小、加速度：

(a) $\vec{r}(t) = t\,\vec{i}$

(b) $\vec{r}(t) = 2t^2\,\vec{k}$

(c) $\vec{r}(t) = 2\cos t\,\vec{i} + 2\sin t\,\vec{j} + 3t\,\vec{k}$

(d) $\vec{r}(t) = e^t\,\vec{i} + e^{-t}\,\vec{j}$

(e) $\vec{r}(t) = 2\cos(t^2)\,\vec{i} + 2\sin(t^2)\,\vec{j}$

(f) $\vec{r}(t) = 2\sin t\,\vec{j}$

7.4　曲線之切線、曲率、扭率

在前面以參考點的方式用位置向量 $\vec{r}(t)$ 來描述軌跡線，而本章節主要是把參考點移到軌跡線上，另外發展一組相互垂直的三坐標軸，用來分析物體在線上某一點之未來的移動傾向。在 7.3 節曾介紹過的單位切線向量 $\vec{T}$ 是其中之一，即 (7.11) 式：

$$\vec{T} = \frac{d\vec{r}}{ds}$$

單位切線向量 (unit tangent vector) 就是物體切於軌跡線的運動方向，在物理上指的是單位速度，即

$$\vec{T} = \frac{d\vec{r}}{ds} = \frac{\dfrac{d\vec{r}}{dt}}{\dfrac{ds}{dt}} = \frac{\vec{v}}{\|\vec{v}\|} \ \text{ 或 } \ \frac{\vec{v}}{v} \tag{7.12}$$

當然由上述關係式，可輕鬆證得 $\vec{T}$ 是單位向量，即

$$\|\vec{T}\| = \left\| \frac{d\vec{r}}{ds} \right\| = \frac{\|\vec{v}\|}{\|\vec{v}\|} = 1$$

再由單位向量 $\|\vec{T}\|^2$ 的微分來導出另一垂直於 $\vec{T}$ 的向量，即令

$$\frac{d}{ds}\|\vec{T}\|^2 = \frac{d}{ds}(1) = 0$$

而 $\|\vec{T}\|^2 = \vec{T}(s) \cdot \vec{T}(s)$，則

$$\frac{d}{ds}\|\vec{T}\|^2 = \frac{d}{ds}(\vec{T} \cdot \vec{T}) = 2\vec{T} \cdot \frac{d\vec{T}}{ds} = 0$$

故知 $\dfrac{d\vec{T}}{ds}$ 垂直於 $\vec{T}$，則定義一單位垂直向量 (unit normal vector) $\vec{N}$ 為

$$\vec{N} = \frac{\frac{d\vec{T}}{ds}}{\left\| \frac{d\vec{T}}{ds} \right\|} = \rho \frac{d\vec{T}}{ds} \ \ 或 \ \ \frac{1}{\kappa} \frac{d\vec{T}}{ds} \tag{7.13}$$

其中 $\kappa = \left\| \dfrac{d\vec{T}}{ds} \right\|$ 稱為曲率 (curvature)，表示軌跡線在某處的彎曲程度。

而　$\rho = \dfrac{1}{\kappa} = \dfrac{1}{\left\| \dfrac{d\vec{T}}{ds} \right\|}$ 稱為曲率半徑 (radius of curvature)，表示軌跡線

在某處的彎曲半徑。

　　圖 7.11 顯示 $\vec{T}$ 和 $\vec{N}$ 的關係及軌跡的彎曲半徑。從圖中可知 $\vec{N}$ 是指向彎曲之圓的圓心，而軌跡線愈彎曲，則當然曲率 κ 愈大，但曲率半徑卻愈小。

圖 7.11　軌跡線的 $\vec{T}$、$\vec{N}$ 及 ρ

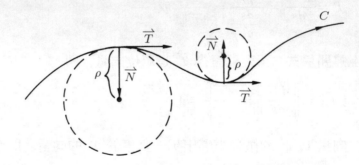

　　最後一個坐標軸向量稱為單位雙垂直向量 (unit binormal vector) $\vec{B}$，直接定義為

$$\vec{B} = \vec{T} \times \vec{N} \quad （右手系統） \tag{7.15a}$$

或

$$\vec{B} = \vec{N} \times \vec{T} \quad （左手系統） \tag{7.15b}$$

左右兩系統之間只有 $\vec{B}$ 方向相反而已（見圖 7.12）。

圖7.12　$\vec{T}$，$\vec{N}$，$\vec{B}$ 左右兩系統之差別

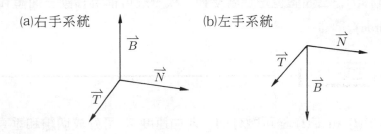

(a)右手系統　　　　(b)左手系統

毫無疑問的，$\vec{B}$ 是單位向量，即

$$\|\vec{B}\| = \|\vec{T}\|\,\|\vec{N}\|\sin\theta = 1$$

因為 $\|\vec{T}\| = \|\vec{N}\| = \sin\theta = 1$，因為 $\vec{T}$ 垂直於 $\vec{N}$，故其夾角 $\theta = 90°$。

　　從物理上剖析之，$\vec{T}$ 是軌跡的切線向量，指的是直線進行；$\vec{N}$ 是軌跡的向心或離心向量，指的是繞圓進行；$\vec{B}$ 垂直於兩者，形成三度空間的曲線，一般可造成扭轉或纏繞 (twisting) 的效用。

圖7.13　$\vec{T}$，$\vec{N}$，$\vec{B}$ 所形成的三面體坐標系統

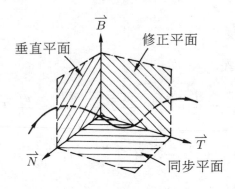

垂直平面　　　　修正平面

$\vec{B}$

$\vec{T}$

$\vec{N}$　　　　同步平面

　　$\vec{T}$，$\vec{N}$，$\vec{B}$ 在軌跡線上所形成的坐標系統稱為三面體 (trihedron 或 triad)，而包含 $\vec{B}$ 和 $\vec{N}$ 的平面稱為垂直平面 (normal plane)，包含

$\vec{N}$ 和 $\vec{T}$ 的平面稱為同步平面 (osculatng plane)，包含 $\vec{T}$ 和 $\vec{B}$ 的平面稱為修正平面 (rectifying plane)，如圖 7.13 所示。由於軌跡隨著時間而移動 $s(t)$，三面體也是跟著移動，故一般可稱為移動三面體 (moving trihedron)。

定理 7.11

若 $\vec{r}(t)$ 和 $\vec{v}(t)$ 是可微分的，則加速度 $\vec{a}$ 可分成切線和垂直方向的分量，即

$$\vec{a} = \frac{dv}{dt}\vec{T} + \frac{v^2}{\rho}\vec{N} \tag{7.14}$$

【證明】

由 (7.12) 式已知

$$\vec{T} = \frac{\vec{v}}{v}$$

或

$$\vec{v} = v\vec{T}$$

根據加速度的定義，

$$\vec{a} = \frac{d\vec{v}}{dt} = \frac{d}{dt}(v\vec{T}) = \frac{dv}{dt}\vec{T} + v\frac{d\vec{T}}{dt} = \frac{dv}{dt}\vec{T} + v\frac{d\vec{T}}{ds}\frac{ds}{dt}$$

$$= \frac{dv}{dt}\vec{T} + v^2 \cdot \frac{1}{\rho}\vec{N} \quad (\because \ \frac{ds}{dt} = v, \ \frac{d\vec{T}}{ds} = \frac{1}{\rho}\vec{N})$$

$$= \frac{dv}{dt}\vec{T} + \frac{v^2}{\rho}\vec{N} = a_T\vec{T} + a_N\vec{N}$$

其中 $a_T = \frac{dv}{dt}$，稱為加速度的切線分量；而 $a_N = \frac{v^2}{\rho}$ 稱為加速度的向

心分量。

至於扭率 (torsion) 的推導, 則由 $\dfrac{d}{ds}\|\vec{B}\|^2 = 0$ 決定之, 即

$$\frac{d}{ds}\|\vec{B}\|^2 = \frac{d}{ds}(\vec{B} \cdot \vec{B}) = 2\vec{B} \cdot \frac{d\vec{B}}{ds} = 0 \quad (\because \|\vec{B}\|^2 = 1) \quad (7.15)$$

另外, $\vec{B} = \vec{T} \times \vec{N}$, 則

$$\frac{d\vec{B}}{ds} = \frac{d}{ds}(\vec{T} \times \vec{N}) = \frac{d\vec{T}}{ds} \times \vec{N} + \vec{T} \times \frac{d\vec{N}}{ds}$$

$$= \kappa\vec{N} \times \vec{N} + \vec{T} \times \frac{d\vec{N}}{ds} = \vec{T} \times \frac{d\vec{N}}{ds} \quad (7.16)$$

由 (7.15) 式和 (7.16) 式可知 $\dfrac{d\vec{B}}{ds}$ 垂直於 $\vec{B}$ 和 $\vec{T}$, 因此 $\dfrac{d\vec{B}}{ds}$ 必須和 $\vec{N}$

平行, 故令

$$\frac{d\vec{B}}{ds} = -\tau\vec{N} \quad (7.17)$$

其中 τ 稱為扭率 (torsion 或 twisting), 而 $\sigma = \dfrac{1}{\tau}$ 稱為扭率半徑 (radius

of torsion)。同時, 我們亦可驗證

$$\frac{d\vec{N}}{ds} = -\kappa\vec{T} + \tau\vec{B} \quad (7.18)$$

再把 (7.13) 式稍加修改為

$$\frac{d\vec{T}}{ds} = \kappa\vec{N} \quad (7.19)$$

則 (7.17)、(7.18)、(7.19) 三式合起來稱為「福利網公式」(Frenet formulas)。一般稱 $\kappa = \kappa(s)$ 和 $\tau = \tau(s)$ 為曲線的自然方程式 (natural equations), 因此曲率和扭率也是空間軌跡線之微分幾何中基本的要素。在機械學上, 研究物體沿著軌跡線移動的學問又稱為運動學 (kinematics),

　　譬如著名的牛頓定律，

$$\overrightarrow{F} = \frac{d}{dt}(m\overrightarrow{v})$$

是其中的一種。

解題範例

【範例1】

證明 $\dfrac{d\overrightarrow{N}}{ds} = \tau \overrightarrow{B} - \kappa \overrightarrow{T}$

【解】

$$\overrightarrow{B} \times \overrightarrow{T} = (\overrightarrow{T} \times \overrightarrow{N}) \times \overrightarrow{T} = (\overrightarrow{T} \cdot \overrightarrow{T})\overrightarrow{N} - (\overrightarrow{N} \cdot \overrightarrow{T})\overrightarrow{T}$$

$$= \overrightarrow{N} \quad (\because \overrightarrow{T} \cdot \overrightarrow{T} = 1, \ \overrightarrow{N} \cdot \overrightarrow{T} = 0)$$

$$\frac{d\overrightarrow{N}}{ds} = \frac{d}{ds}(\overrightarrow{B} \times \overrightarrow{T}) = \frac{d\overrightarrow{B}}{ds} \times \overrightarrow{T} + \overrightarrow{B} \times \frac{d\overrightarrow{T}}{ds}$$

$$= (-\tau)\overrightarrow{N} \times \overrightarrow{T} + \overrightarrow{B} \times \kappa \overrightarrow{N}$$

$$= \tau \overrightarrow{B} - \kappa \overrightarrow{T} \quad (\because \overrightarrow{N} \times \overrightarrow{T} = -\overrightarrow{B}, \ \overrightarrow{B} \times \overrightarrow{N} = -\overrightarrow{T})$$

【範例2】

若位置向量 $\overrightarrow{r}(t) = (\cos t + t\sin t)\overrightarrow{i} + (\sin t - t\cos t)\overrightarrow{j} + \dfrac{\sqrt{3}}{2}t^2\overrightarrow{k}$，則求

a_T、a_N、κ、$\overrightarrow{T}$、$\overrightarrow{N}$ $(t > 0)$。

【解】

$$\overrightarrow{v} = \overrightarrow{r}'(t) = t\cos t\,\overrightarrow{i} + t\sin t\,\overrightarrow{j} + \sqrt{3}t\,\overrightarrow{k}$$

$$\frac{ds}{dt} = v = \|\overrightarrow{v}\| = \sqrt{(t\cos t)^2 + (t\sin t)^2 + (\sqrt{3}t)^2}$$

$$= \sqrt{t^2 + 3t^2} = 2t \quad (\because t > 0)$$

$$a_T = \frac{dv}{dt} = \frac{d}{dt}(2t) = 2$$

$$\vec{T} = \frac{d\vec{r}}{ds} = \frac{\vec{v}}{v} = \frac{1}{2}(\cos t\,\vec{i} + \sin t\,\vec{j} + \sqrt{3}\,\vec{k})$$

$$\frac{d\vec{T}}{ds} = \frac{\dfrac{d\vec{T}}{dt}}{\dfrac{ds}{dt}} = \frac{1}{4t}(-\sin t\,\vec{i} + \cos t\,\vec{j})$$

$$\kappa = \left\| \frac{d\vec{T}}{ds} \right\| = \frac{1}{4t}$$

或

$$\rho = \frac{1}{\kappa} = 4t$$

$$a_N = \frac{v^2}{\rho} = \frac{(2t)^2}{4t} = t$$

$$\vec{N} = \rho\frac{d\vec{T}}{ds} = -\sin t\,\vec{j} + \cos t\,\vec{j}$$

【範例3】

畫出軌跡線: $x = 3\cos t$, $y = 3\sin t$, $z = 4t$, 且求
(a) $\vec{T}$, (b) $\vec{N}$ 和 κ, (c) $\vec{B}$ 和 τ。

【解】

由

$$x^2 + y^2 = (3\cos t)^2 + (3\sin t)^2 = 9, \quad z = 4t$$

可知本曲線是屬圓形螺旋線, 如下圖所示。

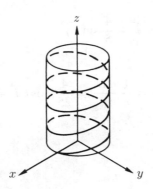

(a)
$$\vec{r}\,'(t) = -3\sin t\,\vec{i} + 3\cos t\,\vec{j} + 4\vec{k} = \vec{v}$$

$$s'(t) = \|\vec{r}\,'(t)\| = v = \sqrt{(-3\sin t)^2 + (3\cos t)^2 + 4^2} = 5$$

$$\vec{T} = \frac{\vec{v}}{v} = -\frac{3}{5}\sin t\,\vec{i} + \frac{3}{5}\cos t\,\vec{j} + \frac{4}{5}\vec{k}$$

(b)
$$\frac{d\vec{T}}{dt} = -\frac{3}{5}\cos t\,\vec{i} - \frac{3}{5}\sin t\,\vec{j}$$

$$\frac{d\vec{T}}{ds} = \frac{\dfrac{d\vec{T}}{dt}}{\dfrac{ds}{dt}} = \frac{\dfrac{d\vec{T}}{dt}}{v} = -\frac{3}{25}\cos t\,\vec{i} - \frac{3}{25}\sin t\,\vec{j}$$

$$\kappa = \left\|\frac{d\vec{T}}{ds}\right\| = \frac{3}{25}$$

$$\vec{N} = \frac{\dfrac{d\vec{T}}{ds}}{\kappa} = -\cos t\,\vec{i} - \sin t\,\vec{j}$$

(c)
$$\vec{B} = \vec{T} \times \vec{N} = \begin{vmatrix} \vec{i} & \vec{j} & \vec{k} \\ -\dfrac{3}{5}\sin t & \dfrac{3}{5}\cos t & \dfrac{4}{5} \\ -\cos t & -\sin t & 0 \end{vmatrix}$$

$$= \frac{4}{5}\sin t\,\vec{i} - \frac{4}{5}\cos t\,\vec{j} + \frac{3}{5}\vec{k}$$

$$\frac{d\vec{B}}{dt} = \frac{4}{5}\cos t\,\vec{i} + \frac{4}{5}\sin t\,\vec{j}$$

$$\frac{d\vec{B}}{ds} = \frac{\dfrac{d\vec{B}}{dt}}{\dfrac{ds}{dt}} = \frac{1}{v}\frac{d\vec{B}}{dt} = \frac{4}{25}(\cos t\,\vec{i} + \sin t\,\vec{j})$$

而

$$\frac{d\vec{B}}{ds} = -\tau\vec{N}$$

或

$$\frac{4}{25}(\cos t\,\vec{i} + \sin t\,\vec{j}) = -\tau(-\cos t\,\vec{i} - \sin t\,\vec{j})$$

得到

$$\tau = \frac{4}{25}$$

【範例 4】

位置向量如範例 3，求(a) $\vec{r}(s)$，(b) $\vec{T}(s)$，(c) $\vec{N}(s)$，(d) $\vec{B}(s)$，直接以變數 s 來微分之。

【解】

(a)由範例 3，已知 $s'(t) = v(t) = 5$，則

$$s(t) = \int_0^t v(\tau)d\tau = \int_0^t 5d\tau = 5t$$

代入 $\vec{r}(t)$ 中，得到 $\left(t = \dfrac{s}{5}\right)$

$$\vec{r}(s) = 3\cos\left(\frac{s}{5}\right)\vec{i} + 3\sin\left(\frac{s}{5}\right)\vec{j} + \frac{4}{5}s\,\vec{k}$$

(b) 　　$$\vec{T} = \frac{d\vec{r}}{ds} = -\frac{3}{5}\sin\left(\frac{s}{5}\right)\vec{i} + \frac{3}{5}\cos\left(\frac{s}{5}\right)\vec{j} + \frac{4}{5}\vec{k}$$

(c)
$$\frac{d\vec{T}}{ds} = \frac{-3}{25}\left[\cos\left(\frac{s}{5}\right)\vec{i} + \sin\left(\frac{s}{5}\right)\vec{j}\right]$$

$$\left\|\frac{d\vec{T}}{ds}\right\| = \frac{3}{25}$$

$$\vec{N} = \frac{\dfrac{d\vec{T}}{ds}}{\left\|\dfrac{d\vec{T}}{ds}\right\|} = \cos\left(\frac{s}{5}\right)\vec{i} + \sin\left(\frac{s}{5}\right)\vec{j}$$

(d)
$$\vec{B} = \vec{T}\times\vec{N} = \begin{vmatrix} \vec{i} & \vec{j} & \vec{k} \\ -\dfrac{3}{5}\sin\left(\dfrac{s}{5}\right) & \dfrac{3}{5}\cos\left(\dfrac{s}{5}\right) & \dfrac{4}{5} \\ \cos\left(\dfrac{s}{5}\right) & \sin\left(\dfrac{s}{5}\right) & 0 \end{vmatrix}$$

$$= \frac{4}{5}\sin\left(\frac{s}{5}\right)\vec{i} - \frac{4}{5}\cos\left(\frac{s}{5}\right)\vec{j} + \frac{3}{5}\vec{k}$$

【範例5】

對軌跡的參數方程式是 $x = x(s),\ y = y(s),\ z = z(s)$，證明曲率半徑

$\rho = [(x''(s))^2 + (y''(s))^2 + (z''(s))^2]^{-\frac{1}{2}}$

【解】

位置向量 $\vec{r}(s) = x(s)\vec{i} + y(s)\vec{j} + z(s)\vec{k}$

$$\vec{T}(s) = \vec{r}\,'(s) = x'(s)\vec{i} + y'(s)\vec{j} + z'(s)\vec{k}$$

$$\kappa = \|\vec{T}\,'(s)\| = \|x''(s)\vec{i} + y''(s)\vec{j} + z''(s)\vec{k}\|$$

$$= [(x''(s))^2 + (y''(s))^2 + (z''(s))^2]^{\frac{1}{2}}$$

$$\rho = \frac{1}{\kappa} = [(x''(s))^2 + (y''(s))^2 + (z''(s))^2]^{-\frac{1}{2}}$$

【範例6】

對軌跡線某點 p 而言，可以得到該點的三單位向量：$\vec{T_p}$、$\vec{N_p}$、$\vec{B_p}$，
(a)證明通過該點各線的位置向量表示法，

切線公式：$\vec{r} = \vec{r_p} + t\vec{T_p}$

垂直線公式：$\vec{r} = \vec{r_p} + t\vec{N_p}$

雙垂直線公式：$\vec{r} = \vec{r_p} + t\vec{B_p}$

(b)證明通過該點的

同步平面公式：$(\vec{r} - \vec{r_p}) \cdot \vec{B_p} = 0$

垂直平面公式：$(\vec{r} - \vec{r_p}) \cdot \vec{T_p} = 0$

修正平面公式：$(\vec{r} - \vec{r_p}) \cdot \vec{N_p} = 0$

【解】

(a)以切線公式為例，見下圖。

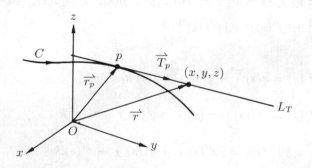

由於 $\vec{T_p}$ 平行於切線 L_T，故切線上任何一點 (x, y, z) 與參考點所形成的
位置向量 $\vec{r}$ 可用向量的加法方式求得，即

$$\vec{r} = \vec{r_p} + t\vec{T_p}$$

同理亦可得證其他兩式。

(b)以垂直平面為例, 其由 $\vec{B}$ 和 $\vec{N}$ 形成, 故其法向量是 $\vec{T_p}$ 平面上任何一點 $B(x, y, z)$ 與點 p 形成的向量一定垂直於法向量 $\vec{T_p}$。而 $B(x, y, z)$ 和點 p 之間的向量 $\overrightarrow{pB}$ 可由 $\vec{r}$ 和 $\vec{r_p}$ 間接求得: $\overrightarrow{pB} = \vec{r} - \vec{r_p}$, 故平面方程式為

$$(\vec{r} - \vec{r_p}) \cdot \vec{T_p} = 0$$

同理亦可證得其他兩式。

【範例7】

$\vec{r}(t) = (t^2 + 1)\vec{i} + (4t - 3)\vec{j} + (2t^2 - 6t)\vec{k}$, 求 $t = 1$ 之點的

(a)切線方程式。

(b)垂直平面方程式。

【解】

(a)
$$\frac{d\vec{r}}{dt} = 2t\vec{i} + 4\vec{j} + (4t - 6)\vec{k}$$

$$\frac{d\vec{r}}{dt}(t = 1) = 2\vec{i} + 4\vec{j} - 2\vec{k}$$

$$\vec{T}(t = 1) = \frac{\frac{d\vec{r}}{dt}}{\left\|\frac{d\vec{r}}{dt}\right\|}(t = 1) = \frac{1}{\sqrt{6}}(\vec{i} + 2\vec{j} - \vec{k})$$

$t = 1$ 的點 p 是 $(2, -1, -4)$

切線方程式通過點 $(2, -1, -4)$ 且平行於 $\vec{T} = \frac{1}{\sqrt{6}}(\vec{i} + 2\vec{j} - \vec{k})$, 故其方程式為

$$\frac{x - 2}{1} = \frac{y + 1}{2} = \frac{z + 4}{-1}$$

(b)垂直平面上的任意向量是由平面上任意點 (x, y, z) 和點 $p(2, -1, -4)$

形成為 $\langle x-2, y+1, z+4\rangle$。而 $\langle x-2, y+1, z+4\rangle$ 垂直於 $\vec{T}(t=1)$，故垂直平面方程式為

$$\langle x-2, y+1, z+4\rangle \cdot \langle 1, 2, -1\rangle = 0$$

得到

$$x + 2y - z = 4$$

1.根據下列位置向量 $\vec{r}(t)$，求 $\vec{v}, \vec{a}, a_T, a_N, \vec{T}, \vec{N}, \vec{B}$：

(a) $\vec{r}(t) = \left\langle \dfrac{3}{2}t, -1, \dfrac{1}{2}t^2 \right\rangle$ 　　(b) $\vec{r}(t) = \langle t\sin t, t\cos t, 1 \rangle$

(c) $\vec{r}(t) = \left\langle t, -t, \dfrac{1}{2}t \right\rangle$ 　　(d) $\vec{r}(t) = \langle e^t\sin t, -1, e^t\cos t \rangle$

(e) $\vec{r}(t) = \left\langle \sin t, \dfrac{1}{2}t, \cos t \right\rangle$ 　　(f) $\vec{r}(t) = e^{-t}\left\langle \dfrac{1}{2}, \dfrac{1}{2}, -1 \right\rangle$

(g) $\vec{r}(t) = \langle \sinh(t), -\cosh(t) \rangle$ 　　(h) $\vec{r}(t) = \left\langle t, t^2, \dfrac{2}{3}t^3 \right\rangle$

(i) $\vec{r}(t) = \left\langle t, -\dfrac{1}{2}\cos t, -\dfrac{1}{2}\sin t \right\rangle$ 　(j) $\vec{r}(t) = e^{-t}\langle 1, -1, t \rangle$

(k) $\vec{r}(t) = \left\langle \dfrac{1}{2}t^2, \dfrac{1}{2}t^2, -t \right\rangle$ 　　(l) $xy = 1, \ z = 1$

(m) $\vec{r}(t) = \left\langle t - \dfrac{1}{3}t^3, t^2, t + \dfrac{1}{3}t^3 \right\rangle$

2.證明 $\tau = \dfrac{\vec{r}'(s) \cdot (\vec{r}''(s) \times \vec{r}'''(s))}{\|\vec{r}''(s)\|^2} = \rho^2 \vec{r}'(s) \cdot (\vec{r}''(s) \times \vec{r}'''(s))$

3.若 $\vec{r}(s) = \left\langle \tan^{-1} s, \dfrac{1}{\sqrt{2}}\ln(s^2+1), s - \tan^{-1} s \right\rangle$，

　求 $\vec{T}, \ \vec{N}, \ \vec{B}, \ \kappa, \ \tau, \ \rho, \ \sigma$。

4.證明平面上的軌跡線之扭率是零。

5.給予位置向量，求 κ 和 τ：

(a) $\vec{r}(t) = \langle t, t^2, \dfrac{2}{3}t^3 \rangle$

(b) $\vec{r}(t) = \left\langle t - \dfrac{1}{3}t^3, t^2, t + \dfrac{1}{3}t^3 \right\rangle$

(c) $\overrightarrow{r}(t) = \langle t, t^2, t^3 \rangle$

(d) $\overrightarrow{r}(t) = \langle a\cos t, b\sin t \rangle$

(e) $\overrightarrow{r}(t) = \left\langle \theta - \sin\theta, 1 - \cos\theta, 4\sin\left(\dfrac{\theta}{2}\right) \right\rangle$

(f) $\overrightarrow{r}(t) = \left\langle \dfrac{2t+1}{t-1}, \dfrac{t^2}{t-1}, t+2 \right\rangle$

(g) $\overrightarrow{r}(t) = \langle a\cos t, a\sin t, ct \rangle$

6. 證明福利網公式可寫為

$$\frac{d\overrightarrow{T}}{ds} = \overrightarrow{\lambda} \times \overrightarrow{T}$$

$$\frac{d\overrightarrow{N}}{ds} = \overrightarrow{\lambda} \times \overrightarrow{N}$$

$$\frac{d\overrightarrow{B}}{ds} = \overrightarrow{\lambda} \times \overrightarrow{B}$$

$$\overrightarrow{\lambda} = \tau\overrightarrow{T} + \kappa\overrightarrow{B}$$

7. 證明半徑為 b 的圓形曲線之曲率為 $\dfrac{1}{b}$。

8. 令 $\overrightarrow{r}(t) = t\overrightarrow{i} + t^2\overrightarrow{j} + \dfrac{2}{3}t^3\overrightarrow{k}$，求在 $t = 1$ 的

(a)切線、垂直線、雙垂直線的方程式。

(b)同步、垂直、修正三平面的方程式。

9. 令 $\overrightarrow{r}(t) = \langle 3\cos t, 3\sin t, 4t \rangle$，求在 $t = \pi$ 的切線、垂直線及雙垂直線的方程式。

10. $\overrightarrow{r}(t) = \langle 3t - t^3, 3t^2, 3t + t^3 \rangle$，求在 $t = 1$ 的同步、垂直、修正三平面。

11. 證明 $\tau = \dfrac{\overrightarrow{r}'(t) \cdot (\overrightarrow{r}''(t) \times \overrightarrow{r}'''(t))}{\|\overrightarrow{r}'(t) \times \overrightarrow{r}''(t)\|^2}$ （註：引用習題 2 ）

7.5　向量場和場的力線方程式

　　首先介紹純量場 (scalar field) 之定義是空間上某位置 (x, y, z) 或某時間 t 所量測到的物理量之大小。譬如我們最熟悉的溫度，當您開冷氣或暖氣時，拿著時間反應較快的溫度感測器去量測冷氣旁的位置 (x_1, y_1, z_1) 和離冷氣 1 公尺外的任意位置 (x_2, y_2, z_2)，這兩位置的溫度一般是不相同的，因此溫度 T 在房間內的分佈就隨各位置 (x, y, z) 而有所不同，所以可以說溫度 T 是空間的函數，即

$$T = T(x, y, z)$$

若在相同位置、不同時間之下，量測的溫度又不一樣，則溫度 T 是時間的函數亦是空間的函數，即

$$T = T(x, y, z, t)$$

不管是 $T = T(x, y, z)$ 或 $T = T(x, y, z, t)$，就稱在 (x, y, z) 所形成的區間（或曲線）之場內量測而得的純量為純量場。簡言之，純量場是表示物理量（溫度、磁場、電場等）之大小在空間上分佈的情形。另外一般稱 $T = T(x, y, z)$ 為靜態場 (static field)；而 $T = T(x, y, z, t)$ 為時間依賴場 (time-dependent field) 或動態場 (dynamic field)。

　　向量場 (vector field) 的定義比純量場多加上方向而已，即空間上某點 (x, y, z) 或某時間 (t) 所量測到的物理量之大小和方向。簡言之，向量場是描述物理量之大小和方向在空間上分佈的情形。一般我們最容易體會到的向量場是磁場，譬如用指南針量測磁鐵周圍磁力的方向，您會發現在東南西北各地點的指針方向都不相同；若再加上高斯計就可量測各地點之磁力的大小。由各地點的磁力大小和方向這兩數據即

構成所謂磁場的向量場。

　　至於要說明純量、向量、向量場之間的分別，可從下面描述之，即

$$向量 = 純量 + 方向$$

$$向量場 = 向量 + 起始點$$

　　就舉個磁場範例來說明之：若在某空間上量測到的磁場（向量場的一種）$\vec{B}$ 為

$$\vec{B} = xy\,\vec{i} + (x-y)\,\vec{j}$$

則知道 $\vec{B} = \vec{B}(x,y)$，$\vec{B}$ 在 x 方向和 y 方向的分量分別為

$$\vec{B} = B_x\,\vec{i} + B_y\,\vec{j}$$

$$B_x(x,y) = xy,\ B_y(x,y) = x - y$$

在不同位置上所得到的磁場 $\vec{B}$ 是會不一樣的，譬如在點 $(1,1)$ 和點 $(1,3)$ 處，磁場各為

$$\vec{B}(1,1) = \vec{i}$$

$$\vec{B}(1,3) = 3\,\vec{i} - 2\,\vec{j}$$

請見圖 7.14：$\vec{B}(1,1)$ 是以起始點 $(1,1)$ 往正 x 方向射出大小為 1 的向量；$\vec{B}(1,3)$ 是以起始點 $(1,3)$ 往正 x 下偏 $\theta = 33.69°$ 的方向射出大小為 5 的向量。

圖 7.14　$\overrightarrow{B}(1,3)$ 和 $\overrightarrow{B}(1,1)$ 的大小和方向

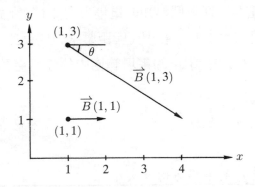

向量場 $\overrightarrow{B}(x,y)$ 和純量場 $T(x,y)$ 的微分為

$$dT(x,y) = \frac{\partial T}{\partial x}dx + \frac{\partial T}{\partial y}dy$$

$$d\overrightarrow{B}(x,y) = dB_x(x,y)\overrightarrow{i} + dB_y(x,y)\overrightarrow{j}$$

$$= \left(\frac{\partial B_x}{\partial x}dx + \frac{\partial B_x}{\partial y}dy\right)\overrightarrow{i} + \left(\frac{\partial B_y}{\partial x}dx + \frac{\partial B_y}{\partial y}dy\right)\overrightarrow{j}$$

$$= \left(\frac{\partial B_x}{\partial x}dx\,\overrightarrow{i} + \frac{\partial B_y}{\partial x}dx\,\overrightarrow{j}\right) + \left(\frac{\partial B_x}{\partial y}dy\,\overrightarrow{i} + \frac{\partial B_y}{\partial y}dy\,\overrightarrow{j}\right)$$

$$= \frac{\partial}{\partial x}(B_x\overrightarrow{i} + B_y\overrightarrow{j})dx + \frac{\partial}{\partial y}(B_x\overrightarrow{i} + B_y\overrightarrow{j})dy$$

$$= \frac{\partial \overrightarrow{B}}{\partial x}dx + \frac{\partial \overrightarrow{B}}{\partial y}dy$$

　　由於場是一種力的表現，以電場（或萬有引力場）為例，電荷 q_1 在空間上產生的電場 $\overrightarrow{E}$ 由庫侖定律可推導得到

$$\overrightarrow{E} = \frac{q_1}{4\pi\epsilon r^2}\overrightarrow{u_r}$$

或

$$\overrightarrow{E} = \frac{q_1}{4\pi\epsilon}\frac{\overrightarrow{r}}{r^3} \tag{7.20}$$

其中 $r = \|\vec{r}\|$ 以 q_1 所在地點為參考點，$\vec{u_r} = \dfrac{\vec{r}}{r}$ 是單位位置向量。

若 q_1 是正電荷，則我們熟知的電場方向如 (7.20) 式所定義是向圓心發散出去且場的大小愈來愈小（與距離平方成反比），如圖 7.15 所示。依據庫侖定律，在這 q_1 的電場範圍內的任何電荷 q_2 所受到的力量 $\vec{F}$ 是為

$$\vec{F} = q_2 \vec{E} = \frac{q_1 q_2}{4\pi\epsilon r^3} \vec{r}$$

圖 7.15　正電荷 q_1 的電場方向及大小

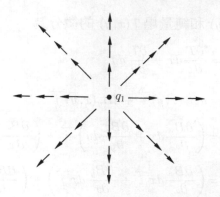

那麼這電荷受到這力量（若 q_1 固定，而 q_2 在無摩擦力的自由空間）就會隨著場（或力）的方向移動而畫出一道軌跡。這道軌跡線在向量場上被稱為力線 (lines of force)、流線 (flow lines)、或水流線 (streamlines)。由於水是可見的，所以水流出來的軌跡線很容易就看出來，而電場、磁場的力線則需要藉由量測器材或量測物質（譬如剛才提起的電荷 q_2）。

對正電荷 q_1 所產生的電場 $\vec{E}$ 而言，電荷 q_2 所畫出的力線（或軌跡線）一定是一條條通過 q_1 所在位置點的直線且這直線和 $\vec{E}$ 平行，如圖7.15 所示。簡言之，力線一定是平行於向量場 ($\vec{E}$) 的軌跡線。在我們這空間上存在很多的場，譬如電場和磁場，產生所謂的電力線與

磁力線如圖 7.16 所示（圖中亦有水流線或航空學上的風流線）。

圖7.16　向量場產生的力線

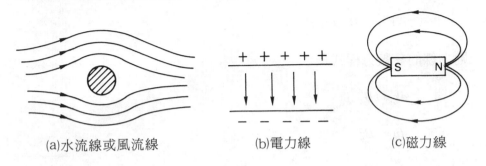

(a)水流線或風流線　　　　(b)電力線　　　　(c)磁力線

既然已知向量場 $\vec{B}$（以磁場的符號為例）在空間上的分佈（設如圖 7.17 所示），即

$$\vec{B}(x,y,z) = B_x(x,y,z)\,\vec{i} + B_y(x,y,z)\,\vec{j} + B_z(x,y,z)\,\vec{k}$$

那麼如何找出力線方程式呢?

圖7.17　向量場 $\vec{B}$ 與力線

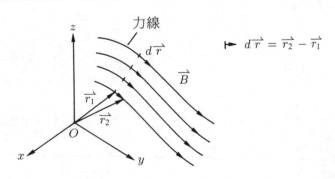

$$d\vec{r} = \vec{r_2} - \vec{r_1}$$

答案是從前面得到的結論「力線和向量場平行」來求力線方程式。見圖 7.17，以 "O" 為參考點，則指向力線（或平行力線）的向量就是 7.3 節所說明過的 $d\vec{r}$，即

$$d\vec{r} \,/\!/\, \vec{B} \quad (\,/\!/ : 平行於\,)$$

由方程式表示為

$$d\vec{r} = t\,\vec{B} \quad (t \in R)$$

則力線的參數方程式是

$$dx = tB_x$$

$$dy = tB_y$$

$$dz = tB_z$$

而力線的正常型 (normal form) 為

$$\frac{dx}{B_x} = \frac{dy}{B_y} = \frac{dz}{B_z} \tag{7.21}$$

一般都以正常型來求力線的方程式（若 B_x, B_y, $B_z \neq 0$）。

解題範例

【範例1】

一雷射唱盤以固定角速度 $\vec{\omega} = \omega \vec{k}$ 運轉，求盤上的速度向量場。

【解】

依據速度 $\vec{v}$ 的推導（見 7.3 節的範例 7），

$$\vec{v} = \vec{\omega} \times \vec{r} = \begin{vmatrix} \vec{i} & \vec{j} & \vec{k} \\ 0 & 0 & \omega \\ x & y & 0 \end{vmatrix} = -\omega y \vec{i} + \omega x \vec{j}$$

$$\|\vec{v}\| = \sqrt{(\omega y)^2 + (\omega x)^2} = \omega \|\vec{r}\| \quad （大小與距離成正比）$$

見圖 7.18 的速度向量場，注意 $\vec{v}$ 垂直於 $\vec{r}$ 和 $\vec{\omega}$。

圖7.18　速度向量場

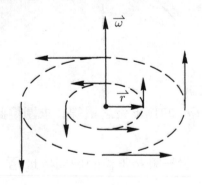

【範例2】

描述萬有引力場。

【解】

依據牛頓引力定律，引力 $\vec{G}$ 的定義為

$$\vec{G} = -\frac{kmM}{r^2}\vec{u}_r$$

或

$$\vec{G} = -\frac{kmM}{r^3}\vec{r} \tag{7.22}$$

其中 k 是引力常數 $(= 6.67 \times 10^{-8}\text{cm}^3/(\text{gm}\cdot\text{sec}^2))$，$m$ 和 M 是物體的質量。若以物體 M 為中心，則任何物體 m 所受到的引力場之方向指向該物體的位置，場之大小與物體的距離平方成反比，見圖 7.19。

圖 7.19　萬有引力場

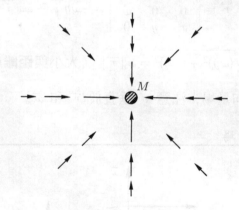

【範例 3】

一條通過電流 $\vec{I} = I\vec{k}$ 的無限長之電線，求圍繞此電線的磁場。

【解】

根據安培力的定律，對無限長電線的周圍磁場 $\vec{B}$ 可推導得到為

$$\vec{B} = \frac{\mu_0 I}{2\pi r^2}(-y\vec{i} + x\vec{j}) = \frac{c}{r^2}(-y\vec{i} + x\vec{j}) \tag{7.23}$$

其中 $c = \frac{\mu_0 I}{2\pi}$ 是常數，$r = \sqrt{x^2 + y^2}$ 是離電線的圓半徑，見圖 7.20。故磁場 $\vec{B}$ 的方向可用右手定則決定之，場的大小和半徑 r 成反比。

$$\vec{B}(0,1) = -c\,\vec{i}\,; \quad \vec{B}(0,2) = -\frac{c}{2}\,\vec{i}$$

$$\vec{B}(1,0) = c\,\vec{j}\,; \quad \vec{B}(2,0) = \frac{c}{2}\,\vec{j}$$

$$\vec{B}(0,-1) = c\,\vec{i}\,; \quad \vec{B}(0,-2) = \frac{c}{2}\,\vec{i}$$

$$\vec{B}(-1,0) = -c\,\vec{j}\,; \quad \vec{B}(-2,0) = -\frac{c}{2}\,\vec{j}$$

圖 7.20　無限長電線的磁場

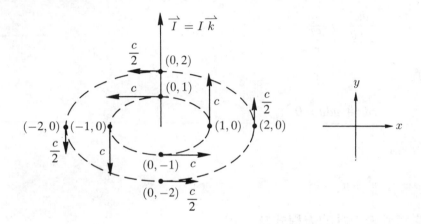

【範例 4】

以範例 3 的磁場為例，求磁力線方程式。

【解】

$$\vec{B} = \frac{c}{r^2}(-y\,\vec{i} + x\,\vec{j})$$

得到

$$B_x = \frac{-cy}{r^2}$$

$$B_y = \frac{cx}{r^2}$$

$$B_z = 0$$

因為 $B_z = 0$，故由參數方程式求 z 的方程式為

$$dz = tB_z = 0$$

得到 $z = c_1$, c_1 是常數。

因為 $B_x, B_y \neq 0$，由正常型求線方程式為

$$\frac{dx}{B_x} = \frac{dy}{B_y}$$

或

$$\frac{dx}{\dfrac{-cy}{r^2}} = \frac{dy}{\dfrac{cx}{r^2}}$$

得到

$$xdx + ydy = 0$$

積分之，

$$x^2 + y^2 = c_2$$

結果得到磁力線的方程式為

$$x^2 + y^2 = c_2, \ z = c_1$$

任意找出通過點 $(1, 0, 1)$ 的磁力線方程式即為

$$x^2 + y^2 = 1, \ z = 1 \quad （見圖 7.20 的圓）$$

而在該點的磁場 $\vec{B}(1,0,1) = \vec{B}(1,0) = c\,\vec{j}$

【範例 5】
求電荷引起的電場之力線方程式。
【解】

$$\vec{E} = \frac{q_1}{4\pi\epsilon} \frac{\vec{r}}{r^3}$$

得到

$$E_x = \frac{q_1}{4\pi\epsilon} \frac{x}{r^3}$$

$$E_y = \frac{q_1}{4\pi\epsilon} \frac{y}{r^3}$$

$$E_z = \frac{q_1}{4\pi\epsilon} \frac{z}{r^3}$$

力線方程式為

$$\frac{dx}{E_x} = \frac{dy}{E_y} = \frac{dz}{E_z}$$

或

$$\frac{dx}{x} = \frac{dy}{y} = \frac{dz}{z}$$

積分之，得到

$$\ln x + \ln c_1 = \ln y + \ln c_2 = \ln z + \ln c_3$$

或

$$x = \frac{y}{c_4} = \frac{z}{c_5}; \ c_4 = \frac{c_2}{c_1}, \ c_5 = \frac{c_3}{c_1} \text{是任意常數}$$

上述的力線方程式是一群通過參考點的直線。

【範例6】

已知向量場 $\vec{F} = x^2\,\vec{i} + 3y\,\vec{j} - \vec{k}$，求力線方程式。

【解】

$$F_x = x^2, \ F_y = 3y, \ F_z = -1$$

力線方程式為

$$\frac{dx}{x^2} = \frac{dy}{3y} = \frac{dz}{-1}$$

積分之,

$$-\frac{1}{x} + c_1 = \frac{1}{3}(\ln y + c_2) = -z + c_3$$

可得到聯立方程式

$$z = \frac{1}{x} + c_4, \ c_4 = c_3 - c_1$$

$$y = c_5 e^{-3z}, \ c_5 = e^{(3c_3 - c_2)}$$

【範例 7】

若 $\vec{F} = zx\,\vec{i} + e^y\,\vec{j} - y\,\vec{k}$, 求 $\dfrac{\partial \vec{F}}{\partial x}$, $\dfrac{\partial \vec{F}}{\partial y}$, $\dfrac{\partial \vec{F}}{\partial z}$, $d\vec{F}$

【解】

$$\frac{\partial \vec{F}}{\partial x} = \frac{\partial(zx)}{\partial x}\,\vec{i} + \frac{\partial(e^y)}{\partial x}\,\vec{j} - \frac{\partial(y)}{\partial x}\,\vec{k} = z\,\vec{i}$$

$$\frac{\partial \vec{F}}{\partial y} = e^y\,\vec{j} - \vec{k}$$

$$\frac{\partial \vec{F}}{\partial z} = x\,\vec{i}$$

$$d\vec{F} = \frac{\partial \vec{F}}{\partial x}dx + \frac{\partial \vec{F}}{\partial y}dy + \frac{\partial \vec{F}}{\partial z}dz$$

$$= zdx\,\vec{i} + (e^y\,\vec{j} - \vec{k})dy + xdz\,\vec{i}$$

$$= (x + z)dx\,\vec{i} + e^y dy\,\vec{j} - dy\,\vec{k}$$

習　題

1～8題，求(a) $\dfrac{\partial \vec{B}}{\partial x}$ 和 $\dfrac{\partial \vec{B}}{\partial y}$

(b)畫出 $\vec{B}(x,y)$ 在點 (x,y) 上的向量

1. $\vec{B} = \langle x, -2xy \rangle;\ \vec{B}(0,1),\ \vec{B}(1,2)$

2. $\vec{B} = \langle e^x, -2x^2y \rangle;\ \vec{B}(1,0),\ \vec{B}(0,1)$

3. $\vec{B} = \langle x^2, y^2 \rangle;\ \vec{B}(0,2),\ \vec{B}(0,-2)$

4. $\vec{B} = \left\langle xy, \dfrac{1}{2}\cos x \right\rangle;\ \vec{B}\left(\dfrac{\pi}{2}, 0\right),\ \vec{B}(\pi, 1)$

5. $\vec{B} = \langle x-y, x+y \rangle;\ \vec{B}(1,2),\ \vec{B}(0,1)$

6. $\vec{B} = \langle e^{-x}y, 8xy \rangle;\ \vec{B}(1,-3),\ \vec{B}(-1,-2)$

7. $\vec{B} = \langle y^2\ln(x+1), 4xy^3 \rangle;\ \vec{B}(0,1),\ \vec{B}(1,-1)$

8. $\vec{B} = \langle y\sin(2x), x^2 \rangle;\ \vec{B}\left(\dfrac{\pi}{4}, 1\right),\ \vec{B}\left(-\dfrac{\pi}{4}, -2\right)$

9～13題，求 $\dfrac{\partial \vec{E}}{\partial x},\ \dfrac{\partial \vec{E}}{\partial y},\ \dfrac{\partial \vec{E}}{\partial z},\ d\vec{E}$

9. $\vec{E} = \langle e^{xy}, -x^2y, \cosh(z+x) \rangle$

10. $\vec{E} = \langle z^2\cos x, -x^3yz, x^3y \rangle$

11. $\vec{E} = \langle xy^3, \ln(x+y+z), \cosh(xyz) \rangle$

12. $\vec{E} = \langle -z^2\sin(xy), xy^4z, \cosh(z-x) \rangle$

13. $\vec{E} = \langle x-y, x^2-y^2-z^2, xy \rangle$

14～21題，求(a)力線方程式

(b)通過指定點的力線方程式

14. $\overrightarrow{E} = \langle 1, -1, 1 \rangle;\ (0, 1, 2)$

15. $\overrightarrow{E} = \langle 2\cos y, \sin x, 0 \rangle;\ \left(\dfrac{\pi}{2}, 0, -4 \right)$

16. $\overrightarrow{E} = \langle 0, e^z, -\cos y \rangle;\ \left(1, \dfrac{\pi}{4}, 0 \right)$

17. $\overrightarrow{E} = \langle x^2, -y, z^3 \rangle;\ (2, 1, 5)$

18. $\overrightarrow{E} = \langle 2e^z, 0, -x^2 \rangle;\ (2, 1, 0)$

19. $\overrightarrow{E} = \langle x^2, 2y^2, -z^2 \rangle;\ (1, 1, 1)$

20. $\overrightarrow{E} = \langle \sec x, -\cot x, 2 \rangle;\ \left(\dfrac{\pi}{4}, 0, 2 \right)$

21. $\overrightarrow{E} = \langle -1, e^z, -\cos y \rangle;\ \left(1, \dfrac{\pi}{4}, 0 \right)$

7.6　向量場之梯度

　　量測向量場有時候並不容易，在某些情形，可由純量場來推導向量場。這種情形之下，只要進行比較容易量測的純量場了（因為只要量測物理量的大小，而不用量測方向）。

　　純量場和向量場的橋樑就是梯度 $\vec{\nabla}$ (gradient)，其定義是從純量的全微分推導而來。對直角坐標系統，若純量場 $\phi(x,y,z)$ 是可微分的，則全微分 $d\phi(x,y,z)$ 可寫成

$$d\phi(x,y,z) = \frac{\partial \phi}{\partial x}dx + \frac{\partial \phi}{\partial y}dy + \frac{\partial \phi}{\partial z}dz$$

$$= \left(\frac{\partial \phi}{\partial x}\vec{i} + \frac{\partial \phi}{\partial y}\vec{j} + \frac{\partial \phi}{\partial z}\vec{k} \right) \cdot (dx\,\vec{i} + dy\,\vec{j} + dz\,\vec{k})$$

$$= \left(\frac{\partial}{\partial x}\vec{i} + \frac{\partial}{\partial y}\vec{j} + \frac{\partial}{\partial z}\vec{k} \right) \phi \cdot d\vec{r}$$

$$= \vec{\nabla}\phi \cdot d\vec{r} \tag{7.24}$$

因此在直角坐標系統上，梯度 $\vec{\nabla}$ 的定義是

$$\vec{\nabla} = \frac{\partial}{\partial x}\vec{i} + \frac{\partial}{\partial y}\vec{j} + \frac{\partial}{\partial z}\vec{k} \tag{7.25}$$

這裡要特別提醒的是，對不同的坐標系統，梯度 $\vec{\nabla}$ 要重新推導之，如 (7.24) 式所示。

　　$\vec{\nabla}\phi$ 本身就是向量場，在工程上，電位 $\phi(x,y,z)$ 和電場 $\vec{E}$ 之間正好呈現梯度的關係，即

$$\vec{E} = -\vec{\nabla}\phi \tag{7.26}$$

舉個範例說，空間上任何電荷 q_1 所產生的電位場 $\phi(x,y,z)$ 為

$$\phi(x,y,z) = \frac{q_1}{4\pi\epsilon}\frac{1}{r} = \frac{q_1}{4\pi\epsilon}(x^2+y^2+z^2)^{-\frac{1}{2}}$$

那麼根據 (7.26) 式, q_1 所產生的電場 $\vec{E}$ 應該為

$$\vec{E} = -\vec{\nabla}\phi = -\frac{q_1}{4\pi\epsilon}\left(\frac{\partial}{\partial x}\vec{i} + \frac{\partial}{\partial y}\vec{j} + \frac{\partial}{\partial z}\vec{k}\right)(x^2+y^2+z^2)^{-\frac{1}{2}}$$

$$= -\frac{q_1}{4\pi\epsilon}\cdot\frac{-1}{r^3}(x\vec{i}+y\vec{j}+z\vec{k}) = \frac{q_1}{4\pi\epsilon}\cdot\frac{\vec{r}}{r^3}$$

上式正好吻合於 (7.20) 式, 故電位和電場之間有 (7.26) 式的梯度關係了。

事實上, 以數學的觀點, 可以把梯度當作一階的微分向量, 即

梯度＝微分＋向量

以一維空間為例, $\phi = \phi(\lambda)$, 則梯度 $\vec{\nabla} = \dfrac{d}{dx}\vec{i}$, 而

$$\vec{\nabla}\phi(x) = \frac{d\phi}{dx}\vec{i} = \phi'(x)\vec{i}$$

到了二維以上的空間, $\vec{\nabla}$ 就變成一階的偏微分向量了。由此, 我們可以定義所謂的方向微分 (directional derivative), 其定義為

$$D_u\phi = \vec{\nabla}\phi\cdot\vec{u} \tag{7.27}$$

其中 $\vec{u}$ 是單位向量, 用來求取 $\vec{u}$ 所指方向之微分 ϕ (或 ϕ 的改變率) 的大小。

以圖 7.21 之電場為例, 很明顯的 $\phi(x) = 3x$ (伏特), 而梯度則是

$$\vec{\nabla}\phi(x) = \frac{d}{dx}(3x)\vec{i} = 3\vec{i}\,(\text{V/cm})$$

這表示在正 x 方向, $\phi(x)$ 每公分上升 3 伏特。那麼如圖 7.21 之 $\vec{u}$ 的方向, $\phi(x)$ 每公分改變多少伏特? 這時候可用方向微分的方法, 即

$$D_u\phi = \vec{\nabla}\phi\cdot\vec{u}$$

圖 7.21　兩平面電荷間的電場

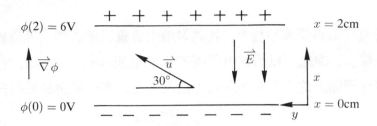

而 $\vec{u} = \sin 30° \vec{i} + \cos 30° \vec{j} = \dfrac{1}{2}\vec{i} + \dfrac{\sqrt{3}}{2}\vec{j}$，故得到

$$D_u\phi = 3\vec{i} \cdot \left(\frac{1}{2}\vec{i} + \frac{\sqrt{3}}{2}\vec{j}\right) = \frac{3}{2}\,(\text{V/cm})$$

結果在 $\vec{u}$ 方向，$\phi(x)$ 每公分是上升 $\dfrac{3}{2}$ 伏特。以上是說明方向微分的物理意義。

定理 7.12

若 ϕ 和 ϕ' 是連續的且 $\vec{\nabla}\phi(P_0) \neq 0$，則在這點 P_0 上，ϕ 最大的改變率是 $\|\vec{\nabla}\phi(P_0)\|$。

【證明】

ϕ 的改變率可由 $D_u\phi$ 代表之，而

$$D_u\phi(P_0) = \vec{\nabla}\phi(P_0) \cdot \vec{u} = \|\vec{\nabla}\phi(P_0)\|\,\|\vec{u}\|\cos\theta = \|\vec{\nabla}\phi(P_0)\|\cos\theta$$

因為 $-1 \leq \cos\theta \leq 1$，所以

$$D_u\phi(P_0) \leq \|\vec{\nabla}\phi(P_0)\|$$

只要 $\vec{u}$ 和 $\vec{\nabla}\phi(P_0)$ 同方向 $(\theta = 0)$，則 $\cos\theta = 1$，便可得到 ϕ 在 P_0 點上最大的改變率 $\|\vec{\nabla}\phi(P_0)\|$。由此亦可知，$\phi$ 最大改變率的方向就是 $\vec{\nabla}\phi$

所指的方向。

　　一般在電磁學或地理上，我們習慣上會畫出所謂的「等位線」或「等高線」。由此可以衍伸出所謂的等位平面 (level surface)，意思是說在這些平面上的各點有相同的電位或高度。等位平面的數學表示是為

$$\phi(x,y,z) = c, \ c > 0 \text{是常數}$$

譬如 $\phi(x,y,z) = x^2 + y^2 + z^2 = 4$ 所代表的等位平面是半徑為 2 的球體表面。

定理 7.13

若 ϕ 是可微分的且 $\vec{\nabla}\phi \neq 0$，則 $\vec{\nabla}\phi$ 是等位平面 $\phi(x,y,z) = c(c > 0)$ 的法向量。

【證明】

已知 $\phi(x,y,z) = c$，則

$$d\phi(x,y,z) = \frac{\partial \phi}{\partial x}dx + \frac{\partial \phi}{\partial y}dy + \frac{\partial \phi}{\partial z}dz = 0$$

或

$$\vec{\nabla}\phi \cdot d\vec{r} = 0$$

故 $\vec{\nabla}\phi$ 垂直於 $d\vec{r}$，而在 7.3 節已說明 $d\vec{r}$ 是屬於平面的一小段向量（或切線向量），故得證 $\vec{\nabla}\phi$ 是 $\phi(x,y,z) = c$ （等位平面或平面）的法向量。

解題範例

【範例 1 】

若 $\phi(x, y, z) = 2x^2y - y^2z^3$，求在點 $(1, 2, -1)$ 上的 $\overrightarrow{\nabla}\phi$。

【解】

$$\overrightarrow{\nabla}\phi = \frac{\partial \phi}{\partial x}\overrightarrow{i} + \frac{\partial \phi}{\partial y}\overrightarrow{j} + \frac{\partial \phi}{\partial z}\overrightarrow{k}$$

$$= 4xy\overrightarrow{i} + (2x^2 - 2yz^3)\overrightarrow{j} + (-3y^2z^2)\overrightarrow{k}$$

$$\overrightarrow{\nabla}\phi(1, 2, -1) = 8\overrightarrow{i} + (2 + 4)\overrightarrow{j} - 12\overrightarrow{k}$$

$$= 8\overrightarrow{i} + 6\overrightarrow{j} - 12\overrightarrow{k}$$

【範例 2 】

令 $\phi(x, y, z) = 2x^2y - y^2z^3$，求在點 $(1, 2, -1)$ 及 $\overrightarrow{i} + 2\overrightarrow{j} + 2\overrightarrow{k}$ 方向上的 $\phi(x, y, z)$ 改變率。

【解】

已知 $\overrightarrow{\nabla}\phi(1, 2, -1) = 8\overrightarrow{i} + 6\overrightarrow{j} - 12\overrightarrow{k}$，

$$\overrightarrow{u} = \frac{\overrightarrow{i} + 2\overrightarrow{j} + \overrightarrow{k}}{\|\overrightarrow{i} + 2\overrightarrow{j} + 2\overrightarrow{k}\|} = \frac{1}{3}(\overrightarrow{i} + 2\overrightarrow{j} + 2\overrightarrow{k})$$

$$D_u\phi = \overrightarrow{\nabla}\phi \cdot \overrightarrow{u} = \langle 8, 6, -12 \rangle \cdot \frac{1}{3}\langle 1, 2, 2 \rangle$$

$$= \frac{1}{3}(8 + 12 - 24)$$

$$= \frac{-4}{3}$$

【範例3】

一圓錐平面的定義是 $z = x^2 + y^2, z \in [0,9]$，求圓錐平面的在點 $(1,0,4)$ 上的單位法向量。

【解】

已知圓錐平面 $z = x^2 + y^2$，可令

$$\phi(x,y,z) = x^2 + y^2 - z$$

則

$$\phi(x,y,z) = 0$$

代表本題的圓錐平面，其法向量應為

$$\overrightarrow{\nabla}\phi = 2x\,\overrightarrow{i} + 2y\,\overrightarrow{j} - \overrightarrow{k}$$

$$\overrightarrow{\nabla}\phi(1,0,4) = 2\,\overrightarrow{i} - \overrightarrow{k}$$

單位法向量 $\overrightarrow{n}$ （見下圖）

$$\overrightarrow{n} = \frac{\overrightarrow{\nabla}\phi}{\|\overrightarrow{\nabla}\phi\|} = \frac{1}{\sqrt{5}}(2\,\overrightarrow{i} - \overrightarrow{k})$$

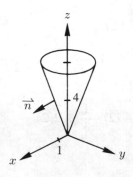

【範例 4】

令 $\phi(x, y, z) = z(2x + e^y - 1)$，求

(a)在點 $(1, 0, 1)$ 的 $\phi(x, y, z)$ 之最大改變率。

(b)求 $\phi(x, y, z) = 2$ 上通過點 $(1, 0, 1)$ 的法向量、切平面 (tangent plane)，

和穿過該點的垂直線 (normal line)。

【解】

(a) $\overrightarrow{\nabla}\phi(x, y, z) = 2z\overrightarrow{i} + e^y z\overrightarrow{j} + (2x + e^y - 1)\overrightarrow{k}$

$\overrightarrow{\nabla}\phi(1, 0, 1) = 2\overrightarrow{i} + \overrightarrow{j} + 2\overrightarrow{k}$

最大改變率就是

$$\|\overrightarrow{\nabla}\phi(1, 0, 1)\| = \sqrt{2^2 + 1^2 + 2^2} = 3$$

(b)法向量就是 $\overrightarrow{\nabla}\phi(1, 0, 1) = 2\overrightarrow{i} + \overrightarrow{j} + 2\overrightarrow{k}$

切平面為

$$\overrightarrow{\nabla}\phi \cdot \langle x - 1, y - 0, z - 1 \rangle = 0$$

得到

$$2(x - 1) + y + 2(z - 1) = 0$$

$$2x + y + 2z = 4$$

垂直線平行於法向量 $\overrightarrow{\nabla}\phi$，得到垂直線的正常型方程式為（見下圖）

$$\frac{x - 1}{2} = \frac{y - 0}{1} = \frac{z - 1}{2}$$

或

$$\frac{x - 1}{2} = y = \frac{z - 1}{2}$$

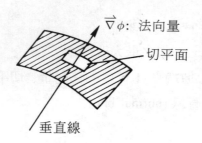

$\overrightarrow{\nabla}\phi$: 法向量

切平面

垂直線

【範例5】

求兩平面 $x^2 + y^2 + z^2 = 5$ 和 $z = x^2 + y^2 + 1$ 在點 $(1, 0, 2)$ 上的夾角。

【解】

令 $\phi_1 = x^2 + y^2 + z^2,\ \phi_2 = x^2 + y^2 - z$

則兩平面分別改為

$$\phi_1 = 5 \ \text{和} \ \phi_2 = -1$$

兩平面的法向量在 $(1, 0, 2)$ 分別為

$$\overrightarrow{\nabla}\phi_1(1, 0, 2) = 2x\overrightarrow{i} + 2y\overrightarrow{j} + 2z\overrightarrow{k} = 2\overrightarrow{i} + 4\overrightarrow{k}$$

$$\overrightarrow{\nabla}\phi_2(1, 0, 2) = 2x\overrightarrow{i} + 2y\overrightarrow{j} - z\overrightarrow{k} = 2\overrightarrow{i} - 2\overrightarrow{k}$$

兩平面在點 $(1, 0, 2)$ 的夾角 θ 為

$$\overrightarrow{\nabla}\phi_1 \cdot \overrightarrow{\nabla}\phi_2 = \|\overrightarrow{\nabla}\phi_1\| \ \|\overrightarrow{\nabla}\phi_2\| \cos\theta$$

$$4 - 8 = 2\sqrt{5} \cdot 2\sqrt{2}\cos\theta$$

$$\cos\theta = \frac{-4}{4\sqrt{10}}$$

$$\theta \approx 108.4° \ \text{或} \ 0.6\pi$$

【範例 6】

證明 (a) $\vec{\nabla}(\phi_1 + \phi_2) = \vec{\nabla}\phi_1 + \vec{\nabla}\phi_2$

　　　(b) $\vec{\nabla}(\phi_1\phi_2) = \phi_1\vec{\nabla}\phi_2 + \phi_2\vec{\nabla}\phi_1$

【解】

(a) $\vec{\nabla}(\phi_1 + \phi_2) = \dfrac{\partial(\phi_1 + \phi_2)}{\partial x}\vec{i} + \dfrac{\partial(\phi_1 + \phi_2)}{\partial y}\vec{j} + \dfrac{\partial(\phi_1 + \phi_2)}{\partial z}\vec{k}$

$= \left(\dfrac{\partial\phi_1}{\partial x} + \dfrac{\partial\phi_2}{\partial x}\right)\vec{i} + \left(\dfrac{\partial\phi_1}{\partial y} + \dfrac{\partial\phi_2}{\partial y}\right)\vec{j} + \left(\dfrac{\partial\phi_1}{\partial z} + \dfrac{\partial\phi_2}{\partial z}\right)\vec{k}$

$= \left(\dfrac{\partial\phi_1}{\partial x}\vec{i} + \dfrac{\partial\phi_1}{\partial y}\vec{j} + \dfrac{\partial\phi_1}{\partial z}\vec{k}\right)$

$\quad + \left(\dfrac{\partial\phi_2}{\partial x}\vec{i} + \dfrac{\partial\phi_2}{\partial y}\vec{j} + \dfrac{\partial\phi_2}{\partial z}\vec{k}\right)$

$= \vec{\nabla}\phi_1 + \vec{\nabla}\phi_2$

(b) $\vec{\nabla}(\phi_1\phi_2) = \dfrac{\partial(\phi_1\phi_2)}{\partial x}\vec{i} + \dfrac{\partial(\phi_1\phi_2)}{\partial y}\vec{j} + \dfrac{\partial(\phi_1\phi_2)}{\partial z}\vec{k}$

$= \left(\phi_1\dfrac{\partial\phi_2}{\partial x} + \phi_2\dfrac{\partial\phi_1}{\partial x}\right)\vec{i} + \left(\phi_1\dfrac{\partial\phi_2}{\partial y} + \phi_2\dfrac{\partial\phi_1}{\partial y}\right)\vec{j}$

$\quad + \left(\phi_1\dfrac{\partial\phi_2}{\partial z} + \phi_2\dfrac{\partial\phi_1}{\partial z}\right)\vec{k}$

$= \left(\phi_1\dfrac{\partial\phi_2}{\partial x}\vec{i} + \phi_1\dfrac{\partial\phi_2}{\partial y}\vec{j} + \phi_1\dfrac{\partial\phi_2}{\partial z}\vec{k}\right)$

$\quad + \left(\phi_2\dfrac{\partial\phi_1}{\partial x}\vec{i} + \phi_2\dfrac{\partial\phi_1}{\partial y}\vec{j} + \phi_2\dfrac{\partial\phi_1}{\partial z}\vec{k}\right)$

$= \phi_1\vec{\nabla}\phi_2 + \phi_2\vec{\nabla}\phi_1$

【範例 7】

空間上點 $A(a, b, c)$ 到點 $P(x, y, z)$ 的距離為 r，證明 $\vec{\nabla}r$ 是平行於 $\overline{AP}$ 線段的單位向量。

【解】

$$r = \overline{AP} = \sqrt{(x-a)^2 + (y-b)^2 + (z-c)^2}$$

$$\vec{\nabla} r = \frac{\partial r}{\partial x}\, \vec{i} + \frac{\partial r}{\partial y}\, \vec{j} + \frac{\partial r}{\partial z}\, \vec{k}$$

$$= \frac{x-a}{r}\, \vec{i} + \frac{y-b}{r}\, \vec{j} + \frac{z-c}{r}\, \vec{k}$$

$$= \frac{1}{r}[(x\, \vec{i} + y\, \vec{j} + z\, \vec{k}) - (a\, \vec{i} + b\, \vec{j} + c\, \vec{k})]$$

$$= \frac{1}{r}(\overrightarrow{OP} - \overrightarrow{OA})$$

$$= \frac{1}{r}\overrightarrow{PA}$$

$\overrightarrow{PA}$ 向量平行於 $\overline{AP}$ 線段，且 $\overrightarrow{PA}$ 之大小就是 $\overline{AP}$ 線段的大小。故得證 $\vec{\nabla} r$ 是平行於 $\overline{AP}$ 線段的單位向量，即

$$\|\vec{\nabla} r\| = \frac{r}{r} = 1$$

又見下圖的說明（點 "O" 是參考點）。

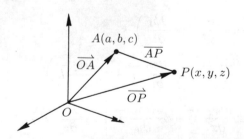

【範例8】

已知電場 $\vec{E} = -x\, \vec{i} - y\, \vec{j} + \vec{k}$，求電位 ϕ 的分佈。

【解】

由 (7.26) 式知道 $\vec{E} = -\vec{\nabla} \phi$，得到

$$\overrightarrow{\nabla}\phi = \frac{\partial\phi}{\partial x}\overrightarrow{i} + \frac{\partial\phi}{\partial y}\overrightarrow{j} + \frac{\partial\phi}{\partial z}\overrightarrow{k} = -\overrightarrow{E} = x\overrightarrow{i} + y\overrightarrow{j} - \overrightarrow{k}$$

$$\frac{\partial\phi}{\partial x} = x, \ \ \frac{\partial\phi}{\partial y} = y, \ \ \frac{\partial\phi}{\partial z} = -1$$

由 $\frac{\partial\phi}{\partial x} = x$，得到 $\phi(x,y,z) = \frac{1}{2}x^2 + f(y,z)$，代入

$$\frac{\partial\phi}{\partial y} = y$$

得到

$$\frac{\partial f(y,z)}{\partial y} = y$$

即

$$f(y,z) = \frac{1}{2}y^2 + g(z)$$

代入

$$\frac{\partial\phi}{\partial z} = -1$$

得到

$$\frac{dg(z)}{dz} = -1$$

即

$$g(z) = -z + c \quad (\text{令 } c = 0)$$

則電位分佈，

$$\phi(x,y,z) = \frac{1}{2}x^2 + \frac{1}{2}y^2 - z$$

習 題

1 ～ 18 題，求 $\vec{\nabla}\phi(x,y,z)$ 和 $\vec{\nabla}\phi(P_0)$，點 $P_0 = (x_0, y_0, z_0)$

1. $\phi = 2xy,;\ (1,1,1)$

2. $\phi = xy;\ (1,0,0)$

3. $\phi = 2xy + xe^z;\ (-2,1,6)$

4. $\phi = \dfrac{x}{y};\ (1,1,1)$

5. $\phi = \cosh(2xy) - \sinh(z);\ (0,1,0)$

6. $\phi = \tan^{-1}\left(\dfrac{x}{y}\right);\ (1,1,1)$

7. $\phi = \ln(x+y+z);\ (1,1,-2)$

8. $\phi = e^x \sin(y) + z;\ (0,\pi,1)$

9. $\phi = e^x \cos(y)\cos(z);\ \left(0, \dfrac{\pi}{4}, \dfrac{\pi}{2}\right)$

10. $\phi = \dfrac{1}{2}\ln(x^2+y^2) + z^2;\ (1,1,1)$

11. $\phi = \dfrac{1}{2}x^2 y \cosh(xz);\ (0,0,2)$

12. $\phi = \sin(x)\sinh(y);\ \left(\dfrac{\pi}{2},0,1\right)$

13. $\phi = x - \cosh(x+z);\ (1,-1,0)$

14. $\phi = z(x^2+y^2)^{-1};\ (1,1,1)$

15. $\phi = e^{xy} + xz^2;\ (0,0,2)$

16. $\phi = e^{(x^2-y^2)}\sin(2xy);\ (1,1,0)$

17. $\phi = \cosh(x - y + 2z);\ (1, 0, -1)$

18. $\phi = \dfrac{y^2 - z^2}{y^2 + z^2};\ (1, 0, 1)$

19～22題，若 $\vec{r} = x\,\vec{i} + y\,\vec{j} + z\,\vec{k}$，$r = \|\vec{r}\| = \sqrt{x^2 + y^2 + z^2}$，求 $\vec{\nabla}\phi$。

19. $\phi = \ln(r)$

20. $\phi = \dfrac{1}{r}$

21. $\phi = r^n$

22. $\phi = 3r^2 - 4\sqrt{r} + 6r^{-\frac{1}{3}}$

23～27題，給予電場 $\vec{E}$，求電位分佈 ϕ。

23. $\vec{E} = -\,\vec{i} + \vec{j} - \vec{k}$

24. $\vec{E} = -e^{xy}(y\,\vec{i} + x\,\vec{j})$

25. $\vec{E} = \dfrac{-1}{x^2 + y^2}(x\,\vec{i} + y\,\vec{j})$

26. $\vec{E} = -(x^2 + y^2 + z^2)^{-\frac{3}{2}}(x\,\vec{i} + y\,\vec{j} + z\,\vec{k})$

27. $\vec{E} = -\dfrac{1}{y}\,\vec{i} + xy^{-2}\,\vec{j} - z\,\vec{k}$

28～39題，求該曲線或平面在給定點上的單位法向量。

28. $x^2 - 3xy + 2y^2 = 2;\ (0, 0, 1)$

29. $x^2 + y^2 = 100;\ (6, 8)$

30. $e^x \cos(yz) = -e;\ (1, 1, \pi)$

31. $x^2 - y^2 = 1;\ (2, \sqrt{3})$

32. $14x - 3y^2 + 2xye^z = -3;\ (0, 1, 0)$

33. $4x^2 + 9y^2 = 36;\ (0, 2)$

34. $3z^3 - e^x \sin(y) = 2;\ \left(0, \dfrac{\pi}{2}, 1\right)$

35. $z = \sqrt{x^2 + y^2}$; $(3, 4, 5)$

36. $\sin(xyz) = 1$; $\left(1, \dfrac{\pi}{2}, 1\right)$

37. $z = 2xy$; $(2, -1, -4)$

38. $\tan^{-1}\left(\dfrac{y}{x}\right) = \dfrac{\pi}{4}$; $(1, 1, 2)$

39. $x^2 y + 2xz = 4$; $(2, -2, 3)$

40. $x \ln(y + z) = 0$; $(1, 3, -2)$

41. $z = x^2 + y^2$; $(1, 2, 5)$

42. $(x-1)^2 + y^2 + (z+2)^2 = 9$; $(3, 1, -4)$

43～50題，求 $\phi(x, y)$ 在點 Q 及 $\overrightarrow{A}$ 方向上的改變率。

43. $\phi = x - y$; $Q(3, 4)$; $\overrightarrow{A} = \langle 2, 1 \rangle$

44. $\phi = x^2 + y^2$; $Q(1, 2)$; $\overrightarrow{A} = \langle 1, -1 \rangle$

45. $\phi = r = \sqrt{x^2 + y^2 + z^2}$; $Q(1, 1, 1)$; $\overrightarrow{A} = \langle 1, 2, -3 \rangle$

46. $\phi = \dfrac{1}{r} = (x^2 + y^2 + z^2)^{-\frac{1}{2}}$; $Q(3, 0, 4)$; $\overrightarrow{A} = \langle 1, 1, 1 \rangle$

47. $\phi = 4xz^3 - 3x^2 y^2 z$; $Q(2, -1, 2)$; $\overrightarrow{A} = \langle 2, -3, 6 \rangle$

48. $\phi = e^x \cos y$; $Q(0, \pi, 1)$; $\overrightarrow{A} = \langle 2, 0, 3 \rangle$

49. $\phi = 4e^{2x - y + z}$; $Q(1, 1, -1)$; $\overrightarrow{A} = \langle -4, 4, 7 \rangle$

50. $\phi = xyz$; $Q(-1, 1, 2)$; $\overrightarrow{A} = \langle 1, -2, 2 \rangle$

51～59題，求通過平面上之點的切平面和垂直線。

51. $z = x^2 + 2y$; $(-1, 1, 3)$

52. $2xz^2 - 3xy - 4x = 7$; $(1, -1, 2)$

53. $\sinh(x + y + z) = 0$; $(0, 0, 0)$

54. $z - xz^2 - x^2 y = 1$; $(1, -3, 2)$

55. $x^2 - y^2 + z^2 = 1; \ (1,1,1)$

56. $z = x^2 + y^2; \ (2,-1,5)$

57. $2x - \cos(xyz) = 1; \ (1,-\pi,1)$

58. $x^4 + y^4 + 2z^4 = 4; \ (1,1,1)$

59. $\cos(x) - \sin(y) + z = 0; \ (\pi,0,1)$

60. 證明 $\vec{\nabla}\left(\dfrac{f}{g}\right) = \dfrac{g\vec{\nabla}f - f\vec{\nabla}g}{g^2}$，若 $g \neq 0$。

$61 \sim 64$ 題，求兩平面間在點 Q 上的夾角。

61. $x^2 + y^2 + z^2 = 2, \ z^2 + x^2 = 1; \ Q(1,1,0)$

62. $xy^2z = 3x + z^2, \ 3x^2 - y^2 + 2z = 1; \ Q(1,-2,1)$

63. $\dfrac{1}{2}x^2 + \dfrac{1}{2}y^2 + z^2 = 5, \ x + y + z = 4; \ Q(1,1,2)$

64. $z = \sqrt{x^2 + y^2}, \ x^2 + y^2 = 25; \ (3,4,5)$

65. 若 $\vec{\nabla}\phi = 2r^4\vec{r}, \ \vec{r} = \langle x,y,z \rangle$，求 $\phi(r)$。

66. $\vec{\nabla}\phi = r^{-5}\vec{r}$ 且 $\phi(1) = 0$，求 $\phi(r)$。

67. 若 $\phi = r^2 e^{-r}$，求 $\vec{\nabla}\phi$。

68. 若 $\vec{\nabla}\phi = \langle 2xyz^3, x^2z^3, 3x^2yz^2 \rangle$ 且 $\phi(1,-2,2) = 4$，求 $\phi(x,y,z)$。

69. 若要平面 $cx^2 - dyz = (c+2)x$ 在點 $(1,-1,2)$ 上垂直於另一平面 $4x^2y + z^3 = 4$，求 c 和 d。

70. 若 $\phi(x,y,z) = axy^2 + byz + cz^2x^3$ 在點 $(1,2,-1)$ 且平行於 z 軸上的最大方向微分是 64，求 a、b、c。

7.7　向量場之散度和旋度

向量場 $\vec{F}$ 之散度 (divergence) 的定義在直角坐標系統為

$$\vec{\nabla} \cdot \vec{F} = \left(\frac{\partial}{\partial x} \vec{i} + \frac{\partial}{\partial y} \vec{j} + \frac{\partial}{\partial z} \vec{k} \right) \cdot \left(F_x \vec{i} + F_y \vec{j} + F_z \vec{k} \right)$$

$$= \frac{\partial F_x}{\partial x} + \frac{\partial F_y}{\partial y} + \frac{\partial F_z}{\partial z} \tag{7.28}$$

散度 $\vec{\nabla} \cdot \vec{F}$ 的推導和物理意義會在第八章的高斯散度理論中詳細說明之。但簡言之，$\vec{\nabla} \cdot \vec{F}$ 是量測向量場 $\vec{F}$ 每單位體積流出某區域的量。

向量場 $\vec{F}$ 之旋度 (curl) 的定義在直角坐標系統為

$$\vec{\nabla} \times \vec{F} = \begin{vmatrix} \vec{i} & \vec{j} & \vec{k} \\ \dfrac{\partial}{\partial x} & \dfrac{\partial}{\partial y} & \dfrac{\partial}{\partial z} \\ F_x & F_y & F_z \end{vmatrix}$$

$$= \left(\frac{\partial F_z}{\partial y} - \frac{\partial F_y}{\partial z} \right) \vec{i} + \left(\frac{\partial F_x}{\partial z} - \frac{\partial F_z}{\partial x} \right) \vec{j}$$

$$+ \left(\frac{\partial F_y}{\partial x} - \frac{\partial F_x}{\partial y} \right) \vec{k} \tag{7.29}$$

旋度 $\vec{\nabla} \times \vec{F}$ 的推導和物理意義也是在第八章的史多克士理論 (Stokes's theorem) 中詳細說明之。但簡言之，$\vec{\nabla} \times \vec{F}$ 是量測向量場 $\vec{F}$ 是否有旋轉特性的存在。

定理 7.14

若 $\vec{F}$、$\vec{G}$、ϕ、ψ 皆是可微分的，則

(1) $\vec{\nabla} \cdot (\vec{F} + \vec{G}) = \vec{\nabla} \cdot \vec{F} + \vec{\nabla} \cdot \vec{G}$

(2) $\vec{\nabla} \times (\vec{F} + \vec{G}) = \vec{\nabla} \times \vec{F} + \vec{\nabla} \times \vec{G}$

(3) $\vec{\nabla} \cdot (\phi \vec{F}) = \vec{\nabla}\phi \cdot \vec{F} + \phi(\vec{\nabla} \cdot \vec{F})$

(4) $\vec{\nabla} \times (\phi \vec{F}) = \vec{\nabla}\phi \times \vec{F} + \phi(\vec{\nabla} \times \vec{F})$

(5) $\vec{\nabla} \cdot (\vec{F} \times \vec{G}) = \vec{G} \cdot (\vec{\nabla} \times \vec{F}) - \vec{F} \cdot (\vec{\nabla} \times \vec{G})$

(6) $\vec{\nabla} \times (\vec{F} \times \vec{G}) = (\vec{G} \cdot \vec{\nabla})\vec{F} - (\vec{F} \cdot \vec{\nabla})\vec{G} + (\vec{\nabla} \cdot \vec{G})\vec{F} - (\vec{\nabla} \cdot \vec{F})\vec{G}$

(7) $\vec{\nabla}(\vec{F} \cdot \vec{G}) = (\vec{G} \cdot \vec{\nabla})\vec{F} + (\vec{F} \cdot \vec{\nabla})\vec{G} + \vec{G} \times (\vec{\nabla} \times \vec{F}) + \vec{F} \times (\vec{\nabla} \times \vec{G})$

(8) $\vec{\nabla} \cdot (\vec{\nabla}\phi) = \vec{\nabla} \cdot \vec{\nabla}\phi = \nabla^2\phi = \dfrac{\partial^2\phi}{\partial x^2} + \dfrac{\partial^2\phi}{\partial y^2} + \dfrac{\partial^2\phi}{\partial z^2}$

(9) $\vec{\nabla} \times (\vec{\nabla}\phi) = \vec{0}$

(10) $\vec{\nabla} \cdot (\vec{\nabla} \times \vec{F}) = 0$

(11) $\vec{\nabla} \times (\vec{\nabla} \times \vec{F}) = \vec{\nabla}(\vec{\nabla} \cdot \vec{F}) - \nabla^2\vec{F}$

【證明】

令 $\vec{F} = F_x \vec{i} + F_y \vec{j} + F_z \vec{k}$，$\vec{G} = G_x \vec{i} + G_y \vec{j} + G_z \vec{k}$

(1) $\vec{F} + \vec{G} = (F_x + G_x)\vec{i} + (F_y + G_y)\vec{j} + (F_z + G_z)\vec{k}$

$\vec{\nabla} \cdot (\vec{F} + \vec{G}) = \dfrac{\partial(F_x + G_x)}{\partial x} + \dfrac{\partial(F_y + G_y)}{\partial y} + \dfrac{\partial(F_z + G_z)}{\partial z}$

$= \dfrac{\partial F_x}{\partial x} + \dfrac{\partial F_y}{\partial y} + \dfrac{\partial F_z}{\partial z} + \dfrac{\partial G_x}{\partial x} + \dfrac{\partial G_y}{\partial y} + \dfrac{\partial G_z}{\partial z}$

$= \vec{\nabla} \cdot \vec{F} + \vec{\nabla} \cdot \vec{G}$

(4) $\vec{\nabla} \times (\phi \vec{F}) = \vec{\nabla} \times (\phi F_x \vec{i} + \phi F_y \vec{j} + \phi F_z \vec{k})$

$$= \begin{vmatrix} \vec{i} & \vec{j} & \vec{k} \\ \dfrac{\partial}{\partial x} & \dfrac{\partial}{\partial y} & \dfrac{\partial}{\partial z} \\ \phi F_x & \phi F_y & \phi F_z \end{vmatrix}$$

$$= \left[\frac{\partial}{\partial y}(\phi F_z) - \frac{\partial}{\partial z}(\phi F_y) \right] \vec{i} + \left[\frac{\partial}{\partial z}(\phi F_x) - \frac{\partial}{\partial x}(\phi F_z) \right] \vec{j}$$

$$+ \left[\frac{\partial}{\partial x}(\phi F_y) - \frac{\partial}{\partial y}(\phi F_x) \right] \vec{k}$$

$$= \left[\frac{\partial \phi}{\partial y} F_z + \phi \frac{\partial F_z}{\partial y} - \frac{\partial \phi}{\partial z} F_y - \phi \frac{\partial F_y}{\partial z} \right] \vec{i}$$

$$+ \left[\frac{\partial \phi}{\partial z} F_x + \phi \frac{\partial F_x}{\partial z} - \frac{\partial \phi}{\partial x} F_z - \phi \frac{\partial F_z}{\partial x} \right] \vec{j}$$

$$+ \left[\frac{\partial \phi}{\partial x} F_y + \phi \frac{\partial F_y}{\partial x} - \frac{\partial \phi}{\partial y} F_x - \phi \frac{\partial F_x}{\partial y} \right] \vec{k}$$

$$= \left(\frac{\partial \phi}{\partial y} F_z - \frac{\partial \phi}{\partial z} F_y \right) \vec{i} + \left(\frac{\partial \phi}{\partial z} F_x - \frac{\partial \phi}{\partial x} F_z \right) \vec{j}$$

$$+ \left(\frac{\partial \phi}{\partial x} F_y - \frac{\partial \phi}{\partial y} F_x \right) \vec{k} + \phi \left(\frac{\partial F_z}{\partial y} - \frac{\partial F_y}{\partial z} \right) \vec{i}$$

$$+ \phi \left(\frac{\partial F_x}{\partial z} - \frac{\partial F_z}{\partial x} \right) \vec{j} + \phi \left(\frac{\partial F_y}{\partial x} - \frac{\partial F_x}{\partial y} \right) \vec{k}$$

$$= \begin{vmatrix} \vec{i} & \vec{j} & \vec{k} \\ \dfrac{\partial \phi}{\partial x} & \dfrac{\partial \phi}{\partial y} & \dfrac{\partial \phi}{\partial z} \\ F_x & F_y & F_z \end{vmatrix} + \phi(\vec{\nabla} \times \vec{F})$$

$$= \vec{\nabla}\phi \times \vec{F} + \phi(\vec{\nabla} \times \vec{F})$$

$$(9)\ \vec{\nabla} \times (\vec{\nabla}\phi) = \vec{\nabla} \times \left(\frac{\partial \phi}{\partial x} \vec{i} + \frac{\partial \phi}{\partial y} \vec{j} + \frac{\partial \phi}{\partial z} \vec{k} \right)$$

$$= \begin{vmatrix} \vec{i} & \vec{j} & \vec{k} \\ \dfrac{\partial}{\partial x} & \dfrac{\partial}{\partial y} & \dfrac{\partial}{\partial z} \\ \dfrac{\partial \phi}{\partial x} & \dfrac{\partial \phi}{\partial y} & \dfrac{\partial \phi}{\partial z} \end{vmatrix}$$

$$= \left[\frac{\partial}{\partial y}\left(\frac{\partial \phi}{\partial z}\right) - \frac{\partial}{\partial z}\left(\frac{\partial \phi}{\partial y}\right) \right] \vec{i} + \left[\frac{\partial}{\partial z}\left(\frac{\partial \phi}{\partial x}\right) - \frac{\partial}{\partial x}\left(\frac{\partial \phi}{\partial z}\right) \right] \vec{j}$$

$$+ \left[\frac{\partial}{\partial x}\left(\frac{\partial \phi}{\partial y}\right) - \frac{\partial}{\partial y}\left(\frac{\partial \phi}{\partial x}\right) \right] \vec{k}$$

$$= \left(\frac{\partial^2 \phi}{\partial y \partial z} - \frac{\partial^2 \phi}{\partial z \partial y} \right) \vec{i} + \left(\frac{\partial^2 \phi}{\partial z \partial x} - \frac{\partial^2 \phi}{\partial x \partial z} \right) \vec{j}$$

$$+ \left(\frac{\partial^2 \phi}{\partial x \partial y} - \frac{\partial^2 \phi}{\partial y \partial x} \right) \vec{k}$$

$$= \vec{0}$$

對可微分的連續函數 ϕ 來說，偏微分的次序並不會影響微分的結果，故得到 $\vec{0}$ 向量。

(10) $$\nabla \cdot (\nabla \times \vec{F}) = \nabla \cdot \left[\left(\frac{\partial F_z}{\partial y} - \frac{\partial F_y}{\partial z} \right) \vec{i} + \left(\frac{\partial F_x}{\partial z} - \frac{\partial F_z}{\partial x} \right) \vec{j} \right.$$

$$\left. + \left(\frac{\partial F_y}{\partial x} - \frac{\partial F_x}{\partial y} \right) \vec{k} \right]$$

$$= \frac{\partial}{\partial x}\left(\frac{\partial F_z}{\partial y} - \frac{\partial F_y}{\partial z} \right) + \frac{\partial}{\partial y}\left(\frac{\partial F_x}{\partial z} - \frac{\partial F_z}{\partial x} \right)$$

$$+ \frac{\partial}{\partial z}\left(\frac{\partial F_y}{\partial x} - \frac{\partial F_x}{\partial y} \right)$$

$$= \frac{\partial^2 F_z}{\partial x \partial y} - \frac{\partial^2 F_y}{\partial x \partial z} + \frac{\partial^2 F_x}{\partial y \partial z} - \frac{\partial^2 F_z}{\partial y \partial x} + \frac{\partial^2 F_y}{\partial z \partial x} - \frac{\partial^2 F_x}{\partial z \partial y}$$

$$= 0$$

對靜電場和靜磁場而言，電場 $\vec{E}$ 和磁場 $\vec{B}$ 各自擁有其獨特的特性，譬如：

$$\vec{E} = -\vec{\nabla}\phi \tag{7.26}$$

$$\vec{B} = \vec{\nabla} \times \vec{A} \tag{7.30}$$

其中 ϕ 是電位，而 $\vec{A}$ 稱為磁場的向量電位或簡稱磁位向量。由這兩特性公式，可由定理 7.14 的第 9 和10 式得到

$$\vec{\nabla} \times \vec{E} = -\vec{\nabla} \times (\vec{\nabla}\phi) = 0$$

$$\vec{\nabla} \cdot \vec{B} = \vec{\nabla} \cdot (\vec{\nabla} \times \vec{A}) = 0$$

$\vec{\nabla} \times \vec{E} = 0$ 代表靜電磁場中的電場沒有旋轉的特性，即電力線是直射出去的且沒有造成閉回路，如圖 7.15 所示。$\vec{B} = \vec{\nabla} \times \vec{A}$ 且 $\vec{\nabla} \cdot \vec{B} = 0$ 代表磁力線是連續性的且形成閉回路，才會造成磁場與生俱來就有旋轉的特性，如 7.5 節的圖 7.20 所示。注意，在動態磁場中，$\vec{\nabla} \cdot \vec{B} = 0$ 亦是成立的，因此凡是 $\vec{\nabla} \cdot \vec{F} = 0$ 的向量場 $\vec{F}$ 就被稱為圓柱線圈場 (solenoidal)。

解題範例

【範例1】

對以角速度 $\vec{\omega}$ 旋轉的物體，物體內任意點的速度 $\vec{v} = \vec{\omega} \times \vec{r}$，證明 $\vec{\nabla} \times \vec{v} = 2\vec{\omega}$，其中 $\vec{\omega}$ 是常數向量。

【解】

$$\vec{\nabla} \times \vec{v} = \vec{\nabla} \times (\vec{\omega} \times \vec{r})$$

$$= \vec{\nabla} \times \begin{vmatrix} \vec{i} & \vec{j} & \vec{k} \\ \omega_x & \omega_y & \omega_z \\ x & y & z \end{vmatrix}$$

$$= \vec{\nabla} \times [(\omega_y z - \omega_z y)\vec{i} + (\omega_z x - \omega_x z)\vec{j} + (\omega_x y - \omega_y x)\vec{k}]$$

$$= \begin{vmatrix} \vec{i} & \vec{j} & \vec{k} \\ \dfrac{\partial}{\partial x} & \dfrac{\partial}{\partial y} & \dfrac{\partial}{\partial z} \\ \omega_y z - \omega_z y & \omega_z x - \omega_x z & \omega_x y - \omega_y x \end{vmatrix}$$

$$= 2(\omega_x \vec{i} + \omega_y \vec{j} + \omega_z \vec{k})$$

$$= 2\vec{\omega} \,（注意 \omega_x, \ \omega_y, \ \omega_z \ 皆是常數）$$

【另解】

利用定理 7.14 的第 6 式，

$$\vec{\nabla} \times \vec{v} = \vec{\nabla} \times (\vec{\omega} \times \vec{r})$$

$$= (\vec{r} \cdot \vec{\nabla})\vec{\omega} - (\vec{\omega} \cdot \vec{\nabla})\vec{r} + (\vec{\nabla} \cdot \vec{r})\vec{\omega} - (\vec{\nabla} \cdot \vec{\omega})\vec{r}$$

$$= \left(x\frac{\partial}{\partial x} + y\frac{\partial}{\partial y} + z\frac{\partial}{\partial z} \right)\vec{\omega} - \left(\omega_x\frac{\partial}{\partial x} + \omega_y\frac{\partial}{\partial y} + \omega_z\frac{\partial}{\partial z} \right)\vec{r}$$

$$+3\overrightarrow{\omega} - (0)\overrightarrow{r}$$

$$=0 - \overrightarrow{\omega} + 3\overrightarrow{\omega} - 0 = 2\overrightarrow{\omega}$$

由本題可以看出旋度 $\overrightarrow{\nabla} \times$ 能找出向量的旋轉特性。

【範例2】
若 $\overrightarrow{r} \neq \overrightarrow{0}$，證明 $\nabla^2 \left(\dfrac{1}{r} \right) = 0$

【解】

$$\nabla^2 \left(\frac{1}{r} \right) = \overrightarrow{\nabla} \cdot \overrightarrow{\nabla} \left(\frac{1}{r} \right)$$

$$= \overrightarrow{\nabla} \cdot \left(\frac{\partial}{\partial x} \overrightarrow{i} + \frac{\partial}{\partial y} \overrightarrow{j} + \frac{\partial}{\partial z} \overrightarrow{k} \right) (x^2 + y^2 + z^2)^{-\frac{1}{2}}$$

$$= \overrightarrow{\nabla} \cdot \left(\frac{-\overrightarrow{r}}{r^3} \right) = -\overrightarrow{\nabla} \cdot (r^{-3} \overrightarrow{r})$$

$$= -[r^{-3} \overrightarrow{\nabla} \cdot \overrightarrow{r} + \overrightarrow{\nabla}(r^{-3}) \cdot \overrightarrow{r}]$$

$$= -[3r^{-3} + (-3r^{-5} \overrightarrow{r}) \cdot \overrightarrow{r}]$$

$$= -(3r^{-3} - 3r^{-5} \overrightarrow{r} \cdot \overrightarrow{r})$$

$$= -3r^{-3} + 3r^{-3} = 0$$

【範例3】
若 $\overrightarrow{F} = x^2 z \overrightarrow{i} - y^3 z^2 \overrightarrow{j} + xy^2 z \overrightarrow{k}$，求 $\overrightarrow{\nabla} \cdot \overrightarrow{F}$ 在點 $(1,1,1)$ 之值。

【解】

$$\overrightarrow{\nabla} \cdot \overrightarrow{F} = \frac{\partial(x^2 z)}{\partial x} - \frac{\partial(y^3 z^2)}{\partial y} + \frac{\partial(xy^2 z)}{\partial z}$$

$$= 2xz - 3y^2 z^2 + xy^2$$

$$\vec{\nabla} \cdot \vec{F}(1,1,1) = 2 - 3 + 1 = 0$$

【範例４】

若 $\vec{F}$ 無旋轉特性, 即 $\vec{\nabla} \times \vec{F} = \vec{0}$ 且

$$\vec{F} = (x + 2y + az)\vec{i} + (bx - 3y - z)\vec{j} + (4x + cy + 2z)\vec{k}$$

求(a) a, b, c

　(b) $\vec{F} = \vec{\nabla}\phi$, 求 ϕ

【解】

(a) $\vec{\nabla} \times \vec{F} = \begin{vmatrix} \vec{i} & \vec{j} & \vec{k} \\ \dfrac{\partial}{\partial x} & \dfrac{\partial}{\partial y} & \dfrac{\partial}{\partial z} \\ x+2y+az & bx-3y-z & 4x+cy+2z \end{vmatrix}$

$$= (c+1)\vec{i} + (a-4)\vec{j} + (b-2)\vec{k} = \vec{0}$$

得到 $a = 4,\ b = 2,\ c = -1$

$$\vec{F} = (x + 2y + 4z)\vec{i} + (2x - 3y - z)\vec{j} + (4x - y + 2z)\vec{k}$$

(b) $\vec{F} = \vec{\nabla}\phi = \dfrac{\partial\phi}{\partial x}\vec{i} + \dfrac{\partial\phi}{\partial y}\vec{j} + \dfrac{\partial\phi}{\partial z}\vec{k}$

得到

$$\frac{\partial\phi}{\partial x} = x + 2y + 4z \cdots\cdots\cdots\cdots\cdots(1)$$

$$\frac{\partial\phi}{\partial y} = 2x - 3y - z \cdots\cdots\cdots\cdots\cdots(2)$$

$$\frac{\partial\phi}{\partial z} = 4x - y + 2z \cdots\cdots\cdots\cdots\cdots(3)$$

積分(1)式,

$$\phi(x,y,z) = \frac{1}{2}x^2 + 2xy + 4xz + f(y,z)$$

代入(2)式,

$$\frac{\partial \phi}{\partial y} = 2x + \frac{\partial f}{\partial y} = 2x - 3y - z$$

得到

$$\frac{\partial f}{\partial y} = -3y - z$$

積分之,

$$f(y, z) = -\frac{3}{2}y^2 - yz + g(z)$$

代入(3)式,

$$\frac{\partial \phi}{\partial z} = 4x - y + g'(z) = 4x - y + 2z$$

得到

$$g'(z) = 2z$$

積分之,

$$g(z) = z^2 + c$$

令常數 $c = 0$, 則

$$\phi(x, y, z) = \frac{1}{2}x^2 - \frac{3}{2}y^2 + z^2 + 2xy - 4xz - yz$$

【範例5】
若 $\vec{F} = 2yz\,\vec{i} - x^2y\,\vec{j} + xz^2\,\vec{k}$, $\phi = x^2yz^3$,
求(a) $(\vec{F} \cdot \vec{\nabla})\phi$
   (b) $(\vec{F} \times \vec{\nabla})\phi$
【解】

(a) $\vec{F} \cdot \vec{\nabla} = 2yz\dfrac{\partial}{\partial x} - x^2 y\dfrac{\partial}{\partial y} + xz^2\dfrac{\partial}{\partial z}$

$(\vec{F} \cdot \vec{\nabla})\phi = 2yz\dfrac{\partial \phi}{\partial x} - x^2 y\dfrac{\partial \phi}{\partial y} + xz^2\dfrac{\partial \phi}{\partial z} = \vec{F} \cdot (\vec{\nabla}\phi)$

$\qquad\qquad = 2yz \cdot 2xyz^3 - x^2 y \cdot x^2 z^3 + xz^2 \cdot 3x^2 yz^2$

$\qquad\qquad = 4xy^2 z^4 - x^4 yz^3 + 3x^3 yz^4$

(b) $\vec{F} \times \vec{\nabla} = \begin{vmatrix} \vec{i} & \vec{j} & \vec{k} \\ 2yz & -x^2 y & xz^2 \\ \dfrac{\partial}{\partial x} & \dfrac{\partial}{\partial y} & \dfrac{\partial}{\partial z} \end{vmatrix}$

$\qquad = -\left(x^2 y\dfrac{\partial}{\partial z} + xz^2\dfrac{\partial}{\partial y}\right)\vec{i} + \left(xz^2\dfrac{\partial}{\partial x} - 2yz\dfrac{\partial}{\partial z}\right)\vec{j}$

$\qquad\quad + \left(2yz\dfrac{\partial}{\partial y} + x^2 y\dfrac{\partial}{\partial x}\right)\vec{k}$

$(\vec{F} \times \vec{\nabla})\phi = -\left(x^2 y\dfrac{\partial \phi}{\partial z} + xz^2\dfrac{\partial \phi}{\partial y}\right)\vec{i} + \left(xz^2\dfrac{\partial \phi}{\partial x} - 2yz\dfrac{\partial \phi}{\partial z}\right)\vec{j}$

$\qquad\quad + \left(2yz\dfrac{\partial \phi}{\partial y} + x^2 y\dfrac{\partial \phi}{\partial x}\right)\vec{k}$

$\qquad = \vec{F} \times \vec{\nabla}\phi$

$\qquad = -(3x^4 y^2 z^2 + x^3 z^5)\vec{i} + (2x^2 yz^5 - 6x^2 y^2 z^3)\vec{j}$

$\qquad\quad + (2x^2 yz^4 + 2x^3 y^2 z^3)\vec{k}$

習 題

$1 \sim 12$ 題，求 $\vec{\nabla} \cdot \vec{F}$

1. $\vec{F} = \langle x, y, 2z \rangle$

2. $\vec{F} = \langle y^2 e^z, 0, x^2 z^2 \rangle$

3. $\vec{F} = \langle 2x^2 z, -xy^2 z, 3yz^2 \rangle$

4. $\vec{F} = \langle 2yz, zx, xy \rangle$

5. $\vec{F} = \langle xy, e^y, 2z \rangle$

6. $\vec{F} = \langle \cos x \cosh(y), \sin x \sinh(y), 1 \rangle$

7. $\vec{F} = \langle 2e^z, zy^2, 1 \rangle$

8. $\vec{F} = \langle e^{-xy}, e^{-yz}, e^{-xz} \rangle$

9. $\vec{F} = \langle x, -y, 2 \rangle$

10. $\vec{F} = \langle x^2 y, -x^2 y, y^2 z \rangle$

11. $\vec{F} = \langle x^2, y^2, z^2 \rangle$

12. $\vec{F} = \langle \sin xy, -\sin xy, -z \cos xy \rangle$

$13 \sim 24$ 題，求 $\vec{\nabla} \times \vec{F}$

13. $\vec{F} = \langle y, 2x, 0 \rangle$

14. $\vec{F} = \langle 1, \sinh(xyz), 2 \rangle$

15. $\vec{F} = \langle \sin y, \cos x, 1 \rangle$

16. $\vec{F} = \langle zx^2, -y, z^3 \rangle$

17. $\vec{F} = \langle 1, e^x \cos z, e^x \sin z \rangle$

18. $\vec{F} = \langle 2, -yz, -6x^3 \rangle$

19. $\vec{F} = \langle x^2 yz, xy^2 z, xyz^2 \rangle$

20. $\vec{F} = \langle \sinh(x), \cosh(y), -xyz \rangle$

21. $\vec{F} = \langle \ln(x^2 + y^2), \tan^{-1}\left(\frac{y}{x}\right), 1 \rangle$

22. $\vec{F} = \langle \sinh(x-z), y, z^2 \rangle$

23. $\vec{F} = \langle e^{xyz}, e^{xyz}, -e^{xyz} \rangle$

24. $\vec{F} = \langle xz^3, -2x^2 yz, 2yz^4 \rangle$

$25 \sim 30$ 題，求 $\nabla^2 \phi$

25. $\phi = x^2 + 3y^2 + 4z^2$

26. $\phi = 2x^3 y^2 z^4$

27. $\phi = 2\tan^{-1}\left(\frac{y}{x}\right)$

28. $\phi = 3x^2 z - y^2 z^3 + 4x^3 y + 2x - 3y - 5$

29. $\phi = 4xy^{-1}z$

30. $\phi = 2\sin x \cosh(y)$

$31 \sim 41$ 是證明題

31. $\vec{\nabla} \cdot (\phi \vec{F}) = \vec{\nabla} \phi \cdot \vec{F} + \phi(\vec{\nabla} \cdot \vec{F})$

32. $\vec{\nabla} \cdot (\phi \vec{\nabla} \psi - \psi \vec{\nabla} \phi) = \phi \nabla^2 \psi - \psi \nabla^2 \phi$

33. $\vec{\nabla} \times (\vec{F} + \vec{G}) = \vec{\nabla} \times \vec{F} + \vec{\nabla} \times \vec{G}$

34. $\vec{\nabla} \cdot (\phi \vec{\nabla} \psi) = \phi \nabla^2 \psi + \vec{\nabla} \phi \cdot \vec{\nabla} \psi$

35. 若 $\vec{\nabla} \times \vec{F} = 0$, $\vec{\nabla} \cdot (\vec{F} \times \vec{r}) = 0$

36. $\vec{\nabla} \times (\vec{\nabla} \times \vec{F}) = -\nabla^2 \vec{F} + \vec{\nabla}(\vec{\nabla} \cdot \vec{F})$

37. $\nabla^2(\phi\psi) = \phi \nabla^2 \psi + 2 \vec{\nabla} \phi \cdot \vec{\nabla} \psi + \psi \nabla^2 \phi$

38. $\vec{\nabla} \cdot (\vec{F} \times \vec{G}) = \vec{G} \cdot (\vec{\nabla} \times \vec{F}) - \vec{F} \cdot (\vec{\nabla} \times \vec{G})$

39. $\vec{\nabla} \cdot (\vec{\nabla} \phi \times \vec{\nabla} \psi) = 0$

40. $\vec{\nabla}(\vec{F} \cdot \vec{G}) = (\vec{G} \cdot \vec{\nabla})\vec{F} + (\vec{F} \cdot \vec{\nabla})\vec{G} + \vec{G} \times (\vec{\nabla} \times \vec{F}) + \vec{F} \times (\vec{\nabla} \times \vec{G})$

41. $\vec{\nabla} \times (\vec{F} \times \vec{G}) = (\vec{G} \cdot \vec{\nabla})\vec{F} - (\vec{F} \cdot \vec{\nabla})\vec{G} + (\vec{\nabla} \cdot \vec{G})\vec{F} - (\vec{\nabla} \cdot \vec{F})\vec{G}$

42～53 題，若 $\vec{r} = x\vec{i} + y\vec{j} + z\vec{k}$ 且 $r = \|\vec{r}\|$，求解答。

42. $\vec{\nabla} \cdot (r^3 \vec{r})$　　　　　　43. $\vec{\nabla}(\vec{r} \cdot \vec{F})$，$\vec{F}$ 是常數向量。

44. $\vec{\nabla} \cdot [r \vec{\nabla}(r^{-3})]$　　　　45. $\vec{\nabla} \cdot (\vec{r} - \vec{F})$，$\vec{F}$ 是常數向量。

46. $\nabla^2[\vec{\nabla} \cdot (r^{-2} \vec{r})]$　　　47. $\vec{\nabla} \times (\vec{r} - \vec{F})$，$\vec{F}$ 是常數向量。

48. $\vec{\nabla}[\vec{\nabla} \cdot (r^{-1} \vec{r})]$　　　49. $\vec{\nabla} \times \left(\dfrac{\vec{r}}{r^2} \right)$

50. 若 $\vec{E} = \dfrac{\vec{r}}{r^2}$，$\vec{E} = -\vec{\nabla}\phi$ 且 $\phi(c) = 0, c > 0$，求 $\phi(r)$。

51. 證明 $\nabla^2 \phi(r) = \dfrac{d^2\phi}{dr^2} + \dfrac{2}{r}\dfrac{d\phi}{dr}$，求 $\nabla^2 f(r) = 0$ 之解。

52. $\nabla^2(\ln r)$

53. $\nabla^2 r^n$

54. 若 $\vec{\nabla} \times \vec{F} = 2\vec{k}$，求 $\vec{F}$。

55. 若 $\vec{\nabla} \cdot \vec{F} = xyz$，求 $\vec{F}$。

56. 若 $\vec{F} = 2xz^2\,\vec{i} - yz\,\vec{j} + 3xz^3\,\vec{k}$ 且 $\phi = x^2yz$, 求點 $(1, 1, 1)$ 上的向量值。

(a) $\vec{\nabla} \times \vec{F}$

(b) $\vec{\nabla} \times (\phi\vec{F})$

(c) $\vec{\nabla} \times (\vec{\nabla} \times \vec{F})$

(d) $\vec{\nabla}[\vec{F} \cdot (\vec{\nabla} \times \vec{F})]$

57. 證明 $\vec{F} = 3y^4z^2\,\vec{i} + 4x^3z^2\,\vec{j} - 3x^2y^2\,\vec{k}$ 是圓柱線圈場。

58. $\vec{F} = (x^2 + 4xy^2z)\,\vec{i} + \dfrac{3}{2}(x^3y - xy)\,\vec{j} - (2y^2z^2 + x^3z)\,\vec{k}$ 並非圓柱線圈場，證明 $\vec{G} = \phi\vec{F}$ 是圓柱線圈場，$\phi = xyz^2$。

59. 證明 $\vec{F} = (6xy + z^3)\,\vec{i} + (3x^2 - z)\,\vec{j} + (3xz^2 - y)\,\vec{k}$ 沒有旋轉特性。若 $\vec{F} = \vec{\nabla}\phi$, 求 ϕ。

60. 若 $\vec{F} = (cxy - z^3)\,\vec{i} + (c-2)x^2\,\vec{j} + (1-c)xz^2\,\vec{k}$ ，求使 $\vec{\nabla} \times \vec{F} = \vec{0}$ 的常數 c。

第八章　向量的積分

8.0　前言

　　上一章介紹的是向量的微分，而本章介紹的是向量的積分。向量的積分包括線積分 (line integral)、面積分 (surface integral)，和體積分 (volume integral)。另外尚有線積分和面積分之間的轉換，譬如格林理論 (Green's theorem) 和史多克士理論 (Stokes's theorem)；以及面積分和體積分之間的轉換，譬如高斯散度理論 (Divergence theorem of Guass)。這些積分和向量的微分一樣，都是聯結物理推論和工程問題之間的重要工具。

　　當物體在空間上的活動軌跡，可能以線、面、體積的方式出現，那麼空間上的向量場對其活動的作用就可分別衍伸出線積分、面積分及體積分。在計算上，有時候體積分和面積分太浪費精神或不方便獲得量測資料，所以才有各項理論在積分的形式上作轉換，以決定用比較容易的積分形式來解決工程問題。

8.1   線積分

線積分是處理空間上向量場對物體呈線性移動（或稱軌跡線）所引起的作用。以電荷 q 在電場上移動為例，如圖 8.1 所示。電場 $\overrightarrow{E}$ 對電荷 q 所作的功 W 可由定義上得到為

$$W = \int_C \overrightarrow{F} \cdot d\overrightarrow{l} = \int_C \overrightarrow{F} \cdot d\overrightarrow{r} \tag{8.1}$$

圖 8.1　電荷 q 在向量場 $\overrightarrow{E}$ 內從 a 到 b 的移動

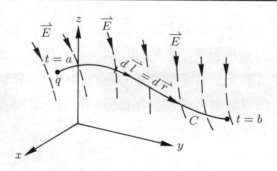

其中 $\overrightarrow{F} = q\overrightarrow{E}$，$d\overrightarrow{l}$ 是軌跡線上的一小段落，C 代表曲線或軌跡線。若把軌跡線用位置向量 $\overrightarrow{r}$ 來代表，則軌跡線上的小段落可由 $d\overrightarrow{r}$ 取代之，即 $d\overrightarrow{l} = d\overrightarrow{r}$。

公式 (8.1) 就是所謂的線積分，若欲求得線積分值，就要知道軌跡線 C 的位置向量 $\overrightarrow{r}(t)$ 及向量場 $\overrightarrow{F}(x, y, z)$ 的分佈函數。

$\overrightarrow{r}(t)$ 描述軌跡線的方式如 7.3 節所示，是以正感 (positive sense) 方向來定義之，即 t 漸增所畫出的軌跡方向是為正感方向。根據軌跡線的形式和物理現象，大致可分為四項形式：

⑴若軌跡是平滑曲線 (smooth curve)，則線積分如同 (8.1) 式為

$$\int_C \overrightarrow{F} \cdot d\overrightarrow{r} = \int_C F_x d_x + \int_C F_y d_y + \int_C F_z d_z \qquad (8.2)$$

上式需要計算三個定積分 (x, y, z)，如果您嫌太麻煩，就可利用曲線的公式 $\overrightarrow{r}(t)$。$\overrightarrow{r}(t)$ 中的 $x(t)$，$y(t)$，$z(t)$ 變數皆是 t 的函數，因此 $F(x, y, z)$ 亦可換成 t 的函數。在計算上，為求簡便起見，可以將 $\overrightarrow{r}$ 和 $\overrightarrow{F}$ 用 t 變數來求積分值，即令

$$\int_C \overrightarrow{F}(x, y, z) \cdot d\overrightarrow{r} = \int_C \overrightarrow{F}(t) \cdot \frac{d\overrightarrow{r}}{dt} dt$$

$$= \int_C \overrightarrow{F}(t) \cdot \overrightarrow{r}(t) dt$$

$$= \int_C \overrightarrow{F}(t) \cdot \overrightarrow{v}(t) dt \qquad (8.3)$$

因此，用 (8.3) 式的時間積分來取代 (8.2) 式的三個空間積分。

(2)若軌跡是片斷平滑曲線 (piecewise smooth curve)，則線積分為

$$\int_C \overrightarrow{F} \cdot d\overrightarrow{r} = \int_{C_1} \overrightarrow{F} \cdot d\overrightarrow{r} + \int_{C_2} \overrightarrow{F} \cdot d\overrightarrow{r} + \cdots + \int_{C_n} \overrightarrow{F} \cdot d\overrightarrow{r} \quad (8.4)$$

其中軌跡線 $C = C_1 + C_2 + \cdots + C_n$，$C_i(i = 1 \sim n)$ 是平滑曲線如圖 8.2，而在各平滑曲線 C_i 中，$\overrightarrow{r}(t)$ 的公式也跟著改變。

圖 8.2　片斷平滑軌跡C 由五條平滑曲線合成

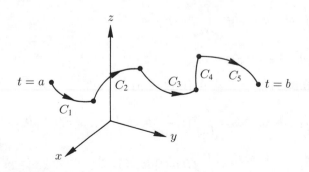

(3)若軌跡是封閉曲線 (closed curve)，則線積分為

$$\oint_C \vec{F} \cdot d\vec{r} \tag{8.5}$$

封閉曲線是曲線形成迴路的繞一圈，這類積分的詳細定義會在 8.3 節說明之。

圖 8.3　封閉的平滑曲線

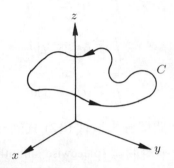

(4)非向量式的線積分形式為

$$\int_C f(x,y,z)ds \tag{8.6}$$

舉例說明上式所描述的物理現象之一，是計算曲線的質量。假設一條曲線如圖 8.4 所示，已知 $\vec{r}(t)$ 和線密度 $\rho(x,y,z)$，則該線的質量即為

$$\int_C \rho(x,y,z)dl = \int_C \rho(x,y,z)ds$$

其中 $dl = \|d\vec{l}\| = \|d\vec{r}\| = ds$。

在計算的方便上，亦可仿效 (8.3) 式，即

$$\int_C f(x,y,z)ds = \int_C f(t)\frac{ds}{dt}dt = \int_C f(t)\|\vec{r}'(t)\|dt$$

$$= \int_C f(t)v(t)dt \tag{8.7}$$

圖 8.4　曲線的質量計算

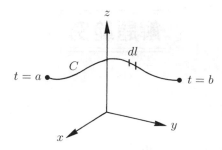

定理 8.1

若 $\vec{F}$ 和 $\vec{G}$ 是可積分的，則

(1) $\displaystyle\int_C (\vec{F} + \vec{G}) \cdot d\vec{r} = \int_C \vec{F} \cdot d\vec{r} + \int_C \vec{G} \cdot d\vec{r}$

(2) $\displaystyle\int_C (\alpha\vec{F}) \cdot d\vec{r} = \alpha \int_C \vec{F} \cdot d\vec{r}$，　α 是任意常數。

(3) $\displaystyle\int_C \vec{F} \cdot d\vec{r} = - \int_{-C} \vec{F} \cdot d\vec{r}$，　$-C$ 的 "$-$" 號代表方向相反。

【證明】

(1) $\vec{F} + \vec{G} = (F_x + G_x)\vec{i} + (F_y + G_y)\vec{j} + (F_z + G_z)\vec{k}$

$$\int_C (\vec{F} + \vec{G}) \cdot d\vec{r} = \int_C (F_x + G_x)dx + \int_C (F_y + G_y)dy + \int_C (F_z + G_z)dz$$

$$= \int_C F_x dx + \int_C F_y dy + \int_C F_z dz + \int_C G_x d_x + \int_C G_y dy$$

$$+ \int_C G_z dz$$

$$= \int_C \vec{F} \cdot d\vec{r} + \int_C \vec{G} \cdot d\vec{r}$$

解題範例

【範例1】

若一物體的加速度 $\vec{a}$ 為

$$\vec{a} = 6\cos(2t)\,\vec{i} - 4\sin(2t)\,\vec{j} + 8t\,\vec{k}, \ t \geq 0$$

求速度 $\vec{v}$ 和位置向量 $\vec{r}$，若 $\vec{v}(t=0) = \vec{r}(t=0) = \vec{0}$。

【解】

$$\vec{v} = \int \vec{a}\,dt = \int 6\cos(2t)dt\,\vec{i} + \int -4\sin(2t)dt\,\vec{j} + \int 8t\,dt\,\vec{k}$$

$$= 3\sin(2t)\,\vec{i} + 2\cos(2t)\,\vec{j} + 4t^2\,\vec{k} + \vec{c_1}$$

$$\vec{v}(t=0) = 2\,\vec{j} + \vec{c_1} = \vec{0}$$

得到

$$\vec{c_1} = -2\,\vec{j}$$

$$\vec{v} = 3\sin(2t)\,\vec{i} + 2[\cos(2t) - 1]\,\vec{j} + 4t^2\,\vec{k}$$

$$\vec{r}(t) = \int \vec{v}\,dt$$

$$= \int 3\sin(2t)dt\,\vec{i} + \int 2[\cos(2t) - 1]dt\,\vec{j} + \int 4t^2\,dt\,\vec{k}$$

$$= -\frac{3}{2}\cos(2t)\,\vec{i} + [\sin(2t) - 2t]\,\vec{j} + \frac{4}{3}t^3\,\vec{k} + \vec{c_2}$$

$$\vec{r}(t=0) = -\frac{3}{2}\,\vec{i} + \vec{c_2} = \vec{0}$$

得到

$$\overrightarrow{c_2} = \frac{3}{2}\,\overrightarrow{i}$$

$$\overrightarrow{r} = \frac{3}{2}(1 - \cos 2t)\,\overrightarrow{i} + [\sin(2t) - 2t]\,\overrightarrow{j} + \frac{4}{3}t^3\,\overrightarrow{k}$$

【範例 2】

計算 $\displaystyle\int_C \overrightarrow{F} \cdot d\overrightarrow{r}$, $\overrightarrow{F} = 2x\,\overrightarrow{i} - yz\,\overrightarrow{j} + e^z\,\overrightarrow{k}$ 且 $\overrightarrow{r} = t^2\,\overrightarrow{i} - t\,\overrightarrow{j} + t\,\overrightarrow{k}$,

$t \in [0, 1]$。

【解】

由 $\overrightarrow{r}(t) = t^2\,\overrightarrow{i} - t\,\overrightarrow{j} + t\,\overrightarrow{k}$ 得知

$$x = t^2, \ y = -t, \ z = t, \ t \in [0, 1]$$

$$\overrightarrow{r}'(t) = 2t\,\overrightarrow{i} - \overrightarrow{j} + \overrightarrow{k}$$

$$\overrightarrow{F} \cdot \overrightarrow{r}'(t) = 4xt + yz + e^z = 4t^3 - t^2 + e^t$$

$$\int_C \overrightarrow{F} \cdot d\overrightarrow{r} = \int_0^1 \overrightarrow{F} \cdot \overrightarrow{r}'(t)dt = \int_0^1 (4t^3 - t^2 + e^t)dt$$

$$= \left(t^4 - \frac{1}{3}t^3 + e^t \right)\bigg|_0^1 = \frac{2}{3} + e - 1 = e - \frac{1}{3}$$

空間積分解:

$$\int_C \overrightarrow{F} \cdot d\overrightarrow{r} = \int_C F_x dx + \int_C F_y dy + \int_C F_z dz$$

$$= \int_0^1 2x dx - \int_0^{-1} yz dy + \int_0^1 e^z dz$$

$$= x^2 \bigg|_0^1 - \int_0^{-1} y \cdot (-y)dy + e^z \bigg|_0^1$$

$$= 1 + \frac{1}{3}y^3 \bigg|_0^{-1} + e - 1 = e - \frac{1}{3}$$

【範例3】

若 $\vec{F} = x\vec{i} + y\vec{j} - z\vec{k}$，且 C 是一條從點 $(1,1,1)$ 到 $(-2,1,3)$ 的直線

段，求 $\int_C \vec{F} \cdot d\vec{r}$。

【解】

由兩點求直線 C 的正常型公式為

$$\frac{x-1}{1-(-2)} = \frac{z-1}{1-3}, \ y = 1$$

或

$$\frac{x-1}{3} = \frac{z-1}{-2}, \ y = 1$$

參數方程式則為

$$x = 1 + 3t, \ y = 1, \ z = 1 - 2t, \ t \in [0,1]$$

直線的位置向量為

$$\vec{r}(t) = (1+3t)\vec{i} + \vec{j} + (1-2t)\vec{k}$$

$$\vec{r}'(t) = 3\vec{i} - 2\vec{k}$$

$$\vec{F} \cdot \vec{r}'(t) = 3x + 2z = 3(1+3t) + 2(1-2t)$$

$$= 5(1+t)$$

$$\int_C \vec{F} \cdot d\vec{r} = \int_0^1 \vec{F} \cdot \vec{r}' dt = \int_0^1 5(1+t)dt$$

$$= 5\left(t + \frac{1}{2}t^2\right)\Big|_0^1 = \frac{15}{2}$$

【範例 4】

軌跡線 C 沿著 $x^2 + y^2 = 1$ 的 $\frac{1}{4}$ 圓周從點 $(1,0)$ 進行到點 $(0,1)$，再從點

$(0,1)$ 直線進行到 $(3,1)$。若 $\overrightarrow{F} = 2x\overrightarrow{i}$，求 $\int_C \overrightarrow{F} \cdot d\overrightarrow{r}$。

【解】

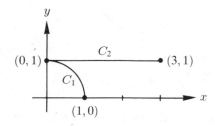

軌跡線如圖，分成兩條平滑曲線 C_1 和 C_2 各為

$$C_1: \quad x = \cos t, \ y = \sin t, \ t \in \left[0, \frac{\pi}{2}\right]$$

$$C_2: \quad x = t, \ y = 1, \ t \in [0, 3]$$

$$\int_C \overrightarrow{F} \cdot d\overrightarrow{r} = \int_{C_1} \overrightarrow{F} \cdot \overrightarrow{r}' dt + \int_{C_2} \overrightarrow{F} \cdot \overrightarrow{r}' dt$$

$$= \int_0^{\frac{\pi}{2}} (2\cos t)(-\sin t) dt + \int_0^3 (2t) dt$$

$$= \int_0^{\frac{\pi}{2}} -\sin(2t) dt + \int_0^3 2t\, dt$$

$$\frac{1}{2} \cos(2t) \Big|_0^{\frac{\pi}{2}} + t^2 \Big|_0^3 = \frac{1}{2}(-1 - 1) + 9 = 8$$

【範例 5】

一粒子在力場 $\overrightarrow{F}$ 中於 xy 平面裡繞著 $x^2 + y^2 = 4$ 轉一圈，求所作之功，
若 $\overrightarrow{F} = (2x - y + z)\overrightarrow{i} + (x + y - z^2)\overrightarrow{j} + (3x - 2y + 4z)\overrightarrow{k}$。

【解】

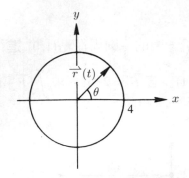

由圖，xy 平面的圓 $x^2 + y^2 = 4$ 之位置向量為

$$\vec{r}(\theta) = 2\cos\theta\,\vec{i} + 2\sin\theta\,\vec{j} + 0\,\vec{k},\ \theta \in [0, 2\pi]$$

所作之功為

$$\oint_C \vec{F} \cdot d\vec{r} = \int_0^{2\pi} \vec{F} \cdot \vec{r}\,'(\theta)d\theta$$

$$= \int_0^{2\pi} -[(4x - 2y + 2z)\sin\theta + (2x + 2y - 2z^2)\cos\theta]d\theta$$

$$= \int_0^{2\pi} (-8\sin\theta\cos\theta + 4\sin^2\theta + 4\cos^2\theta + 4\sin\theta\cos\theta)d\theta$$

$$\dot{=} \int_0^{2\pi} 4d\theta = 8\pi$$

【範例6】

若 $\vec{F} = 5z\,\vec{i} + xy\,\vec{j} + x^2z\,\vec{k}$，軌跡線從點 $(0,0,0)$ 到 $(1,1,1)$ 沿著不同的路徑為

C_1：直線段 $\vec{r} = t\,\vec{i} + t\,\vec{j} + t\,\vec{k},\ t \in [0, 1]$

C_2：拋物線段 $\vec{r} = t\,\vec{i} + t\,\vec{j} + t^2\,\vec{k},\ t \in [0, 1]$

求各路徑所作之功。

【解】

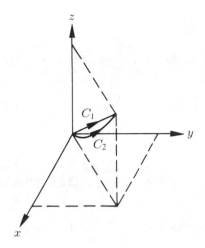

(a) $\int_{C_1} \overrightarrow{F} \cdot d\overrightarrow{r} = \int_0^1 \overrightarrow{F} \cdot \overrightarrow{r}'(t)dt = \int_0^1 (5z + xy + x^2z)dt = \int_0^1 (5t + t^2 + t^3)dt$

$$= \left(\frac{5}{2}t^2 + \frac{1}{3}t^3 + \frac{1}{4}t^4\right)\Big|_0^1 = \frac{5}{2} + \frac{1}{3} + \frac{1}{4} = \frac{37}{12} = 3\frac{1}{12}$$

(b) $\int_{C_2} \overrightarrow{F} \cdot d\overrightarrow{r} = \int_0^1 \overrightarrow{F} \cdot \overrightarrow{r}'(t)dt = \int_0^1 (5z + xy + 2x^2zt)dt$

$$= \int_0^1 (5t^2 + t^2 + 2t^5)dt = \left(2t^3 + \frac{1}{3}t^6\right)\Big|_0^1 = 2 + \frac{1}{3} = 2\frac{1}{3}$$

路徑不同，所作之功亦不相同的例子。

【範例 7】

一條線段彎成 $\frac{1}{4}$ 圓周之參數方程式為

$$x = 3\cos t, \ y = 3\sin t, \ z = 1, \ t \in \left[0, \ \frac{\pi}{2}\right]$$

若線密度 $\rho(x, y, z) = xy$ g/cm，求質量和質量中心。

【解】

$$ds = \|d\overrightarrow{r}\| = \|\overrightarrow{r}'\|dt = \sqrt{(-3\sin t)^2 + (3\cos t)^2 + 0^2}dt = 3dt$$

質量

$$m = \int_C \rho(x, y, z)ds = \int_0^{\frac{\pi}{2}} xy \cdot 2dt = \int_0^{\frac{\pi}{2}} 3\cos t \cdot 3\sin t \cdot 2dt$$

$$= \int_0^{\frac{\pi}{2}} 9\sin(2t)dt = \frac{-9}{2}\cos(2t)\Big|_0^{\frac{\pi}{2}} = 9 \text{ （克）}$$

質量中心

$$\bar{x} = \frac{1}{m}\int_C x\rho(x, y, z)ds = \frac{1}{9}\int_0^{\frac{\pi}{2}} [3\cos t][9\cos t\sin t]2dt$$

$$= 6\int_0^{\frac{\pi}{2}} \cos^2 t\sin tdt = -2\cos^3(t)\Big|_0^{\frac{\pi}{2}} = 2$$

$$\bar{y} = \frac{1}{m}\int_C y\rho(x, y, z)ds = \frac{1}{9}\int_0^{\frac{\pi}{2}} [3\sin t][9\cos t\sin t]2dt$$

$$= 6\int_0^{\frac{\pi}{2}} \cos t\sin^2 tdt = 2\sin^3 t\Big|_0^{\frac{\pi}{2}} = 2$$

$$\bar{z} = \frac{1}{m}\int_C z\rho(x, y, z)ds = \frac{1}{9}\int_0^{\frac{\pi}{2}} 1 \cdot [9\cos t\sin t]2dt$$

$$= 2\int_0^{\frac{\pi}{2}} \cos t\sin tdt = 2\sin^2 t\Big|_0^{\frac{\pi}{2}} = 2$$

質量中心點為 $(2, 2, 2)$。

習 題

$1 \sim 14$ 題，求線積分 $\int_C \overrightarrow{F} \cdot d\overrightarrow{r}$：

1. $\overrightarrow{F} = \left(\dfrac{3}{2}x^2 + 3y \right) \overrightarrow{i} - 7yz \overrightarrow{j} + 10xz^2 \overrightarrow{k}$

  (a) $C_1 : x = t,\ y = t^2,\ z = t^3,\ t \in [0,1]$

  (b) C_2：直線段從點 $(0,0,0)$ 到 $(1,0,0)$，再到 $(1,1,0)$，最後到 $(1,1,1)$

  (c) C_3：直線段從點 $(0,0,0)$ 到 $(1,1,1)$

2. $\overrightarrow{F} = \langle x, -1, z \rangle,\ \overrightarrow{r} = \langle t, t, t^3 \rangle,\ t \in [1,2]$

3. $\overrightarrow{F} = \langle y^2, -x^2, 1 \rangle,\ C$：直線段從 $(0,0,1)$ 到 $(1,2,1)$

4. $\overrightarrow{F} = \langle 5xy - 6x^2, 2y - 4x, 2 \rangle,\ C$：從 $(1,1,2)$ 到 $(2,8,2)$ 沿著曲線 $y = x^3,\ z = 2$

5. $\overrightarrow{F} = \langle \cos x, -y, xz \rangle,\ \overrightarrow{r} = \langle t, -t^2, 1 \rangle,\ t \in [0,1]$

6. $\overrightarrow{F} = \langle xy, (y-x)^2, 1 \rangle,\ C : xy = 1,\ z = 1,\ x \in [1,3]$

7. $\overrightarrow{F} = \langle yz + 2x, xz, xy + 2z \rangle,\ C$：從 $(0,1,1)$ 到 $(1,0,1)$ 沿著 $x^2 + y^2 = 1,\ z = 1$

8. $\overrightarrow{F} = \langle 1, -x, 1 \rangle,\ \overrightarrow{r} = \langle \cos t,\ -\sin t,\ t \rangle,\ t \in [0,\pi]$

9. $\overrightarrow{F} = \langle \exp(y^{\frac{2}{3}}),\ -\exp(x^{\frac{3}{2}}),\ 4 \rangle,\ \overrightarrow{r} = \langle t,\ t^{\frac{3}{2}},\ 4 \rangle,\ t \in [0,1]$

10. $\overrightarrow{F} = \langle 0, 4x^2, 0 \rangle,\ \overrightarrow{r} = \langle e^t, -t^2, t \rangle,\ t \in [1,2]$

11. $\overrightarrow{F} = \langle 0, \cos(xy), 0 \rangle,\ C : x = 1,\ y = 2t - 1,\ z = t,\ t \in [0,\pi]$

12. $\overrightarrow{F} = \langle xy^3, 4x^2 y^{-1},\ -4yz \ln y \rangle,\ \overrightarrow{r} = \langle t,\ e^t, \cosh t \rangle,\ t \in [1,3]$

13. $\overrightarrow{F} = \langle 0, 1, -3x \rangle,\ C : x = 1 + t^2,\ y = -t,\ z = 1 + t,\ t \in [2,5]$

14. $\overrightarrow{F} = \langle e^x, e^{\frac{4y}{x}}, e^{\frac{2z}{y}} \rangle,\ \overrightarrow{r} = \langle t, t^2, t^3 \rangle,\ t \in [0,1]$

$15 \sim 27$ 題，求不同形式的總積分：

15. $\phi = xyz^2,\ \overrightarrow{F} = \langle xy, -z, x^2 \rangle,\ C : x = t^2,\ y = 2t,\ z = t^3,\ t \in [0,1]$

求(a) $\displaystyle\int_C \phi\, d\vec{r}$, (b) $\displaystyle\int_C \vec{F} \times d\vec{r}$

16. $\displaystyle\int_C yz\, ds$, $C: z = y^2$, $x = 1$, $y \in [0,2]$

17. $\vec{r}(t) = \left\langle \dfrac{1}{2}(3t^2 - t), 1 - 3t, -2t \right\rangle$,

   求(a) $\displaystyle\int \vec{r}(t)\, dt$, (b) $\displaystyle\int_2^4 \vec{r}(t)\, dt$

18. $\displaystyle\int_C xyz\, dz$, $C: y = \sqrt{z}$, $x = 1$, $z \in [4,8]$

19. $\vec{F} = \langle t, -t^2, t - 1 \rangle$, $\vec{G} = \langle t^2, 0, 3t \rangle$,

   求(a) $\displaystyle\int_0^2 \vec{F} \cdot \vec{G}\, dt$, (b) $\displaystyle\int_0^2 \vec{F} \times \vec{G}\, dt$

20. $\displaystyle\int_C x\, dy - yz\, dz$, $C:$ 從點 $(2,1,1)$ 到 $(2,9,3)$ 沿著 $y = z^2$, $x = 2$

21. 一粒子的加速度 $\vec{a} = \left\langle \dfrac{1}{3}e^{-t}, -2(t+1), \sin t \right\rangle$, $t \geq 0$,

   若 $\vec{v}(t=0) = \vec{r}(t=0) = \vec{0}$, 求 $\vec{v}$ 和 $\vec{r}$。

22. $\displaystyle\int_C \sin(z)\, dy$, $C: x = 1 - t$, $y = 1 + t$, $z = 2t$, $t \in [0,1]$

23. 若 $\vec{F}(2) = \left\langle 1, -\dfrac{1}{2}, 1 \right\rangle$, $\vec{F}(3) = \left\langle 2, -1, \dfrac{3}{2} \right\rangle$,

   求 $\displaystyle\int_2^3 \vec{F} \cdot \dfrac{d\vec{F}}{dt}\, dt$。

24. $\displaystyle\int_C y^3\, ds$, $C: x = z = t^2$, $y = 1$, $t \in [0,3]$

25. 一粒子針對參考點所掃過的面積速度 $\vec{h}$ 之定義為

$$\vec{h} = \frac{1}{2}\vec{r} \times \frac{d\vec{r}}{dt} = \frac{1}{2}\vec{r} \times \vec{v}$$

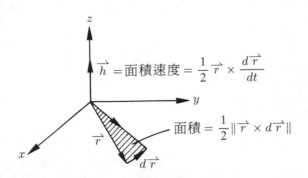

$\vec{h}$ =面積速度= $\dfrac{1}{2}\vec{r} \times \dfrac{d\vec{r}}{dt}$

面積= $\dfrac{1}{2}\|\vec{r} \times d\vec{r}\|$

若粒子跑的路徑是 $\vec{r}(t) = \langle a\cos\omega t, b\sin\omega t\rangle$, a、b、ω 皆是常數,求面積速度 $\vec{h}$ 。

26. $\displaystyle\int_C xdy - ydz$, $C: x = y = t$, $z = \dfrac{1}{2}e^{-t}$, $t \in [0,3]$

27. $\displaystyle\int_C (x - y + 3z)ds$, $C: x = \cos t$, $y = \dfrac{2}{3}$, $z = \sin t$, $t \in [0,\pi]$

28. $\displaystyle\int_C (x^2 + y^2)ds$, $C: y = 3x$ 從 $(0,0)$ 到 $(2,6)$

29 ～ 33題, 求物體在力場 $\vec{F}$ 上沿著路徑 C 所作之功。

29. $\vec{F} = \langle 3xy, -5z, 10x\rangle$, $C: x = t^2 + 1$, $y = 2t^2$, $z = t^3$, $t \in [1,2]$

30. $\vec{F} = \langle 2xy, -4y, 1\rangle$, $C: 2x = y = z$ 從 $(0,0,0)$ 到 $(2,4,4)$

31. $\vec{F} = \langle 3x^2, 2xz - y, z\rangle$, $C: x^2 = 4y$, $3x^3 = 8z$, $x \in [0,2]$

32. $\vec{F} = \left\langle xy, -2y, \dfrac{1}{2}\right\rangle$, $C: x^2 - y^2 = 1$, $z = 0$, 從 $(1,0,0)$ 到 $(2,\sqrt{3},0)$

33. $\vec{F} = \langle x^2, -2yz, z\rangle$, $C:$ 直線段從 $(1,1,1)$ 到 $(3,3,3)$

34. $\vec{A} = \langle t, -3, 2t\rangle$, $\vec{B} = \left\langle\dfrac{1}{2}, -1, 1\right\rangle$, $\vec{C} = \langle 3, t, -1\rangle$,

   求(a) $\displaystyle\int_1^2 \vec{A} \cdot (\vec{B} \times \vec{C})dt$, (b) $\displaystyle\int_1^2 \vec{A} \times (\vec{B} \times \vec{C})dt$

35. 證明 $\displaystyle\int_C \vec{F} \cdot d\vec{r} = \int_C \vec{F} \cdot \vec{T}ds$, $\vec{T}$ 是單位切向量。

36. $\phi = xy^2z + \dfrac{1}{2}x^2y$，求 $\displaystyle\int_C \phi\, d\overrightarrow{r}$，$C$：直線段從 $(0,0,0)$ 到 $(1,0,0)$，再到 $(1,1,0)$，最後到 $(1,1,1)$。

37. $\overrightarrow{F} = \left\langle y, -\dfrac{z}{2}, -\dfrac{1}{2}x \right\rangle$，求 $\displaystyle\int_C \overrightarrow{F} \times d\overrightarrow{r}$，$C : x = \cos t,\ y = \sin t,\ z = 2\cos t,\ t$ 從 0 到 $\dfrac{\pi}{2}$。

38～46 題，求閉回路積分：

38. $\overrightarrow{F} = \langle x - 3y, y - 2x \rangle$，$C : x = 2\cos t,\ y = 3\sin t,\ t$ 從 0 到 2π。

39. $\overrightarrow{F} = \langle x, y, -z \rangle$，$C : x^2 + y^2 = 1,\ z = 0$，反時針轉，求 $\displaystyle\oint_C \overrightarrow{F} \cdot d\overrightarrow{r}$。

40. $\overrightarrow{F} = \left\langle \dfrac{x}{2}, \dfrac{-z}{2}, y \right\rangle$，$C$：三角形從頂點 $(0,0,0)$ 到 $(1,1,0)$，到 $(1,1,1)$，再回到 $(0,0,0)$，求 $\displaystyle\oint_C \overrightarrow{F} \cdot d\overrightarrow{r}$。

41. 在 xy 平面，$\overrightarrow{F} = \left\langle x + \dfrac{1}{2}y^2, \dfrac{1}{2}(3y - 4x) \right\rangle$，$C$：三角形從 $(0,0)$ 到 $(2,0)$，到 $(2,1)$，再回到 $(0,0)$，求 $\displaystyle\oint_C \overrightarrow{F} \cdot d\overrightarrow{r}$。

42. $\overrightarrow{F} = \langle 5xy + 2x, 6y \rangle$，$C$：四方形從 $(0,0)$ 到 $(2,0)$，$(2,3)$，$(0,3)$。求 $\displaystyle\oint_C \overrightarrow{F} \cdot d\overrightarrow{r}$ 順時針旋轉。

43. $\overrightarrow{F} = \langle x - y, x + y \rangle$，$C$：點 $(0,0)$ 到 $(1,1)$ 沿著 $y = x^2$，再從 $(1,1)$ 到 $(0,0)$ 沿著 $x = y^2$，求 $\displaystyle\oint_C \overrightarrow{F} \cdot d\overrightarrow{r}$。

44. $\overrightarrow{F} = \langle 2xy, -4y, 1 \rangle$，$C : x^2 + y^2 = 1,\ z = 0$，求 $\displaystyle\oint_C \overrightarrow{F} \cdot d\overrightarrow{r}$ 反時針轉。

45. $\overrightarrow{F} = \left\langle \dfrac{1}{2}y - x, \dfrac{3}{2}x + y \right\rangle$，$C : x^2 + y^2 = 4$，求 $\displaystyle\oint_C \overrightarrow{F} \cdot d\overrightarrow{r}$ 反時針轉。

46. $\overrightarrow{F} = \langle 3x + y, -x, y - 2 \rangle$，$\overrightarrow{G} = \left\langle 1, -\dfrac{3}{2}, \dfrac{1}{2} \right\rangle$，$C : x^2 + y^2 = 4$，求

$\displaystyle\oint (\vec{F} \times \vec{G}) \times d\vec{r}$ 反時針轉。

47. 若 $\rho(x,y,z) = x + y + z$，直線段從 $(0,0,0)$ 到 $(2,2,2)$，求質量和質量中心。

48. 若 $\rho(x,y,z) = yz$，線圈繞成 $x^2 + z^2 = 1$，$y = 2$，求質量。

49. 三角形的頂點分別為 $(0,0,0)$，$(0,1,0)$，$(1,1,1)$。若 $\rho(x,y,z) = 2$ 在邊線 $(0,0,0)$ 到 $(0,1,0)$，而其他二邊線的密度 $\rho = 1$，求質量和質量中心。

50. 四角形的頂點分別為 $(1,1,3)$，$(1,4,3)$，$(6,1,3)$，$(6,4,3)$。$(1,1,3)$ 到 $(1,4,3)$ 和 $(1,4,3)$ 到 $(6,1,3)$ 這兩邊的 $\rho = 6$；而另兩邊的 $\rho = 10$，求質量和質量中心。

8.2 曲面的向量表示法與面積分

線積分是處理向量場作用於曲線（或稱軌跡線）；而面積分則是處理向量場作用於曲面(surface)。在線積分中，我們提到曲線的位置向量表示法為

$$\vec{r} = \vec{r}(t) = x(t)\,\vec{i} + y(t)\,\vec{j} + z(t)\,\vec{k} \tag{8.8}$$

x, y, z 皆是 t 的函數，因此只有一個變數，故 $\vec{r}(t)$ 代表的是一條曲線。依此類推，曲面的位置向量表示法應該為

$$\vec{r} = \vec{r}(u,v) = x(u,v)\,\vec{i} + y(u,v)\,\vec{j} + z(u,v)\,\vec{k} \tag{8.9}$$

x, y, z 是 u 和 v 的函數，存在二個變數，故 $\vec{r}(u,v)$ 代表的是曲面，而非曲線。若曲面自己沒有交叉，則稱其為簡單曲面(simple surface)。

1.曲面的法向量

若曲面的 $\vec{r}(u,v)$ 已知，則根據線積分的說明，$d\vec{r}$ 所代表的兩個意義為(1) $d\vec{r}$ 是曲面上的一小段向量，(2) $d\vec{r}$ 的方向切於曲面。從數學觀點上，$d\vec{r}$ 可再細分為

$$
\begin{aligned}
d\vec{r}(u,v) &= dx(u,v)\,\vec{i} + dy(u,v)\,\vec{j} + dz(u,v)\,\vec{k} \\
&= \left(\frac{\partial x}{\partial u}du + \frac{\partial x}{\partial v}dv\right)\vec{i} + \left(\frac{\partial y}{\partial u}du + \frac{\partial y}{\partial v}dv\right)\vec{j} \\
&\quad + \left(\frac{\partial z}{\partial u}du + \frac{\partial z}{\partial v}dv\right)\vec{k} \\
&= \left(\frac{\partial x}{\partial u}\vec{i} + \frac{\partial y}{\partial u}\vec{j} + \frac{\partial z}{\partial u}\vec{k}\right)du
\end{aligned}
$$

$$+ \left(\frac{\partial x}{\partial v} \vec{i} + \frac{\partial y}{\partial v} \vec{j} + \frac{\partial z}{\partial v} \vec{k} \right) dv$$

$$= \frac{\partial \vec{r}}{\partial u} du + \frac{\partial \vec{r}}{\partial v} dv \qquad (8.10)$$

因此，從 $d\vec{r}(u,v)$ 中可再找出兩個不同方向的分量 $\dfrac{\partial \vec{r}}{\partial u}$ 和 $\dfrac{\partial \vec{r}}{\partial v}$ （先

忽略 du 和 dv）。既然 $d\vec{r}(u,v)$ 在曲面上，當然 $\dfrac{\partial \vec{r}}{\partial u}$ 和 $\dfrac{\partial \vec{r}}{\partial v}$ 這兩向

量也是在曲面 S 上，見圖 8.5。從這兩向量，可以得到曲面的法向量
$\vec{N}$，

$$\vec{N} = \frac{\partial \vec{r}}{\partial u} \times \frac{\partial \vec{r}}{\partial v} \qquad (8.11)$$

圖 8.5 曲面上的 $d\vec{r}$, $\dfrac{\partial \vec{r}}{\partial u}$, $\dfrac{\partial \vec{r}}{\partial v}$ 及法向量 $\dfrac{\partial \vec{r}}{\partial u} \times \dfrac{\partial \vec{r}}{\partial v}$

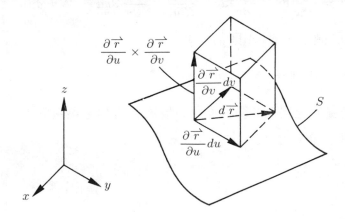

而單位法向量 $\vec{n}$ 則為

$$\vec{n} = \frac{\vec{N}}{\| \vec{N} \|}$$

對等位平面 $\phi(x,y,z) = c$ 而言，直接微分可得到

$$d\phi = \vec{\nabla} \phi \cdot d\vec{r} = 0$$

這表示 $\vec{\nabla}\phi$ 垂直於曲面上的向量 $d\vec{r}$，因此 $\vec{\nabla}\phi$ 就是曲面 $\phi(x,y,z)=c$ 的法向量，即

$$\vec{N}=\vec{\nabla}\phi$$

$$\vec{n}=\frac{\vec{\nabla}\phi}{\|\vec{\nabla}\phi\|}$$

2.曲面上的面積向量 $d\vec{A}$

從 (8.11) 式中，$d\vec{r}$ 可分出兩個微小向量 $\dfrac{\partial\vec{r}}{\partial u}du$ 和 $\dfrac{\partial\vec{r}}{\partial v}dv$，再從圖 8.5 中，可以求得曲面 S 上的微小面積向量 $d\vec{A}$，

$$d\vec{A}=\frac{\partial\vec{r}}{\partial u}du\times\frac{\partial\vec{r}}{\partial v}dv=\frac{\partial\vec{r}}{\partial u}\times\frac{\partial\vec{r}}{\partial v}dudv=\vec{N}dudv \qquad (8.12)$$

那麼曲面上的微小面積 dA 則為

$$dA=\|d\vec{A}\|=\|\vec{N}\|dudv \qquad (8.13)$$

其中 $dudv$ 是屬於坐標上的微小面積，譬如在直角坐標系統上，若 $u=x$, $v=y$，則

$$\frac{\partial\vec{r}}{\partial x}=\vec{i}$$

$$\frac{\partial\vec{r}}{\partial y}=\vec{j}$$

$$\vec{N}=\frac{\partial\vec{r}}{\partial x}\times\frac{\partial\vec{r}}{\partial y}=\vec{i}\times\vec{j}=\vec{k}$$

得到

$$d\vec{A}=\vec{N}dudv=dxdy\,\vec{k}$$

$$dA = \|d\overrightarrow{A}\| = dxdy$$

故稱 $dudv$ 為坐標的微小面積，而非曲面上的微小面積。由 dA 可以算出曲面 S 的總面積 A，即

$$A = \iint\limits_{S} dA = \iint\limits_{S} \|\overrightarrow{N}\|dudv \qquad (8.14)$$

另外 $d\overrightarrow{A}$ 和 dA 的關係可由下列式子表達之，即

$$d\overrightarrow{A} = \overrightarrow{N}dudv = \overrightarrow{n}\|\overrightarrow{N}\|dudv = \overrightarrow{n}dA$$

有些教科書是用 $d\overrightarrow{S}$ 和 dS 取代 $d\overrightarrow{A}$ 和 dA。

在 $z = z(x,y)$ 曲面的特殊例子中，可得到位置向量 $\overrightarrow{r}$，

$$\overrightarrow{r} = x\overrightarrow{i} + y\overrightarrow{j} + z(x,y)\overrightarrow{k}$$

令 $u = x$，$v = y$，則

$$\overrightarrow{r}(u,v) = u\overrightarrow{i} + v\overrightarrow{j} + z(u,v)\overrightarrow{k}$$

$$\frac{\partial \overrightarrow{r}}{\partial u} = \overrightarrow{i} + \frac{\partial z}{\partial u}\overrightarrow{k}$$

$$\frac{\partial \overrightarrow{r}}{\partial v} = \overrightarrow{j} + \frac{\partial z}{\partial v}\overrightarrow{k}$$

$$\overrightarrow{N} = \frac{\partial \overrightarrow{r}}{\partial u} \times \frac{\partial \overrightarrow{r}}{\partial v} = \begin{vmatrix} \overrightarrow{i} & \overrightarrow{j} & \overrightarrow{k} \\ 1 & 0 & \dfrac{\partial z}{\partial u} \\ 0 & 1 & \dfrac{\partial z}{\partial v} \end{vmatrix}$$

$$= -\frac{\partial z}{\partial u}\overrightarrow{i} - \frac{\partial z}{\partial v}\overrightarrow{j} + \overrightarrow{k}$$

$$= -\frac{\partial z}{\partial x}\overrightarrow{i} - \frac{\partial z}{\partial y}\overrightarrow{j} + \overrightarrow{k}$$

$$\|\overrightarrow{N}\| = \sqrt{1 + \left(\frac{\partial z}{\partial x}\right)^2 + \left(\frac{\partial z}{\partial y}\right)^2} \qquad (8.15)$$

3.有方向的面積分 (或流量積分, flux integral)

向量場作用於線上的線積分為

$$\int_C \overrightarrow{F} \cdot d\overrightarrow{r} \quad 或 \quad \int_C \overrightarrow{F} \times d\overrightarrow{r}$$

同理, 向量場作用於面上的面積分為

$$\iint_S \overrightarrow{F} \cdot d\overrightarrow{A} = \iint_S \overrightarrow{F} \cdot \overrightarrow{n}\, dA = \iint_S \overrightarrow{F} \cdot \overrightarrow{N}\, dudv \qquad (8.16)$$

或

$$\iint_S \overrightarrow{F} \times d\overrightarrow{A} = \iint_S \overrightarrow{F} \times \overrightarrow{N}\, dudv \qquad (8.17)$$

見圖 8.6, 線積分和面積分的比較。

圖 8.6　線積分和面積分的比較

4.無方向的面積分

無方向的面積分就如同無方向的線積分一樣, 舉例質量的計算,

已知面密度 $\rho(x,y,z)$，則微小質量 dm 為

$$dm = \rho(x,y,z)dA$$

那麼總質量 m 為

$$m = \iint\limits_{S} dm = \iint\limits_{S} \rho(x,y,z)dA = \iint\limits_{S} \rho(x,y,z)\|\overrightarrow{N}\|dudv$$

質量中心 $(\overline{x},\overline{y},\overline{z})$ 為

$$\overline{x} = \frac{1}{m}\iint\limits_{S} x\rho(x,y,z)dA$$

$$\overline{y} = \frac{1}{m}\iint\limits_{S} y\rho(x,y,z)dA$$

$$\overline{z} = \frac{1}{m}\iint\limits_{S} z\rho(x,y,z)dA$$

$dudv$ 在各坐標軸上為

⑴**直角坐標**：x,y

$$dudv = dxdy$$

⑵**極坐標或圓柱坐標**：r,θ,z

$$dudv = rd\theta dr \ \text{或} \ dudv = drdz$$

⑶**球坐標**：ρ,θ,ϕ

$$dudv = \rho\sin\phi d\theta \rho d\phi = \rho^2\sin\phi d\theta d\phi$$

或

$$dudv = \rho\sin\phi d\theta d\rho$$

另外，$\oiint$ 則用於封閉曲面 (closed surface) 的積分，與 $\oint$ 用於封閉曲線的積分是一樣的。

解題範例

【範例1】

圓柱曲面的方程式是 $x^2 + y^2 = a^2$, $|z| \leq 1$, 求位置向量。

【解】

由 $x^2 + y^2 = a^2$, 可令

$$x = a\cos u, \ y = a\sin u, \ u \in [0, 2\pi]$$

而 $|z| \leq 1$, 可令 $u = z$, 則

$$|u| = |z| \leq 1$$

則圓柱曲面的位置向量 $\vec{r}(u,v)$ 為

$$\vec{r}(u,v) = a\cos u\,\vec{i} + a\sin u\,\vec{j} + v\,\vec{k}$$

$$u \in [0, 2\pi], \ |v| \leq 1$$

如果您不太習慣 u 和 v, 可用上節介紹的 t, 而 z 不用以 v 取代, 則位置向量 $\vec{r}$ 變為

$$\vec{r}(t,z) = a\cos t\,\vec{i} + a\sin t\,\vec{j} + z\,\vec{k}$$

$$t \in [0, 2\pi], \ |z| \leq 1$$

【範例2】

找出球體曲面 $x^2 + y^2 + z^2 = a^2$ 的位置向量及法向量。

【解】

由 $x^2 + y^2 + z^2 = a^2$, 可令

$$x = a\cos u\cos v,\ y = a\sin u\cos v,\ z = a\sin v$$

則

$$x^2 + y^2 = a^2\cos^2 u\cos^2 v + a^2\sin^2 u\cos^2 v$$

$$= a^2\cos^2 v(\cos^2 u + \sin^2 u) = a^2\cos^2 v$$

$$x^2 + y^2 + z^2 = a^2\cos^2 v + a^2\sin^2 v = a^2$$

其中 $-a \le z \le a$，代入 $z = a\sin v$，得到

$$-a \le a\sin v \le a$$

$$-1 \le \sin v \le 1$$

一般令 $-\dfrac{\pi}{2} \le v \le \dfrac{\pi}{2}$

同理一般習慣令 $0 \le u \le 2\pi$

如果對 u, v 不太習慣，可用球形坐標的 θ 和 ϕ，即令

$$u = \theta,\ v = \phi$$

則位置向量為

$$\vec{r}(\theta, \phi) = a\cos\theta\cos\phi\,\vec{i} + a\sin\theta\cos\phi\,\vec{j} + a\sin\phi\,\vec{k} \cdots\cdots\cdots(1)$$

$$0 \le \theta \le 2\pi,\ -\dfrac{\pi}{2} \le \phi \le \dfrac{\pi}{2}$$

不過實際上，球形坐標上定義的 ϕ 和這裡是不一樣的，球形坐標定義的 ϕ 之範圍是 $0 \le \phi \le 2\pi$，球曲面的位置向量則變為

$$\vec{r}(\theta, \phi) = a\cos\theta\sin\phi\,\vec{i} + a\sin\theta\sin\phi\,\vec{j} + a\cos\phi\,\vec{k} \cdots\cdots\cdots(2)$$

上述公式(1)和(2)的差別可由圖 8.7 說明之。對公式(1)而言，ϕ 是從 xy 平面由上往下算，所以 $-\dfrac{\pi}{2} \le \phi \le \dfrac{\pi}{2}$；而公式(2)則是從 z 軸往下算，

所以 $0 \leq \phi \leq 2\pi$。這是習慣上的問題，全世界的球形坐標採用公式(2)，但在計算上或代表球形曲面上都是正確的表示法。

圖 8.7　公式(1)和(2)定義的 (θ, ϕ) 分別在(1)和(2)圖中

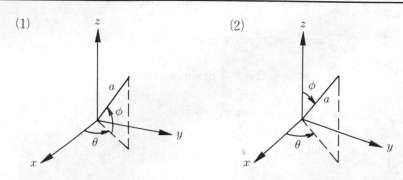

以公式(2)為例，球形曲面的法向量 $\vec{N}$，

$$\vec{N} = \frac{\partial \vec{r}}{\partial \theta} \times \frac{\partial \vec{r}}{\partial \phi}$$

其中

$$\frac{\partial \vec{r}}{\partial \theta} = -a \sin\theta \sin\phi \, \vec{i} + a \cos\theta \sin\phi \, \vec{j}$$

$$\frac{\partial \vec{r}}{\partial \phi} = a \cos\theta \cos\phi \, \vec{i} + a \sin\theta \cos\phi \, \vec{j} - a \sin\phi \, \vec{k}$$

$$\vec{N} = \frac{\partial \vec{r}}{\partial \theta} \times \frac{\partial \vec{r}}{\partial \phi} = \begin{vmatrix} \vec{i} & \vec{j} & \vec{k} \\ -a \sin\theta \sin\phi & a \cos\theta \sin\phi & 0 \\ a \cos\theta \cos\phi & a \sin\theta \cos\phi & -a \sin\phi \end{vmatrix}$$

$$= -a^2 \cos\theta \sin^2\phi \, \vec{i} - a^2 \sin\theta \sin^2\phi \, \vec{j} - a^2 \cos\phi \sin\phi \, \vec{k}$$

另外對等位曲面 $x^2 + y^2 + z^2 = a^2$，可用梯度來代表其法向量，即

$$\phi(x, y, z) = x^2 + y^2 + z^2 = a^2$$

$$\vec{M} = \vec{\nabla}\phi = \frac{\partial \phi}{\partial x} \, \vec{i} + \frac{\partial \phi}{\partial y} \, \vec{j} + \frac{\partial \phi}{\partial z} \, \vec{k}$$

$$= 2x\,\vec{i} + 2y\,\vec{j} + 2z\,\vec{k} = 2\vec{r}$$

$\vec{N}$ 和 $\vec{M}$ 都是球形曲面的法向量，似乎看起來兩者毫無關係，但把 $\vec{N}$ 代成 x, y, z 的函數，則

$$\vec{N} = -a \sin\phi(a\cos\theta\sin\phi\,\vec{i} + a\sin\theta\sin\phi\,\vec{j} + a\cos\phi\,\vec{k})$$

$$= -a\sin\phi\,\vec{r}$$

因此 $\vec{N}$ 和 $\vec{M}$ 皆是在 $\pm\vec{r}$ 的方向，故都是球形曲面的法向量，只是方向相反且大小不同而已。

【範例3】

曲面 $z = x^2 + y^2$, $0 \le z \le 4$，求通過點 $(1, -1, 2)$ 的切平面和垂直線 (tangent plane 和 normal line)。

【解】

可將曲面方程式改寫為

$$z - x^2 - y^2 = 0$$

則令

$$\phi(x, y, z) = z - x^2 - y^2 = 0$$

那麼可以容易地找出曲面的法向量 $\vec{M}$，

$$\vec{M} = \nabla\phi = -2x\,\vec{i} - 2y\,\vec{j} + \vec{k}$$

$$\vec{M}(1, -1, 2) = -2\,\vec{i} + 2\,\vec{j} + \vec{k}$$

注意，因為 $\vec{M}$ 不一定等於 $\vec{N}$，故為區別這兩個法向量，故用不同符號代表之。

已知 $\vec{M}$，則切平面的方程式為

$$\langle x - 1, y + 1, z - 2 \rangle \cdot \langle -2, 2, 1 \rangle = 0$$

$$-2(x - 1) + 2(y + 1) + z - 2 = 0$$

$$2x - 2y - z = 2$$

垂直線的正常型為

$$\frac{x - 1}{-2} = \frac{y + 1}{2} = \frac{z - 2}{1}$$

【範例4】

求圓錐曲面 $z = \sqrt{x^2 + y^2}$, $0 \le z \le 2$ 的面積和點 $(1, 0, 1)$ 上的切平面。

【解】

圓錐曲面的位置向量為

$$\vec{r}(x, y) = x\,\vec{i} + y\,\vec{j} + \sqrt{x^2 + y^2}\,\vec{k},\ 0 \le \sqrt{x^2 + y^2} \le 2$$

$$\vec{N} = \frac{\partial \vec{r}}{\partial x} \times \frac{\partial \vec{r}}{\partial y} = -\frac{\partial z}{\partial x}\,\vec{i} - \frac{\partial z}{\partial y}\,\vec{j} + \vec{k}$$

$$= -x(x^2 + y^2)^{-\frac{1}{2}}\,\vec{i} - y(x^2 + y^2)^{-\frac{1}{2}}\,\vec{j} + \vec{k}$$

$$\|\vec{N}\| = \sqrt{\frac{x^2}{x^2 + y^2} + \frac{y^2}{x^2 + y^2} + 1} = \sqrt{2}$$

$$dA = \|\vec{N}\|dxdy$$

$$A = \iint\limits_{S} dA = \iint\limits_{S} \sqrt{2}dxdy = \int_0^1 \int_0^{2\pi} rd\theta dr$$

$$= \sqrt{2}\int_0^2 rdr \int_0^{2\pi} d\theta = \sqrt{2} \cdot \frac{r^2}{2}\bigg|_0^2 \cdot 2\pi = 4\sqrt{2}\pi$$

另外可寫出比較正式的位置向量,

$$\vec{r} = z\cos\theta\,\vec{i} + z\sin\theta\,\vec{j} + z\,\vec{k},\ 0 \le \theta \le 2\pi,\ 0 \le z \le 2$$

則

$$\frac{\partial \vec{r}}{\partial \theta} = -z\sin\theta\,\vec{i} + z\cos\theta\,\vec{j}$$

$$\frac{\partial \vec{r}}{\partial z} = \cos\theta\,\vec{i} + \sin\theta\,\vec{j} + \vec{k}$$

$$\vec{N} = \frac{\partial \vec{r}}{\partial \theta} \times \frac{\partial \vec{r}}{\partial z} = \begin{vmatrix} \vec{i} & \vec{j} & \vec{k} \\ -z\sin\theta & z\cos\theta & 0 \\ \cos\theta & \sin\theta & 1 \end{vmatrix}$$

$$= z\cos\theta\,\vec{i} + z\sin\theta\,\vec{j} - z\,\vec{k}$$

$$= z(\cos\theta\,\vec{i} + \sin\theta\,\vec{j} - \vec{k})$$

$$\|\vec{N}\| = z\sqrt{\cos^2\theta + \sin^2\theta + 1} = \sqrt{2}z$$

$$A = \iint\limits_S dA = \iint\limits_S \|\vec{N}\|d\theta dz = \int_0^{2\pi}\int_0^2 \sqrt{2}z\,dz\,d\theta$$

$$= \sqrt{2}\int_0^{2\pi} d\theta \int_0^2 z\,dz = 2\sqrt{2}\pi\,\frac{z^2}{2}\bigg|_0^2 = 4\sqrt{2}\pi$$

將點 $(1,0,1)$，代入位置向量中，

$$z\cos\theta = 1,\ z\sin\theta = 0,\ z = 1$$

得到 $\theta = 0,\ z = 1$ 代入 $\vec{N}$ 中，

$$\vec{N} = \vec{i} - \vec{k}$$

切平面則為

$$\langle x - 1, y - 0, z - 1 \rangle \cdot \langle 1, 0, -1 \rangle = 0$$

$$x - 1 - (z - 1) = 0$$

$$x = z$$

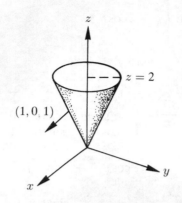

【範例5】

水流經一個拋物柱曲面 (parabolic cylinder surface) $S : y = x^2$, $0 \leq x \leq 2$, $0 \leq z \leq 2$。水流速 $\overrightarrow{F} = y\overrightarrow{i} + 2\overrightarrow{j} + xz\overrightarrow{k}$ (cm/sec),求水流量 (cm^3/sec)。

【解】

由於 x 和 z 有明顯的區間範圍,故選 x 和 z 當作變數,則位置向量 $\overrightarrow{r}$,

$$\overrightarrow{r}(x,z) = x\overrightarrow{i} + x^2\overrightarrow{j} + z\overrightarrow{k}$$

$$\frac{\partial \overrightarrow{r}}{\partial x} = \overrightarrow{i} + 2x\overrightarrow{j}$$

$$\frac{\partial \overrightarrow{r}}{\partial z} = \overrightarrow{k}$$

$$\overrightarrow{N} = \frac{\partial \overrightarrow{r}}{\partial x} \times \frac{\partial \overrightarrow{r}}{\partial y} = \begin{vmatrix} \overrightarrow{i} & \overrightarrow{j} & \overrightarrow{k} \\ 1 & 2x & 0 \\ 0 & 0 & 1 \end{vmatrix} = 2x\overrightarrow{i} - \overrightarrow{j}$$

$$\overrightarrow{F} \cdot \overrightarrow{N} = 2xy - 2 = 2x^3 - 2$$

$$水流量 = \iint\limits_{S} \overrightarrow{F} \cdot d\overrightarrow{A} = \iint\limits_{S} \overrightarrow{F} \cdot \overrightarrow{N}\,dxdz = \int_0^2 \int_0^2 (2x^3 - 2)dxdz$$

$$= \int_0^2 (2x^3 - 2)dx \int_0^2 dz = 2 \cdot \left[\frac{1}{2}x^4 - 2x \right]_0^2$$

$$= 8(\text{cm}^3/\text{sec} \quad \text{或} \quad \text{c.c./sec})$$

拋物柱曲面的形狀請見下圖

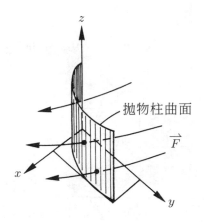

拋物柱曲面

$\overrightarrow{F}$

【範例 6】

若水流速 $\overrightarrow{F} = x\overrightarrow{i} + y\overrightarrow{j} + z\overrightarrow{k}$ 通過部份球形曲面 $S : x^2 + y^2 + z^2 = 9$ 位於 $z = 1$ 和 $z = 3$ 平面之間，求水流量。

【解】

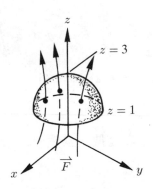

$z = 3$

$z = 1$

$\overrightarrow{F}$

z 本身有明顯的範圍，故選 z 有其中之一變數，則

$$x^2 + y^2 = 9 - z^2, \ 1 \le z \le 3$$

上述方程式說明 x 和 y 形成不同半徑的圓形，故選另一變數 θ，則

$$x = \sqrt{9 - z^2} \cos\theta, \ y = \sqrt{9 - z^2} \sin\theta, \ \theta \in [0, 2\pi]$$

結果位置向量為

$$\vec{r}(z, \theta) = \sqrt{9 - z^2} \cos\theta \, \vec{i} + \sqrt{9 - z^2} \sin\theta \, \vec{j} + z \, \vec{k}$$

曲面法向量 $\vec{N}$，

$$\vec{N} = \frac{\partial \vec{r}}{\partial \theta} \times \frac{\partial \vec{r}}{\partial z} = \begin{vmatrix} \vec{i} & \vec{j} & \vec{k} \\ -\sqrt{9 - z^2} \sin\theta & \sqrt{9 - z^2} \cos\theta & 0 \\ \dfrac{-z \cos\theta}{\sqrt{9 - z^2}} & \dfrac{-z \sin\theta}{\sqrt{9 - z^2}} & 1 \end{vmatrix}$$

$$= \sqrt{9 - z^2} \cos\theta \, \vec{i} + \sqrt{9 - z^2} \sin\theta \, \vec{j} + z \, \vec{k}$$

$$\vec{F} \cdot \vec{N} = x \sqrt{9 - z^2} \cos\theta + y \sqrt{9 - z^2} \sin\theta + z^2$$

$$= (9 - z^2) \cos^2\theta + (9 - z^2) \sin^2\theta + z^2$$

$$= 9 - z^2 + z^2 = 9$$

水流量 $\displaystyle\iint\limits_{S} \vec{F} \cdot d\vec{A} = \iint\limits_{S} \vec{F} \cdot \vec{N} \, d\theta dz = \int_1^3 \int_0^{2\pi} 9 \cdot d\theta dz$

$$= 9 \cdot 2 \cdot 2\pi = 36\pi$$

【另解】

若習慣上，仍然採用 (x, y) 當變數，雖然 (x, y) 並無明顯範圍，則位置向量

$$\vec{r} = x \, \vec{i} + y \, \vec{j} + z \, \vec{k} = x \, \vec{i} + y \, \vec{j} + \sqrt{9 - x^2 - y^2} \, \vec{k}$$

$$\frac{\partial \vec{r}}{\partial x} = \vec{i} - x(9 - x^2 - y^2)^{-\frac{1}{2}} \, \vec{k}$$

$$\frac{\partial \vec{r}}{\partial y} = \vec{j} - y(9 - x^2 - y^2)^{-\frac{1}{2}} \vec{k}$$

$$\vec{N} = \frac{\partial \vec{r}}{\partial x} \times \frac{\partial \vec{r}}{\partial y} = x(9 - x^2 - y^2)^{-\frac{1}{2}} \vec{i} + y(9 - x^2 - y^2)^{-\frac{1}{2}} \vec{j} + \vec{k}$$

$$\vec{F} \cdot \vec{N} = x^2(9 - x^2 - y^2)^{-\frac{1}{2}} + y^2(9 - x^2 - y^2)^{-\frac{1}{2}} + z$$

$$= (9 - x^2 - y^2)^{-\frac{1}{2}}(x^2 + y^2 + z^2) = 9(9 - x^2 - y^2)^{-\frac{1}{2}}$$

$$水流量 = \iint\limits_{S} \vec{F} \cdot \vec{N}\,dxdz = \iint\limits_{S} 9(9 - x^2 - y^2)^{-\frac{1}{2}}\,dxdz$$

至此再將 xz 變數換成 $r\theta$ （極坐標）變數。

在 $z = 1$ 時， $x^2 + y^2 = 8$，故 $r = \sqrt{8},\ \theta \in [0, 2\pi]$

在 $z = 3$ 時， $x^2 + y^2 = 0$，故 $r = 0,\ \theta \in [0, 2\pi]$

且 $x = r\cos\theta,\ y = r\sin\theta,\ x^2 + y^2 = r^2$

得到

$$水流量 = \int_0^{\sqrt{8}} \int_0^{2\pi} 9(9 - r^2)^{-\frac{1}{2}} r\,d\theta dr = 18\pi \int_0^{\sqrt{8}} r(9 - r^2)^{-\frac{1}{2}}\,dr$$

$$= 18\pi(-\sqrt{9 - r^2})\Big|_0^{\sqrt{8}} = 18\pi(-1 + 3) = 36\pi$$

此方法是到最後才做變數的轉換，這是微積分學上之雙重積分法 (double integral) 的基本技巧。因此您可決定採用上述兩種方法中的其中一種。

【範例 7】

若 $\vec{F} = 6z\vec{i} - 4\vec{j} + y\vec{k}$，曲面 S 是平面 $2x + 3y + 6z = 12$ 落在第一象限（即 $x \geq 0,\ y \geq 0,\ z \geq 0$ ）的部份。求 $\displaystyle\iint\limits_{S} \vec{F} \cdot d\vec{A}$。

【解】

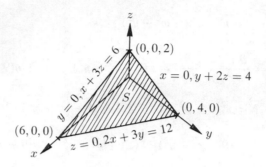

若選 x, y 當變數，則位置向量為

$$\vec{r} = x\,\vec{i} + y\,\vec{j} + \left(2 - \frac{1}{3}x - \frac{1}{2}y\right)\vec{k}$$

那麼在 $z = 0$ 平面上，可找出 x 和 y 的最大範圍。在 $z = 0$ 平面上，$x = 0$ 和 $x = 6$ 諸線切到的 y 是從 4 到 $4 - \dfrac{2}{3}x$，故 x 和 y 的範圍是

$$x \in [0, 6], \;\; y \in \left[4, 4 - \frac{2}{3}x\right]$$

$$\frac{\partial \vec{r}}{\partial x} = \vec{i} - \frac{1}{3}\vec{k}$$

$$\frac{\partial \vec{r}}{\partial y} = \vec{j} - \frac{1}{2}\vec{k}$$

$$\vec{N} = \frac{\partial \vec{r}}{\partial x} \times \frac{\partial \vec{r}}{\partial y} = \begin{vmatrix} \vec{i} & \vec{j} & \vec{k} \\ 1 & 0 & -\dfrac{1}{3} \\ 0 & 1 & -\dfrac{1}{2} \end{vmatrix} = \frac{1}{3}\vec{i} + \frac{1}{2}\vec{j} + \vec{k}$$

$$\vec{F} \cdot \vec{N} = 2z - 2 + y = 4 - \frac{2}{3}x - y - 2 + y = 2 - \frac{2}{3}x$$

$$\iint\limits_{S} \vec{F} \cdot d\vec{A} = \int_0^6 \int_4^{4-\frac{2}{3}x} \vec{F} \cdot \vec{N}\,dxdy$$

$$= \int_0^6 \int_4^{4-\frac{2}{3}x} \left(2 - \frac{2}{3}x\right)dxdy$$

$$=\int_0^6 \left(2 - \frac{2}{3}x\right) \cdot \left(4 - \frac{2}{3}x - 4\right) dx$$

$$=\int_0^6 \left(\frac{4}{9}x^2 - \frac{4}{3}x\right) dx = \left(\frac{4}{27}x^3 - \frac{2}{3}x^2\right)\Bigg|_0^6$$

$$=\frac{4}{27} \times 6^3 - \frac{2}{3} \times 6^2 = 32 - 24 = 8$$

【範例 8】

若 $\vec{F} = z\vec{i} + x\vec{j} - 3y^2z\vec{k}$，　曲面 S 是圓柱面 $x^2 + y^2 = 16$，　$z = 0$ 到 $z = 5$ 之間的第一象限，求 $\iint\limits_S \vec{F} \cdot d\vec{A}$。

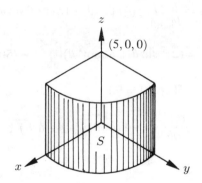

z 有明顯範圍，選擇 z 為變數之一。再根據 $x^2 + y^2 = 16$，選擇 θ 為另一變數，由於在第一象限，所以令

$$x = 4\cos\theta, \ y = 4\sin\theta, \ \theta \in \left[0, \frac{\pi}{2}\right]$$

$$z \in [0, 5]$$

位置向量 $\vec{r}$ 為

$$\vec{r} = 4\cos\theta\,\vec{i} + 4\sin\theta\,\vec{j} + z\vec{k}, \quad z \in [0, 5], \quad \theta \in \left[0, \frac{\pi}{2}\right]$$

$$\frac{\partial \vec{r}}{\partial \theta} = -4\sin\theta\,\vec{i} + 4\cos\theta\,\vec{j}$$

$$\frac{\partial \vec{r}}{\partial z} = \vec{k}$$

$$\vec{N} = \frac{\partial \vec{r}}{\partial \theta} \times \frac{\partial \vec{r}}{\partial z} = \begin{vmatrix} \vec{i} & \vec{j} & \vec{k} \\ -4\sin\theta & 4\cos\theta & 0 \\ 0 & 0 & 1 \end{vmatrix} = 4\cos\theta\,\vec{i} + 4\sin\theta\,\vec{j}$$

$$\vec{F} \cdot \vec{N} = 4z\cos\theta + 4x\sin\theta = 4z\cos\theta + 16\cos\theta\sin\theta$$

$$\iint\limits_{S} \vec{F} \cdot d\vec{A} = \int_0^5 \int_0^{\frac{\pi}{2}} \vec{F} \cdot \vec{N}\,dz\,d\theta$$

$$= \int_0^5 \int_0^{\frac{\pi}{2}} (4z\cos\theta + 16\cos\theta\sin\theta)\,dz\,d\theta$$

$$= (2z^2\sin\theta + 8z\sin^2\theta)\Big|_0^5 \Big|_0^{\frac{\pi}{2}} = (50\sin\theta + 40\sin^2\theta)\Big|_0^{\frac{\pi}{2}}$$

$$= 50 + 40 = 90$$

如果選擇 $\vec{N} = \dfrac{\partial \vec{r}}{\partial z} \times \dfrac{\partial \vec{r}}{\partial \theta} = -4\cos\theta\,\vec{i} - 4\sin\theta\,\vec{j}$，則積分結果差個負號，即

$$\iint\limits_{S} \vec{F} \cdot d\vec{A} = -90$$

兩者答案都算對，除非題目有標明 $d\vec{A}$ 方向，譬如本題的 $\vec{N} = 4\cos\theta\,\vec{i} + 4\sin\theta\,\vec{j} = x\,\vec{i} + y\,\vec{j}$，其方向是向外；而 $\vec{N} = -4\cos\theta\,\vec{i} - 4\sin\theta\,\vec{j}$ 的方向則是向內指向圓心軸（即 z 軸）。所以要看清題目有否標示方向，再決定取那個 $\vec{N}$。

【範例 9】

若 $\vec{F} = 4xz\,\vec{i} - y^2\,\vec{j} + yz\,\vec{k}$，曲面 S 是正方塊的六個面：$x = 0$，$x =$

2, $y = 0$, $y = 2$, $z = 0$, $z = 2$，各平面的方向離開正方塊。求 $\displaystyle\iint\limits_{S} \overrightarrow{F} \cdot d\overrightarrow{A}$。

【解】

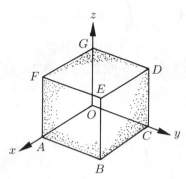

(a) $ABEF$ 面，即 $x = 2$ 面，$y \in [0,2]$，$z \in [0,2]$

$\qquad \overrightarrow{N} = \overrightarrow{i}$ （可驗證之）

$\qquad \overrightarrow{F} \cdot \overrightarrow{N} = 4xz = 8z$

$\qquad \displaystyle\iint\limits_{x=2} \overrightarrow{F} \cdot d\overrightarrow{A} = \int_0^2 \int_0^2 \overrightarrow{F} \cdot \overrightarrow{N}\, dydz = \int_0^2 \int_0^2 8z\, dydz = 8z^2 \Big|_0^2 = 32$

(b) $x = 0$ 平面，$\overrightarrow{N} = -\overrightarrow{i}$，$y \in [0,2]$，$z \in [0,2]$

$\qquad \overrightarrow{F} \cdot \overrightarrow{N} = -4xz = 0$

$\qquad \displaystyle\iint\limits_{x=0} \overrightarrow{F} \cdot d\overrightarrow{A} = \iint\limits_{x=0} 0 \cdot dydz = 0$

(c) $y = 0$ 平面，$\overrightarrow{N} = -\overrightarrow{j}$，$x \in [0,2]$，$z \in [0,2]$

$\qquad \overrightarrow{F} \cdot \overrightarrow{N} = y^2 = 0$

$\qquad \displaystyle\iint\limits_{y=0} \overrightarrow{F} \cdot d\overrightarrow{A} = \iint\limits_{x=0} 0 \cdot dxdz = 0$

(d) $y = 2$ 平面，$\overrightarrow{N} = \overrightarrow{j}$，$x \in [0,2]$，$z \in [0,2]$

$$\overrightarrow{F} \cdot \overrightarrow{N} = -y^2 = -4$$

$$\iint\limits_{y=2} \overrightarrow{F} \cdot d\overrightarrow{A} = \int_0^2 \int_0^2 -4dxdz = -16$$

(e) $z = 0$ 平面，$\overrightarrow{N} = -\overrightarrow{k}$，$x \in [0,2]$，$y \in [0,2]$

$$\overrightarrow{F} \cdot \overrightarrow{N} = -yz = 0$$

$$\iint\limits_{z=0} \overrightarrow{F} \cdot d\overrightarrow{A} = \iint\limits_{z=0} 0dxdz = 0$$

(f) $z = 2$ 平面，$\overrightarrow{N} = \overrightarrow{k}$，$x \in [0,2]$，$y \in [0,2]$

$$\overrightarrow{F} \cdot \overrightarrow{N} = yz = 2y$$

$$\iint\limits_{z=2} \overrightarrow{F} \cdot d\overrightarrow{A} = \int_0^2 \int_0^2 2ydxdy = 2y^2 \Big|_0^2 = 8$$

結果 $\oiint\limits_S \overrightarrow{F} \cdot d\overrightarrow{A} = 32 - 16 + 8 = 24$

【範例 10】

甜甜圈可以看成一條半徑 b 的空心圓柱，將其繞成另一個半徑為 a 的大圓，半徑 a 是指大圓圓心到空心圓柱之圓心的距離，見圖 8.8。求甜甜圈的表面積。

圖 8.8　甜甜圈（切一半）

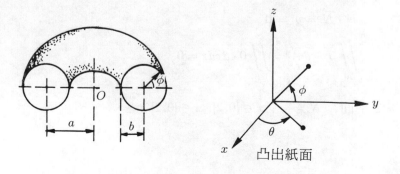

凸出紙面

【解】

甜甜圈的位置向量由圖中可寫為

$$\vec{r}(\theta,\phi) = (a+b\cos\phi)\cos\theta\,\vec{i} + (a+b\cos\phi)\sin\theta\,\vec{j} + b\sin\phi\,\vec{k}$$

$$\theta \in [0,2\pi], \ \phi \in [0,2\pi]$$

$$\frac{\partial \vec{r}}{\partial \theta} = -(a+b\cos\phi)\sin\theta\,\vec{i} + (a+b\cos\phi)\cos\theta\,\vec{j}$$

$$\frac{\partial \vec{r}}{\partial \phi} = -b\sin\phi\cos\theta\,\vec{i} - b\sin\phi\sin\theta\,\vec{j} + b\cos\phi\,\vec{k}$$

$$\vec{N} = \frac{\partial \vec{r}}{\partial \theta} \times \frac{\partial \vec{r}}{\partial \phi}$$

$$= \begin{vmatrix} \vec{i} & \vec{j} & \vec{k} \\ -(a+b\cos\phi)\sin\theta & (a+b\cos\phi)\cos\theta & 0 \\ -b\sin\phi\cos\theta & -b\sin\phi\sin\theta & b\cos\phi \end{vmatrix}$$

$$= b\cos\phi\cos\theta(a+b\cos\phi)\,\vec{i} + b\cos\phi\sin\theta(a+b\cos\phi)\,\vec{j}$$

$$+ b\sin\phi(a+b\cos\phi)\,\vec{k}$$

$$= b(a+b\cos\phi)(\cos\phi\cos\theta\,\vec{i} + \cos\phi\sin\theta\,\vec{j} + \sin\phi\,\vec{k})$$

$$\|\vec{N}\| = b(a+b\cos\phi)\sqrt{(\cos\phi\cos\theta)^2 + (\cos\phi\sin\theta)^2 + \sin^2\phi}$$

$$= b(a+b\cos\phi)$$

$$\text{面積}\, A = \iint dA = \int_0^{2\pi}\int_0^{2\pi} \|\vec{N}\|\,d\theta d\phi$$

$$= \int_0^{2\pi}\int_0^{2\pi} b(a+b\cos\phi)\,d\theta d\phi = 2\pi b(a\phi + b\sin\phi)\Big|_0^{2\pi}$$

$$= 4\pi^2 ab$$

【範例 11】

圓錐曲面 $S : z = \sqrt{x^2 + y^2}$, $0 \leq z \leq 2$, 若材料的面密度 $\rho(x, y, z) = x^2 + y^2$, 求質量和質量中心。

【解】

由範例 4, 知道

$$\vec{r} = z\cos\theta\,\vec{i} + z\sin\theta\,\vec{j} + z\,\vec{k}, \ \theta \in [0, 2\pi], \ z \in [0, 2]$$

$$\|\vec{N}\| = \sqrt{2}z$$

$$質量\,m = \iint\limits_{S} \rho(x, y, z)dA = \int_0^{2\pi}\int_0^2 (x^2 + y^2)\|\vec{N}\|d\theta dz$$

$$= \int_0^{2\pi}\int_0^2 z^2 \cdot \sqrt{2}z\,d\theta dz = 2\sqrt{2}\pi\int_0^2 z^3\,dz = \frac{\sqrt{2}}{2}\pi z^4\Big|_0^2$$

$$= 8\sqrt{2}\pi$$

質量中心:

$$\overline{x} = \frac{1}{m}\iint\limits_{S} x\rho(x, y, z)dA = \frac{1}{m}\int_0^{2\pi}\int_0^2 z\cos\theta \cdot \sqrt{2}z^3\,d\theta dz$$

$$= 0 \ \left(\int_0^{2\pi}\cos\theta d\theta = 0\right)$$

$$\overline{y} = \frac{1}{m}\iint\limits_{S} y\rho(x, y, z)dA = \frac{1}{m}\int_0^{2\pi}\int_0^2 z\sin\theta \cdot \sqrt{2}z^3\,d\theta dz$$

$$= 0 \ \left(\int_0^{2\pi}\sin\theta d\theta = 0\right)$$

$$\overline{z} = \frac{1}{m}\iint\limits_{S} z\rho(x, y, z)dA = \frac{1}{m}\int_0^{2\pi}\int_0^2 z \cdot \sqrt{2}z^3\,d\theta dz$$

$$= \frac{2\sqrt{2}\pi}{8\sqrt{2}\pi}\int_0^2 z^4\,dz = \frac{1}{4} \cdot \frac{1}{5}z^5\Big|_0^2 = \frac{8}{5}$$

質量中心點是 $\left(0, 0, \dfrac{8}{5}\right)$

【範例12】

求 $\displaystyle\iint\limits_{S} z\,dA$，$S : x + y + z = 4$ 平面在第一象限的部份，且限制 x, y 的範

圍為 $0 \leq x \leq 2,\ 0 \leq y \leq 1$。

【解】

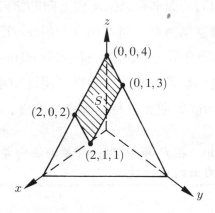

既然 x, y 已設定明顯的範圍，就選 x, y 當變數，則位置向量為

$$\overrightarrow{r} = x\,\overrightarrow{i} + y\,\overrightarrow{j} + (4 - x - y)\overrightarrow{k}$$

$$\frac{\partial \overrightarrow{r}}{\partial x} = \overrightarrow{i} - \overrightarrow{k}$$

$$\frac{\partial \overrightarrow{r}}{\partial y} = \overrightarrow{j} - \overrightarrow{k}$$

$$\overrightarrow{N} = \frac{\partial \overrightarrow{r}}{\partial x} \times \frac{\partial \overrightarrow{r}}{\partial y} = \overrightarrow{i} + \overrightarrow{j} - \overrightarrow{k}$$

$$\|\overrightarrow{N}\| = \sqrt{3}$$

$$\iint\limits_{S} z\,dA = \int_{0}^{2}\int_{0}^{1} z\|\overrightarrow{N}\|\,dxdy = \int_{0}^{2}\int_{0}^{1}(4 - x - y)\sqrt{3}\,dxdy$$

$$= \sqrt{3} \int_0^2 \left[(4-x)y - \frac{1}{2}y^2 \right] \Bigg|_0^1 dx = \sqrt{3} \int_0^2 \left(\frac{7}{2} - x \right) dx$$

$$= \sqrt{3} \left(\frac{7}{2}x - \frac{1}{2}x^2 \right) \Bigg|_0^2 = \sqrt{3}(7-2) = 5\sqrt{3}$$

【範例 13】

本節面積分裡提到的曲面都有正反兩相方向的法向量，換句話說，曲面有分開的兩個邊就稱為有方向的 (orientable)。若是無方向的曲面之面積分，則不在本節介紹之中。譬如有名的 Möbius strip 的曲面只有一邊，它可由一條寬的絲帶，扭轉一圈再將兩端接起來如圖 8.9 所示，您可發現 Möbius strip 的曲面只有一個連續的邊。

圖 8.9　Möbius strip，在 P 和 Q 點，兩者的法向量之方向相反，但它們卻是在曲面的同一邊上

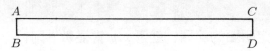

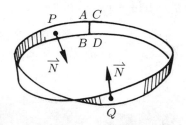

1～10題，給予位置向量，求曲面的形狀名稱及方程式（譬如 $\phi(x, y, z) = c$）和法向量 $\vec{N}$：

1. $\vec{r} = \left\langle 2\cos u,\ \sin u,\ \dfrac{1}{2}v \right\rangle$

2. $\vec{r} = \langle u\cos v,\ u\sin v,\ v \rangle$

3. $\vec{r} = \langle u\cos v,\ u\sin v,\ au \rangle$

4. $\vec{r} = \langle \cos v\cos u,\ 2\cos v\sin u,\ 4\sin v \rangle$

5. $\vec{r} = \langle u\cos v,\ u\sin v,\ u^2 \rangle$

6. $\vec{r} = \langle \cos v\cos u,\ \cos v\sin u,\ 4\sin v \rangle$

7. $\vec{r} = \langle 2u\cos v,\ 3u\sin v,\ u^2 \rangle$

8. $\vec{r} = \langle cu\cosh v,\ du\sinh v,\ u^2 \rangle$

9. $\vec{r} = \langle \sinh u\cos v,\ 2\sinh u\sin v,\ 3\cosh u \rangle$

10. $\vec{r} = \langle v\cos u,\ v\sin u,\ \cosh^{-1} u \rangle$

11～18題，求曲面的位置向量及法向量：

11. $y = 2z$　　　　　　　　　12. $x + y + z = 2$

13. $(x-1)^2 + y^2 + (z+1)^2 = 1$　　14. $z = x^2 + \dfrac{1}{4}y^2$

15. $x^2 - y^2 = 3$　　　　　　16. $x^2 + \dfrac{1}{4}y^2 - \dfrac{1}{9}z^2 + 1 = 0$

17. $z = 4(x^2 + y^2)$　　　　　18. $z = \sqrt{x^2 + 4y^2}$

19～28題，求曲面某點上的切平面與垂直線（可用梯度的方式找出曲面的法向量）：

19. $2x + 3y - 5z = 5;\ (1, 1, 0)$

20. $4x^2 + 4y^2 - z^2 = 0;\ (0, 1, 2)$

21. $2x^2 + 2y^2 - z = 1;\ (1, 0, 1)$

22. $z = xy;\ (1, 1, 1)$

23. $y^2 + z^2 = 1;\ (1, 0, 1)$

24. $4z = x^2 - y^2;\ (3, 1, 2)$

25. $z^2 = x^2 + y^2;\ (1, 0, 1)$

26. $x = yz;\ (6, 2, 3)$

27. $x^2 + y^2 + z^2 = 6;\ (1, 2, 1)$

28. $3x^2 + 2y^2 + z^2 = 4;\ (1, 0, 1)$

$29 \sim 44$ 題，求面積分 $\displaystyle\iint_S \vec{F} \cdot d\vec{A}$:

29. $\vec{F} = \langle x, y, 0 \rangle,\ S : z = 2x + 3y,\ x \in [0, 2],\ |y| \le 1$

30. $\vec{F} = \langle x, y, -z \rangle,\ S :$ 平面 $x + 2y + z = 8$ 在第一象限

31. $\vec{F} = \langle e^y, -e^z, e^x \rangle,\ S : x^2 + y^2 = 4,\ x \ge 0,\ y \ge 0,\ z \in [0, 2]$

32. $\vec{F} = \langle x, y, z \rangle,\ S : x^2 + y^2 + z^2 = 4$ 在 $z = 1$ 和 $z = 2$ 平面之間

33. $\vec{F} = \langle \cosh(yz), 0, y^4 \rangle,\ S : y^2 + z^2 = 1,\ |x| \le 5,\ z \ge 0$

34. $\vec{F} = \langle y, 2x, -z \rangle,\ S : 2x + y = 6$ 平面在第一象限且被 $z = 4$ 平面切去上面部份。

35. $\vec{F} = \langle z^2, 0, -z^2 \rangle,\ S : \vec{r} = \langle u\cos\theta, u\sin\theta, u \rangle,\ u \in [0, 5]$

36. $\vec{F} = \langle x + y^2, -2x, 2y \rangle,\ S : 2x + y + 2z = 6$ 在第一象限

37. $\vec{F} = \langle y^3, x^3, z^3 \rangle,\ S : x^2 + 4y^2 = 4,\ x \ge 0,\ y \ge 0,\ z \in [0, 2]$

38. $\vec{F} = \langle 6z, 2x + y, -x \rangle,\ S : x^2 + z^2 = 9$ 且被四平面 $x = 0$、$y = 0$、$y = 8$、$z = 0$ 包圍的區間。

39. $\vec{F} = \langle \tan(xy), x^2 y, -z \rangle,\ S : 4y^2 + z^2 = 4,\ x \in [1, 4]$

40. $\vec{F} = \langle 2y, -z, x^2 \rangle,\ S : y^2 = 8x$ 在第一象限且被平面 $y = 4$ 和 $z = 6$ 包圍住的區間。

41. $\vec{F} = \langle 2, 2x^2, 2xyz \rangle,\ S : z = xy,\ 0 \le x \le y,\ y \in [0, 1]$

42. $\vec{F} = \langle \frac{1}{2}z, -\frac{1}{2}xz, \frac{1}{2}y \rangle$, $S : x^2 + 9y^2 + 4z^2 = 36$, $x \geq 0$, $y \geq 0$, $z \geq 0$

43. $\vec{F} = \langle 3\cosh x, 0, 3\sinh y \rangle$, $S : z = x + y^2$, $0 \leq y \leq x$, $x \in [0,1]$

44. $\vec{F} = \langle xy, \frac{1}{2}x^2, 0 \rangle$, $S : \vec{r} = \langle \cosh u, \sinh u, v \rangle$, $u \in [0,2]$, $|v| \leq 3$

45 ～ 54題， 求 $\iint\limits_{S} \phi dA$:

45. $\phi = 2x$, $S : x + 4y + z = 10$ 在第一象限

46. $\phi = x + y + z$, $S : z = x + y$, $0 \leq y \leq x$, $x \in [0,1]$

47. $\phi = \sqrt{x^2 + y^2}$, $S :$ 在 $z = 0$ 平面上被 $x^2 + y^2 = 36$ 包圍的區域

48. $\phi = xe^y + x^2z^2$, $S : x^2 + y^2 = b^2$, $y \geq 0$, $z \in [0,k]$

49. $\phi = 2xyz$, $S : z = x + y$ 平面中由頂點 $(0,0)$， $(1,0)$， $(0,1)$， $(1,1)$ 所
框住的區域

50. $\phi = e^{x^2+y^2} + x^2 - z$, $S : \vec{r} = \langle u\cos\theta, u\sin\theta, bu \rangle$, $u \in [0,1]$

51. $\phi = 3z$, $S : z = x - y$, $x \in [0,1]$, $y \in [0,5]$

52. $\phi = 9x^3 \sin y$, $S : \vec{r} = \langle u, v, u^3 \rangle$, $u \in [0,1]$, $v \in [0,\pi]$

53. $\phi = 2z^2$, $S : x = y + z$, $y \in [0,1]$, $z \in [0,4]$

54. $\phi = 2\tan^{-1}\left(\frac{y}{x}\right)$, $S : z = x^2 + y^2$, $z \in [0,4]$, $x \geq 0$, $y \geq 0$

55. $\phi = \frac{3}{200}xyz$, $S : x^2 + y^2 = 16$ 且 $z \in [0,5]$ 圓柱面的第一象限部份。求

$$\iint\limits_{S} \phi d\vec{A}$$

56. $\vec{F} = \langle y, x - 2xz, -xy \rangle$, $S : x^2 + y^2 + z^2 = b^2$ 且 $z \geq 0$, 求 $\iint\limits_{S} \vec{\nabla} \times \vec{F} \cdot d\vec{A}$

57. $S :$ $x = 1$, $y = 1$, $z = 1$ 所包圍的正方體平面, 求 $\iint\limits_{S} \vec{r} \cdot d\vec{A}$

58. $\vec{F} = \langle 2x + 4y, -6z, 2x \rangle$, $S : 2x + y + 2z = 6$ 被 $x = 0$, $x = 1$, $y = 0$, $y = 2$

包圍住的區域, 求 $\displaystyle\iint\limits_{S} \vec{\nabla} \times \vec{F} \cdot d\vec{A}$

59. 若 $\rho(x,y,z) = xz + 1$, 求由頂點 $(2,0,0)$, $(0,6,0)$, $(0,0,4)$ 形成之三角形的質量。

60. 若 $\rho(x,y,z) = 2$, $S : x^2 + y^2 + z^2 = 9$, $1 \le z \le 3$, 求質量的中心點。

61. 若 $\rho(x,y,z) = 5$, $S : z = \sqrt{x^2 + y^2}$, $0 \le z \le 3$, 求質量的中心點。

62. 若 $\rho(x,y,z) = 2xy(1 + 4x^2 + 4y)^{\frac{1}{2}}$, $S : z = 16 - x^2 - y^2$, $7 \le z \le 15$, 求質量和質量的中心點。

8.3　格林理論與保守場

　　前面兩節介紹了線積分和面積分之後，本節就來介紹線積分和面積分之間的轉換。這是因為有時候作線積分比較方便，但有時候做面積分反而會比較方便，所以本節傾向於數學方面的運算較多。要介紹格林理論之前，先對曲線和區間 (domain) 做詳細的定義。

定義8.1　簡單封閉正方向的片斷平滑曲線 (simple closed positively oriented piecewise-smooth curve)

(1)一條曲線稱為「簡單」(simple)，如果除了起始點和終點可以重覆之外，曲線沒有任何交叉點。譬如圖 8.10 所示之曲線為非簡單曲線，因為它們有交叉點。

(2)一封閉曲線是正方向的 (positively oriented)，如果當 t 漸增時，粒子是反時針環繞著曲線，如圖 8.11 所示。封閉曲線包圍之區間稱為內部(interior)；反之則為外部 (exterior)。

(3)片斷平滑 (piecewise smooth) 的定義在以前已說明過了。片斷平滑相當於片斷連續但沒有斷點，如圖 8.12 所示。

圖 8.10　非簡單曲線

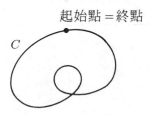

起始點＝終點

圖 8.11　正方向的簡單封閉曲線

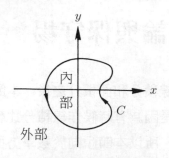

圖 8.12　片斷平滑和片斷連續的差別

(a)片斷平滑　　　　　　　　　　　(b)片斷連續

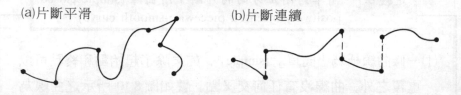

定義 8.2　區間 (domain)

區間 (domain) 是一群符合下列規則的點所組成：

(1)區間 D 內的任何點 P_0，以 P_0 為圓心畫個圓，圓內的各點亦在
　　區間之內（邊緣除外）。

(2)區間 D 內的任何兩點 P_0 和 P_1，兩點之間一定存在一條片斷平
　　滑曲線 C 將兩點連接起來，而曲線上各點亦在區間之內。如
　　圖 8.13 所示， 8.13(c)不是一個區間。

圖8.13　以 xy 平面為例，(a)和(b)是區間，而(c)不是區間

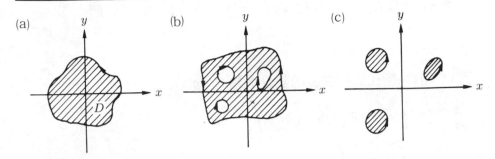

(a)　(b)　(c)

定理8.2　格林理論 (Green's theorem) 在平面

在 xy 平面上，令 C 是簡單封閉正方向的片斷平滑曲線，且令 D 是包含 C 和曲線 C 內部各點的區間，如圖8.13(a)所示。若 $\vec{F} = F_x(x,y)\,\vec{i} + F_y(x,y)\,\vec{j}$ 是可微分的在 D 區間內，則

$$\oint_C \vec{F} \cdot d\vec{r} = \iint_D \left(\frac{\partial F_y}{\partial x} - \frac{\partial F_x}{\partial y} \right) \cdot dA \tag{8.18}$$

上式是線積分和面積分在 xy 平面的轉換。

圖 8.14

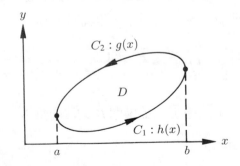

【證明】

以圖 8.14 說明之。現在把曲線 C 分為兩曲線 C_1 和 C_2，即

$$C = C_1 + C_2$$

而 C_1 和 C_2 所代表的曲線函數分別為 $C_1 : g(x)$, $C_2 : h(x)$。

$$\oint_C \vec{F} \cdot d\vec{r} = \oint_C F_x dx + \oint_C F_y dy$$

$$\oint_C F_x dx = \int_{C_1} F_x(x,y)dx + \int_{C_2} F_x(x,y)dx$$

$$= \int_b^a F_x(x, h(x))dx + \int_b^a F_x(x, g(x))dx$$

$$= \int_a^b [F_x(x, h(x)) - F_x(x, g(x))]dx$$

$$\iint_D \frac{\partial F_x}{\partial y} dA = \int_a^b \int_{h(x)}^{g(x)} \left(\frac{\partial F_x}{\partial y} dy \right) dx = \int_a^b F_x(x,y) \Big|_{h(x)}^{g(x)} dx$$

$$= \int_a^b [F_x(x, g(x)) - F_x(x, h(x))]dx = - \oint_C F_x dx$$

同理亦可得證 $\iint_D \dfrac{\partial F_y}{\partial x} dA = \oint_C F_y dy$，就可證得格林理論。

事實上，格林理論是史多克士 (Stokes's) 理論在 xy 平面上的特殊例子。史多克士理論（見 8.5 節的詳細說明）為

$$\oint_C \vec{F} \cdot d\vec{r} = \iint_D \vec{\nabla} \times \vec{F} \cdot d\vec{A} \tag{8.19}$$

在 xy 平面上，$\vec{r} = x\vec{i} + y\vec{j}$，故區間 D 的法向量 $\vec{N} = \dfrac{\partial \vec{r}}{\partial x} \times \dfrac{\partial \vec{r}}{\partial y} = \vec{k}$
故可得到格林理論如下：

$$\iint\limits_{D} \vec{\nabla} \times \vec{F} \cdot d\vec{A} = \iint\limits_{D} \vec{\nabla} \times \vec{F} \cdot \vec{N} dxdy$$

$$= \iint\limits_{D} \left(\frac{\partial F_y}{\partial x} - \frac{\partial F_x}{\partial y} \right) dxdy \qquad (8.19a)$$

定理8.3　路徑無關的積分

若 ϕ 及 ϕ 的一階偏微分是連續的在區間D 且 $\vec{F} = \vec{\nabla}\phi$, 則

$$\int_{C} \vec{F} \cdot d\vec{r}$$

是路徑無關 (independence of path) 的積分。

【證明】

$$\vec{F} = \vec{\nabla}\phi = \frac{\partial \phi}{\partial x}\vec{i} + \frac{\partial \phi}{\partial y}\vec{j} + \frac{\partial \phi}{\partial z}\vec{k}$$

$$\vec{F} \cdot d\vec{r} = \frac{\partial \phi}{\partial x}dx + \frac{\partial \phi}{\partial y}dy + \frac{\partial \phi}{\partial z}dz = d\phi(x,y,z) = \frac{d\phi}{dt}dt$$

$$\int_{C} \vec{F} \cdot d\vec{r} = \int_{a}^{b} \frac{d\phi}{dt}dt = \phi(x(t),y(t),z(t))\Big|_{t=a}^{t=b}$$

$$= \phi(x(b),y(b),z(b)) - \phi(x(a),y(a),z(a))$$

$$= \phi(P_b) - \phi(P_a) \qquad (8.20)$$

P_a 代表起始點$(x(a),y(a),z(a))$

P_b 代表終點 $(x(b),y(b),z(b))$

定理 8.3a

若 $\vec{F} = \vec{\nabla}\phi$ 如定理 8.3 所述，可得到路徑無關的積分，同時亦可獲得

$$\oint_C \vec{F} \cdot d\vec{r} = 0$$

【證明】

$$\oint_C \vec{F} \cdot d\vec{r} = \phi(P_b) - \phi(P_a) = 0$$

因為封閉曲線的起始點等於終點，故 $P_b = P_a$。

定理 8.4　保守場

令 $\vec{F}$ 是區間 D 內的向量場，則 $\int_C \vec{F} \cdot d\vec{r}$ 與路徑無關的充分必要條件是 $\vec{F}$ 是保守的 (conservative)。

這定理很明顯的表示 $\vec{F} = \vec{\nabla}\phi$，而符合 $\vec{F} = \vec{\nabla}\phi$ 等式的向量場即稱為保守場。電場 $\vec{E} = -\vec{\nabla}\phi$（$\phi$ 是電位）是屬於保守場，因此電場對場內電荷所作的功與路徑無關。這和磁場 $\vec{B} = \vec{\nabla} \times \vec{A}$ 的特性完全不一樣，一般稱 $\vec{F} = \vec{\nabla}\phi$ 中的 ϕ 為「電位函數」(potential function)。

定理8.5　保守場的旋度

令 $\overrightarrow{F} = F_x(x,y)\,\overrightarrow{i} + F_y(x,y)\,\overrightarrow{j}$ 是在 xy 平面的向量場，則 $\overrightarrow{F}$ 是保守場的充分必要條件是

$$\frac{\partial F_y}{\partial x} = \frac{\partial F_x}{\partial y}$$

【證明】

$\overrightarrow{F}$ 是保守場，則

$$\overrightarrow{F} = \overrightarrow{\nabla}\phi = \frac{\partial \phi}{\partial x}\,\overrightarrow{i} + \frac{\partial \phi}{\partial y}\,\overrightarrow{j} = F_x\,\overrightarrow{i} + F_y\,\overrightarrow{j}$$

得到

$$\frac{\partial \phi}{\partial x} = F_x \quad \text{且} \quad \frac{\partial \phi}{\partial y} = F_y$$

因此

$$\frac{\partial F_x}{\partial y} = \frac{\partial}{\partial y}\left(\frac{\partial \phi}{\partial x}\right) = \frac{\partial^2 \phi}{\partial y \partial x}$$

$$\frac{\partial F_y}{\partial x} = \frac{\partial}{\partial x}\left(\frac{\partial \phi}{\partial y}\right) = \frac{\partial^2 \phi}{\partial x \partial y}$$

得證

$$\frac{\partial F_x}{\partial y} = \frac{\partial F_y}{\partial x} = \frac{\partial^2 \phi}{\partial x \partial y} = \frac{\partial^2 \phi}{\partial y \partial x}$$

偏微分的交換律 (commutative law) 是成立的。

　　本定理若延伸到三度空間是亦可成立的，即令 $\overrightarrow{F} = F_x(x,y,z)\,\overrightarrow{i} + F_y(x,y,z)\,\overrightarrow{j} + F_z(x,y,z)\,\overrightarrow{k}$，則 $\overrightarrow{F}$ 是保守場的充分必要條件是

$$\overrightarrow{\nabla} \times \overrightarrow{F} = \overrightarrow{0}$$

【證明】

若 $\vec{F}$ 是保守場，則 $\vec{F} = \vec{\nabla}\phi$

從數學上，很容易證得

$$\vec{\nabla} \times \vec{F} = \vec{\nabla} \times \vec{\nabla}\phi = \vec{0}$$

反過來，若

$$\vec{\nabla} \times \vec{F} = \left(\frac{\partial F_z}{\partial y} - \frac{\partial F_y}{\partial z}\right)\vec{i} + \left(\frac{\partial F_x}{\partial z} - \frac{\partial F_z}{\partial x}\right)\vec{j}$$
$$+ \left(\frac{\partial F_y}{\partial x} - \frac{\partial F_x}{\partial y}\right)\vec{k} = \vec{0}$$

得到

$$\frac{\partial F_y}{\partial x} = \frac{\partial F_x}{\partial y}$$

$$\frac{\partial F_x}{\partial z} = \frac{\partial F_z}{\partial x}$$

$$\frac{\partial F_z}{\partial y} = \frac{\partial F_y}{\partial z}$$

三者必需同時成立。假設 $\vec{F} = \vec{\nabla}\phi$，可驗證符合上三式，故得證若 $\vec{\nabla} \times \vec{F} = 0$，則 $\vec{F} = \vec{\nabla}\phi$。（事實上，$\vec{F} = c\vec{\nabla}\phi$ 可符合上三式）。

另外，由 $\vec{F} = \vec{\nabla}\phi$，可得到關係式

$$F_x = \frac{\partial \phi}{\partial x}, \; F_y = \frac{\partial \phi}{\partial y}, \; F_z = \frac{\partial \phi}{\partial z}$$

依上述關係式，可用來求電位函數 $\phi(x, y, z)$。

解題範例

【範例 1】

令 $\vec{F} = (2xy + z^3)\,\vec{i} + x^2\,\vec{j} + 3xz^2\,\vec{k}$,

(a)證明 $\vec{F}$ 是保守場。

(b)求電位函數。

(c)求物體從 $(1, -1, 2)$ 移到 $(3, -2, 3)$ 所作的功。

【解】

(a)若 $\vec{F}$ 是保守場，則 $\vec{F} = \nabla\phi$ 且 $\vec{\nabla} \times \vec{F} = \vec{0}$ ，從 $\vec{\nabla} \times \vec{F}$ 下手，則

$$\vec{\nabla} \times \vec{F} = \begin{vmatrix} \vec{i} & \vec{j} & \vec{k} \\ \dfrac{\partial}{\partial x} & \dfrac{\partial}{\partial y} & \dfrac{\partial}{\partial z} \\ 2xy + z^3 & x^2 & 3xz^2 \end{vmatrix}$$

$$= (0 - 0)\,\vec{i} + (3z^2 - 3z^2)\,\vec{j} + (2x - 2x)\,\vec{k}$$

$$= \vec{0} \text{ , 得證}$$

(b) $\vec{F} = \vec{\nabla}\phi$, 則

$$\frac{\partial\phi}{\partial x} = 2xy + z^3 \cdots\cdots\cdots\cdots\cdots\cdots\cdots(1)$$

$$\frac{\partial\phi}{\partial y} = x^2 \cdots\cdots\cdots\cdots\cdots\cdots\cdots\cdots\cdots(2)$$

$$\frac{\partial\phi}{\partial z} = 3xz^2 \cdots\cdots\cdots\cdots\cdots\cdots\cdots\cdots(3)$$

從(1)式開始解（亦可從(2)式或(3)式開始解之），

$$\phi(x, y, z) = x^2 y + xz^3 + f(y, z)$$

代入(2)式，得到

$$\frac{\partial \phi}{\partial y} = x^2 + \frac{\partial f}{\partial y} = x^2$$

$$\frac{\partial f}{\partial y} = 0$$

令 $f(x,y) = c_1 + g(x)$, c_1 為任意常數。

代入(3)式，

$$\frac{\partial \phi}{\partial z} = 3xz^2 + g'(x) = 3xz^2$$

$$g'(x) = 0 \quad 或 \quad g(x) = c_2, \ c_2 為任意常數$$

結論，

$$\phi(x, y, z) = x^2 y + xz^3 + c, \quad c = c_1 + c_2 為任意常數$$

【另解】

已知 $\overrightarrow{F} \cdot d\overrightarrow{r} = \overrightarrow{\nabla} \phi \cdot d\overrightarrow{r} = d\phi$

$$d\phi = \overrightarrow{F} \cdot d\overrightarrow{r} = (2xy + z^3)dx + x^2 dy + 3xz^2 dz$$

$$= (2xy + x^2 dy) + (z^3 dx + 3xz^2 dz)$$

$$= d(x^2 y) + d(xz^3) = d(x^2 y + xz^3)$$

得到

$$\phi = x^2 y + xz^3 + c, \ c \text{ 是任意常數}$$

(c) $$\int_C \overrightarrow{F} \cdot d\overrightarrow{r} = \phi(3, -2, 3) - \phi(1, -1, 2)$$

$$= -18 + 81 - (-1 + 8) = 56$$

【範例2】

證明 $(y^3z^3\cos x - 4x^3z)dx + (3z^3y^2\sin x)dy + (3y^3z^2\sin x - x^4)dz$ 是 ϕ 的正合微分, 求 ϕ。

【解】

$$(y^3z^3\cos x - 4x^3z)dx + (3z^3y^2\sin x)dy + (3y^3z^2\sin x - x^4)dz$$

$$= d\phi = \frac{\partial\phi}{\partial x}dx + \frac{\partial\phi}{\partial y}dy + \frac{\partial\phi}{\partial z}dz$$

$$\frac{\partial\phi}{\partial x} = y^3z^3\cos x - 4x^3z$$

$$\phi(x,y,z) = y^3z^3\sin x - x^4z + f(y,z)$$

$$\frac{\partial\phi}{\partial y} = 3y^2z^3\sin x + \frac{\partial f}{\partial y} = 3y^2z^3\sin x$$

$$\frac{\partial f}{\partial y} = 0 \quad \text{或} \quad f = c_1 + g(x)$$

$$\frac{\partial\phi}{\partial z} = 3y^3z^2\sin x - x^4 + g'(x) = 3y^3z^2\sin x - x^4$$

$$g'(x) = 0 \quad \text{或} \quad g(x) = c_2$$

得到

$$\phi = y^3z^3\sin x - x^4z + c, \ c = c_1 + c_2 \text{是任意常數}$$

【範例3】

令 $\vec{F} = x^2\vec{i} + 2xy\vec{j}$, 且 C 的路徑見下圖中的(a)、(b)、(c), 分別求

$$\oint_C \vec{F} \cdot d\vec{r} \text{。}$$

(a)
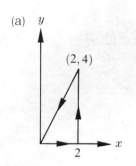

(b)
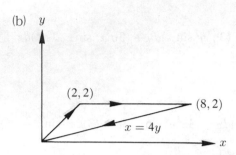

(c)
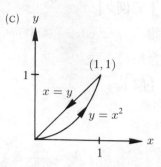

【解】

本題用格林理論將線積分轉為面積分，運算會比較容易。若 C 是正方向，則

$$\oint_C \vec{F} \cdot d\vec{r} = \iint_D (\frac{\partial F_y}{\partial x} - \frac{\partial F_x}{\partial y})dA = \iint_D 2ydA$$

對 xy 平面，$\vec{r} = x\vec{i} + y\vec{j}$

$$\frac{\partial \vec{r}}{\partial x} = \vec{i}, \ \frac{\partial \vec{r}}{\partial y} = \vec{j}$$

$$\vec{N} = \frac{\partial \vec{r}}{\partial x} \times \frac{\partial \vec{r}}{\partial y} = \vec{i} \times \vec{j} = \vec{k}$$

因此

$$dA = \|\vec{N}\|dxdy = dxdy$$

(a) C 是正方向，則

$$\oint_C \vec{F}d\vec{r} = \iint_D 2ydA = \int_0^2 \int_0^{2x} 2ydxdy = \int_0^2 y^2 \Big|_0^{2x} dx = \int_0^2 4x^2 dx$$

$$= \frac{4}{3}x^3 \Big|_0^2 = \frac{32}{3}$$

(b) C 是負方向，則

$$\oint_C \overrightarrow{F} \cdot d\overrightarrow{r} = -\iint_D 2y \, dA = -\int_0^2 \int_y^{4y} 2y \, dx \, dy = -\int_0^2 2y \cdot x \Big|_y^{4y} dy$$

$$= -\int_0^2 2y \cdot 3y \, dy = -\int_0^2 6y^2 \, dy$$

$$= -2y^3 \Big|_0^2 = -16$$

(c) C 是正方向, 則

$$\oint_C \overrightarrow{F} \cdot d\overrightarrow{r} = \iint_D 2y \, dA = \int_0^1 \int_{x^2}^x 2y \, dy \, dx$$

$$= \int_0^1 y^2 \Big|_{x^2}^x dx = \int_0^1 (x^2 - x^4) dx$$

$$= \left(\frac{1}{3} x^3 - \frac{1}{5} x^5 \right) \Big|_0^1 = \frac{1}{3} - \frac{1}{5} = \frac{2}{15}$$

【範例 4】

若 $\overrightarrow{F} = 2x \cos(2y) \overrightarrow{i} - 2x^2 \sin(2y) \overrightarrow{j}$

(a)求 $\displaystyle\int_C \overrightarrow{F} \cdot d\overrightarrow{r}$, $\overrightarrow{r} = 2t \overrightarrow{i} + \pi \sqrt{t} \overrightarrow{j}$, $t : 1 \to 4$

(b)求 $\displaystyle\oint_C \overrightarrow{F} \cdot d\overrightarrow{r}$, $\overrightarrow{r} = 2e^{t^2} \overrightarrow{i} + t \ln |t| \overrightarrow{j}$

【解】

(a)本題若解線積分一定不好做, 故要看看 $\overrightarrow{F}$ 是不是保守場? 若是保守場, 則積分和路徑無關, 就不用去解線積分了。

$$F_x = 2x \cos(2y), \quad F_y = -2x^2 \sin(2y)$$

$$\frac{\partial F_x}{\partial y} = -4x \sin(2y) = \frac{\partial F_y}{\partial x}$$

故知 $\overrightarrow{F} = \overrightarrow{\nabla} \phi,$

$$\frac{\partial \phi}{\partial x} = F_x = 2x \cos(2y)$$

$$\phi = x^2 \cos(2y) + f(y)$$

$$\frac{\partial \phi}{\partial y} = -x^2 \sin(2y) + f'(y) = -x^2 \sin(2y)$$

$$f'(y) = 0 \quad 或 \quad f(y) = c$$

得到

$$\phi(x, y) = x^2 \cos(2y) + c$$

$$\int_C \vec{F} \cdot d\vec{r} = \phi(P_1) - \phi(P_0)$$

$$P_1 : x = 2t = 8, \ y = \pi\sqrt{t} = 2\pi, \ t = 4$$

$$P_0 : x = 2t = 2, \ y = \pi\sqrt{t} = \pi, \ t = 1$$

$$\phi(P_1) = 8^2 \cos(4\pi) + c = 64 + c$$

$$\phi(P_0) = 2^2 \cos(2\pi) + c = 4 + c$$

$$\int_C \vec{F} \cdot d\vec{r} = \phi(P_1) - \phi(P_0) = (64 + c) - (4 + c) = 60$$

(b) $\oint \vec{F} \cdot d\vec{r} = \phi(P_1) - \phi(P_0) = 0$，因為 $P_1 = P_0$，即終點 = 起始點。

【範例 5】

計算 $\displaystyle\int_C (3xy - 2e^x)dx + \frac{3}{2}x^2 dy$，　C 是從 $(0,0)$ 到 $(-2,1)$ 的任何曲線。

【解】

本題很明顯的告訴您是屬於保守場的問題。題中

$$F_x = 3xy - 2e^x, \ F_y = \frac{3}{2}x^2$$

$$\frac{\partial \phi}{\partial x} = F_x = 3xy - 2e^x$$

$$\phi = \frac{3}{2}x^2 y - 2e^x + f(y)$$

$$\frac{\partial \phi}{\partial y} = \frac{3}{2}x^2 + f'(y) = \frac{3}{2}x^2$$

$$f'(y) = 0 \ \text{或} \ f(y) = c = 0 \ (\text{令} \ c = 0)$$

得到

$$\phi(x, y) = \frac{3}{2}x^2 y - 2e^x$$

$$\phi(0, 0) = -2$$

$$\phi(-2, 1) = 6 - 2e^{-2}$$

$$\int_C (3xy - 2e^x)dx + \frac{3}{2}x^2 dy = \phi(-2, 1) - \phi(0, 0) = 8 - 2e^{-2}$$

【範例6】

令面密度 $\rho(x, y) = 2$ 的物體占 $\frac{1}{4}$ 圓如下圖所示，求

(a)質量

(b)質量中心

(c)慣性動量 (moment of inertia)

$$I_x = \iint_D y^2 \cdot \rho \cdot dA$$

$$I_y = \iint_D x^2 \cdot \rho \cdot dA$$

(d)慣性極動量 (polar moment of inertia)

$$I_0 = I_x + I_y = \iint_D (x^2 + y^2) \cdot \rho \cdot dA$$

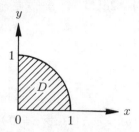

【解】

本題屬於面積分的題目且用極坐標來解答比較容易。區間 D 的位置向量為

$$\overrightarrow{r}(r,\theta) = r\cos\theta\,\overrightarrow{i} + r\sin\theta\,\overrightarrow{j},\ r \in [0,1],\ \theta \in \left[0, \frac{\pi}{2}\right]$$

$$x = r\cos\theta,\ y = r\sin\theta$$

$$\frac{\partial \overrightarrow{r}}{\partial r} = \cos\theta\,\overrightarrow{i} + \sin\theta\,\overrightarrow{j}$$

$$\frac{\partial \overrightarrow{r}}{\partial \theta} = r(-\sin\theta\,\overrightarrow{i} + \cos\theta\,\overrightarrow{j})$$

$$\overrightarrow{N} = \frac{\partial \overrightarrow{r}}{\partial r} \times \frac{\partial \overrightarrow{r}}{\partial \theta} = r\,\overrightarrow{k}$$

$$dA = \|\overrightarrow{N}\|drd\theta = rd\theta dr$$

(a)質量 $\quad m = \iint\limits_{D} \rho dA = \int_0^1 \int_0^{\frac{\pi}{2}} 2 \cdot rd\theta dr$

$$= 2 \cdot \frac{\pi}{2} \cdot \frac{1}{2}r^2\Big|_0^1 = \frac{\pi}{2}$$

(b)質量中心，

$$\overline{x} = \frac{1}{m}\int_0^1 \int_0^{\frac{\pi}{2}} x\rho dA = \frac{4}{\pi}\int_0^1 \int_0^{\frac{\pi}{2}} 2 \cdot r\cos\theta \cdot rd\theta dr$$

$$= \frac{8}{\pi}\left(\sin\theta\Big|_0^{\frac{\pi}{2}}\right) \cdot \left(\frac{1}{3}r^3\Big|_0^1\right) = \frac{8}{\pi} \cdot 1 \cdot \frac{1}{3} = \frac{8}{3\pi}$$

$$\bar{y}=\frac{1}{m}\int_0^1\int_0^{\frac{\pi}{2}}y\cdot\rho dA=\frac{4}{\pi}\int_0^1\int_0^{\frac{\pi}{2}}2\cdot r\sin\theta\cdot rd\theta dr$$

$$=\frac{8}{\pi}\left(-\cos\theta\Big|_0^{\frac{\pi}{2}}\right)\cdot\left(\frac{1}{3}r^3\Big|_0^1\right)=\frac{8}{3\pi}$$

(c)
$$I_x=\iint_D y^2\cdot\rho\cdot dA=\int_0^1\int_0^{\frac{\pi}{2}}2\cdot r^2\sin^2\theta rd\theta dr$$

$$=\left(\frac{1}{2}r^4\right)\Big|_0^1\times\int_0^{\frac{\pi}{2}}\frac{1}{2}(1-\cos2\theta)d\theta$$

$$=\frac{1}{4}\left(\theta-\frac{1}{2}\sin2\theta\right)\Big|_0^{\frac{\pi}{2}}=\frac{1}{4}\cdot\frac{\pi}{2}=\frac{\pi}{8}$$

$$I_y=\iint_D x^2\cdot\rho\cdot dA=\int_0^1\int_0^{\frac{\pi}{2}}2\cdot r^2\cos^2\theta rd\theta dr$$

$$=\left(\frac{1}{2}r^4\right)\Big|_0^1\times\int_0^{\frac{\pi}{2}}\frac{1}{2}(1+\cos2\theta)d\theta$$

$$=\frac{1}{4}\left(\theta+\frac{1}{2}\sin2\theta\right)\Big|_0^{\frac{\pi}{2}}=\frac{1}{4}\cdot\frac{\pi}{2}=\frac{\pi}{8}$$

(d)
$$I_0=\iint_D (x^2+y^2)\cdot\rho\cdot dA=\int_0^1\int_0^{\frac{\pi}{2}}2\cdot r^2\cdot rd\theta dr$$

$$=\left(\frac{1}{2}r^4\right)\Big|_0^1\cdot\left(\theta\Big|_0^{\frac{\pi}{2}}\right)=\frac{1}{2}\cdot\frac{\pi}{2}=\frac{\pi}{4}=I_x+I_y$$

【範例7】

若 $\rho(x,y)=x^2+y^2$，區間如下圖所示，即 $0\le x+y\le2$, $0\le x-y\le2$ 所包圍的區域，求質量。

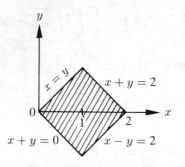

【解】

對位置向量 $\vec{r} = x\vec{i} + y\vec{j}$，令 $u = x + y,\ v = x - y$，則位置向量改為

$$\vec{r} = \frac{1}{2}(u + v)\vec{i} + \frac{1}{2}(u - v)\vec{j},\ u \in [0, 2],\ v \in [0, 2]$$

$$\frac{\partial \vec{r}}{\partial u} = \frac{1}{2}(\vec{i} + \vec{j})$$

$$\frac{\partial \vec{r}}{\partial v} = \frac{1}{2}(\vec{i} - \vec{j})$$

$$\vec{N} = \frac{\partial \vec{r}}{\partial u} \times \frac{\partial \vec{r}}{\partial v} = \begin{vmatrix} \vec{i} & \vec{j} & \vec{k} \\ \dfrac{1}{2} & \dfrac{1}{2} & 0 \\ \dfrac{1}{2} & -\dfrac{1}{2} & 0 \end{vmatrix}$$

$$= \left(-\frac{1}{4} - \frac{1}{4} \right)\vec{k} = -\frac{1}{2}\vec{k}$$

$$dA = \|\vec{N}\| dudv = \frac{1}{2}dudv$$

質量 $m = \iint\limits_{D} \rho dA = \int_0^2 \int_0^2 (x^2 + y^2)\frac{1}{2}dudv$

$$= \frac{1}{8} \int_0^2 \int_0^2 [(u + v)^2 + (u - v)^2]dudv$$

$$= \frac{1}{4} \int_0^2 \int_0^2 (u^2 + v^2) du dv$$

$$= \frac{1}{4} \left[2 \cdot \frac{1}{3} u^3 \bigg|_0^2 + 2 \cdot \frac{1}{3} v^3 \bigg|_0^2 \right] = \frac{8}{3}$$

【範例 8】

證明面積的線積分形式在 xy 平面上可表示為

(a) $\dfrac{1}{2} \oint_C (xdy - ydx)$

(b) $\dfrac{1}{2} \oint_C r^2 d\theta$

【解】

(a) $\dfrac{1}{2} \oint_C (xdy - ydx) = \dfrac{1}{2} \oint_C \overrightarrow{F} \cdot d\overrightarrow{r}$

其中，$\overrightarrow{F} = -y\overrightarrow{i} + x\overrightarrow{j}$

$$F_x = -y, \ F_y = x$$

$$\frac{1}{2} \oint_C \overrightarrow{F} \cdot d\overrightarrow{r} = \frac{1}{2} \iint_D \left(\frac{\partial F_y}{\partial x} - \frac{\partial F_x}{\partial y} \right) dxdy$$

$$= \frac{1}{2} \iint_D 2 \cdot dA = \iint_D dA = A$$

(b) 對極坐標，$x = r\cos\theta, \ y = r\sin\theta$

$$xdy = r\cos\theta \cdot (\sin\theta dr + r\cos\theta d\theta)$$

$$-ydx = -r\sin\theta(\cos\theta dr - r\sin\theta d\theta)$$

$$xdy - ydx = (r^2\cos^2\theta + r^2\sin^2\theta)d\theta = r^2 d\theta$$

得證

$$\frac{1}{2}\oint_C (xdy - ydx) = \frac{1}{2}\oint_C r^2 d\theta$$

上述公式是可求出封閉曲線 C 所包圍的面積。

【範例9】

根據範例 8 的公式，求下列圖形內的面積。

(a)橢圓 $\dfrac{x^2}{a^2} + \dfrac{y^2}{b^2} = 1$

(b)心圓 (cardioid)，$r = a(1 - \cos\theta),\ \theta \in [0, 2\pi]$

【解】

(a)$x = a\cos\theta,\ y = b\sin\theta,\ \theta \in [0, 2\pi]$

$$A = \frac{1}{2}\oint_C (xdy - ydx) = \frac{1}{2}\int_0^{2\pi} (x\frac{dy}{d\theta} - y\frac{dx}{d\theta})d\theta$$

$$= \frac{1}{2}\int_0^{2\pi} [ab\cos^2\theta - (-ab\sin^2\theta)]d\theta = \frac{1}{2}\int_0^{2\pi} abd\theta = \pi ab$$

(b)

$$A = \frac{1}{2}\oint_C r^2 d\theta = \frac{1}{2}\int_0^{2\pi} a^2(1 - \cos\theta)^2 d\theta$$

$$= \frac{a^2}{2}\int_0^{2\pi} (1 - 2\cos\theta + \cos^2\theta)d\theta = \frac{3}{2}\pi a^2$$

【範例10】

證明格林理論在圖 8.15 的區域 D 之下仍然成立。

圖 8.15 　陰影區為 $D = D_1 + D_2$

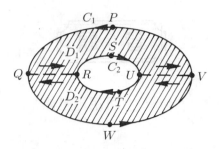

【解】

區間 D 被曲線 $C = C_1 + C_2$ 包圍著，其中 C_1 正方向（反時針），而 C_2 反方向（順時針）。

$$\oint_C = \oint_{C_1} + \oint_{C_2}$$

$$= \int_{PQ} + \int_{QW} + \int_{WV} + \int_{VP} + \int_{SU} + \int_{UT} + \int_{TR} + \int_{RS}$$

$$= \int_{PQ} + \int_{QR} + \int_{RS} + \int_{SU} + \int_{UV} + \int_{VP}$$

（包圍 D_1 的正方向曲線）

$$+ \int_{TR} + \int_{RQ} + \int_{QW} + \int_{WV} + \int_{VU} + \int_{UT}$$

（包圍 D_2 的正方向曲線）

$$= \iint_{D_1} + \iint_{D_2} = \iint_{D} \quad \text{故得證。}$$

$$\boxed{\text{習 題}}$$

$1 \sim 10$ 題, 求面積分 $\iint\limits_{D} \phi dx dy$ （可用極坐標）:

1. $\phi = 1 + \dfrac{1}{2}(x^2 + y^2)$, $D : x \in [0, 1]$, $y \in [x, 2x]$

2. $\phi = \cos(x^2 + y^2)$, $D : x \geq 0$, $x^2 + y^2 \leq \dfrac{\pi}{2}$

3. $\phi = 2(1 - xy)$, $D : x \in [0, 1]$, $y \in [x^2, x]$

4. $\phi = e^{-(x^2+y^2)}$, $D : x^2 + y^2 = 1$ 和 $x^2 + y^2 = 4$ 包圍的區域

5. $\phi = 2y$, $D : x \in [0, \pi]$, $y \in [0, \sin x]$

6. $\phi = \dfrac{1}{2}e^{x+y}$, $D : x \in [0, 2]$, $y \in [0, x]$

7. $\phi = \dfrac{1}{2}(x + y)^2 + x - y$, $D : x^2 + y^2 \leq a^2$, $x \geq 0$, $y \in [-x, x]$

8. $\phi = 3x$, $D : x \in [0, 2]$, $y \in [\sinh(x^2), \ \cosh(x^2)]$

9. $\phi = \dfrac{1}{2}x^2 \sin y$, $D : x \in [0, \cos y]$, $y \in \left[0, \dfrac{\pi}{2}\right]$

10. $\phi = 2e^y \cosh(x)$, $D : x \in [1, 2]$, $y \in [-x, x]$

$11 \sim 12$, 用範例 7 的技巧求坐標轉換後的 $\|\vec{N}\|$:

11. $x = cu$, $y = dv$ $(c > 1, d > 1)$

12. $x = u\cos\theta - v\sin\theta$, $y = u\sin\theta + v\cos\theta$

$13 \sim 14$ 題, 若 $\rho(x, y) = 2$, 求質量和質量中心:

13. $D : x \in [0, 1]$, $y \in [0, 2]$

14. $D : x^2 + y^2 \leq 16$ 的第一象限部份

$15 \sim 16$ 題, 若 $\rho(x, y) = 2$, 求慣性動量 I_x, I_y, I_0:

15.
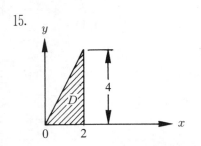

16.
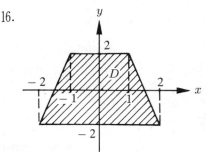

17 ～ 36題，用格林理論求 $\oint_C \vec{F} \cdot d\vec{r}$，$C$ 反時針圍繞D 區間。

17. $\vec{F} = \left\langle y, -\dfrac{1}{2}x \right\rangle$，$D$：半徑為 4，圓心 $(1,3)$ 的圓

18. $\vec{F} = \langle -x\sin y, y\sin x \rangle$，$D : x \in [0,\pi]$，$y \in \left[0, \dfrac{\pi}{2}\right]$

19. $\vec{F} = \langle x+y, x-y \rangle$，$D : x^2 + 4y^2 \leq 1$

20. $\vec{F} = \langle y^3, -x^3 \rangle$，$D : x^2 + y^2 \leq 4$

21. $\vec{F} = \langle x^2 - y, \cos 2y - e^{3y} + 4x \rangle$，$D$：四邊各長為 5 的正方形

22. $\vec{F} = \left\langle xy, \dfrac{1}{2}(e^x + x^2) \right\rangle$，$D$：頂點 $(0,0)$、$(1,0)$、$(1,1)$ 的三角形

23. $\vec{F} = \langle -e^x \cos(y), e^x \sin(y) \rangle$，$D$：任何封閉區域

24. $\vec{F} = \left\langle \dfrac{1}{2}x\ln y, \dfrac{1}{2}ye^x \right\rangle$，$D : x \in [0,3]$，$y \in [1,2]$

25. $\vec{F} = \left\langle \dfrac{1}{2}e^{x^3} - 2y, -\dfrac{1}{2}\cos(y^2) - 3x \right\rangle$，$D$：正方形之頂點為 $(1,0)$、$(3,0)$、$(1,3)$、$(3,3)$。

26. $\vec{F} = \langle \tan(0.1)x, x^5 y \rangle$，$D : x^2 + y^2 \leq 16$，$y \geq 0$

27. $\vec{F} = \langle x^2 y, -xy^2 \rangle$，$D : x^2 + y^2 \leq 4$，$x \geq 0$，$y \geq 0$

28. $\vec{F} = \langle e^{x+y}, e^{x-y} \rangle$，$D$：三角形，$x \in [0,1]$，$y \in [x, 2x]$

29. $\vec{F} = \left\langle \dfrac{1}{2}x, -2xy \right\rangle$，$D : y = x^2$ 和 $y = x$ 包圍的區域

30. $\vec{F} = \langle -(x^2 y + \cosh x), x^2 y \rangle$，$D : x \geq 0$，$y \in [0, 1 - x^2]$

31. $\vec{F} = \langle xe^y, -\sin(2y)\rangle$, D：三角形之頂點 $(1,1)$、$(1,3)$、$(4,1)$

32. $\vec{F} = \langle x\cosh y,\ x^2\sinh y\rangle$, $D: x^2 \le y \le x$

33. $\vec{F} = \langle y - e^{\sin x},\ 4x - \sinh(y^3)\rangle$, $D: (x+8)^2 + y^2 \le 4$

34. $\vec{F} = \langle \dfrac{1}{2}x^3 - y^3, \dfrac{1}{2}x^3 + y^3\rangle$, $D: x^2 + y^2 \le 16,\ x \ge 0,\ y \ge 0$

35. $\vec{F} = \langle x^2 + y^2, x^2 - y^2\rangle$, $D: 4x^2 + y^2 \le 16$

36. $\vec{F} = \langle x^2, 2xy\rangle$, D：正方形之頂點為 $(0,0)$、$(6,0)$、$(0,4)$、$(6,4)$

37. $\vec{F} = \langle x^2 - 2xy, x^2y + 3\rangle$, $D: x = 2$ 和 $y^2 = 8x$ 包圍的區間

38. $\vec{F} = \langle 2x - y^3, -xy\rangle$, $D: 1 \le x^2 + y^2 \le 9$ 的區間

$39 \sim 48$題，給予向量場 $\vec{F}$，找出電位函數：

39. $\vec{F} = \left\langle 2xy - \dfrac{3}{2}x^2z^2,\ x^2,\ -x^3z \right\rangle$

40. $\vec{F} = \langle yz^2 - 1, xz^2 + e^y,\ 2xyz + 1\rangle$

41. $\vec{F} = \langle y^2\cos x + z^3, 2y\sin x - 4, 3xz^2 + 2\rangle$

42. $\vec{F} = \langle yz^3, xz^3, 3xyz\rangle$

43. $\vec{F} = r^2\vec{r}$

44. $\vec{F} = e^{xyz}\langle yz, xz, xy\rangle$

45. $\vec{F} = r\,\vec{r}$

46. $\vec{F} = \left\langle \dfrac{3}{2}x^2yz^2 + \dfrac{1}{2}e^x,\ \dfrac{1}{2}x^3z^2,\ x^3yz \right\rangle$

47. $\vec{F} = \langle 2x\cos y + z\sin y,\ xz\cos y - x^2\sin y,\ x\sin y\rangle$

48. $\vec{F} = \langle -e^{xyz}, 1, -z\rangle$

$49 \sim 50$題，解微分方程式：

49. $(e^{-y} + 4x^3y^2)dx + (2x^4y^2 - xe^{-y})dy = 0$

50. $(z - e^{-x}\sin y)dx + (1 + e^{-x}\cos y)dy + (x - 4z)dz = 0$

$51 \sim 64$題，求 $\displaystyle\int_C \vec{F} \cdot d\vec{r}$，$C$ 是點到點之間的任何片斷連續曲線。

51. $\vec{F} = \langle x\cos(2y), x^2\sin(2y)\rangle$, $(0,0) \to \left(-3, \dfrac{\pi}{8}\right)$

52. $\overrightarrow{F} = \langle y^4 \cos x + z^3, 3y^3 \sin x - 4, 3xz^2 + 2 \rangle$, $(0, 1, -1) \rightarrow \left(\dfrac{\pi}{2}, -1, 2 \right)$

53. $\overrightarrow{F} = \left\langle \dfrac{3}{2} x^2 (y^2 - 4y), x^3 y - 2x^3 \right\rangle$, $(1, 1) \rightarrow (2, 3)$

54. $\overrightarrow{F} = \langle yz + 2x, xz, xy + 2z \rangle$, $(0, 1, 1) \rightarrow (1, 0, 1)$

55. $\overrightarrow{F} = \langle -e^x \cos y, e^x \sin y \rangle$, $\left(2, \dfrac{\pi}{4} \right) \rightarrow (0, 0)$

56. $\overrightarrow{F} = -r \overrightarrow{r}$, $(1, 1) \rightarrow (1, 1)$

57. $\overrightarrow{F} = \left\langle xy, \dfrac{1}{2} \left(x^2 - \dfrac{1}{y} \right) \right\rangle$, $(1, 3) \rightarrow (2, 2)$

58. $\overrightarrow{F} = \left\langle x^2 y^2 - 2y^3, \dfrac{2}{3} x^3 y - 6xy^2 \right\rangle$, $(0, 0) \rightarrow (1, 1)$

59. $\overrightarrow{F} = \left\langle \dfrac{y}{x}, \ln x \right\rangle$, $(2, 2) \rightarrow (1, 1)$ 但 $x > 0$

60. $\overrightarrow{F} = \left\langle 4e^y - \dfrac{1}{2} e^x, 4xe^y \right\rangle$, $(-1, -1) \rightarrow (3, 1)$

61. $\overrightarrow{F} = \langle \cosh(xy) + xy \sinh(xy), x^2 \sinh(xy) \rangle$, $(1, 0) \rightarrow (2, 1)$

62. $\overrightarrow{F} = \langle y^2 + \sin y, 2xy + x \cos y \rangle$, $(0, 0) \rightarrow (-3, \pi)$

63. $\overrightarrow{F} = \left\langle 3xy - \dfrac{1}{2} y^2, \dfrac{3}{2} x^2 - xy \right\rangle$, $(0, 0) \rightarrow (\pi, 2)$

64. $\overrightarrow{F} = \left\langle \dfrac{-y}{x^2 + y^2}, \dfrac{x}{x^2 + y^2} \right\rangle$, $(1, 0) \rightarrow (-1, 0)$

65～71題, 給予區間邊緣曲線的方程式或位置向量, 求區間的面積:

65. $\overrightarrow{r} = \langle a(\theta - \sin\theta), a(1 - \cos\theta) \rangle$, $a > 0$, $\theta \in [0, 2\pi]$

66. $x^{\frac{2}{3}} + y^{\frac{2}{3}} = b^{\frac{2}{3}}$, $b > 0$

67. 一葉的玫瑰花瓣 $r = 3 \sin 2\theta$, $\theta \in \left[0, \dfrac{\pi}{2} \right]$

68. 心形圓 $r = a(1 - \cos\theta)$ 在第一象限 ($x \geq 0$, $y \geq 0$, $\theta \in \left[0, \dfrac{\pi}{2} \right]$)

69. $r^2 = b^2 \cos 2\theta$, $\theta \in \left[-\dfrac{\pi}{4}, \dfrac{\pi}{4} \right]$

70.$r = \dfrac{1}{2} + \cos\theta$ 在第一象限 $(x \geq 0,\ y \geq 0,\ \theta \in \left[0, \dfrac{\pi}{2}\right])$

71.$x^3 + y^3 = 3bxy$ 在第一象限所圍住的區間。

8.4　高斯散度理論（面積分與體積分之轉換）

本節開始解釋散度 $(\vec{\nabla}\cdot)$ 的物理意義，使得散度在工程應用上更具有實質上的意義。

令一向量場 $\vec{F}(x,y,z)$ 流過空間上的某一微小正方塊 $dxdydz$ 如圖 8.16 所示。正方塊的中心是 (x,y,z)，而向量場 $\vec{F}$ 可以是水流速 (cm/sec)、電場或磁場。計算離開 (outward) 小正方塊的水流量 (c.c./sec) 如下：

令 $\vec{F}(x,y,z) = F_x(x,y,z)\,\vec{i} + F_y(x,y,z)\,\vec{j} + F_z(x,y,z)\,\vec{k}$

圖 8.16　$\vec{F}(x,y,z)$ 流過小正方塊 $dxdydz$

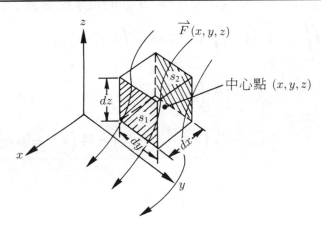

⑴離開 $s_1(\vec{N} = \vec{i})$ 平面的水流量為

$$\iint\limits_{s_1} \vec{F}\cdot\vec{n}\,dA = \vec{F}\cdot\vec{N}\,dydz = F_x\left(x+\frac{1}{2}dx,\ y,\ z\right)dydz$$

因為 s_1 的中心點坐標為 $\left(x + \dfrac{1}{2}dx, y, z\right)$，且 $\displaystyle\iint_{s_1}$ 只對一個微小方塊

$dydz$ 積分，故相當於 $\Sigma\Sigma$ 中只有一個積分項目，而得到

$$\iint_{s_1} \vec{F} \cdot \vec{n}\, dA = \vec{F} \cdot \vec{n}\, dA = \vec{F} \cdot \vec{N}\, dydz$$

$$\left(\because \vec{n} = \frac{\vec{N}}{\|\vec{N}\|} \text{ 且 } dA = \|\vec{N}\|dydz,\ \text{得到 } \vec{n}\, dA = \vec{N}\, dydz\right)$$

(2)離開 $s_2 (\vec{N} = -\vec{i})$ 平面的水流量為

$$\iint_{s_2} \vec{F} \cdot \vec{n}\, dA = \vec{F} \cdot \vec{N}\, dydz = -F_x\left(x - \frac{1}{2}dx, y, z\right)dydz$$

因為 s_2 平面的中心點坐標為 $\left(x - \dfrac{1}{2}dx, y, z\right)$。

(3)綜合上述(1)和(2)，則流出 s_1 和 s_2 平面的總水流量為

$$\iint_{s_1+s_2} \vec{F} \cdot \vec{n}\, dA = \iint_{s_1} \vec{F} \cdot \vec{n}\, dA + \iint_{s_2} \vec{F} \cdot \vec{n}\, dA$$

$$= \left[F_x\left(x + \frac{1}{2}dx, y, z\right) - F_x\left(x - \frac{1}{2}dx, y, z\right)\right]dydz$$

$$= \frac{F_x\left(x + \dfrac{1}{2}dx, y, z\right) - F_x\left(x - \dfrac{1}{2}dx, y, z\right)}{dx}dxdydz$$

$$= \frac{\partial F_x(x, y, z)}{\partial x}dV$$

同理亦可推導得到流出另四面在 $\pm y$ 和 $\pm z$ 方向的總水流量為

$$\frac{\partial F_y}{\partial y}(x, y, z) \quad \text{和} \quad \frac{\partial F_z}{\partial z}(x, y, z)$$

結論得到流出正方體的總水流量可由下列公式表示為

$$\oiint_{s} \vec{F} \cdot \vec{n}\, dA = \left(\frac{\partial F_x}{\partial x} + \frac{\partial F_y}{\partial y} + \frac{\partial F_z}{\partial z}\right)dV = \vec{\nabla} \cdot \vec{F}\, dV$$

或

$$\vec{\nabla} \cdot \vec{F} = \frac{1}{dV} \oiint_s \vec{F} \cdot \vec{n}\, dA \qquad (8.21)$$

其中 s 是包圍微小正方體的曲面，而 $\vec{n} = \dfrac{\vec{N}}{\|\vec{N}\|}$ 是曲面 s 的單位向外

法向量。從 (8.21) 式可了解散度 $\vec{\nabla} \cdot \vec{F}$ 的物理意義是每單位體積中流出曲面 s 所包圍之空間的流量。由散度的基本定義出發，再推導出高斯散度理論如下：

定理 8.6　　高斯散度理論 (Gauss's Divergence Theorem)

令 S 是包圍空間 V 的片斷平滑封閉曲面， $\vec{n}$ 是曲面 S 的單位向外法向量 (unit outer normal)， $\vec{F}(x, y, z)$ 和其一階偏微分在 V 和 S 內是連續的，則

$$\iiint_V \vec{\nabla} \cdot \vec{F}\, dV = \oiint_S \vec{F} \cdot \vec{n}\, dA \qquad (8.22)$$

【證明】

將 (8.21) 式改寫為

$$\vec{\nabla} \cdot \vec{F}\, dV = \oiint_s \vec{F} \cdot \vec{n}\, dA$$

對體積 V 和曲面 S 而言，可用微小體積 $dV (= dxdydz)$ 堆疊而成，而曲面 s 也漸漸擴大為 S。如圖 8.17 所示。

圖 8.17　V 由 3 個 dV 形成，曲面 $S = s_a + s_b + s_c$

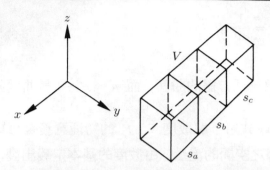

若在 x 方向，V 是由 3 個 dV 形成，即 $V = 3\,dV = \sum\limits_{i=1}^{3} dV$，則包圍 V 的 S 曲面可由 $s_a + s_b + s_c$ 形成，即 $S = s_a + s_b + s_c$。注意 s_a 和 s_b 及 s_b 和 s_c 的共用面，因為兩者的單位向外法向量正好相反，故在積分中相互抵消，因此曲面 S 可說是由 12 個微小平面（即 $dxdy$、$dydz$ 或 $dxdz$）所形成。依此類推，在 y 方向和 z 方向亦可得到相同的結果。結論得到空間上任何體積 V 可由微小體積在 x、y、z 三方向堆疊而成，而包圍體積的曲面 S 亦由微小平面 s 自動形成，得到為

$$\sum_x \sum_y \sum_z \vec{\nabla} \cdot \vec{F}\,dV = \oiint\limits_{S=\sum_x \sum_y \sum_z s} \vec{F} \cdot \vec{n}\,dA$$

微小體積的加法 $\sum$ 就相當於積分 $\int$，故上式就成為

$$\iiint\limits_{V} \vec{\nabla} \cdot \vec{F}\,dV = \oiint\limits_{S} \vec{F} \cdot \vec{n}\,dA$$

而得證上式的高斯散度理論，是面積分和體積分之間的轉換公式。

定理 8.6a 高斯散度理論在 xy 平面

令 C 是包圍區間 D 的片斷平滑封閉曲線，$\vec{n}$ 是曲線 C 的單位向外法向量，$\vec{F}(x,y)$ 和其一階微分在區間 D 和曲線 C 內是連續的，則

$$\iint\limits_{D} \vec{\nabla} \cdot \vec{F}\, dA = \oint_{C} \vec{F} \cdot \vec{n}\, dS \qquad (8.23)$$

【證明】

在 xy 平面上，重新推導 $\vec{\nabla} \cdot \vec{F}$ 的定義可由 (8.21) 式推論得到為

$$\vec{\nabla} \cdot \vec{F} = \frac{1}{dA} \oint_{\overline{C}} \vec{F} \cdot \vec{n}\, dS$$

或

$$\vec{\nabla} \cdot \vec{F}\, dA = \oint_{\overline{C}} \vec{F} \cdot \vec{n}\, dS$$

其中 dA 是微小正方形（即 $dx\,dy$），$\overline{C}$ 是包圍正方形的邊緣曲線，dS 是曲線 $\overline{C}$ 上微小片斷的長度（即 $dS = \|d\vec{r}\|$）。那麼在平面上的任何區間 D 都可由微小正方形堆疊而成，而包圍區間的曲線 $C = \sum\sum \overline{C}$（如同定理 8.6 所示）由微小曲線 $\overline{C}$ 形成，見圖 8.18。故得證

$$\iint\limits_{D} \vec{\nabla} \cdot \vec{F}\, dA = \oint_{C} \vec{F} \cdot \vec{n}\, dS$$

對曲線 C 的單位向外法向量 $\vec{n}$ 可由單位切向量 $\vec{T}$ 求得，已知

$$\vec{T} = \frac{d\vec{r}}{ds} = x'(s)\vec{i} + y'(s)\vec{j}$$

若 $\vec{n}$ 是單位向外法向量，則由圖 8.18 可知

$$\vec{n} = \vec{T} \times \vec{k} = \begin{vmatrix} \vec{i} & \vec{j} & \vec{k} \\ x'(s) & y'(s) & 0 \\ 0 & 0 & 1 \end{vmatrix} = y'(s)\,\vec{i} - x'(s)\,\vec{j}$$

圖 8.18   區間 D 和曲線 C 分別由許多微小正方形和其邊緣曲線 $\overline{C}$ 合成

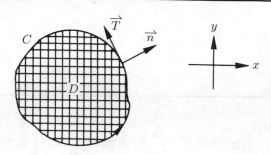

注意: 由圖 8.18 的 xy 平面坐標, $\vec{k} = \vec{i} \times \vec{j}$ 是凸出紙面的單位向量。驗證 $\|\vec{n}\| = \|\vec{T}\| \|\vec{k}\| \sin\left(\dfrac{\pi}{2}\right) = 1 \cdot 1 \cdot 1 = 1$。

從高斯散度理論可再推導得到下列理論或等式:

(1)格林第一等式 (Green's first identity)

$$\iiint\limits_{V} (\phi \nabla^2 \psi + \vec{\nabla}\phi \cdot \vec{\nabla}\psi)\,dV = \iint\limits_{S} (\phi \vec{\nabla}\psi) \cdot \vec{n}\,dA$$

(2)格林第二等式 (Green's second identity)

$$\iiint\limits_{V} (\phi \nabla^2 \psi - \psi \nabla^2 \phi)\,dV = \iint\limits_{S} (\phi \vec{\nabla}\psi - \psi \vec{\nabla}\phi) \cdot \vec{n}\,dA$$

(3) $$\iiint\limits_{V} \vec{\nabla} \times \vec{F}\,dV = \iint\limits_{S} (\vec{n} \times \vec{F})\,dA$$

(4) $$\iiint\limits_{V} \vec{\nabla}\phi\,dV = \iint\limits_{S} \phi\,\vec{n}\,dA$$

【證明】

(1)令 $\vec{F} = \phi\vec{\nabla}\psi$, 則

$$\iiint\limits_{V} \vec{\nabla} \cdot (\phi \vec{\nabla} \psi) dV = \oiint\limits_{S} \phi \vec{\nabla} \psi \cdot \vec{n} \, dA$$

而

$$\vec{\nabla} \cdot (\phi \vec{\nabla} \psi) = \phi \vec{\nabla} \cdot \vec{\nabla} \psi + \vec{\nabla} \phi \cdot \vec{\nabla} \psi = \phi \nabla^2 \psi + \vec{\nabla} \phi \cdot \vec{\nabla} \psi$$

故得證格林第一等式:

$$\iiint\limits_{V} (\phi \nabla^2 \psi + \vec{\nabla} \phi \cdot \vec{\nabla} \psi) dV = \oiint\limits_{S} \phi \vec{\nabla} \psi \cdot \vec{n} \, dA$$

(3)令 $\vec{A} = \vec{F} \times \vec{C}$, $\vec{C}$ 是常數向量, 則

$$\iiint\limits_{V} \vec{\nabla} \cdot \vec{A} = \iiint\limits_{V} \vec{\nabla} \cdot (\vec{F} \times \vec{C}) dV = \oiint\limits_{S} \vec{F} \times \vec{C} \cdot \vec{n} \, dA$$

已知 $\vec{\nabla} \cdot (\vec{F} \times \vec{C}) = \vec{C} \cdot \vec{\nabla} \times \vec{F}$ 且 $(\vec{F} \times \vec{C}) \cdot \vec{n} = \vec{F} \cdot (\vec{C} \times \vec{n}) = \vec{C} \cdot (\vec{n} \times \vec{F})$, 代入上式, 得到

$$\iiint\limits_{V} (\vec{C} \cdot \vec{\nabla} \times \vec{F}) dV = \oiint\limits_{S} \vec{C} \cdot (\vec{n} \times \vec{F}) dA$$

或

$$\vec{C} \cdot \iiint\limits_{V} \vec{\nabla} \times \vec{F} \, dV = \vec{C} \cdot \oiint\limits_{S} \vec{n} \times \vec{F} \, dA$$

得證

$$\iiint\limits_{V} \vec{\nabla} \times \vec{F} \, dV = \oiint\limits_{S} \vec{n} \times \vec{F} \, dA$$

解題範例

【範例 1】

驗證高斯散度理論：$\iiint\limits_{V} \vec{\nabla} \cdot \vec{F} = \oiint\limits_{S} \vec{F} \cdot \vec{n}\, dA$

(a) $\vec{F} = \langle 4x, 0, -z \rangle,\ S : x^2 + y^2 + z^2 = 4$

(b) $\vec{F} = \left\langle 2x, -y^2, \dfrac{1}{2} z^2 \right\rangle, S : x^2 + y^2 = 4, z = 0$ 和 $z = 3$ 之間的封閉圓柱面

(c) $\vec{F} = \langle x, y, z \rangle,\ S : z = \sqrt{x^2 + y^2},\ z \in [0, 1]$

【解】

(a) (i)體積分

$$\vec{\nabla} \cdot \vec{F} = 4 - 1 = 3$$

$$\iiint\limits_{V} \vec{\nabla} \cdot \vec{F}\, dV = \iiint\limits_{V} 3 \cdot dV = 3 \cdot \frac{4}{3} \pi r^3 = 3 \cdot \frac{4}{3} \pi \cdot 2^3 = 32\pi$$

(ii)面積分

曲面 S 的位置向量為

$$S : \vec{r} = 2\cos\theta\cos\phi\, \vec{i} + 2\sin\theta\cos\phi\, \vec{j} + 2\sin\phi\, \vec{k}$$

$$\theta \in [0, 2\pi],\ \phi \in \left[-\frac{\pi}{2},\ \frac{\pi}{2} \right]$$

曲面 S 的法向量 $\vec{N}$ 為

$$\vec{N} = \frac{\partial \vec{r}}{\partial \theta} \times \frac{\partial \vec{r}}{\partial \phi}$$

$$= \langle -2\sin\theta\cos\phi,\ 2\cos\theta\cos\phi, 0 \rangle \times \langle -2\cos\theta\sin\phi,$$

$$2\sin\theta\sin\phi, \ 2\cos\phi\rangle$$

$$=\langle 4\cos\theta\cos^2\phi, \ 4\sin\theta\sin^2\phi, \ 4\cos\phi\sin\phi\rangle$$

必需檢查 $\overrightarrow{N}$ 是否為向外法向量。將任意點代入上式 $(\theta=0, \ \phi=0)$，得到 $\overrightarrow{N}=\langle 4,0,0\rangle$ 是為向外法向量（因為向內法向量不能為高斯散度理論所用）。

$$\overrightarrow{F}=4x\,\overrightarrow{i}-z\,\overrightarrow{k}=8\cos\theta\cos\phi\,\overrightarrow{i}-2\sin\phi\,\overrightarrow{k}$$

$$\overrightarrow{F}\cdot\overrightarrow{N}=32\cos^2\theta\cos^3\phi-8\cos\phi\sin^2\phi$$

$$=32\left[\frac{1}{2}(1+\cos 2\theta)\right]\left[\frac{1}{4}(\cos 3\phi+3\cos\phi)\right]-8\cos\phi\sin^2\phi$$

$$\oiint\limits_{S}\overrightarrow{F}\cdot\overrightarrow{n}\,dA$$

$$=\int_0^{2\pi}\int_{-\frac{\pi}{2}}^{\frac{\pi}{2}}\overrightarrow{F}\cdot\overrightarrow{N}\,d\theta d\phi$$

$$=\int_0^{2\pi}\int_{-\frac{\pi}{2}}^{\frac{\pi}{2}}[4(1+\cos 2\theta)(\cos 3\phi+3\cos\phi)-8\cos\phi\sin^2\phi]d\theta d\phi$$

$$=4(2\pi+0)\cdot\left(\frac{\sin 3\phi}{3}+3\sin\phi\right)\Bigg|_{-\frac{\pi}{2}}^{\frac{\pi}{2}}-8\cdot 2\pi\frac{\sin^3\phi}{3}\Bigg|_{-\frac{\pi}{2}}^{\frac{\pi}{2}}$$

$$=8\pi\left(-\frac{2}{3}+6\right)-16\pi\times\frac{2}{3}$$

$$=8\pi\times\left(-\frac{2}{3}+6-\frac{4}{3}\right)=32\pi$$

(b) (i) 體積分

用圓柱坐標系統，對 $x^2+y^2\le 4$, $z\in[0,3]$ 的圓柱體

令 $x=r\cos\theta$, $y=r\sin\theta$, $\theta\in[0,2\pi]$, $r\in[0,2]$, $z\in[0,3]$

$$\overrightarrow{\nabla}\cdot\overrightarrow{F}=2-2y+z=2-2r\sin\theta+z$$

$$\iiint\limits_{V} \vec{\nabla} \cdot \vec{F} \, dV = \int_0^{2\pi} \int_0^2 \int_0^3 (2 - 2r\sin\theta + z) r \, d\theta \, dr \, dz$$

$$= 2\pi \cdot 3 \cdot r^2 \Big|_0^2 - 3 \cdot \frac{2}{3} r^3 \Big|_0^2 (-\cos\theta) \Big|_0^{2\pi} + 2\pi \cdot 2 \cdot \frac{1}{2} z^2 \Big|_0^3$$

$$= 24\pi - 0 + 18\pi = 42\pi$$

(ii)面積分

$$\oiint\limits_{S} \vec{F} \cdot \vec{n} \, dA = \iint\limits_{S_1} \vec{F} \cdot \vec{n} \, dA + \iint\limits_{S_2} \vec{F} \cdot \vec{n} \, dA + \iint\limits_{S_3} \vec{F} \cdot \vec{n} \, dA$$

$S_1 : x^2 + y^2 \le 4, \ z = 0$

$S_2 : x^2 + y^2 \le 4, \ z = 3$

$S_3 : x^2 + y^2 = 4, \ z \in [0, 3]$

(1) S_1 的 $\vec{n} = -\vec{k}$

$$\vec{F} \cdot \vec{n} = -\frac{1}{2} z^2 = 0$$

$$\iint\limits_{S_1} \vec{F} \cdot \vec{n} \, dA = 0$$

(2) S_2 的 $\vec{n} = \vec{k}$

$$\vec{F} \cdot \vec{n} = \frac{1}{2} z^2 = \frac{9}{2}$$

$$\int_{S_2}\!\!\!\int \vec{F} \cdot \vec{n} \, dA = \int_0^{2\pi} \int_0^2 \frac{9}{2} r \, d\theta \, dr = 2\pi \cdot \frac{9}{2} \cdot \frac{1}{2} r^2 \Big|_0^2 = 18\pi$$

(3) S_2 的 $\vec{r} = 2\cos\theta \, \vec{i} + 2\sin\theta \, \vec{j} + z \vec{k}, \ \theta \in [0, 2\pi]$

$$\vec{N} = \frac{\partial \vec{r}}{\partial z} \times \frac{\partial \vec{r}}{\partial \theta} = 2\cos\theta \, \vec{i} + 2\sin\theta \, \vec{j} = x \vec{i} + y \vec{j}$$

（是向外向量）

$$\overrightarrow{F} \cdot \overrightarrow{N} = 2x^2 - y^3 = 8\cos^2\theta - 8\sin^3\theta$$

$$= 4(1 + \cos 2\theta) - 2(3\sin\theta - \sin 3\theta)$$

$$\iint\limits_{S_3} \overrightarrow{F} \cdot \overrightarrow{n}\, dA = \int_0^{2\pi} \int_0^3 \overrightarrow{F} \cdot \overrightarrow{N}\, d\theta dz$$

$$= \int_0^{2\pi} \int_0^3 (4 + 4\cos 2\theta - 6\sin\theta + 2\sin 3\theta) d\theta dz$$

$$= 4 \cdot 2\pi \times 3 = 24\pi$$

得證

$$\oiint\limits_{S} \overrightarrow{F} \cdot \overrightarrow{n}\, dA = 18\pi + 0 + 24\pi = 42\pi = \iiint\limits_{V} \overrightarrow{\nabla} \cdot \overrightarrow{F}\, dV$$

(c) (i)體積分

$$\overrightarrow{\nabla} \cdot \overrightarrow{F} = 1 + 1 + 1 = 3$$

$$\iiint\limits_{V} \overrightarrow{\nabla} \cdot \overrightarrow{F}\, dV = \int_0^z \int_0^{2\pi} \int_0^1 3r d\theta dr dz = 3\int_0^{2\pi} d\theta \int_0^1 \int_0^z r dr dz$$

$$= 3 \cdot 2\pi \int_0^1 \frac{1}{2} r^2 \Big|_0^z \, dz = 3\pi \cdot \int_0^1 z^2 dz = \pi z^3 \Big|_0^1 = \pi$$

(ii)面積分

$$\oiint\limits_{S} \overrightarrow{F} \cdot \overrightarrow{n}\, dA = \iint\limits_{S_1} \overrightarrow{F} \cdot \overrightarrow{n}\, dA + \iint\limits_{S_2} \overrightarrow{F} \cdot \overrightarrow{n}\, dA$$

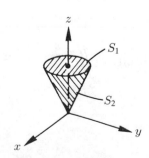

$$S_1 : x^2 + y^2 \leq 1, \ z = 1$$

$$S_2 : x^2 + y^2 = z^2, \ 0 \leq z < 1$$

(1) S_1 的 $\overrightarrow{n} = \overrightarrow{k}$

$$\overrightarrow{F} \cdot \overrightarrow{n} = z = 1$$

$$\iint\limits_{S_1} \overrightarrow{F} \cdot \overrightarrow{n} \, dA = \int_0^{2\pi} \int_0^1 1 \cdot r \, d\theta \, dr = 2\pi \cdot \frac{1}{2} r^2 \bigg|_0^1 = \pi$$

(2) S_2 的位置向量為

$$\overrightarrow{r} = z \cos\theta \, \overrightarrow{i} + z \sin\theta \, \overrightarrow{j} + z, \ z \in [0,1], \ \theta \in [0, 2\pi]$$

$$\overrightarrow{N} = \frac{\partial \overrightarrow{r}}{\partial z} \times \frac{\partial \overrightarrow{r}}{\partial \theta} = \begin{vmatrix} \overrightarrow{i} & \overrightarrow{j} & \overrightarrow{k} \\ \cos\theta & \sin\theta & 1 \\ -z\sin\theta & z\cos\theta & 0 \end{vmatrix}$$

$$= -z\cos\theta \, \overrightarrow{i} - z\sin\theta \, \overrightarrow{j} + z\overrightarrow{k} \ (\text{向外向量})$$

$$\overrightarrow{F} \cdot \overrightarrow{N} = -xz\cos\theta - yz\sin\theta + z^2 = -z^2\cos^2\theta - z^2\sin^2\theta + z^2 = 0$$

$$\iint\limits_{S_2} \overrightarrow{F} \cdot \overrightarrow{n} \, dA = \int_0^{2\pi} \int_0^1 \overrightarrow{F} \cdot \overrightarrow{N} \, d\theta \, dz = 0$$

得證

$$\oiint\limits_{S} \overrightarrow{F} \cdot \overrightarrow{n} \, dA = \pi + 0 = \pi = \iiint\limits_{V} \overrightarrow{\nabla} \cdot \overrightarrow{F} \, dV$$

【範例 2】

證明 $\displaystyle\iiint\limits_{V} (\phi\nabla^2\psi - \psi\nabla^2\phi) dV = \oiint\limits_{S} (\phi\overrightarrow{\nabla}\psi - \psi\overrightarrow{\nabla}\phi) \cdot \overrightarrow{n} \, dA$

【解】

由格林第一等式，

$$\iiint_V (\phi\nabla^2\psi + \vec{\nabla}\phi \cdot \vec{\nabla}\psi)dV = \oiint_S (\phi\vec{\nabla}\psi) \cdot \vec{n}\,dA \cdots\cdots(1)$$

把 ϕ 和 ψ 交換一下，上式變為

$$\iiint_V (\psi\nabla^2\phi + \vec{\nabla}\psi \cdot \vec{\nabla}\phi)dV = \oiint_S (\psi\vec{\nabla}\phi) \cdot \vec{n}\,dA \cdots\cdots(2)$$

(1) $-$(2)得證

$$\iiint_V (\phi\nabla^2\psi - \psi\nabla^2\phi)dV = \oiint_S (\phi\vec{\nabla}\psi - \psi\vec{\nabla}\phi) \cdot \vec{n}\,dA$$

【範例3】

令 $\vec{r}$ 是從參考點 O 到封閉曲面 S 上任何點 (x,y,z) 的位置向量，證明

$$\oiint_S \frac{\vec{r} \cdot \vec{n}}{r^3}dA \begin{cases} = 0, & 若參考點 O 在 S 的外面 \\ = 4\pi, & 若參考點 O 在 S 的內部 \end{cases}$$

【解】

(i)若參考點在 S 的外面，則運用高斯散度理論，

$$\oiint_S \frac{\vec{r}}{r^3} \cdot \vec{n}\,dA = \iiint_V \vec{\nabla} \cdot \left(\frac{\vec{r}}{r^3}\right)dV$$

而

$$\vec{\nabla} \cdot (\vec{r} \times r^{-3}) = \vec{\nabla}(r^{-3}) \cdot \vec{r} + r^{-3}\vec{\nabla} \cdot \vec{r}$$

$$= -3r^{-5}\vec{r} \cdot \vec{r} + r^{-3} \times 3$$

$$= -3r^{-3} + 3r^{-3} = 0$$

故得證

$$\oiint_S \frac{\vec{r}}{r^3} \cdot \vec{n}\,dA = 0$$

(ii)若參考點在 S 的內部，則在參考點附近的點，r 趨近於零，導致 $\dfrac{\overrightarrow{r}\cdot\overrightarrow{n}}{r^3}$ 在參考點之處發散，所以封閉曲面當不包括參考點。因此令參考點外圍附近的微小曲面是 s，則整個不會令 $\dfrac{\overrightarrow{r}\cdot\overrightarrow{n}}{r^3}$ 發散的封閉曲面變為 $S+s$，此時才能運用高斯散度理論，則

$$\oiint\limits_{S+s}\frac{\overrightarrow{r}}{r^3}\cdot\overrightarrow{n}\,dA = \iiint\limits_{V}\overrightarrow{\nabla}\cdot\left(\frac{\overrightarrow{r}}{r^3}\right)dA = 0$$

$$\oiint\limits_{S+s}\frac{\overrightarrow{r}}{r^3}\cdot\overrightarrow{n}\,dA = \iint\limits_{S}\frac{\overrightarrow{r}}{r^3}\cdot\overrightarrow{n}\,dA + \iint\limits_{s}\frac{\overrightarrow{r}}{r^3}\cdot\overrightarrow{n}\,dA = 0$$

令 s 是包圍參考點的微小球面，其半徑是 b，則 $r=b$，s 的單位向外向量 $\overrightarrow{n} = -\dfrac{\overrightarrow{r}}{b}$（見下圖），因此

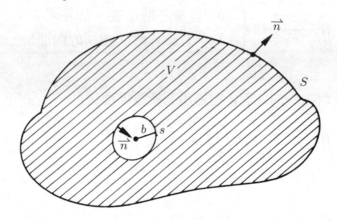

$$\frac{\overrightarrow{r}\cdot\overrightarrow{n}}{r^3} = \frac{1}{r^3}\overrightarrow{r}\cdot\left(-\frac{\overrightarrow{r}}{b}\right) = -\frac{\overrightarrow{r}\cdot\overrightarrow{r}}{br^3} = -\frac{r^2}{br^3}$$

$$= -\frac{1}{b\cdot r} = \frac{1}{-b\cdot b} = -b^{-2}$$

$$\iint\limits_{S}\frac{\overrightarrow{r}}{r^3}\cdot\overrightarrow{n}\,dA = \oiint\limits_{S}\frac{\overrightarrow{r}}{r^3}\cdot\overrightarrow{n}\,dA = -\iint\limits_{s}\frac{\overrightarrow{r}}{r^3}\cdot\overrightarrow{n}\,dA$$

$$= -\iint\limits_{S} -b^{-2}dA = b^{-2}\iint\limits_{S} dA$$

$$= b^{-2} \times 4\pi b^2 = 4\pi$$

【範例 4】

已知電荷 q 所存在空間之電場 $\vec{E} = \dfrac{q}{4\pi\epsilon}\dfrac{\vec{r}}{r^3}$，$\vec{r}$ 是以電荷 q 為參考點的位置向量。

(a)證明

$$\oiint\limits_{S} \vec{E} \cdot \vec{n}\,dA = \begin{cases} 0, & \text{若 } S \text{ 不包含參考點} \\ \dfrac{q}{\epsilon}, & \text{若 } S \text{ 包含參考點} \end{cases}$$

(b)若 ρ 是電荷密度，求證麥思威爾電場公式為

$$\vec{\nabla} \cdot \vec{E} = \dfrac{\rho}{\epsilon}$$

【解】

(a) 　$\oiint\limits_{S} \vec{E} \cdot \vec{n}\,dA = \oiint\limits_{S} \dfrac{q}{4\pi\epsilon}\dfrac{\vec{r}}{r^3} \cdot \vec{n}\,dA = \dfrac{q}{4\pi\epsilon}\oiint\limits_{S} \dfrac{\vec{r} \cdot \vec{n}}{r^3}dA$

從範例 3 已知

$$\oiint\limits_{S} \dfrac{\vec{r} \cdot \vec{n}}{r^3} = \begin{cases} 0, & \text{若 } S \text{ 不包含參考點} \\ 4\pi, & \text{若 } S \text{ 包含參考點} \end{cases}$$

得證

$$\oiint\limits_{S} \vec{E} \cdot \vec{n}\,dA = \begin{cases} 0, & \text{若 } S \text{ 不包含參考點} \\ \dfrac{q}{4\pi\epsilon} \times 4\pi = \dfrac{q}{\epsilon}, & \text{若 } S \text{ 包含參考點} \end{cases}$$

(b) 　$q = \iiint\limits_{V} \rho\,dV$

$$\oiint_S \vec{E} \cdot \vec{n}\, dA = \iiint_V \vec{\nabla} \cdot \vec{E}\, dV = \frac{q}{\epsilon} = \iiint_V \frac{\rho}{\epsilon} dV$$

得證

$$\vec{\nabla} \cdot \vec{E} = \frac{\rho}{\epsilon}$$

【範例 5】

推導熱方程式：

$$\frac{\partial u}{\partial t} = a^2 \nabla^2 u$$

$u = u(x, y, z)$ 是物體的溫度。

【解】

在 8.1 節曾介紹過溫度在空間分佈不同時，會產生熱能的移動，其熱能根據溫度梯度而移動的速度 $\vec{v}$ 為

$$\vec{v} = -k\vec{\nabla} u$$

k 是熱導係數，$\vec{v}$ 的單位是單位面積熱能的流速 (erg/ sec ·cm²)。而流出某物體（體積 V 和封閉曲面 S）的熱能變比 (erg/ sec)

$$\oiint_S \vec{v} \cdot \vec{n}\, dA = -k \oiint_S \vec{\nabla} u \cdot \vec{n}\, dA = -k \iiint_V \vec{\nabla} \cdot \vec{\nabla} u\, dV$$

$$= -k \iiint_V \nabla^2 u\, dV$$

物體本身的熱能 H 為

$$H = mcu = \iiint_V c\rho u\, dV$$

ρ 是物體的密度，c 是比熱。熱能流出物體相當於熱能減少的速度，即

$$\text{熱能流失速度} = -\frac{\partial H}{\partial t} = -\iiint\limits_V c\rho\frac{\partial u}{\partial t}dV$$

得到

$$-k\iiint\limits_V \nabla^2 u\,dV = -\iiint\limits_V c\rho\frac{\partial u}{\partial t}dV$$

或

$$k\nabla^2 u = c\rho\frac{\partial u}{\partial t}$$

得證熱方程式

$$\frac{\partial u}{\partial t} = \frac{c\rho}{k}\nabla^2 u = a^2\nabla^2 u$$

其中 $a^2 = \dfrac{c\rho}{k}$

【範例6】

若電荷密度 $\rho = \rho(x,y,z,t)$，電荷在導體內的流速是 $\vec{v}(x,y,z,t)$，且導體內沒有電源 (sources or sinks)，證明麥思威爾方程式之一：

$$\vec{\nabla}\cdot\vec{J} + \frac{\partial\rho}{\partial t} = 0$$

$\vec{J} = \rho\vec{v}$ 是電流密度 (current density)。

【解】

導體所擁有的電荷量是

$$Q = \iiint\limits_V \rho\,dV$$

電荷減少的速度為

$$-\frac{\partial Q}{\partial t} = -\iiint\limits_V \frac{\partial\rho}{\partial t}dV\cdots\cdots\cdots\cdots\cdots\cdots\cdots(1)$$

另外從電流密度 $\vec{J}$，離開導體的電荷速度為

$$\oiint_S \vec{J} \cdot \vec{n}\, dA = \iiint_V \vec{\nabla} \cdot \vec{J}\, dV \cdots\cdots\cdots\cdots\cdots(2)$$

由(1) =(2)，得到

$$\iiint_V \vec{\nabla} \cdot \vec{J}\, dV = -\iiint_V \frac{\partial \rho}{\partial t}\, dV$$

或

$$\iiint_V \left(\vec{\nabla} \cdot \vec{J} + \frac{\partial \rho}{\partial t}\right) dV = 0$$

得證

$$\vec{\nabla} \cdot \vec{J} + \frac{\partial \rho}{\partial t} = 0$$

【範例 7】

令 $\phi = 3x$，V 是由 $4x + 2y + z = 8$, $x = 0$, $y = 0$, $z = 0$ 四平面包圍的空間，求 $\iiint_V \phi\, dV$。

【解】

V 的底平面是在 $z = 0$ 之處，代入 $4x + 2y + z = 8$，得到底平面的斜邊線是

$$4x + 2y = 8 \quad 或 \quad 2x + y = 4$$

因此底平面三角形的範圍可由

$$x \text{ 從 0 到 2}$$

$$y \text{ 從 0 到 } 4 - 2x$$

來涵蓋之。既已涵蓋了底平面，以底平面的微小面積 $dxdy$ 往上升到 $4x + 2y + z = 8$ 平面就可掃過整個體積了，此時

z 是從 0 到 $8 - (4x + 2y)$

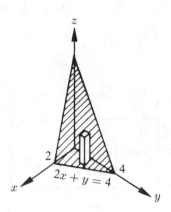

則得到

$$\iiint\limits_{V} \phi dV = \int_{x=0}^{2} \int_{y=0}^{4-2x} \int_{z=0}^{8-4x-2y} 3x \, dz \, dy \, dx$$

$$= \int_{x=0}^{2} \int_{y=0}^{4-2x} 3x(8 - 4x - 2y) \, dy \, dx$$

$$= \int_{x=0}^{2} \int_{y=0}^{4-2x} (24x - 12x^2 - 6xy) \, dy \, dx$$

$$= \int_{0}^{2} (24xy - 12x^2y - 3xy^2) \bigg|_{0}^{4-2x} \, dx$$

$$= \int_{0}^{2} [(24x - 12x^2)(4 - 2x) - 3x(4 - 2x)^2] \, dx$$

$$= \int_{0}^{2} (24x^3 - 96x^2 + 96x - 12x^3 + 48x^2 - 48x) \, dx$$

$$= \int_{0}^{2} (12x^3 - 48x^2 + 48x) \, dx = 3x^4 - 16x^3 + 24x^2 \bigg|_{0}^{2}$$

$$= 48 - 128 + 96 = 16$$

【範例 8】

令 $\vec{F} = xz\,\vec{i} - x\,\vec{j} + y^2\,\vec{k}$，$V$ 是由 $x = 0$, $y = 0$, $y = 6$, $z = x^2$, $z = 4$ 等 五平面包圍的空間，求 $\iiint\limits_V \vec{F}\,dV$。

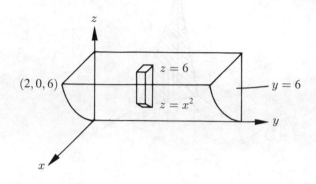

【解】

從頂平面 $z = 4$ 檢視空間的範圍，其涵蓋之範圍

　　　x 從 0 到 2

　　　y 從 0 到 6

從頂平面的微小面積 $dxdy$ 下降到 $z = x^2$ 平面就掃過整個體積，因此

　　　z 從 x^2 到 4（注意要從小到大，如同 x、y 一樣才不會造成 負體積）

則得到

$$\iiint\limits_V \vec{F}\,dV$$

$$= \int_{x=0}^{2} \int_{y=0}^{6} \int_{z=x^2}^{4} (xz\,\vec{i} - x\,\vec{j} + y^2\,\vec{k})\,dzdydx$$

$$= \int_{x=0}^{2} \int_{y=0}^{6} \left(\frac{1}{2}xz^2\,\vec{i} - xz\,\vec{j} + y^2z\,\vec{k} \right)\Bigg|_{x^2}^{4} dydx$$

$$= \int_{x=0}^{2} \int_{y=0}^{6} \left[\frac{1}{2} x(16 - x^4) \overrightarrow{i} - x(4 - x^2) \overrightarrow{j} + y^2(4 - x^2) \overrightarrow{k} \right] dy dx$$

$$= \int_{0}^{2} \left[3x(16 - x^4) \overrightarrow{i} - 6x(4 - x^2) \overrightarrow{j} + \frac{6^3}{3} (4 - x^2) \overrightarrow{k} \right] dx$$

$$= \left(24x^2 - \frac{1}{2} x^6 \right) \overrightarrow{i} - \left(12x^2 - \frac{3}{2} x^4 \right) \overrightarrow{j} + (288x - 24x^3) \overrightarrow{k} \bigg|_{0}^{2}$$

$$= 64 \overrightarrow{i} - 24 \overrightarrow{j} + 384 \overrightarrow{k}$$

【範例9】

求兩圓柱 $x^2 + y^2 = a^2$ 和 $x^2 + z^2 = a^2$ 所包圍空間的體積和表面積。

圖 8.19　$\frac{1}{8}$ 的空間體積

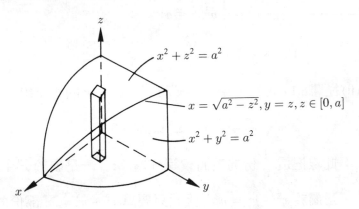

$x^2 + z^2 = a^2$

$x = \sqrt{a^2 - z^2}, y = z, z \in [0, a]$

$x^2 + y^2 = a^2$

【解】

(i)圖 8.19 是 $x^2 + y^2 = a^2$ 和 $x^2 + z^2 = a^2$ 所圍空間的 $\frac{1}{8}$ 部份, 只要算本部份的體積, 再乘以 8 就是全部體積了。此部份空間的底平面是 $z = 0$, $x^2 + y^2 \leq a^2$, $x \geq 0$, $y \geq 0$, 故令

　　x 從 0 到 a

　　y 從 0 到 $\sqrt{a^2 - x^2}$

由底平面的微小面積 $dxdy$ 往上升可掃過整個部份體積, 因此

z 是從 0 到 $\sqrt{a^2 - x^2}$

得到體積為

$$\frac{1}{8}V = \int_{x=0}^{a} \int_{y=0}^{\sqrt{a^2-x^2}} \int_{z=0}^{\sqrt{a^2-x^2}} dzdydx$$

$$= \int_{x=0}^{a} \int_{y=0}^{\sqrt{a^2-x^2}} \sqrt{a^2 - x^2} dydx$$

$$= \int_{0}^{a} \sqrt{a^2 - x^2} \cdot \sqrt{a^2 - x^2} dx$$

$$= \int_{0}^{a} (a^2 - x^2)dx = \left(a^2 x - \frac{1}{3}x^3\right)\Big|_{0}^{a}$$

$$= a^3 - \frac{1}{3}a^3 = \frac{2}{3}a^3$$

$$V = 8 \times \frac{2}{3}a^3 = \frac{16}{3}a^3$$

(ii) 從圖 8.19 可知 $x^2 + z^2 = a^2$ 和 $x^2 + y^2 = a^2$ 的相交線的參數方程式為

$$x = \sqrt{a^2 - z^2}, \; y = z, \; z \in [0, a]$$

此線把這 $\frac{1}{8}$ 份的表面積等分為二: 一是屬於 $x^2 + z^2 = a^2$, 另一是屬於 $x^2 + y^2 = a^2$。因此只要算 $x^2 + y^2 = a^2$ 部份的 $\frac{1}{16}$ 表面積。$x^2 + y^2 = a^2$ 被 $(x = \sqrt{a^2 - z^2}, \; y = z, \; z \in [0, a])$ 線所切到的面積之位置向量為

$$\overrightarrow{r} = a\cos\theta \, \overrightarrow{i} + a\sin\theta \, \overrightarrow{j} + a\sin\phi \, \overrightarrow{k}$$

$$\phi \in \left[0, \; \frac{\pi}{2}\right], \; \theta \in \left[\phi, \; \frac{\pi}{2}\right]$$

$$\vec{N} = \frac{\partial \vec{r}}{\partial \theta} \times \frac{\partial \vec{r}}{\partial \phi} = \begin{vmatrix} \vec{i} & \vec{j} & \vec{k} \\ -a\sin\theta & a\cos\theta & 0 \\ 0 & 0 & a\cos\phi \end{vmatrix}$$

$$= a^2 \cos\phi(\cos\theta\,\vec{i} + \sin\theta\,\vec{j})$$

$$\frac{1}{16}A = \int_{\phi=0}^{\frac{\pi}{2}} \int_{\theta=\phi}^{\frac{\pi}{2}} \|\vec{N}\| d\theta d\phi$$

$$= \int_{\phi=0}^{\frac{\pi}{2}} \int_{\theta=\phi}^{\frac{\pi}{2}} a^2 \cos\phi\, d\theta d\phi$$

$$= \int_0^{\frac{\pi}{2}} a^2 \left(\frac{\pi}{2} - \phi\right) \cos\phi\, d\phi$$

$$= a^2 \left(\frac{\pi}{2}\sin\phi - \cos\phi - \phi\sin\phi\right)\Big|_0^{\frac{\pi}{2}}$$

$$= a^2 \left(\frac{\pi}{2} - \frac{\pi}{2} + 1\right) = a^2$$

$$A = 16a^2$$

$$\boxed{\text{習 題}}$$

$1 \sim 8$ 題，證明題：

1. 已知磁場 $\vec{B}$ 和向量電位 $\vec{A}$ 的關係為 $\vec{B} = \vec{\nabla} \times \vec{A}$，

   證明 $\displaystyle\oiint_S \vec{B} \cdot \vec{n}\, dA = 0$

2. $\displaystyle\oiint_S \phi\, \vec{n}\, dA = \iiint_V \vec{\nabla}\phi\, dV$

3. $\displaystyle\iiint_V \vec{\nabla} \cdot \vec{n}\, dV = A$（封閉曲面之面積）

4. $\displaystyle\oiint_S \vec{r} \cdot \vec{n}\, dA = 3V$（$V$ 是封閉曲面 S 包圍之體積）

5. $\displaystyle\oiint_S r^{-2}\vec{r} \cdot \vec{n}\, dA = \iiint_V r^{-2}\, dV$

6. $\displaystyle\oiint_S r^7 \vec{n}\, dA = \iiint_V 7r^5 \vec{r}\, dV$

7. $\displaystyle\oiint_S \vec{n}\, dA = \vec{0}$

8. $\displaystyle\oiint_S \vec{r} \times \vec{n}\, dA = \vec{0}$

$9 \sim 24$ 題，給予 $\vec{F}$ 和 S，求 $\displaystyle\oiint_S \vec{F} \cdot \vec{n}\, dA$：

9. $\vec{F} = \langle 8xz,\ -2y^2,\ 2yz \rangle$，$S : x = 0,\ x = 1,\ y = 0,\ y = 1,\ z = 0,\ z = 1$ 包圍的空間曲面

10. $\vec{F} = \langle 0,\ 2e^y,\ 0 \rangle$，$S : x = 0,\ x = 3,\ y = 0,\ y = 2,\ z = 0,\ z = 1$ 包圍的

空間曲面

11. $\vec{F} = \langle 2xy,\ yz^2,\ xz \rangle,\ S : x = 0,\ y = 0,\ y = 3,\ z = 0,\ x + 2z = 6$ 包圍的

空間曲面

12. $\vec{F} = \langle e^x,\ -ye^x,\ 3z \rangle,\ S : x^2 + y^2 = b^2,\ |z| = 2$ 包圍的空間曲面

13. $\vec{F} = \langle x,\ y,\ -z \rangle,\ S : (x-1)^2 + (y-1)^2 + (z-1)^2 = 16$

14. $\vec{F} = \left\langle x^2 y,\ -\dfrac{1}{2}y^2,\ 2xz^2 \right\rangle,\ S : y^2 + z^2 = 9$ 和 $x = 2$ 圍在第一象限的

空間曲面

15. $\vec{F} = \langle y^2,\ z^2,\ x^2 z \rangle,\ S : x^2 + y^2 = 4,\ |z| = \pm 1$ 圍在第一象限的空間曲面

16. $\vec{F} = \langle yz,\ -2xz,\ \dfrac{1}{2}xy \rangle,\ S : (x+1)^2 + (y-3)^2 + (z-1)^2 = 16$

17. $\vec{F} = \langle x,\ x^2 y,\ -x^2 z \rangle,\ S : x = 0,\ y = 0,\ z = 0,\ x + y + z = 1$ 包圍的三

角錐曲面

18. $\vec{F} = \left\langle 2x,\ -\dfrac{1}{2}z + \dfrac{1}{2}x \right\rangle,\ S : x^2 + y^2 + z^2 = 1,\ z = 0$ 包圍的上半球體的

曲面

19. $\vec{F} = \langle x^2,\ (-2x+1)y + 4z \rangle,\ S : z^2 = x^2 + y^2,\ z \in [0,2]$

20. $\vec{F} = \langle x^2,\ y^2,\ z^2 \rangle,\ S : z = \sqrt{x^2 + y^2},\ z \in [0,1]$

21. $\vec{F} = \langle x^3,\ y^3,\ z^3 \rangle,\ S : x^2 + y^2 + z^2 = 1$

22. $\vec{F} = \langle 2x^2,\ -2e^z,\ 2z \rangle,\ S : x^2 + y^2 = 4,\ z \in [0,2]$

23. $\vec{F} = \langle -\sin^2 x,\ 0,\ z(1 + \sin 2x) \rangle,\ S : z = x^2 + y^2,\ z \in \left[0, \dfrac{1}{2}\right]$

24. $\vec{F} = \left\langle \dfrac{3}{2}xy,\ 0,\ \dfrac{1}{2}z^2 \right\rangle,\ S : x^2 + y^2 + z^2 = 1$

$25 \sim 30$ 題，給予密度 $\rho(x, y, z)$ 和體積 V，求物體的質量：

25. $\rho = xyz,\ V : |x| \le 1,\ |y| \le 1,\ |z| \le 1$

26. $\rho = x^2 + y^2,\ V : x^2 + y^2 \le 4,\ z \in [0,6]$

27. $\rho = 2xy,\ V : x = 0,\ y = 0,\ z = 0,\ x + y + z = 1$ 所圍之空間

28. $\rho = \sin x \cos y + 1,\ V : x \in [0, 2\pi],\ y \in [0, \pi],\ z \in [0, 4]$

29. $\rho = 2x^2y^2$, $V : x \in [0,1]$, $y \in [1-x,1]$, $z \in [1,2]$

30. $\rho = 2(yz)^{-1}$, $V : x \in [0,2]$, $y \in [e^{-x},1]$, $z \in [e^{-x},1]$

31 ～ 34題，求慣性動量 $I_x = \iiint\limits_V (y^2 + z^2)dV$，其中 $\rho(x,y,z) = 1$

31. $V : x \in [0,1]$, $y \in [-1,1]$, $z \in [-2,2]$

32. $V : y^2 + z^2 \leq 4$, $x \in [0,2]$

33. $V : y^2 + z^2 \leq x^2$, $x \in [0,2]$

34. $V : x^2 + y^2 + z^2 \leq 4$

35 ～ 40題，求 $\oint_C \vec{F} \cdot \vec{n}\, dS$ （可用平面式之高斯散度理論求之）

35. $\vec{F} = \langle e^x, \ e^y \rangle$, $C : x = 0$, $x = 2$, $y = 0$, $y = 2$所圍的封閉曲線

36. $\vec{F} = \langle 2(x+3y)+3, \ 6(x+3y) \rangle$, $C : x^2 + y^2 = 16$, $x = 0, y = 0$所圍之第二象限的封閉曲線

37. $\vec{F} = \langle e^x \cos y + 3x^2 - 6y^2, \ -e^x \sin y - 6xy \rangle$, $C :$頂點是$(1,1)$、$(2,-1)$、$(4,2)$的三角形

38. $\vec{F} = \langle 2x(x^2+y^2)^{-1}+y^3, \ 2y(x^2+y^2)^{-1}+3xy^2 \rangle$, $C : y = 1$, $y = 2-x^2$, $x = 0$所圍之 $y \geq 1$, $x \geq 0$區間的封閉曲線

39. $\vec{F} = \langle 5x^4y + y^5, \ x^5 + 5xy^4 \rangle$, $C : x^2 + y^2 = 1$, $y = 0$所圍之上半圓的封閉曲線

40. $\vec{F} = \langle 7x, \ -3y \rangle$, $C : x^2 + y^2 = 4$

41. 求 $\oiint\limits_S \vec{r} \cdot \vec{n}\, dA$,

(a) $S : x^2 + y^2 + z^2 = 4$

(b) $S : x \in [-1,1]$, $y \in [-1,1]$, $z \in [-1,1]$ 的正方體之曲面

(c) $S : z = 4 - (x^2 + y^2)$, $z \in [0,4]$

42. (a)證明 $\oiint\limits_S \vec{\nabla}\phi \cdot \vec{n}\, dA = \iiint\limits_V \nabla^2\phi\, dV$

(b)令 $\phi = 2z^2 - x^2 - y^2$, $V : x \in [0,1]$, $y \in [0,2]$, $z \in [0,4]$，驗證(a)的公式。

8.5　史多克士理論（線積分與面積分之轉換）

　　旋度 ($\vec{\nabla}\times$, curl) 的基本意義當然與旋轉有關，而史多克士理論 (Stokes's theorem) 是旋度應用的基本理論，就像高斯散度理論與散度之間的關係一樣。在前面章節，曾介紹線行進的方向分為正感方向（即反時針方向）和負感方向，而面的法向量 $\vec{N}$ 亦有兩個方向，因此為方便說明史多克士理論（線面之間的轉換理論），故要對線面之間的方向有明確的同步定義如下：

定義 8.3　線面的方向一致 (oriented coherence)

　　線面的方向一致是指若線是往正感方向旋轉，則面的法向量 $\vec{N}$ 朝上；反之則朝下。說明清楚些，一個人繞著一封閉曲線 C 行走，若左手落在曲面內，則曲面向量 $\vec{N}$ 朝上（如圖 8.20 所示）；若右手落在曲面內，則曲面向量 $\vec{N}$ 朝下。這樣 C 旋轉方向和曲面向量 $\vec{N}$ 的原則稱為線面方向一致。

圖 8.20　線面的方向一致

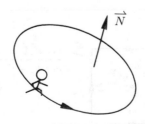

定理8.7 史多克士理論 (Stokes's theorem)

令 S 是一個被片斷平滑封閉曲線 C 包圍的片斷平滑曲面，而且 C 和 S 的方向一致 (oriented coherence)。若向量場 $\vec{F}$ 的一階偏微分在 S 中是連續的，則

$$\oint_C \vec{F} \cdot d\vec{r} = \iint_S \vec{\nabla} \times \vec{F} \cdot d\vec{A}$$

【證明】

首先說明 xy 平面上的旋度意義，對中心點 (x, y, z) 作微小旋轉如圖 8.21所示。微小曲線 c_1 的旋轉順序是 $1 \to 2 \to 3 \to 4$，曲面 s 之方向一致的法向量 $\vec{N} = \vec{k}$ （正 z 方向）。令 $\vec{F} = F_x \vec{i} + F_y \vec{j} + F_z \vec{k}$，則

$$\oint_{c_1} \vec{F} \cdot d\vec{r} = \int_1 F_x dx + \int_2 F_y dy - \int_3 F_x dx - \int_4 F_y dy$$

$$= F_x\left(x,\ y - \frac{1}{2}dy,\ z\right)dx + F_y\left(x + \frac{1}{2}dx,\ y,\ z\right)dy$$

$$- F_x\left(x,\ y + \frac{1}{2}dy,\ z\right)dx - F_y\left(x - \frac{1}{2}dx,\ y, z\right)dy$$

（理由和高斯散度理論的推導一樣，因為只有一微小段落 dx 或 dy 而已。）

圖 8.21 xy 平面上的旋度意義

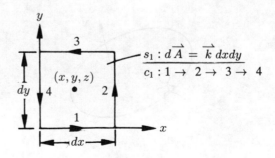

整理一下，得到

$$\oint_{c_1} \overrightarrow{F} \cdot d\overrightarrow{r} = \frac{F_y\left(x+\dfrac{1}{2}dx,\ y,\ z\right) - F_y\left(x-\dfrac{1}{2}dx\ ,y\ ,z\right)}{dx}dxdy$$

$$-\frac{F_x\left(x,\ y+\dfrac{1}{2}dy,\ z\right) - F_x\left(x,y-\dfrac{1}{2}dy,\ z\right)}{dy}dxdy$$

$$=\left(\frac{\partial F_y}{\partial x} - \frac{\partial F_x}{\partial y}\right)dxdy$$

$$=\overrightarrow{\nabla} \times \overrightarrow{F} \cdot \overrightarrow{k}\, dA = \overrightarrow{\nabla} \times \overrightarrow{F} \cdot d\overrightarrow{A} \quad (\text{方向一致})$$

因為曲面 s 方向一致的 $d\overrightarrow{A} = \overrightarrow{k}\, dxdy$。由上式可知 $\left(\dfrac{\partial F_y}{\partial x} - \dfrac{\partial F_x}{\partial y}\right)$ 的意義是在 z 方向每單位面積的循環功 (circulation work)，即

$$\frac{\partial F_y}{\partial x} - \frac{\partial F_x}{\partial y} = \frac{1}{dA}\oint_{c_1} \overrightarrow{F} \cdot d\overrightarrow{r}$$

$\oint_{c_1} \overrightarrow{F} \cdot d\overrightarrow{r}$ 一般稱為循環功 (circulation work)。

同理對 xz 平面和 yz 平面作同樣的推導，可得到

$$\oint_{c_2} \overrightarrow{F} \cdot d\overrightarrow{r} = \left(\frac{\partial F_x}{\partial z} - \frac{\partial F_z}{\partial x}\right)dxdz = \overrightarrow{\nabla} \times \overrightarrow{F} \cdot \overrightarrow{j}\, dA \ (s_2 : \overrightarrow{j}\, dxdz)$$

$$\oint_{c_3} \overrightarrow{F} \cdot d\overrightarrow{r} = \left(\frac{\partial F_z}{\partial y} - \frac{\partial F_y}{\partial z}\right)dydz = \overrightarrow{\nabla} \times \overrightarrow{F} \cdot \overrightarrow{i}\, dA \ (s_3 : \overrightarrow{i}\, dydz)$$

任何空間上的微小曲面可以在 xy、yz、xz 三平面投影，可分別獲得 $\overrightarrow{\nabla} \times \overrightarrow{F}$ 三方向的結果，即得證

$$\overrightarrow{\nabla} \times \overrightarrow{F} \cdot \overrightarrow{n} = \frac{1}{dA}\oint_{c} \overrightarrow{F} \cdot d\overrightarrow{r} \tag{8.24}$$

所以旋度 $\overrightarrow{\nabla} \times \overrightarrow{F}$ 是單位面積所作的循環功，如同在 8.4 節說明散度（(8.21)式）的物理意義一樣。如圖 8.22 所示，空間上之任一微小曲面（以 P、Q、R 三點為頂點的三角形為例），其投影在 xy、yz、xz 平

面的微小平面如圖中陰影區所示。各投影微小平面的封閉曲線為

$$c_1 : 2 \to 5 \to 4 \ (三角形 PWR)$$

$$c_2 : 4 \to 6 \to 1 \ (三角形 PWQ)$$

$$c_3 : 3 \to 6 \to 5 \ (三角形 RWQ)$$

$$c : 1 \to 2 \to 3$$

圖 8.22

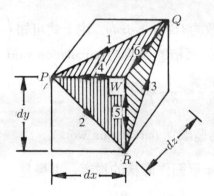

由圖中很明顯的，當 $c_1 + c_2 + c_3$ 時，4、5、6 三小段因為正反方向各一次，故相互抵消，故可得到微小封閉曲線間的關係為

$$c = c_1 + c_2 + c_3$$

因此對本範例而言，任何空間上曲面之法向量 $\vec{n}$ 可以分成三個方向來求出各方向的旋度。

現在針對 (8.24) 式的 $\nabla \times \vec{F}$ 之基本定義可寫成為

$$\nabla \times \vec{F} \cdot \vec{n} \, dA = \oint_c \vec{F} \cdot d\vec{r}$$

對空間上任一封閉曲線 C 和曲面 S 而言，可由這些微小曲線和微小曲面合成如圖 8.23 所示。很明顯的，S 由無數的微小曲面 s_i，$i = 1, \cdots, N$

合成，而微小曲線除了外圍 C 的成份之外，其餘都會被抵消掉。因此
上式就成為

$$\iint\limits_{\Sigma s_i} \overrightarrow{\nabla} \times \overrightarrow{F} \cdot \overrightarrow{n}\, dA = \oint_{\Sigma c_i} \overrightarrow{F} \cdot d\overrightarrow{r}$$

圖 8.23　史多克士理論的證明

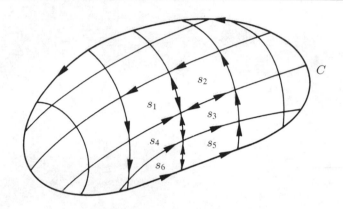

而 $S = \sum s_i,\ \oint_{\Sigma c_i} = \oint_C$，故得證史多克士理論

$$\iint\limits_{S} \overrightarrow{\nabla} \times \overrightarrow{F} \cdot \overrightarrow{n}\, dA = \oint_C \overrightarrow{F} \cdot d\overrightarrow{r}$$

如果 $\overrightarrow{F}$ 只是在 xy 平面上，即

$$\overrightarrow{F}(x,y) = F_x(x,y)\,\overrightarrow{i} + F_y(x,y)\,\overrightarrow{j}$$

則任何在 xy 平面上的曲面 S 必為

$$\overrightarrow{N} = \overrightarrow{k}$$

$$dA = dxdy$$

則史多克士理論變為

$$\oint_C \vec{F} \cdot d\vec{r} = \iint_S \vec{\nabla} \times \vec{F} \cdot \vec{k} \, dxdy$$

$$= \iint_S \left(\frac{\partial F_y}{\partial x} - \frac{\partial F_x}{\partial y} \right) dxdy$$

上式就是格林理論。因此格林理論是史多克士理論在 xy 平面上的一個特殊例子。

解題範例

【範例 1】

證明 $\displaystyle\oint_C \phi d\vec{r} = \iint\limits_S (\vec{n} \times \vec{\nabla}\phi) dA = \iint\limits_S d\vec{A} \times \vec{\nabla}\phi$

【解】

令一常數向量 $\vec{c}$，則

$$\vec{\nabla} \times \vec{c} = 0 \text{ 或 } \vec{\nabla} \cdot \vec{c} = 0$$

運用史多克士理論:

$$\oint_C \phi\vec{c} \cdot d\vec{r} = \iint\limits_S \vec{\nabla} \times (\phi\vec{c}) \cdot \vec{n} dA$$

$$\oint_C \phi\vec{c} \cdot d\vec{r} = \vec{c} \cdot \oint_C \phi d\vec{r}$$

$$\vec{\nabla} \times (\phi\vec{c}) = \phi\vec{\nabla} \times \vec{c} + \vec{\nabla}\phi \times \vec{c} = \vec{\nabla}\phi \times \vec{c}$$

$$\vec{\nabla} \times (\phi\vec{c}) \cdot \vec{n} = \vec{n} \cdot (\vec{\nabla}\phi \times \vec{c}) = \vec{c} \cdot (\vec{n} \times \vec{\nabla}\phi)$$

得到

$$\oint_C \phi\vec{c} \cdot d\vec{r} = \vec{c} \cdot \oint_C \phi d\vec{r} = \iint\limits_S \vec{c} \cdot (\vec{n} \times \vec{\nabla}\phi) dA$$

$$= \vec{c} \cdot \iint\limits_S \vec{n} \times \vec{\nabla}\phi dA$$

得證

$$\oint_C \phi d\vec{r} = \iint\limits_S \vec{n} \times \vec{\nabla}\phi dA = \iint\limits_S d\vec{A} \times \vec{\nabla}\phi$$

【範例 2】

若 $\overrightarrow{F} = -y\overrightarrow{i} + x\overrightarrow{j} - xyz\overrightarrow{k}$，圓錐曲面 $S : z = \sqrt{x^2 + y^2}$, $0 \le z \le 3$，封閉曲線 $C : x^2 + y^2 = 9$, $z = 3$，驗證史多克士理論。

【解】

(i)線積分

封閉曲線 C 的位置向量 $\overrightarrow{r}$ 為

$$\overrightarrow{r} = 3\cos\theta\,\overrightarrow{i} + 3\sin\theta\,\overrightarrow{j} + 3\overrightarrow{k}, \ \theta \in [0, 2\pi]$$

$$\overrightarrow{F} \cdot d\overrightarrow{r} = -ydx + xdy - xyzdz$$

$$= -3\sin\theta(-3\sin\theta d\theta) + 3\cos\theta(3\cos\theta d\theta)$$

$$-3\cos\theta 3\sin\theta 3 \cdot (0) \quad (\because dz = 0)$$

$$= 9(\sin^2\theta + \cos^2\theta)d\theta = 9d\theta$$

$$\oint_C \overrightarrow{F} \cdot d\overrightarrow{r} = \int_0^{2\pi} 9d\theta = 9 \cdot \theta \Big|_0^{2\pi} = 18\pi$$

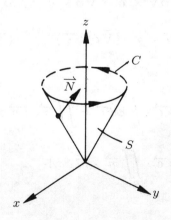

(ii)面積分

圓錐曲面 S 的位置向量 $\overrightarrow{r}$ 為

$$\overrightarrow{r} = z\cos\theta\,\overrightarrow{i} + z\sin\theta\,\overrightarrow{j} + z\,\overrightarrow{k}\,,\ \theta \in [0, 2\pi],\ z \in [0, 3]$$

$$\overrightarrow{N} = \frac{\partial \overrightarrow{r}}{\partial z} \times \frac{\partial \overrightarrow{r}}{\partial \theta} = z(-\cos\theta\,\overrightarrow{i} - \sin\theta\,\overrightarrow{j} + \overrightarrow{k})$$

如上圖所示，若欲線面方向一致，取 $\theta = 0$, $z = 2$ 所在之點 $(2, 0, 2)$ 的法向量 $\overrightarrow{N}$ 為

$$\overrightarrow{N}(2, 0, 2) = -2\,\overrightarrow{i} + 2\,\overrightarrow{k}$$

由圖中可知線面方向一致。

$$\overrightarrow{\nabla} \times \overrightarrow{F} = \begin{vmatrix} \overrightarrow{i} & \overrightarrow{j} & \overrightarrow{k} \\ \dfrac{\partial}{\partial x} & \dfrac{\partial}{\partial y} & \dfrac{\partial}{\partial z} \\ -y & x & -xyz \end{vmatrix}$$

$$= -xz\,\overrightarrow{i} + yz\,\overrightarrow{j} + 2\,\overrightarrow{k}$$

$$= -z^2\cos\theta\,\overrightarrow{i} + z^2\sin\theta\,\overrightarrow{j} + 2\,\overrightarrow{k}$$

$$\iint\limits_{S} \overrightarrow{\nabla} \times \overrightarrow{F} \cdot \overrightarrow{n}\,dA = \int_0^{2\pi}\int_0^3 \overrightarrow{\nabla} \times \overrightarrow{F} \cdot \overrightarrow{N}\,d\theta dz$$

$$= \int_0^{2\pi}\int_0^3 (z^3\cos^2\theta - z^3\sin^2\theta + 2z)\,d\theta dz$$

$$= \int_0^{2\pi}\int_0^3 [z^3(\cos^2\theta - \sin^2\theta) + 2z]\,d\theta dz$$

$$= \int_0^{2\pi}\int_0^3 (z^3\cos 2\theta + 2z)\,d\theta dz$$

$$= 0 + 2\pi z^2\Big|_0^3 = 2\pi \times 9 = 18\pi$$

故得證史多克士理論

$$\oint_C \overrightarrow{F} \cdot d\overrightarrow{r} = \iint\limits_{S} \overrightarrow{\nabla} \times \overrightarrow{F} \cdot d\overrightarrow{A}$$

【範例3】

給予力量 $\vec{F} = 2xy^2 \sin z\,\vec{i} + 2x^2y \sin z\,\vec{j} + x^2y^2 \cos z\,\vec{k}$，物體沿著拋物面 $z = x^2 + y^2$ 和圓柱面 $(x-1)^2 + y^2 = 1$ 的交叉曲線移動，求所作之功。

【解】

由於交叉曲線是一封閉曲線，故所作之功為

$$\oint_C \vec{F} \cdot d\vec{r} = \iint_S \vec{\nabla} \times \vec{F} \cdot \vec{n}\,dA$$

注意檢查 $\vec{F} = \vec{\nabla}\phi$ 是否成立?

結果發現 $\vec{F} = \vec{\nabla}\phi$, $\phi = x^2y^2 \sin z$。因此，

$$\vec{\nabla} \times \vec{F} = \vec{\nabla} \times (\vec{\nabla}\phi) = 0$$

得到所作之功為零。

【範例4】

令 $\vec{F} = z\,\vec{i} + x\,\vec{j} + y\,\vec{k}$, $S : z = 1 - (x^2 + y^2)$, $z \in [0,1]$, $C : x^2 + y^2 = 1$, $z = 0$, 驗證史多克士理論。

【解】

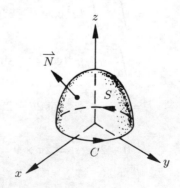

(i)線積分

　曲線的位置向量 $\vec{r}$,

$$\vec{r} = \cos\theta\,\vec{i} + \sin\theta\,\vec{j}, \quad \theta \in [0, 2\pi] \ (z = 0)$$

$$\frac{d\vec{r}}{d\theta} = -\sin\theta\,\vec{i} + \cos\theta\,\vec{j}$$

$$\vec{F} \cdot \vec{r}'(\theta) = -z\sin\theta + x\cos\theta = \cos^2\theta$$

$$\oint_C \vec{F} \cdot d\vec{r} = \int_0^{2\pi} \vec{F} \cdot \vec{r}'\,d\theta = \int_0^{2\pi} \cos^2\theta\,d\theta = \pi$$

(ii)面積分

曲面的位置向量 $\vec{r}$,

$$\vec{r} = z\cos\theta\,\vec{i} + z\sin\theta\,\vec{j} + \sqrt{1-z}\,\vec{k}, \quad \theta \in \left[0, \frac{\pi}{2}\right], \ z \in [0, 1]$$

$$\vec{N} = \frac{\partial\vec{r}}{\partial z} \times \frac{\partial\vec{r}}{\partial\theta} = \begin{vmatrix} \vec{i} & \vec{j} & \vec{k} \\ \cos\theta & \sin\theta & \frac{-1}{2}(1-z)^{-\frac{1}{2}} \\ -z\sin\theta & z\cos\theta & 0 \end{vmatrix}$$

$$= \frac{z}{2}(1-z)^{-\frac{1}{2}}\cos\theta\,\vec{i} - \frac{z}{2}(1-z)^{-\frac{1}{2}}\sin\theta\,\vec{j} + z\,\vec{k}$$

在 $\theta = 0, \ z = \frac{1}{2}$ 之點 $\left(\frac{1}{2}, 0, \frac{1}{\sqrt{2}}\right)$ 的法向量 $\vec{N}$,

$$\vec{N}\left(\frac{1}{2}, 0, \frac{1}{\sqrt{2}}\right) = \frac{\sqrt{2}}{4}\vec{i} + \frac{1}{2}\vec{k}$$

發現 $\vec{N}\left(\frac{1}{2}, 0, \frac{1}{\sqrt{2}}\right)$ 與線的方向一致。

$$\vec{\nabla} \times \vec{F} = \begin{vmatrix} \vec{i} & \vec{j} & \vec{k} \\ \frac{\partial}{\partial x} & \frac{\partial}{\partial y} & \frac{\partial}{\partial z} \\ z & x & y \end{vmatrix} = \vec{i} + \vec{j} + \vec{k}$$

$$\vec{\nabla} \times \vec{F} \cdot \vec{N} = \frac{z}{2}(1-z)^{-\frac{1}{2}}(\cos\theta - \sin\theta) + z$$

$$\iint_S \vec{\nabla} \times \vec{F} \cdot d\vec{A} = \int_0^{2\pi} \int_0^1 \vec{\nabla} \times \vec{F} \cdot \vec{N}\,d\theta dz$$

$$= \int_0^{2\pi} \int_0^1 \left[\frac{z}{2}(1-z)^{-\frac{1}{2}}(\cos\theta - \sin\theta) + z \right] d\theta dz$$

$$= \int_0^{2\pi} \int_0^1 z d\theta dz = 2\pi \cdot \frac{1}{2} z^2 \bigg|_0^1 = \pi$$

故得證史多克士理論

$$\oint_C \vec{F} \cdot d\vec{r} = \iint_S \vec{\nabla} \times \vec{F} \cdot d\vec{A}$$

【範例5】

求 $\oint_C \vec{F} \cdot d\vec{r}$。 $\vec{F} = \frac{y}{x^2+y^2}\vec{i} - \frac{x}{x^2+y^2}\vec{j}$, $C: x^2+y^2=1$, $z=0$ 順時針轉; 本題能用史多克士理論嗎?

【解】

位置向量 $\vec{r}$,

$$\vec{r} = \cos\theta \vec{i} + \sin\theta \vec{j}, \ \theta \in [2\pi, 0] \ (順時針)$$

$$\vec{r}'(\theta) = -\sin\theta \vec{i} + \cos\theta \vec{j}$$

$$\vec{F} \cdot \vec{r}'(\theta) = -\sin^2\theta - \cos^2\theta = -1$$

$$\oint_C \vec{F} \cdot d\vec{r} = \int_{2\pi}^0 \vec{F} \cdot \vec{r}' d\theta = \int_{2\pi}^0 -d\theta = -\theta \bigg|_{2\pi}^0 = 2\pi$$

因為 $\vec{F}$ 在 $x=0$, $y=0$ 發散, 而曲線 C 所包圍的曲面一定包含 $x=0$, $y=0$, 故 $\vec{F}$ 在曲面內並不連續, 不得適用史多克士理論。

【範例6】

若 $\vec{F}$ 的方向永遠垂直於封閉曲面 S, 則證明

$$\iiint_V \vec{\nabla} \times \vec{F} dV = \vec{0}$$

【解】

由 8.4 節的高斯散度理論之延伸，得知

$$\iiint\limits_{V} \vec{\nabla} \times \vec{F}\, dV = \oiint\limits_{S} (\vec{n} \times \vec{F})\, dA$$

$\vec{n}$ 是垂直於曲面 S 的單位向外法向量。

$\vec{F}$ 既然垂直於曲面 S，所以 $\vec{F}$ 必定平行於曲面 S 的法向量，即

$$\vec{F} = t\vec{n},\ t\text{是任意常數且}\ t \neq 0$$

則

$$\vec{n} \times \vec{F} = \vec{n} \times (t\vec{n}) = t\vec{n} \times \vec{n} = \vec{0}$$

故得證

$$\iiint\limits_{V} \vec{\nabla} \times \vec{F}\, dV = \vec{0}$$

$$\boxed{\text{習　題}}$$

$1 \sim 4$ 題，求 $\displaystyle\iint_S \vec{\nabla} \times \vec{F} \cdot \vec{n}\, dA$：

1. $\vec{F} = \langle z^2, \ 4x, \ 0 \rangle$，$S$：正方形，$x \in [0,1]$，$y \in [0,1]$，$z = y$

2. $\vec{F} = \langle e^y, \ -e^z, \ -e^x \rangle$，$S : x \in [0,1]$，$y \in [0,1]$，$z = x + y$

3. $\vec{F} = \langle e^{2z}, \ e^z \sin y, \ e^z \cos y \rangle$，$S : x \in [0,2]$，$y \in [0,1]$，$z = y^2$

4. $\vec{F} = \langle 0, \ 0, \ x \cos z \rangle$，$S : x^2 + y^2 = 4$，$y \geq 0$，$z \in \left[0, \dfrac{\pi}{2}\right]$

$5 \sim 8$ 題，求 $\displaystyle\oint_C \vec{F} \cdot d\vec{r}$（順時針旋轉）：

5. $\vec{F} = \langle 2z, \ -x, \ x \rangle$，$C : x^2 + y^2 = 1$，$z = y + 1$

6. $\vec{F} = \langle 0, \ 2xyz, \ 0 \rangle$，$C$：三角形之頂點為 $(1,0,0)$、$(0,0,1)$、$(0,1,0)$

7. $\vec{F} = \langle x^2, \ y^2, \ z^2 \rangle$，$C : x^2 + y^2 + z^2 = b^2$ 和 $z = y^2$ 的交叉線

8. $\vec{F} = \left\langle y, \ \dfrac{1}{2}z, \ \dfrac{3}{2}y \right\rangle$，$C : x^2 + y^2 + z^2 = 6z$ 和 $z = x + 3$ 的交叉圓

$9 \sim 16$ 題，驗證史多克士理論：$\displaystyle\oint_C \vec{F} \cdot d\vec{r} = \iint_S \vec{\nabla} \times \vec{F} \cdot d\vec{A}$

9. $\vec{F} = \langle xy, \ yz, \ xz \rangle$，$S : z = x^2 + y^2$，$z \in [0,9]$

10. $\vec{F} = \langle y - 2x, \ yz^2, \ y^2z \rangle$，$S : x^2 + y^2 + z^2 = 1$ 的上半球面。

11. $\vec{F} = \left\langle z^2, \ \dfrac{3}{2}x, \ 0 \right\rangle$，$S : x \in [0,1]$，$y \in [0,1]$，$z = 1$

12. $\vec{F} = \langle z^2, \ x^2, \ y^2 \rangle$，$S : z = 6 - (x^2 + y^2)$，$z \in [0,6]$

13. $\vec{F} = \langle y - z + 2, \ yz + 4, \ -xz \rangle$，$S : x \in [0,2]$，$y \in [0,2]$，$z \in [0,2]$

14. $\vec{F} = \langle -y^3, \ x^3, \ 0 \rangle$，$S : x^2 + y^2 \leq 1$，$z = 0$

15. $\vec{F} = \langle xy,\ yz,\ xy \rangle$, $S: x + 2y + \dfrac{1}{2}z = 4$，在第一象限的部份平面。

16. $\vec{F} = \langle xz,\ -y,\ x^2y \rangle$, $S: 2x + y + 2z = 8$, $x = 0$, $z = 0$。三平面所圍空間的曲面，注意此曲面的開口在 xz 平面上。

17. 證明 $\displaystyle\oint_C \vec{F} \cdot d\vec{r} = 0$ 的充分必要條件為 $\vec{\nabla} \times \vec{F} = 0$

18. 令 $\vec{F} = \langle 4 - x^2 - y^2,\ -3xy,\ -2xz - z^2 \rangle$，求 $\displaystyle\iint_S \vec{\nabla} \times \vec{F} \cdot \vec{n}\, dA$

    若(a) $S: x^2 + y^2 + z^2 = 16$ 的上半球面。

    (b) $S: z = 4 - (x^2 + y^2)$, $z \in [0,4]$ 的拋物面。

19. $\vec{F} = \langle -2yz,\ x + 3y - 2,\ -x^2 - z \rangle$, $S: x^2 + y^2 = b^2$ 和 $x^2 + z^2 = b^2$ 相交在第一象限的曲面，參考8.4節的範例9。

20. 若 $\displaystyle\oint_C \vec{E} \cdot d\vec{r} = -\dfrac{1}{c}\dfrac{\partial}{\partial t}\iint_S \vec{H} \cdot d\vec{A}$，證明 $\vec{\nabla} \times \vec{E} = -\dfrac{1}{c}\dfrac{\partial H}{\partial t}$

8.6　曲線坐標 (curvilinear coordinates)

在空間上，除了我們最熟悉且容易理解的卡狄森坐標（Cartesian coordinates, 即 x, y, z）之外，尚有其他垂直的曲線坐標，這些包括常用的圓柱坐標和圓坐標等。而有些工程問題卻要用到這些曲線坐標（不同於 x, y, z 的直線坐標）來解決問題，因此從熟知的直線坐標轉換到曲線坐標就成為解決工程問題的另一重要環節。尤其對前面章節介紹過的梯度、散度、旋度都要重新進行公式的推導，也是本章節的重點。

1.坐標轉換 (transformation of coordinates)

任何坐標之間是可以互換的，由於我們最熟悉的是正方坐標 (rectangular coordinates) 或直線坐標：x, y, z，因此習慣上只談及各曲線坐標對正方坐標之間的轉換，至於各曲線坐標間的轉換也因而可間接求得。假設曲線坐標為 (u_1, u_2, u_3)，則其與正方坐標之間的轉換為

$$x = x(u_1, u_2, u_3),\ y = y(u_1, u_2, u_3),\ z = z(u_1, u_2, u_3)$$

或

$$u_1 = u_1(x, y, z),\ u_2 = u_2(x, y, z),\ u_3 = u_3(x, y, z)$$

至於曲面 $u_1 = a$, $u_2 = b$, $u_3 = c$（a、b、c 是常數）是稱為坐標曲面 (coordinate surfaces)。這些坐標曲面的相交線稱為坐標曲線，見圖 8.24 所示。一般的曲線坐標系統的坐標平面都相互垂直，故也被稱為

垂直曲線坐標。

圖8.24 垂直曲線坐標

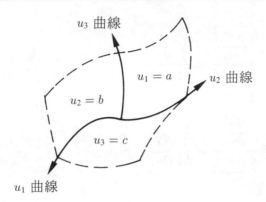

2.位置向量與坐標的單位向量

位置向量的定義仍然是

$$\vec{r} = x\vec{i} + y\vec{j} + z\vec{k}$$

再利用坐標轉換公式，得到

$$\vec{r} = \vec{r}(u_1,\ u_2,\ u_3)$$

$$= x(u_1,\ u_2,\ u_3)\vec{i} + y(u_1,\ u_2,\ u_3)\vec{j} + z(u_1,\ u_2,\ u_3)\vec{k}$$

至於空間上的任一小段，可用 $d\vec{r}$ 表示之，則

$$d\vec{r} = \frac{\partial \vec{r}}{\partial u_1}du_1 + \frac{\partial \vec{r}}{\partial u_2}du_2 + \frac{\partial \vec{r}}{\partial u_3}du_3$$

$$= h_1 du_1 \vec{e_1} + h_2 du_2 \vec{e_2} + h_3 du_3 \vec{e_3} \qquad (8.25)$$

其中

$$h_1 = \left\| \frac{\partial \vec{r}}{\partial u_1} \right\|,\ h_2 = \left\| \frac{\partial \vec{r}}{\partial u_2} \right\|,\ h_3 = \left\| \frac{\partial \vec{r}}{\partial u_3} \right\|$$

$$\vec{e_1} = \frac{\dfrac{\partial \vec{r}}{\partial u_1}}{\left\| \dfrac{\partial \vec{r}}{\partial u_1} \right\|} = \frac{1}{h_1} \frac{\partial \vec{r}}{\partial u_1}$$

$$\vec{e_2} = \frac{\dfrac{\partial \vec{r}}{\partial u_2}}{\left\| \dfrac{\partial \vec{r}}{\partial u_2} \right\|} = \frac{1}{h_2} \frac{\partial \vec{r}}{\partial u_2}$$

$$\vec{e_3} = \frac{\dfrac{\partial \vec{r}}{\partial u_3}}{\left\| \dfrac{\partial \vec{r}}{\partial u_3} \right\|} = \frac{1}{h_3} \frac{\partial \vec{r}}{\partial u_3}$$

其中 $\vec{e_1}$、$\vec{e_2}$、$\vec{e_3}$ 為坐標曲線 u_1、u_2、u_3 的單位切線向量，見圖 8.25。另外從坐標曲面 $u_1 = a$，$u_2 = b$，$u_3 = c$ 亦可找出曲面的法向量或垂直向量分別為 $\vec{\nabla} u_1$，$\vec{\nabla} u_2$ 和 $\vec{\nabla} u_3$，因此亦可定義單位垂直向量分別為（見圖 8.25）

$$\vec{E_1} = \frac{\vec{\nabla} u_1}{\| \vec{\nabla} u_1 \|}$$

$$\vec{E_2} = \frac{\vec{\nabla} u_2}{\| \vec{\nabla} u_2 \|}$$

$$\vec{E_3} = \frac{\vec{\nabla} u_3}{\| \vec{\nabla} u_3 \|}$$

兩者皆可用來代表任何向量在 u_1, u_2, u_3 的向量，即

$$\vec{F} = F_1 \vec{e_1} + F_2 \vec{e_2} + F_3 \vec{e_3} \qquad (8.26a)$$

或

$$\vec{F} = F_1^* \vec{E_1} + F_2^* \vec{E_2} + F_3^* \vec{E_3} \qquad (8.26b)$$

普遍上，都用單位切線向量系統 $\vec{e_1}$, $\vec{e_2}$, $\vec{e_3}$ 來代表任何向量，本節亦採用此系統，除非特別說明。

圖8.25　單位切線向量 $\vec{e_1}, \vec{e_2}, \vec{e_3}$ 與單位垂直向量 $\vec{E_1}, \vec{E_2}, \vec{E_3}$

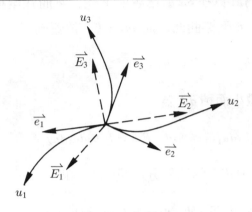

3.曲線長、面積、體積

空間上的微小段落的向量是為 $d\vec{r}$，

$$d\vec{r} = h_1 du_1 \vec{e_1} + h_2 du_2 \vec{e_2} + h_3 du_3 \vec{e_3}$$

所以微小距離 dS 為

$$dS = \|d\vec{r}\| = \sqrt{(h_1 du_1)^2 + (h_2 du_2)^2 + (h_3 du_3)^2} \qquad (8.27)$$

由上述公式，可以得到從點 Q 到點 P 的距離 S，

$$S = \int_Q^P dS = \int_Q^P \|d\vec{r}\|$$

$$= \int_Q^P \|\vec{r}\,'(t)\| dt \ (\text{若 } u_1, \ u_2, \ u_3 \text{ 是 } t \text{ 的函數})$$

或

$$S = \int_Q^P \sqrt{(h_1 u_1')^2 + (h_2 u_2')^2 + (h_3 u_3')^2} dt \qquad (8.28)$$

甚至可以定義長度變數 $S(t)$，

$$S(t) = \int_Q^t \| \vec{r}'(\tau) \| d\tau$$

至於曲面面積的計算在 8.2 節已說明清楚，然而在坐標曲面上的微小面積，譬如 $u_3 = c$ 坐標曲面，則 $du_3 = 0$，位置向量 $d\vec{r}$ 變為

$$d\vec{r} = h_1 du_1 \vec{e_1} + h_2 du_2 \vec{e_2}$$

所以曲面上的微小面積 dA 為

$$dA = \| h_1 du_1 \vec{e_1} \times h_2 du_2 \vec{e_2} \| = h_1 h_2 du_1 du_2$$

微小體積 dV 可由 $d\vec{r}$ 的三個分向量求得，即

$$dV = \| h_1 du_1 \vec{e_1} \cdot (h_2 du_2 \vec{e_2} \times h_3 du_3 \vec{e_3}) \|$$

$$= h_1 h_2 h_3 du_1 du_2 du_3$$

4.梯度 (Gradient)， $\vec{\nabla}\phi$

對任一純量場 $\phi(u_1,\ u_2,\ u_3)$，其微分 $d\phi$ 為

$$d\phi(u_1,\ u_2,\ u_3) = \frac{\partial \phi}{\partial u_1} du_1 + \frac{\partial \phi}{\partial u_2} du_2 + \frac{\partial \phi}{\partial u_3} du_3 \qquad (8.29)$$

根據梯度的定義，

$$d\phi = \vec{\nabla}\phi \cdot d\vec{r}$$

已知 $d\vec{r} = h_1 du_1 \vec{e_1} + h_2 du_2 \vec{e_2} + h_3 du_3 \vec{e_3}$，重新安排 (8.29) 式為

$$d\phi = \frac{\partial \phi}{h_1 \partial u_1} h_1 du_1 + \frac{\partial \phi}{h_2 \partial u_2} h_2 du_2 + \frac{\partial \phi}{h_3 \partial u_3} h_3 du_3$$

$$= \left(\frac{1}{h_1} \frac{\partial \phi}{\partial u_1} \vec{e_1} + \frac{1}{h_2} \frac{\partial \phi}{\partial u_2} \vec{e_2} + \frac{1}{h_3} \frac{\partial \phi}{\partial u_3} \vec{e_3} \right)$$

$$\cdot (h_1 du_1 \overrightarrow{e_1} + h_2 du_2 \overrightarrow{e_2} + h_3 du_3 \overrightarrow{e_3})$$

$$= \overrightarrow{\nabla}\phi \cdot d\overrightarrow{r}$$

得到梯度的普遍式，

$$\overrightarrow{\nabla}\phi = \frac{1}{h_1}\frac{\partial \phi}{\partial u_1}\overrightarrow{e_1} + \frac{1}{h_2}\frac{\partial \phi}{\partial u_2}\overrightarrow{e_2} + \frac{1}{h_3}\frac{\partial \phi}{\partial u_3}\overrightarrow{e_3} \qquad (8.30)$$

5.散度，$\overrightarrow{\nabla} \cdot \overrightarrow{F}$

　　散度的推導和8.4節相同，令向量場 $\overrightarrow{F}$，

$$\overrightarrow{F}(u_1,\ u_2,\ u_3) = F_1(u_1,\ u_2,\ u_3)\overrightarrow{e_1} + F_2(u_1,\ u_2,\ u_3)\overrightarrow{e_2}$$

$$+ F_3(u_1,\ u_2,\ u_3)\overrightarrow{e_3}$$

則離開微小區塊（見圖8.26）的水流量計算如下：

圖8.26　散度推導圖

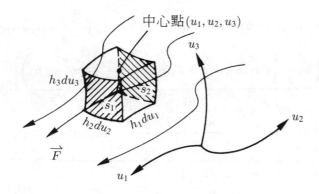

(1)離開 s_1 曲面的水流量：

　　其中 s_1 的面積 $dA = h_2 h_3 du_2 du_3$，向外單位法向量是 $\overrightarrow{e_1}$，因此離開 s_1 平面的水流量為

$$\iint\limits_{s_1} \overrightarrow{F} \cdot \overrightarrow{n}\, dA$$

$$= \overrightarrow{F} \cdot \overrightarrow{n}\, dA = F_1\left(u_1 + \frac{1}{2}du_1, u_2, u_3\right) h_2\left(u_1 + \frac{1}{2}du_1, u_2, u_3\right) h_3$$

$$\left(u_1 + \frac{1}{2}du_1, u_2, u_3\right) du_2 du_3$$

$$= F_1 h_2 h_3 \left(u_1 + \frac{1}{2}du_1, u_2, u_3\right) du_2 du_3 \quad （簡寫）$$

注意 h_1、h_2、h_3 仍是 u_1、u_2、u_3 的函數。

(2)離開 s_2 曲面的水流量為

$$\iint\limits_{s_2} \overrightarrow{F} \cdot \overrightarrow{n}\, dA = \overrightarrow{F} \cdot \overrightarrow{n}\, dA = -F_1 h_2 h_3 \left(u_1 - \frac{1}{2}du_1, u_2, u_3\right) du_2 du_3$$

其中 s_2 的 $\overrightarrow{n} = -\overrightarrow{e_1}$ 且 $dA = h_2 h_3 du_2 du_3$

(3)綜合(1)和(2)得到離開 s_1 和 s_2 的水流量為

$$\iint\limits_{s_1 + s_2} \overrightarrow{F} \cdot \overrightarrow{n}\, dA$$

$$= F_1 h_2 h_3 \left(u_1 + \frac{1}{2}du_1, u_2, u_3\right) du_2 du_3 - F_1 h_2 h_3 \left(u_1 - \frac{1}{2}du_1, u_2, u_3\right) du_2 du_3$$

$$= \frac{\left[F_1 h_2 h_3 \left(u_1 + \frac{1}{2}du_1, u_2, u_3\right) - F_1 h_2 h_3 \left(u_1 - \frac{1}{2}du_1, u_2, u_3\right)\right]}{du_1} du_1 du_2 du_3$$

$$= \frac{\partial(F_1 h_2 h_3)}{\partial u_1} du_1 du_2 du_3 = \frac{1}{h_1 h_2 h_3} \frac{\partial(F_1 h_2 h_3)}{\partial u_1} h_1 du_1 h_2 du_2 h_3 du_3$$

$$= \frac{1}{h_1 h_2 h_3} \frac{\partial(F_1 h_2 h_3)}{\partial u_1} dV \quad （u_1 方向）$$

同理，亦可在另不同方向的四個面，推導得到流出的水流量為

$$\iint\limits_{s_3 + s_4} \overrightarrow{F} \cdot \overrightarrow{n}\, dA = \frac{1}{h_1 h_2 h_3} \frac{\partial(F_2 h_1 h_3)}{\partial u_2} dV \quad （u_2 方向）$$

$$\iint\limits_{s_5+s_6} \overrightarrow{F} \cdot \overrightarrow{n}\, dA = \frac{1}{h_1 h_2 h_3} \frac{\partial(F_3 h_1 h_2)}{\partial u_3} dV \quad (\ u_3\text{方向})$$

故流出微小流體的總水流量為

$$\oiint\limits_{S} \overrightarrow{F} \cdot \overrightarrow{n}\, dA = \frac{1}{h_1 h_2 h_3} \left[\frac{\partial(F_1 h_2 h_3)}{\partial u_1} + \frac{\partial(F_2 h_1 h_3)}{\partial u_2} + \frac{\partial(F_3 h_1 h_2)}{\partial u_3} \right] dV$$

$$= \overrightarrow{\nabla} \cdot \overrightarrow{F}\, dV$$

得到散度的標準定義

$$\overrightarrow{\nabla} \cdot \overrightarrow{F} = \frac{1}{dV} \oiint\limits_{S} \overrightarrow{F} \cdot \overrightarrow{n}\, dA$$

而散度的一般式為

$$\overrightarrow{\nabla} \cdot \overrightarrow{F} = \frac{1}{h_1 h_2 h_3} \left[\frac{\partial(F_1 h_2 h_3)}{\partial u_1} + \frac{\partial(F_2 h_1 h_3)}{\partial u_2} + \frac{\partial(F_3 h_1 h_2)}{\partial u_3} \right]$$

6.旋度，$\overrightarrow{\nabla} \times \overrightarrow{F}$

旋度的推導法和8.5節相同，令向量場 $\overrightarrow{F}$，

$$\overrightarrow{F} = F_1(u_1, u_2, u_3)\overrightarrow{e_1} + F_2(u_1, u_2, u_3)\overrightarrow{e_2} + F_3(u_1, u_2, u_3)\overrightarrow{e_3}$$

則如圖8.27所示的封閉曲線積分為

$$\oint_C \overrightarrow{F} \cdot d\overrightarrow{r}$$

$$= \int_1 F_1 h_1 du_1 + \int_2 F_2 h_2 du_2 - \int_3 F_1 h_1 du_1 - \int_4 F_2 h_2 du_2$$

$$= F_1 h_1(u_1, u_2 - \frac{1}{2} du_2, u_3) du_1 + F_2 h_2(u_1 + \frac{1}{2} du_1, u_2, u_3) du_2$$

$$- F_1 h_1(u_1, u_2 + \frac{1}{2} du_2, u_3) du_1 - F_2 h_2(u_1 - \frac{1}{2} du_1, u_2, u_3) du_2$$

圖 8.27   旋度推導圖

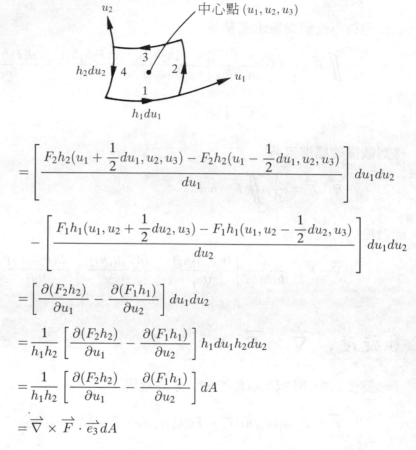

$$= \left[\frac{F_2 h_2(u_1 + \frac{1}{2} du_1, u_2, u_3) - F_2 h_2(u_1 - \frac{1}{2} du_1, u_2, u_3)}{du_1} \right] du_1 du_2$$

$$- \left[\frac{F_1 h_1(u_1, u_2 + \frac{1}{2} du_2, u_3) - F_1 h_1(u_1, u_2 - \frac{1}{2} du_2, u_3)}{du_2} \right] du_1 du_2$$

$$= \left[\frac{\partial(F_2 h_2)}{\partial u_1} - \frac{\partial(F_1 h_1)}{\partial u_2} \right] du_1 du_2$$

$$= \frac{1}{h_1 h_2} \left[\frac{\partial(F_2 h_2)}{\partial u_1} - \frac{\partial(F_1 h_1)}{\partial u_2} \right] h_1 du_1 h_2 du_2$$

$$= \frac{1}{h_1 h_2} \left[\frac{\partial(F_2 h_2)}{\partial u_1} - \frac{\partial(F_1 h_1)}{\partial u_2} \right] dA$$

$$= \vec{\nabla} \times \vec{F} \cdot \vec{e_3} \, dA$$

同理亦可證得另二方向的旋度為 $\vec{\nabla} \times \vec{F} \cdot \vec{e_2} \, dA$ 和 $\vec{\nabla} \times \vec{F} \cdot \vec{e_1} \, dA$，整理後，散度

$$\vec{\nabla} \times \vec{F} = \frac{1}{h_1 h_2 h_3} \left\{ \left[\frac{\partial(F_3 h_3)}{\partial u_2} - \frac{\partial(F_2 h_2)}{\partial u_3} \right] h_1 \vec{e_1} \right.$$

$$+ \left[\frac{\partial(F_1 h_1)}{\partial u_3} - \frac{\partial(F_3 h_3)}{\partial u_1} \right] h_2 \vec{e_2}$$

$$\left. + \left[\frac{\partial(F_2 h_2)}{\partial u_1} - \frac{\partial(F_1 h_1)}{\partial u_2} \right] h_3 \vec{e_3} \right\}$$

$$\vec{\nabla} \times \vec{F} = \frac{1}{h_1 h_2 h_3} \begin{vmatrix} h_1 \vec{e_1} & h_2 \vec{e_2} & h_3 \vec{e_3} \\ \dfrac{\partial}{\partial u_1} & \dfrac{\partial}{\partial u_2} & \dfrac{\partial}{\partial u_3} \\ F_1 h_1 & F_2 h_2 & F_3 h_3 \end{vmatrix}$$

7. $\nabla^2 \phi$ (Laplacian of ϕ)

$$\nabla^2 \phi = \vec{\nabla} \cdot \vec{\nabla} \phi = \vec{\nabla} \cdot \left(\frac{1}{h_1} \frac{\partial \phi}{\partial u_1} \vec{e_1} + \frac{1}{h_2} \frac{\partial \phi}{\partial u_2} \vec{e_2} + \frac{1}{h_3} \frac{\partial \phi}{\partial u_3} \vec{e_3} \right)$$

$$= \frac{1}{h_1 h_2 h_3} \left[\frac{\partial}{\partial u_1} \left(\frac{h_2 h_3}{h_1} \frac{\partial \phi}{\partial u_1} \right) + \frac{\partial}{\partial u_2} \left(\frac{h_1 h_3}{h_2} \frac{\partial \phi}{\partial u_2} \right) + \frac{\partial}{\partial u_3} \left(\frac{h_1 h_2}{h_3} \frac{\partial \phi}{\partial u_3} \right) \right]$$

8. 特殊垂直曲線坐標系統

⑴圓柱坐標 (cylindrical coordinates)：(ρ, θ, z)，見圖 8.28

圖8.28　圓柱坐標

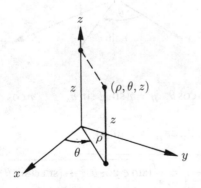

$$x = \rho \cos \theta, \ y = \rho \sin \theta, \ z = z$$

$$\rho \geq 0 \text{在 } xy \text{ 平面}, \ \theta \in [0, 2\pi], \ z \in (-\infty, \infty)$$

$$h_\rho = \left\| \frac{\partial \vec{r}}{\partial \rho} \right\| = \sqrt{\cos^2 \theta + \sin^2 \theta} = 1$$

$$h_\theta = \left\| \frac{\partial \vec{r}}{\partial \theta} \right\| = \sqrt{\rho^2 \sin^2 \theta + \rho^2 \cos^2 \theta} = \rho$$

$$h_z = \left\| \frac{\partial \vec{r}}{\partial z} \right\| = \sqrt{1^2} = 1$$

(2)球坐標 (spherical coordinates)：(r, θ, ϕ)，見圖 8.29

圖8.29　球坐標

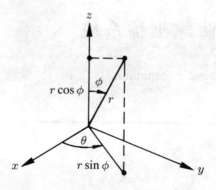

$$x = r \sin \phi \cos \theta, \ y = r \sin \phi \sin \theta, \ z = r \cos \phi$$

$$r \geq 0, \ \theta \in [0, 2\pi], \ \phi \in [0, \pi]$$

$$h_r = \left\| \frac{\partial \vec{r}}{\partial r} \right\| = \sqrt{(\sin \phi \cos \theta)^2 + (\sin \phi \sin \theta)^2 + \cos^2 \phi} = 1$$

$$h_\theta = \left\| \frac{\partial \vec{r}}{\partial \theta} \right\| = \sqrt{(r \sin \phi \sin \theta)^2 + (r \sin \phi \cos \theta)^2} = r \sin \phi$$

$$h_\phi = \left\| \frac{\partial \vec{r}}{\partial \phi} \right\| = \sqrt{(r\cos\phi\cos\theta)^2 + (r\cos\phi\sin\theta)^2 + (r\sin\phi)^2} = r$$

(3)拋物圓柱坐標 (parabolic cylindrical coordinates)：(u, v, z)，見圖 8.30

圖8.30　拋物圓柱坐標

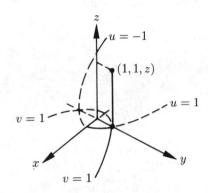

$$x = \frac{1}{2}(u^2 - v^2), \ y = uv, \ z = z$$

$$u \in (-\infty, \infty), \ v \geq 0, \ z \in (-\infty, \infty)$$

$$h_u = \left\| \frac{\partial \vec{r}}{\partial u} \right\| = \sqrt{u^2 + v^2}$$

$$h_v = \left\| \frac{\partial \vec{r}}{\partial v} \right\| = \sqrt{u^2 + v^2}$$

$$h_z = 1$$

(4)拋物體坐標 (paraboloidal coordinates)：(u, v, θ)

$$x = uv\cos\theta, \ y = uv\sin\theta, \ z = \frac{1}{2}(u^2 - v^2)$$

$$u \geq 0, \ v \geq 0, \ \theta \in [0, 2\pi]$$

$$h_u = h_v = \sqrt{u^2 + v^2}$$

$$h_\theta = uv$$

(5)橢圓柱坐標 (elliptic cylindrical coordinates)：(u, v, z)

$$x = a\cosh(u)\cos v, \ y = a\sinh(u)\sin v, \ z = z$$

$$u \geq 0, \ v \in [0, 2\pi), \ z \in (-\infty, \infty)$$

$$h_u = h_v = a\sqrt{\sinh^2 u + \sin^2 v}$$

$$h_z = 1$$

當 $u = c$（c是常數）的平面是為橢圓面：

$$\frac{x^2}{a^2\cosh^2 c} + \frac{y^2}{a^2\sinh^2 c} = 1, \ z = z$$

當 $v = c$（c是常數）的平面是為雙曲面：

$$\left(\frac{x}{a\cos c}\right)^2 - \left(\frac{y}{a\sin c}\right)^2 = 1, \ z = z$$

故在 xy 平面上，$u = c$ 和 $v = c$ 看起來分別是橢圓和雙曲線，如圖 8.31所示。

圖8.31　橢圓柱坐標

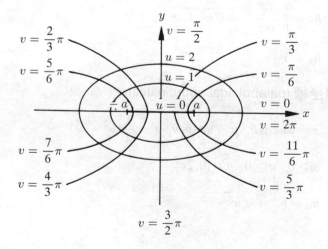

(6)扁球體坐標 (prolate spheroidal coordinates)：(u, v, θ)

$$x = a \sinh u \sin v \cos \theta, \ y = a \sinh u \sin v \sin \theta, \ z = a \cosh u \cos v$$

$$u \geq 0, \ v \in [0, \pi], \ \theta \in [0, 2\pi]$$

$$h_u = h_v = a\sqrt{\sinh^2 u + \sin^2 v}$$

$$h_\theta = a \sinh u \sin v$$

(7)雙極扁球體坐標 (oblate spheroidal coordinates)：(u, v, θ)

$$x = a \cosh u \cos v \cos \theta, \ y = a \cosh u \cos v \sin \theta, \ z = a \sinh u \sin v$$

$$u \geq 0, \ v \in \left[-\frac{\pi}{2}, \frac{\pi}{2}\right], \ \theta \in [0, 2\pi]$$

$$h_u = h_v = a\sqrt{\sinh^2 u + \sin^2 v}$$

$$h_\theta = a \cosh u \cos v$$

(8)橢圓體坐標 (ellipsoidal coordinates)：(u, v, w)

$$\frac{x^2}{a^2 - u} + \frac{y^2}{b^2 - u} + \frac{z^2}{c^2 - u} = 1$$

$$\frac{x^2}{a^2 - v} + \frac{y^2}{b^2 - v} + \frac{z^2}{c^2 - v} = 1$$

$$\frac{x^2}{a^2 - w} + \frac{y^2}{b^2 - w} + \frac{z^2}{c^2 - w} = 1$$

$$u < c^2 < b^2 < a^2, \ c^2 < v < b^2 < a^2, \ c^2 < b^2 < w < a^2$$

$$h_u = \frac{1}{2}\sqrt{\frac{(v-u)(w-u)}{(a^2-u)(b^2-u)(c^2-u)}}$$

$$h_v = \frac{1}{2}\sqrt{\frac{(w-v)(u-v)}{(a^2-v)(b^2-v)(c^2-v)}}$$

$$h_w = \frac{1}{2} \sqrt{\frac{(u-w)(v-w)}{(a^2-w)(b^2-w)(c^2-w)}}$$

⑼雙極坐標 (bipolar coordinates)：(u, v, z)

$$x^2 + (y - a \cot u)^2 = a^2 \csc^2 u$$

$$(x - a \coth v)^2 + y^2 = a^2 \operatorname{csch}^2 v$$

$$z = z$$

或

$$x = \frac{a \sinh v}{\cosh v - \cos u}, \; y = \frac{a \sin u}{\cosh v - \cos u}, \; z = z$$

$$u \in [0, 2\pi), \; v \in (-\infty, \infty), \; z \in (-\infty, \infty)$$

$$h_u = h_v = \frac{a}{\cosh v - \cos u}$$

$$h_z = 1$$

【範例1】

證明球坐標是垂直系統。

【解】

$$\vec{r} = r\sin\phi\cos\theta\,\vec{i} + r\sin\phi\sin\theta\,\vec{j} + r\cos\phi\,\vec{k}$$

$$\vec{e_r} = \frac{\frac{\partial\vec{r}}{\partial r}}{h_r} = \sin\phi\cos\theta\,\vec{i} + \sin\phi\sin\theta\,\vec{j} + \cos\phi\,\vec{k}$$

$$\vec{e_\theta} = \frac{\frac{\partial\vec{r}}{\partial\theta}}{h_\theta} = \frac{1}{r\sin\phi}[-r\sin\phi\sin\theta\,\vec{i} + r\sin\phi\cos\theta\,\vec{j}]$$

$$= -\sin\theta\,\vec{i} + \cos\theta\,\vec{j}$$

$$\vec{e_\phi} = \frac{\frac{\partial\vec{r}}{\partial\phi}}{h_\phi} = \frac{1}{r}[r\cos\phi\cos\theta\,\vec{i} + r\cos\phi\sin\theta\,\vec{j} - r\sin\phi\,\vec{k}]$$

$$= \cos\phi\cos\theta\,\vec{i} + \cos\phi\sin\theta\,\vec{j} - \sin\phi\,\vec{k}$$

$$\vec{e_r}\cdot\vec{e_\theta} = -\sin\phi\cos\theta\sin\theta + \sin\phi\cos\theta\sin\theta = 0$$

$$\vec{e_r}\cdot\vec{e_\phi} = \cos^2\theta\cos\phi\sin\phi + \sin^2\theta\cos\phi\sin\phi - \cos\phi\sin\phi = 0$$

$$\vec{e_\theta}\cdot\vec{e_\phi} = -\cos\phi\cos\theta\sin\theta + \cos\phi\cos\theta\sin\theta = 0$$

得證球坐標系統是垂直的。

【範例2】

若 $\vec{F} = z\,\vec{i} - x\,\vec{j} + y\,\vec{k}$，求球坐標的各分量，即

$$\vec{F} = F_r\vec{e_r} + F_\theta\vec{e_\theta} + F_\phi\vec{e_\phi}$$

【解】

已知

$$\vec{e_r} = \sin\phi\cos\theta\,\vec{i} + \sin\phi\sin\theta\,\vec{j} + \cos\phi\,\vec{k}$$

$$\vec{e_\theta} = -\sin\theta\,\vec{i} + \cos\theta\,\vec{j}$$

$$\vec{e_\phi} = \cos\phi\cos\theta\,\vec{i} + \cos\phi\sin\theta\,\vec{j} - \sin\phi\,\vec{k}$$

整理後，得到

$$\vec{i} = \sin\phi\cos\theta\vec{e_r} - \sin\theta\vec{e_\theta} + \cos\phi\cos\theta\vec{e_\phi}$$

$$\vec{j} = \sin\phi\sin\theta\vec{e_r} + \cos\theta\vec{e_\theta} + \cos\phi\sin\theta\vec{e_\phi}$$

$$\vec{k} = \cos\phi\vec{e_r} - \sin\phi\vec{e_\phi}$$

$$\vec{F} = z\,\vec{i} - x\,\vec{j} + y\,\vec{k}$$

$$= r\cos\phi(\sin\phi\cos\theta\vec{e_r} - \sin\theta\vec{e_\theta} + \cos\phi\cos\theta\vec{e_\phi})$$

$$-r\sin\phi\cos\theta(\sin\phi\sin\theta\vec{e_r} + \cos\theta\vec{e_\theta} + \cos\phi\sin\theta\vec{e_\phi})$$

$$+r\sin\phi\sin\theta(\cos\phi\vec{e_r} - \sin\phi\vec{e_\phi})$$

$$= \vec{e_r}(r\cos\phi\sin\phi\cos\theta - r\sin^2\phi\cos\theta\sin\theta + r\sin\phi\cos\phi\sin\theta)$$

$$+\vec{e_\theta}(-r\cos\phi\sin\theta - r\sin\phi\cos^2\theta)$$

$$+\vec{e_\phi}(r\cos^2\phi\cos\theta - r\cos\phi\sin\phi\cos\theta\sin\theta - r\sin^2\phi\sin\theta)$$

得到

$$F_r = r\sin\phi(\cos\phi\cos\theta - \sin\phi\cos\theta\sin\theta + \cos\phi\sin\theta)$$

$$F_\theta = -r(\cos\phi\sin\theta + \sin\phi\cos^2\theta)$$

$$F_\phi = r(\cos^2\phi\cos\theta - \cos\phi\sin\phi\cos\theta\sin\theta - \sin^2\phi\sin\theta)$$

【範例 3】

證明圓柱坐標的 $\overrightarrow{e_\rho}$ 和 $\overrightarrow{e_\theta}$ 符合下列公式:

$$\frac{d}{dt}\overrightarrow{e_\rho} = \theta'\overrightarrow{e_\theta}, \quad \frac{d}{dt}\overrightarrow{e_\theta} = -\theta'\overrightarrow{e_r}$$

【解】

已知

$$\overrightarrow{e_\rho} = \frac{\dfrac{\partial\overrightarrow{r}}{\partial\rho}}{h_\rho} = \cos\theta\,\overrightarrow{i} + \sin\theta\,\overrightarrow{j}$$

$$\overrightarrow{e_\theta} = \frac{\dfrac{\partial\overrightarrow{r}}{\partial\theta}}{h_\theta} = -\sin\theta\,\overrightarrow{i} + \cos\theta\,\overrightarrow{j}$$

得到

$$\overrightarrow{i} = \cos\theta\overrightarrow{e_\rho} - \sin\theta\overrightarrow{e_\theta}$$

$$\overrightarrow{j} = \sin\theta\overrightarrow{e_\rho} + \cos\theta\overrightarrow{e_\theta}$$

則

$$\frac{d}{dt}\overrightarrow{e_\rho} = \frac{d}{dt}(\cos\theta\,\overrightarrow{i} + \sin\theta\,\overrightarrow{j}) = -\sin\theta\cdot\theta'\,\overrightarrow{i} + \cos\theta\cdot\theta'\,\overrightarrow{j}$$

$$= \theta'(-\sin\theta\,\overrightarrow{i} + \cos\theta\,\overrightarrow{j}) = \theta'\overrightarrow{e_\theta}$$

$$\frac{d}{dt}\overrightarrow{e_\theta} = \frac{d}{dt}(-\sin\theta\,\overrightarrow{i} + \cos\theta\,\overrightarrow{j}) = -\cos\theta\cdot\theta'\,\overrightarrow{i} - \sin\theta\cdot\theta'\,\overrightarrow{j}$$

$$= -\theta'(\cos\theta\,\overrightarrow{i} + \sin\theta\,\overrightarrow{j}) = -\theta'\overrightarrow{e_\rho}$$

【範例4】

將速度 $\vec{v}$ 和加速度 $\vec{a}$ 用圓柱坐標表達之。

【解】

$$\vec{r} = x\,\vec{i} + y\,\vec{j} + z\,\vec{k}$$

$$= \rho\cos\theta(\cos\theta\,\vec{e_\rho} - \sin\theta\,\vec{e_\theta}) + \rho\sin\theta(\sin\theta\,\vec{e_\rho} + \cos\theta\,\vec{e_\theta}) + z\vec{e_z}$$

$$(\vec{e_z} = \vec{k})$$

$$= \rho\vec{e_\rho} + z\vec{e_z}$$

$$\vec{v} = \frac{d\vec{r}}{dt} = \rho'\vec{e_\rho} + \rho\frac{d}{dt}\vec{e_\rho} + z'\vec{e_z} \quad (\because \vec{e_z} = \vec{k},\ \text{是常數向量})$$

$$= \rho'\vec{e_\rho} + \rho\theta'\vec{e_\theta} + z'\vec{e_z}$$

$$\vec{a} = \frac{d\vec{v}}{dt} = \rho''\vec{e_\rho} + \rho'\frac{d}{dt}\vec{e_\rho} + \rho'\theta'\vec{e_\theta} + \rho\theta''\vec{e_\theta} + \rho\theta'\frac{d}{dt}\vec{e_\theta} + z''\vec{e_z}$$

$$= \vec{e_\rho}[\rho'' - \rho(\theta')^2] + \vec{e_\theta}(2\rho'\theta' + \rho\theta'')\vec{e_\theta} + z''\vec{e_z}$$

【範例5】

求雙極扁圓體坐標系統的 $dV,\ \vec{\nabla}\phi,\ \vec{\nabla}\cdot\vec{F},\ \vec{\nabla}\times\vec{F}$ 之表示法。

【解】

$$dV = h_u h_v h_\theta\, dudvd\theta = a^3(\sinh^2 u + \sin^2 v)\cosh u \cos v\, dudvd\theta$$

$$\vec{\nabla}\phi = \frac{1}{h_u}\frac{\partial\phi}{\partial u}\vec{e_u} + \frac{1}{h_v}\frac{\partial\phi}{\partial v}\vec{e_v} + \frac{1}{h_\theta}\frac{\partial\phi}{\partial\theta}\vec{e_\theta}$$

$$= \frac{1}{a}(\sinh^2 u + \sin^2 v)^{-\frac{1}{2}}\frac{\partial\phi}{\partial u}\vec{e_u} + \frac{1}{a}(\sinh^2 u + \sin^2 v)^{-\frac{1}{2}}\frac{\partial\phi}{\partial v}\vec{e_v}$$

$$+ (a\cosh u \cos v)^{-1}\frac{\partial\phi}{\partial\theta}\vec{e_\theta}$$

$$\vec{\nabla}\cdot\vec{F} = \frac{1}{h_u h_v h_\theta}\left[\frac{\partial(F_u h_v h_\theta)}{\partial u} + \frac{\partial(F_v h_u h_\theta)}{\partial v} + \frac{\partial(F_\theta h_u h_v)}{\partial\theta}\right]$$

$$= [a^3(\sinh^2 u + \sin^2 v)\cosh u \cos v]^{-1}$$

$$\left[a^2 \cos v \frac{\partial(F_u \cosh u \sqrt{\sinh^2 u + \sin^2 v})}{\partial u} \right.$$

$$+ a^2 \cosh u \frac{\partial(F_v \cos v \sqrt{\sinh^2 u + \sin^2 v})}{\partial v}$$

$$\left. + a^2(\sinh^2 u + \sin^2 v)\frac{\partial F_\theta}{\partial \theta} \right]$$

$$\vec{\nabla} \times \vec{F} = \frac{1}{h_u h_v h_\theta} \begin{vmatrix} h_u \vec{e_u} & h_v \vec{e_v} & h_\theta \vec{e_\theta} \\ \dfrac{\partial}{\partial u} & \dfrac{\partial}{\partial v} & \dfrac{\partial}{\partial \theta} \\ F_u h_u & F_v h_v & F_\theta h_\theta \end{vmatrix}$$

$$= [a^3(\sinh^2 u + \sin^2 v)\cosh u \cos v]^{-1}$$

$$\begin{vmatrix} a\sqrt{\sinh^2 u + \sin^2 v}\,\vec{e_u} & a\sqrt{\sinh^2 u + \sin^2 v}\,\vec{e_v} & a\cosh u \cos v\,\vec{e_\theta} \\ \dfrac{\partial}{\partial u} & \dfrac{\partial}{\partial v} & \dfrac{\partial}{\partial \theta} \\ aF_u\sqrt{\sinh^2 u + \sin^2 v} & aF_v\sqrt{\sinh^2 u + \sin^2 v} & aF_\theta\cosh u \cos v \end{vmatrix}$$

【範例6】

求 $\displaystyle\iiint_V \sqrt{x^2 + y^2}\,dxdydz$, $v : z = x^2 + y^2$ 和 $z = 8 - (x^2 + y^2)$ 包圍的空間。

【解】

用圓柱坐標，則

$$x = \rho\cos\theta, \ y = \rho\sin\theta$$

$$x^2 + y^2 = \rho^2$$

$$z = x^2 + y^2 = \rho^2$$

$$z = 8 - (x^2 + y^2) = 8 - \rho^2$$

得到此一空間範圍為

$$0 \le z \le 8, \ \theta \in [0, 2\pi]$$

$$\rho = \begin{cases} \sqrt{z}, & 0 \le z \le 4 \\ \sqrt{8-z}, & 4 \le z \le 8 \end{cases}$$

$$\iiint\limits_V \sqrt{x^2 + y^2} \, dx dy dz$$

$$= \int_0^{2\pi} \int_0^4 \int_0^{\sqrt{z}} \rho \cdot \rho d\rho d\theta dz + \int_0^{2\pi} \int_4^8 \int_0^{\sqrt{8-z}} \rho \cdot \rho d\rho d\theta dz$$

$$= \int_0^4 \frac{2\pi}{3} \rho^3 \Big|_0^{\sqrt{z}} dz + \int_4^8 \frac{2\pi}{3} \rho^3 \Big|_0^{\sqrt{8-z}} dz$$

$$= \frac{2\pi}{3} \left[\frac{2}{5} z^{\frac{5}{2}} \Big|_0^4 \cdot -\frac{2}{5}(8-z)^{\frac{5}{2}} \Big|_4^8 \right]$$

$$= \frac{4\pi}{15}(2^5 + 2^5) = \frac{4\pi}{15} \times 64 = \frac{256}{15}\pi$$

第九章

矩　陣

9.0 前言

　　矩陣和向量都是線性代數的重要應用部份。在前面兩章介紹了向量，所以本章接著談及矩陣。然而本書中並沒有很明顯地把矩陣和向量歸類在線性代數之下，原因是線性代數在大學中是完整的一學期課程（有時候也教不完）。所以本書並不以定義完整地一系列介紹線性代數，而只取出部份跟工程息息相關的運算法則。尤其對二專生及五專生而言，勢必不能把數學談得太深入，而著重在其物理意義的詳細解說及工程問題的解決。前面在介紹向量也是秉此宗旨，本章亦然，下面三章更是如此。本書的下冊只希望簡單而不失完整地介紹為何工程問題需要這些數學，以引起學習者的興趣。

　　矩陣對大型且變數多的系統（或工程問題）而言是相當簡潔且有力的工具，譬如電路系統、機械結構、曲線合適 (curve fitting)、統計處理等等。本章在介紹矩陣的基本運算法則之後，在最後一節談及矩陣在工程問題上的應用，以引起各位的理解與重視。

9.1 基本觀念與定義

矩陣就是由數字或函數組成的矩形陣列 (rectangular array)。譬如,

$$\begin{bmatrix} 2 & 1 & -1 \\ 0 & 1 & 2 \end{bmatrix}, \begin{bmatrix} 0 \\ 1 \\ 1 \end{bmatrix}, [e^x \quad \sin x \quad \cos x], \begin{bmatrix} 3 & \cos x \\ 6 & \theta \end{bmatrix}$$

上述的第一個矩陣有兩列和三行;第二個矩陣有三列和一行,一般稱為行向量 (column vector);第三個矩陣有一列和三行,一般稱為列向量 (row vector);第四個矩陣有二列和二行,一般稱為正方形矩陣 (square matrix)。

1.矩陣的符號

矩陣的符號一般用大寫黑體字表示之,即

$$\mathbf{A} = [a_{ij}] = \begin{bmatrix} a_{11} & a_{12} & \cdots & a_{1m} \\ a_{21} & a_{22} & \cdots & a_{2m} \\ \vdots & \vdots & \cdots & \vdots \\ a_{n1} & a_{n2} & \cdots & a_{nm} \end{bmatrix}$$

上述矩陣 $\mathbf{A}$ 是 $n \times m$ 矩陣,意思是指有 n 個列向量（平行方向）和 m 個行向量（垂直方向）。矩陣內的元素 (element or entry) 用小寫字母（譬如 a ）及雙下標（即 ij ）表示之。譬如 a_{12} 指的是第一列和第二行交叉所得的元素。若 $n = m$,則稱 $\mathbf{A}$ 為正方形矩陣,而 $a_{11}, a_{22}, a_{33}, \cdots, a_{nn}$ 稱為主對角元素 (main or principal diagonal elements),而其他元素可稱為非對角元素 (off-diagonal elements)。

2.子矩陣 (submatrix)

A 的子矩陣是指那些從 A 中刪除若干行或列的矩陣（包括 A 本身）。譬如，若

$$A = \begin{bmatrix} a_{11} & a_{12} \\ a_{21} & a_{22} \\ a_{31} & a_{32} \end{bmatrix}$$

則 A 的子矩陣除了本身之外，尚有三個 2×2 子矩陣：

$$\begin{bmatrix} a_{11} & a_{12} \\ a_{21} & a_{22} \end{bmatrix}, \begin{bmatrix} a_{21} & a_{22} \\ a_{31} & a_{32} \end{bmatrix}, \begin{bmatrix} a_{11} & a_{12} \\ a_{31} & a_{32} \end{bmatrix}$$

三個 1×2 列向量的子矩陣：

$$[a_{11} \quad a_{12}], \quad [a_{21} \quad a_{22}], \quad [a_{31} \quad a_{32}]$$

六個 2×1 行向量的子矩陣：

$$\begin{bmatrix} a_{11} \\ a_{21} \end{bmatrix}, \begin{bmatrix} a_{12} \\ a_{22} \end{bmatrix}, \begin{bmatrix} a_{21} \\ a_{31} \end{bmatrix}, \begin{bmatrix} a_{22} \\ a_{32} \end{bmatrix}, \begin{bmatrix} a_{11} \\ a_{31} \end{bmatrix}, \begin{bmatrix} a_{12} \\ a_{32} \end{bmatrix}$$

六個 1×1 子矩陣：

$$[a_{11}], [a_{12}], [a_{21}], [a_{22}], [a_{31}], [a_{32}]$$

3.特殊矩陣

⑴對角矩陣 (diagonal matrix)

對角矩陣只對正方形矩陣而言，其定義為

$$A = [a_{ij}], \quad 其中 a_{ij} = 0, i \neq j$$

(a)若 $a_{ii} = c$ 且 $a_{ij} = 0$ $(i \neq j)$，則 A 稱為純量矩陣 (scalar matrix)。

(b)若 $a_{ii} = 1$ 且 $a_{ij} = 0$　$(i \neq j)$，則 **A** 的符號重新定義為 **I**，稱為單位矩陣 (unit matrix or identity matrix)。以 $\mathbf{I}_{2 \times 2}$ 或 $\mathbf{I}_2$ 為例，則

$$\mathbf{I}_2 = \begin{bmatrix} 1 & 0 \\ 0 & 1 \end{bmatrix}$$

⑵三角矩陣 (triangular matrix)

三角矩陣只對正方形矩陣而言。三角矩陣可分為上三角矩陣和下三角矩陣。上三角矩陣的定義是對角元素以上的元素都是零，即

$$\mathbf{A} = [a_{ij}]，其中 a_{ij} = 0 \text{ 且 } j > i$$

譬如上三角矩陣 **A**，

$$\mathbf{A} = \begin{bmatrix} 2 & 0 & 0 \\ 0 & 5 & 0 \\ -1 & 2 & 3 \end{bmatrix}$$

若是下三角矩陣，則定義為

$$\mathbf{A} = [a_{ij}]，其中 a_{ij} = 0 \text{ 且 } i > j$$

譬如下三角矩陣 **A**，

$$\mathbf{A} = \begin{bmatrix} 2 & 0 & -1 \\ 0 & 5 & 2 \\ 0 & 0 & 3 \end{bmatrix}$$

⑶零矩陣 (zero matrix)

零矩陣是指所有元素皆為零，用 **0** 表示之。

⑷對稱矩陣 (symmetric matrix)

對稱矩陣中的元素 (a_{ij})，若把行列互換過來（即變成 a_{ji}），則仍然得到原來的矩陣，即

$$\mathbf{A} = [a_{ij}]，其中 a_{ij} = a_{ji}$$

若欲符合上述定義（即 $a_{ij} = a_{ji}$），那麼只有正方形矩陣才能達成，因為 $\mathbf{A}_{n \times m} = \mathbf{A}_{m \times n}$，使得 n 必須等於 m。譬如對稱矩陣 **A**，

$$\mathbf{A} = \begin{bmatrix} 1 & -1 & 0 \\ -1 & 2 & 5 \\ 0 & 5 & 3 \end{bmatrix}$$

另外，尚有扭對稱矩陣 (skew-symmetric matrix)、赫密動矩陣 (Hermitian matrix)、扭赫密動矩陣 (skew-Hermitian matrix) 等等會在後面章節介紹之。

4.矩陣的應用

矩陣對數據的管理和系統的運算有相當大的效率。譬如在賣場方面，若有三樣產品（ $a,\ b,\ c$ ），每週的銷售情形可以用矩陣表示為

$$\mathbf{A} = \begin{array}{ccccccc} \text{一} & \text{二} & \text{三} & \text{四} & \text{五} & \text{六} & \text{日} \\ \begin{bmatrix} 10 & 20 & 15 & 50 & 8 & 60 & 20 \\ 0 & 5 & 6 & 5 & 20 & 40 & 10 \\ 5 & 10 & 8 & 20 & 10 & 30 & 40 \end{bmatrix} & \begin{array}{c} a \\ b \\ c \end{array} \end{array}$$

如果每天的價格有所變動，則根據乘法運算法則（見下節說明），價格矩陣 $\mathbf{P}$ 的安排為

$$\mathbf{P} = \begin{array}{ccc} a & b & c \\ \begin{bmatrix} 50 & 100 & 70 \\ 50 & 100 & 70 \\ 30 & 100 & 50 \\ 30 & 80 & 50 \\ 50 & 80 & 70 \\ 30 & 80 & 50 \\ 30 & 80 & 50 \end{bmatrix} & \begin{array}{c} \text{一} \\ \text{二} \\ \text{三} \\ \text{四} \\ \text{五} \\ \text{六} \\ \text{日} \end{array} \end{array}$$

從 $\mathbf{A}$ 乘以 $\mathbf{P}$ 可以得到每週各產品的銷售額 $\mathbf{T}$，即

$$\mathbf{T} = \mathbf{AP} = \left[\sum_{k=1}^{7} a_{1k}p_{k1} \quad \sum_{k=1}^{7} a_{2k}p_{k2} \quad \sum_{k=1}^{7} a_{3k}p_{k3} \right]$$

（**A**的列元素乘以**P**的行元素之和）

$$= \begin{matrix} a & b & c \\ \left[6250 \quad 7100 \quad 6650 \right] \end{matrix}$$

可得到本週產品 a、b、c 的銷售總額各為 6250 元、7100 元、6650 元。

線性系統（或微分方程）亦可用矩陣表示之，譬如聯立方程式

$$\begin{aligned} 2x - y + z &= 0 \\ x + 2y \quad &= 0 \\ x \quad - z &= 0 \end{aligned}$$

則可寫成係數矩陣 **C** 和變數向量 **V**，

$$\mathbf{CV} = \mathbf{0}$$

其中

$$\text{係數矩陣}\,\mathbf{C} = \begin{bmatrix} 2 & -1 & 1 \\ 1 & 2 & 0 \\ 1 & 0 & -1 \end{bmatrix}$$

$$\text{變數向量}\,\mathbf{V} = \begin{bmatrix} x \\ y \\ z \end{bmatrix}$$

對變數多的系統而言，矩陣應用的機會相當多，因此必須熟悉矩陣的各項運算法則，才可有效率地解決龐大的工程問題。

9.2 矩陣的基本運算

　　矩陣的基本運算絕大部份在高中數學已教過，本節的介紹除了是求本章的完整性，另外尚有各種定理的說明。老師可視情況，縮短 9.1 節和 9.2 節的上課時間。

　　令 $\mathbf{A} = [a_{ij}]$, $\mathbf{B} = [b_{ij}]$, $\mathbf{C} = [c_{ij}]$：

1.矩陣的相等

　　　　$\mathbf{A} = \mathbf{B}$ 的充分必要條件是 $a_{ij} = b_{ij}$

2.矩陣的加法

　　　　$\mathbf{A} + \mathbf{B} = [a_{ij} + b_{ij}]$

3.矩陣的乘法

　　　　令 $\mathbf{A} = \mathbf{A}_{n \times m}$, $\mathbf{B} = \mathbf{B}_{m \times r}$, $\mathbf{C} = \mathbf{C}_{n \times r}$

　　　　$\mathbf{AB} = \mathbf{C}$, $\quad c_{ij} = \sum\limits_{k=1}^{m} a_{ik}b_{kj}$

　　根據上述定義，是把 $\mathbf{A}$ 中的 i 列元素乘以 $\mathbf{B}$ 中的 j 行元素之和，成為 $\mathbf{C}$ 中的 c_{ij} 元素。因此 $\mathbf{A}$ 的列向量之元素數目必須相等於 $\mathbf{B}$ 的行向量之元素數目才能進行矩陣的乘法。

4.純量乘法

令 c 是常數，則

$$cA = [ca_{ij}]$$

若 $c = -1$，則

$$-A = [-a_{ij}]$$

5.矩陣的轉置 (transpose)

A 的轉置矩陣以 A^t 表示之，若

$$A = [a_{ij}]$$

則

$$A^t = [a_{ji}]$$

就是行與列互換。

6.矩陣的共軛(conjugate)

A 的共軛矩陣以 $\overline{A}$ 表示之，若

$$A = [a_{ij}]$$

則

$$\overline{A} = [\overline{a}_{ij}]$$

$\overline{a}_{ij}$ 即改變 a_{ij} 中的虛數符號。譬如，

$$\mathbf{A} = \begin{bmatrix} 1+j & 1 \\ 2 & 2-j \end{bmatrix}$$

則

$$\overline{\mathbf{A}} = \begin{bmatrix} 1-j & 1 \\ 2 & 2+j \end{bmatrix}$$

定理 9.1

(1) $\mathbf{A} + \mathbf{B} = \mathbf{B} + \mathbf{A}$, 交換律

(2) $\mathbf{A} + (\mathbf{B} + \mathbf{C}) = (\mathbf{A} + \mathbf{B}) + \mathbf{C}$, 結合律

(3) $k(\mathbf{A} + \mathbf{B}) = k\mathbf{A} + k\mathbf{B}$

(4) $\mathbf{A}(\mathbf{B} + \mathbf{C}) = \mathbf{AB} + \mathbf{AC}$

(5) $(\mathbf{A} + \mathbf{B})\mathbf{C} = \mathbf{AC} + \mathbf{BC}$

(6) $\mathbf{A}(\mathbf{BC}) = (\mathbf{AB})\mathbf{C}$

(7) $\mathbf{A} + \mathbf{0} = \mathbf{A}$

(8) $\mathbf{AI} = \mathbf{A}$　或　$\mathbf{IA} = \mathbf{A}$

(9) $\mathbf{I}^t = \mathbf{I}$

(10) $(\mathbf{A}^t)^t = \mathbf{A}$

(11) $(\mathbf{AB})^t = \mathbf{B}^t\mathbf{A}^t$

(12) $(k\mathbf{A})^t = k\mathbf{A}^t$

(13) $(\mathbf{A} + \mathbf{B})^t = \mathbf{A}^t + \mathbf{B}^t$

(14) $\overline{(\mathbf{A} + \mathbf{B})} = \overline{\mathbf{A}} + \overline{\mathbf{B}}$

(15) $\overline{\mathbf{AB}} = \overline{\mathbf{A}}\ \overline{\mathbf{B}}$

【證明】

(1) 令 $\mathbf{A} = [a_{ij}]$, $\mathbf{B} = [b_{ij}]$ 皆為 $n \times m$ 矩陣

$$\mathbf{A} + \mathbf{B} = [a_{ij} + b_{ij}] = [b_{ij} + a_{ij}] = [b_{ij}] + [a_{ij}] = \mathbf{B} + \mathbf{A}$$

(4)令 $\mathbf{A}_{n \times r} = [a_{ij}]$, $\mathbf{B}_{r \times m} = [b_{ij}]$, $\mathbf{C}_{r \times m} = [c_{ij}]$

$$\mathbf{A}(\mathbf{B} + \mathbf{C}) = [a_{ij}] \times [b_{ij} + c_{ij}] = \left[\sum_{k=1}^{r} a_{ik}(b_{kj} + c_{kj}) \right]$$

$$= \left[\sum_{k=1}^{r} a_{ik}b_{kj} + \sum_{k=1}^{r} a_{ik}c_{kj} \right] = \mathbf{AB} + \mathbf{BC}$$

(8)令 $\mathbf{A}_{n \times m} = [a_{ij}]$, $\mathbf{I}_m = [i_{ij}]$, $i_{ii} = 1$, $i_{ij} = 0$ $(i \neq j)$

$$\mathbf{AI} = \left[\sum_{k=1}^{m} a_{ik}i_{kj} \right] = [a_{ij}], \quad \begin{pmatrix} \text{因為當 } k = j \text{ 時, } i_{jj} = 1, \\ \text{當 } k \neq j \text{ 時, } i_{kj} = 0 。 \end{pmatrix}$$

$$= \mathbf{A}$$

(11)令 $\mathbf{A} = [a_{ij}]_{n \times m}$，則

$$\mathbf{A}^t = [a_{ji}]_{m \times n}$$

$$(\mathbf{A}^t)^t = [a_{ji}]_{m \times n}^t = [a_{ij}]_{n \times m} = \mathbf{A}$$

(14)令 $\mathbf{A} = [a_{ij}]$, $\mathbf{B} = [b_{ij}]$, a 和 b 皆為複數。

$$\overline{(\mathbf{A} + \mathbf{B})} = \overline{[a_{ij} + b_{ij}]} = [\overline{a_{ij}} + \overline{b_{ij}}] = [\overline{a_{ij}}] + [\overline{b_{ij}}] = \overline{\mathbf{A}} + \overline{\mathbf{B}}$$

不成立的定理:

(1) $\mathbf{AB} \neq \mathbf{BA}$ （一般）

(2) $\mathbf{AB} = \mathbf{AC}$, 不一定 $\mathbf{B} = \mathbf{C}$

(3) $\mathbf{AB} = \mathbf{0}$, 不一定 $\mathbf{A} = \mathbf{0}$ 或 $\mathbf{B} = \mathbf{0}$

譬如:

(1) $\mathbf{A} = \begin{bmatrix} 1 & 0 \\ -2 & 1 \end{bmatrix}$, $\mathbf{B} = \begin{bmatrix} -2 & 1 \\ 1 & -1 \end{bmatrix}$

$$\mathbf{AB} = \begin{bmatrix} -2 & 1 \\ 5 & -3 \end{bmatrix}, \quad \mathbf{BA} = \begin{bmatrix} -4 & 1 \\ 3 & -1 \end{bmatrix}$$

故 $\mathbf{AB} \ne \mathbf{BA}$

(2) $\mathbf{A} = \begin{bmatrix} 1 & 1 \\ 2 & 2 \end{bmatrix}$, $\mathbf{B} = \begin{bmatrix} 4 & 2 \\ 3 & 16 \end{bmatrix}$, $\mathbf{C} = \begin{bmatrix} 2 & 7 \\ 5 & 11 \end{bmatrix}$

$\quad\quad \mathbf{AB} = \begin{bmatrix} 7 & 18 \\ 14 & 36 \end{bmatrix}$, $\mathbf{AC} = \begin{bmatrix} 7 & 18 \\ 14 & 36 \end{bmatrix}$

$\mathbf{AB} = \mathbf{AC}$, 但 $\mathbf{B} \ne \mathbf{C}$

(3) $\mathbf{A} = \begin{bmatrix} 1 & 1 \\ 0 & 0 \end{bmatrix}$, $\mathbf{B} = \begin{bmatrix} 3 & -1 \\ -3 & 1 \end{bmatrix}$

$\quad\quad \mathbf{AB} = \begin{bmatrix} 0 & 0 \\ 0 & 0 \end{bmatrix} = \mathbf{0}$

但 $\mathbf{A} \ne \mathbf{0}$ 且 $\mathbf{B} \ne \mathbf{0}$

7.特殊矩陣

(1)扭對稱矩陣 (skew-symmetric matrix)

對稱矩陣的定義是

$$\mathbf{A} = \mathbf{A}^t \quad \text{或} \quad [a_{ij}] = [a_{ji}]$$

而扭對稱矩陣的定義是

$$\mathbf{A} = -\mathbf{A}^t \quad \text{或} \quad [a_{ij}] = [-a_{ji}]$$

(2)赫密勳矩陣 (Hermitian matrix)

赫密勳矩陣的定義是

$$\mathbf{A} = \overline{\mathbf{A}}^t \quad \text{或} \quad [a_{ij}] = [\overline{a_{ji}}]$$

若赫密勳矩陣的元素是實數，則 $\mathbf{A} = \overline{\mathbf{A}}^t = \mathbf{A}^t$, $\mathbf{A}$ 亦是對稱矩陣。

(3)扭赫密勳矩陣 (skew-Hermitian matrix)

扭赫密勳矩陣的定義是

$$\mathbf{A} = -\overline{\mathbf{A}}^t \quad 或 \quad [a_{ij}] = [-\overline{a_{ji}}]$$

若扭赫密勳矩陣的元素是實數，則 $\mathbf{A} = -\overline{\mathbf{A}}^t = -\mathbf{A}^t$， $\mathbf{A}$ 亦是扭對稱矩陣。

⑷**反矩陣** (inverse of a matrix)

反矩陣 $\mathbf{A}^{-1}$ 的定義是

$$\mathbf{A}\mathbf{A}^{-1} = \mathbf{I}$$

矩陣的運算可說是不用除法，譬如系統方程式

$$\mathbf{A}\mathbf{X} = \mathbf{F}$$

$\mathbf{X}$ 之解一般寫為

$$\mathbf{X} = \mathbf{A}^{-1}\mathbf{F}$$

而沒有 $\mathbf{X} = \mathbf{F}/\mathbf{A}$ 的寫法。

⑸**單位之矩陣** (unitary matrix)

單位之矩陣的定義是

$$\overline{\mathbf{A}}^t = \mathbf{A}^{-1}$$

這裡所指的單位之矩陣 (unitary matrix) 和單位矩陣 $\mathbf{I}$ 是不一樣的，請注意。

若單位之矩陣的元素是實數，則 $\overline{\mathbf{A}}^t = \mathbf{A}^t = \mathbf{A}^{-1}$， $\mathbf{A}$ 亦是所謂的垂直矩陣 (orthogonal matrix)。

解題範例

【範例1】

$$\mathbf{A} = \begin{bmatrix} 1 & 3 & 5 \\ 2 & 4 & 6 \end{bmatrix}, \quad \mathbf{B} = \begin{bmatrix} -3 & 1 & 4 \\ -2 & -5 & 3 \end{bmatrix}, \quad \mathbf{C} = \begin{bmatrix} p & r & t \\ q & s & u \end{bmatrix}$$

(a)求 $\mathbf{A} + \mathbf{B}$

(b)求 $\mathbf{C}$，若 $\mathbf{A} + \mathbf{B} - 2\mathbf{C} = \mathbf{0}$

【解】

(a) $\mathbf{A} + \mathbf{B} = \begin{bmatrix} 1-3 & 3+1 & 5+4 \\ 2-2 & 4-5 & 6+3 \end{bmatrix} = \begin{bmatrix} -2 & 4 & 9 \\ 0 & -1 & 9 \end{bmatrix}$

(b) $\mathbf{A} + \mathbf{B} - 2\mathbf{C} = \begin{bmatrix} -2-2p & 4-2r & 9-2t \\ 0-2q & -1-2s & 9-2u \end{bmatrix} = \mathbf{0}$

得到 $p = -1$，$r = 2$，$t = 4.5$，$q = 0$，$s = -0.5$，$u = 4.5$

$$\mathbf{C} = \begin{bmatrix} -1 & 2 & 4.5 \\ 0 & -0.5 & 4.5 \end{bmatrix}$$

【範例2】

$$\mathbf{A} = \begin{bmatrix} 1 & 2 & 3 \end{bmatrix}, \quad \mathbf{B} = \begin{bmatrix} 2 \\ 3 \\ -1 \end{bmatrix}$$

(a)求 $\mathbf{AB}$

(b)求 $\mathbf{BA}$

【解】

$$\mathbf{AB} = [1 \cdot 2 + 2 \cdot 3 + 3 \cdot (-1)] = [5]$$

$$\mathbf{BA} = \begin{bmatrix} 2 \times 1 & 2 \times 2 & 2 \times 3 \\ 3 \times 1 & 3 \times 2 & 3 \times 3 \\ -1 \times 1 & -1 \times 2 & -1 \times 3 \end{bmatrix} = \begin{bmatrix} 2 & 4 & 6 \\ 3 & 6 & 9 \\ -1 & -2 & -3 \end{bmatrix}$$

【範例3】

設 $\mathbf{A}$ 是實數方形矩陣，令

$$\mathbf{R} = \frac{1}{2}(\mathbf{A} + \mathbf{A}^t), \ \ \mathbf{S} = \frac{1}{2}(\mathbf{A} - \mathbf{A}^t)$$

試證 $\mathbf{R}$ 是對稱矩陣，$\mathbf{S}$ 是扭對稱矩陣。

【解】

$$\mathbf{R}^t = \frac{1}{2}(\mathbf{A} + \mathbf{A}^t)^t = \frac{1}{2}[\mathbf{A}^t + (\mathbf{A}^t)^t] = \frac{1}{2}(\mathbf{A}^t + \mathbf{A}) = \mathbf{R}$$

$$\mathbf{S}^t = \frac{1}{2}(\mathbf{A} - \mathbf{A}^t)^t = \frac{1}{2}[\mathbf{A}^t - (\mathbf{A}^t)^t] = \frac{1}{2}(\mathbf{A}^t - \mathbf{A}) = -\mathbf{S}$$

上述得證 $\mathbf{R}$ 和 $\mathbf{S}$ 分別是對稱和扭對稱矩陣。

【範例4】

令 $\mathbf{A}$ 是扭赫密勳矩陣，若 k 是任何常數，則求 $k\mathbf{A}$ 是否仍是扭赫密勳矩陣？

【解】

已知 $\mathbf{A}$ 是扭赫密勳矩陣，則

$$\mathbf{A} = -\overline{\mathbf{A}}^t$$

(a)若 k 是實數，則

$$\overline{k\mathbf{A}}^t = k\overline{\mathbf{A}}^t$$

$$k\mathbf{A} = k(-\overline{\mathbf{A}}^t) = -k\overline{\mathbf{A}}^t = -\overline{k\mathbf{A}}^t$$

$k\mathbf{A}$ 仍是扭赫密勳矩陣。

(b)若 k 是複數，即 $k = a + bi$ $(i = \sqrt{-1})$，則 $k \neq \overline{k}$ （一般）。

$$\overline{k\mathbf{A}}^t = \overline{k}\overline{\mathbf{A}}^t$$

$$k\mathbf{A} = k(-\overline{\mathbf{A}}^t) = -k\overline{\mathbf{A}}^t \neq -\overline{k}\overline{\mathbf{A}}^t = -\overline{k\mathbf{A}}^t$$

$k\mathbf{A}$ 不是扭赫密動矩陣。

【範例5】

證明 $(\mathbf{AB})^{-1} = \mathbf{B}^{-1}\mathbf{A}^{-1}$

【解】

$\mathbf{AB}$ 的反矩陣是 $(\mathbf{AB})^{-1}$，則

$$(\mathbf{AB})(\mathbf{AB})^{-1} = \mathbf{I}$$

$$\mathbf{A}^{-1}(\mathbf{AB})(\mathbf{AB})^{-1} = \mathbf{A}^{-1}\mathbf{I}$$

$$(\mathbf{A}^{-1}\mathbf{A})\mathbf{B}(\mathbf{AB})^{-1} = \mathbf{A}^{-1}$$

$$\mathbf{IB}(\mathbf{AB})^{-1} = \mathbf{A}^{-1}$$

$$\mathbf{B}(\mathbf{AB})^{-1} = \mathbf{A}^{-1}$$

$$\mathbf{B}^{-1}\mathbf{B}(\mathbf{AB})^{-1} = \mathbf{B}^{-1}\mathbf{A}^{-1}$$

$$\mathbf{I}(\mathbf{AB})^{-1} = \mathbf{B}^{-1}\mathbf{A}^{-1}$$

$$(\mathbf{AB})^{-1} = \mathbf{B}^{-1}\mathbf{A}^{-1}$$

【範例6】

若 $\mathbf{A} = \begin{bmatrix} 2 & -2 & -4 \\ -1 & 3 & 4 \\ 1 & -2 & -3 \end{bmatrix}$，證明 $\mathbf{A}^2 = \mathbf{A}$

【解】

$$\mathbf{A}^2 = \begin{bmatrix} 2 & -2 & -4 \\ -1 & 3 & 4 \\ 1 & -2 & -3 \end{bmatrix} \begin{bmatrix} 2 & -2 & -4 \\ -1 & 3 & 4 \\ 1 & -2 & -3 \end{bmatrix} = \begin{bmatrix} 2 & -2 & -4 \\ -1 & 3 & 4 \\ 1 & -2 & -3 \end{bmatrix} = \mathbf{A}$$

$\mathbf{A}^2 = \mathbf{A}$ 一般稱為二階的同潛能 (idempotent)。

【範例7】

令兩聯立方程式如下：

$$\begin{cases} x_1 = a_1 y_1 + a_2 y_2 \\ x_2 = a_3 y_1 + a_4 y_2 \\ x_3 = a_5 y_1 + a_6 y_2 \end{cases}, \quad \begin{cases} y_1 = b_1 z_1 + b_2 z_2 \\ y_2 = b_3 z_1 + b_4 z_3 \end{cases}$$

求 $\mathbf{X}$ 和 $\mathbf{Z}$ 矩陣間的關係。

【解】

令

$$\mathbf{X} = \begin{bmatrix} x_1 \\ x_2 \\ x_3 \end{bmatrix}, \quad \mathbf{Y} = \begin{bmatrix} y_1 \\ y_2 \end{bmatrix}, \quad \mathbf{Z} = \begin{bmatrix} z_1 \\ z_2 \end{bmatrix}$$

則兩聯立方程式可寫成矩陣形式為

$$\mathbf{X} = \mathbf{AY}, \quad \mathbf{Y} = \mathbf{BZ}$$

$$\mathbf{A} = \begin{bmatrix} a_1 & a_2 \\ a_3 & a_4 \\ a_5 & a_6 \end{bmatrix}, \quad \mathbf{B} = \begin{bmatrix} b_1 & b_2 \\ b_3 & b_4 \end{bmatrix}$$

得到

$$\mathbf{X} = \mathbf{AY} = \mathbf{ABZ} = \mathbf{CZ}$$

$$\mathbf{C} = \mathbf{AB} = \begin{bmatrix} a_1 & a_2 \\ a_3 & a_4 \\ a_5 & a_6 \end{bmatrix} \begin{bmatrix} b_1 & b_2 \\ b_3 & b_4 \end{bmatrix} = \begin{bmatrix} a_1 b_1 + a_2 b_3 & a_1 b_2 + a_2 b_4 \\ a_3 b_1 + a_4 b_3 & a_3 b_2 + a_4 b_4 \\ a_5 b_1 + a_6 b_3 & a_5 b_2 + a_6 b_4 \end{bmatrix}$$

【範例8】

(a)證明 $\mathbf{A}$ 是赫密動矩陣。

$$\mathbf{A} = \begin{bmatrix} 0 & 1-i & 2 \\ 1+i & 1 & i \\ 2 & -i & 2 \end{bmatrix}$$

(b)證明 $i\mathbf{A}$ 是扭赫密動矩陣。

【解】

$(a)\overline{\mathbf{A}} = \begin{bmatrix} 0 & 1+i & 2 \\ 1-i & 1 & -i \\ 2 & i & 2 \end{bmatrix}$

得證 $\overline{\mathbf{A}}^t = \begin{bmatrix} 0 & 1-i & 2 \\ 1+i & 1 & i \\ 2 & -i & 2 \end{bmatrix} = \mathbf{A}$ 是赫密動矩陣

$(b)\overline{i\mathbf{A}} = -i \begin{bmatrix} 0 & 1+i & 2 \\ 1-i & 1 & -i \\ 2 & i & 2 \end{bmatrix} = -i\overline{\mathbf{A}}$

且

$$\overline{\mathbf{A}}^t = \mathbf{A}$$

$$(i\mathbf{A})^t = (\overline{i}\overline{\mathbf{A}})^t = \overline{i}\overline{\mathbf{A}}^t = -i\overline{\mathbf{A}}^t = -i\mathbf{A}$$

得到

$$i\mathbf{A} = -\overline{i\mathbf{A}}^t$$

$i\mathbf{A}$ 是扭赫密動矩陣

習　題

$1 \sim 8$ 題，矩陣的加法：

1. $\mathbf{A} = \begin{bmatrix} 3 & 2 \\ 4 & 1 \end{bmatrix}$, $\mathbf{B} = \begin{bmatrix} 0 & -2 \\ 4 & 5 \end{bmatrix}$

   求(a) $(\mathbf{A} + \mathbf{B})^t$, (b) $\mathbf{A}^t + \mathbf{B}^t$。

2. $\mathbf{A} = \begin{bmatrix} 1 & -1 & 3 \\ 2 & -4 & 6 \\ -1 & 1 & 2 \end{bmatrix}$, $\mathbf{B} = \begin{bmatrix} -4 & 0 & 0 \\ -2 & -1 & 6 \\ 8 & 15 & 4 \end{bmatrix}$

   求 $\mathbf{A} - \dfrac{3}{2}\mathbf{B}$。

3. $\mathbf{A} = \begin{bmatrix} 3 & 0 & 2 \\ 4 & 0 & 1 \end{bmatrix}$, $\mathbf{B} = \begin{bmatrix} 6 & 1 & -5 \\ 5 & -2 & 13 \end{bmatrix}$

   求 $\mathbf{A}^t - 2\mathbf{B}^t$。

4. $\mathbf{A} = [7]$, $\mathbf{B} = [-11]$, 求 $\mathbf{A} + \mathbf{B}$。

5. $\mathbf{A} = \begin{bmatrix} 4 & 1 & 0 \\ 1 & 3 & 2 \\ 0 & 2 & 5 \end{bmatrix}$, $\mathbf{B} = \begin{bmatrix} 0 & 1 & -4 \\ -1 & 0 & 3 \\ 4 & -3 & 0 \end{bmatrix}$

   求(a) $\mathbf{A} - 2\mathbf{A}^t$, (b) $\mathbf{B} + 2\mathbf{B}^t$, (c) $3\mathbf{A} + 8\mathbf{B}$。

6. $\mathbf{A} = \begin{bmatrix} -2 & 4 & 3 \end{bmatrix}$, $\mathbf{B} = \begin{bmatrix} 22 & 7 & -3 \end{bmatrix}$, 求 $6\mathbf{A} + 2\mathbf{B}$。

7. $\mathbf{A} = \begin{bmatrix} 1 & 2 & -3 \\ 2 & 0 & 2 \\ 1 & -1 & 1 \end{bmatrix}$, $\mathbf{B} = \begin{bmatrix} 3 & -1 & 2 \\ 2 & 2 & 5 \\ 2 & 0 & 3 \end{bmatrix}$, $\mathbf{C} = \begin{bmatrix} 2 & 1 & 2 \\ 0 & 3 & 2 \\ 1 & -2 & 3 \end{bmatrix}$

   求(a) $\mathbf{A} + \mathbf{B}$, (b) $\mathbf{A} - \mathbf{C}$, (c) $\mathbf{D}$矩陣符合 $\mathbf{A} + \mathbf{D} = \mathbf{B}$。

8. $\mathbf{A} = \begin{bmatrix} 2 & 1 & 1 & 7 \\ 8 & 0 & 0 & 2 \end{bmatrix}$, $\mathbf{B} = \begin{bmatrix} -2 & 3 & 0 & 4 \\ -2 & 2 & 1 & 3 \end{bmatrix}$

   求 $2\mathbf{A} + 3\mathbf{B}$。

$9 \sim 16$ 題，矩陣的乘法運算：

9. $\mathbf{A} = \begin{bmatrix} 2 & 4 \\ -3 & 1 \end{bmatrix}$, $\mathbf{B} = \begin{bmatrix} -6 & -8 \\ -1 & 4 \end{bmatrix}$

　　求 $\mathbf{AB}$。

10. $\mathbf{A} = \begin{bmatrix} 0 & 1 \\ 0 & -2 \\ 2 & 3 \end{bmatrix}$, $\mathbf{B} = \begin{bmatrix} 1 & 0 & -1 \\ 2 & 3 & 0 \\ 0 & 3 & 4 \end{bmatrix}$

　　求 $\mathbf{BA}$ 和 $\mathbf{A}^t\mathbf{B}^t$。

11. $\mathbf{A} = \begin{bmatrix} -1 & 6 & 2 & -22 \end{bmatrix}$, $\mathbf{B} = \begin{bmatrix} -3 \\ 2 \\ 6 \\ -4 \end{bmatrix}$

　　求 $\mathbf{AB}$。

12. $\mathbf{A} = \begin{bmatrix} 1 & 0 & -1 \\ 2 & 3 & 0 \\ 0 & 3 & 4 \end{bmatrix}$, $\mathbf{B} = \begin{bmatrix} 1 & 0 & 2 \end{bmatrix}$

　　求 $\mathbf{BAB}^t$。

13. $\mathbf{A} = \begin{bmatrix} 21 & -16 \end{bmatrix}$, $\mathbf{B} = \begin{bmatrix} 32 & 4 & 16 \\ -8 & 7 & 0 \end{bmatrix}$

　　求 $\mathbf{AB}$。

14. $\mathbf{A} = \begin{bmatrix} 3 \\ 1 \\ 4 \end{bmatrix}$, $\mathbf{B} = \begin{bmatrix} 0 & 1 \\ 0 & -2 \\ 2 & 3 \end{bmatrix}$

　　求 $\mathbf{B}^t\mathbf{A}$。

15. $\mathbf{A} = \begin{bmatrix} 1 & -2 \\ 2 & 4 \end{bmatrix}$, $\mathbf{B} = \begin{bmatrix} -1 & 3 & 2 & 9 \\ 0 & -1 & 6 & 0 \end{bmatrix}$

　　求 $\mathbf{AB}$ 和 $\mathbf{B}^t\mathbf{A}$。

16. $\mathbf{A} = \begin{bmatrix} 1 & -1 & 1 \\ -3 & 2 & -1 \\ -2 & 1 & 0 \end{bmatrix}$, $\mathbf{B} = \begin{bmatrix} 1 & 2 & 3 \\ 2 & 4 & 6 \\ 1 & 2 & 3 \end{bmatrix}$

　　求 $\mathbf{AB}$ 和 $\mathbf{BA}$。

17. 說明(a)$(\mathbf{A} \pm \mathbf{B})^2 \neq \mathbf{A}^2 \pm 2\mathbf{AB} + \mathbf{B}^2$

　　　　(b)$\mathbf{A}^2 - \mathbf{B}^2 \neq (\mathbf{A} - \mathbf{B})(\mathbf{A} + \mathbf{B})$

若要上兩式成立，必須那一個條件要成立？

18. $\mathbf{A} = \begin{bmatrix} -2 & 3 & 5 \\ 1 & -4 & -5 \\ -1 & 3 & 4 \end{bmatrix}$, $\mathbf{B} = \begin{bmatrix} 1 & -3 & -5 \\ -1 & 3 & 5 \\ 1 & -3 & -5 \end{bmatrix}$, $\mathbf{C} = \begin{bmatrix} -2 & 2 & 4 \\ 1 & -3 & -4 \\ -1 & 2 & 3 \end{bmatrix}$

(a)證明 $\mathbf{AB} = \mathbf{BA} = \mathbf{0}$, $\mathbf{AC} = -\mathbf{A}$, $\mathbf{CA} = -\mathbf{C}$。

(b)用(a)的結果，證明 $\mathbf{A}^2 - \mathbf{B}^2 = (\mathbf{A} - \mathbf{B})(\mathbf{A} + \mathbf{B})$, $(\mathbf{A} \pm \mathbf{B})^2 = \mathbf{A}^2 + \mathbf{B}^2$。

19. 若 $\begin{cases} x_1 = y_1 - 2y_2 + y_3 \\ x_2 = -2y_1 - y_2 + 3y_3 \end{cases}$ 且 $\begin{cases} y_1 = z_1 + 2z_2 \\ y_2 = 2z_1 - z_2 \\ y_3 = 2z_1 + 3z_2 \end{cases}$

求 $\mathbf{X} = \begin{bmatrix} x_1 \\ x_2 \end{bmatrix}$ 和 $\mathbf{Z} = \begin{bmatrix} z_1 \\ z_2 \end{bmatrix}$ 之間的關係。

20. 若 $\mathbf{A}^2 = \mathbf{A}$ 且 $\mathbf{B} = \mathbf{I} - \mathbf{A}$, 證明 $\mathbf{B}^2 = \mathbf{B}$ 且 $\mathbf{AB} = \mathbf{BA} = \mathbf{0}$。

21. 若 $\mathbf{AB} = -\mathbf{BA}$, 證明 $(\mathbf{A} + \mathbf{B})^2 = \mathbf{A}^2 + \mathbf{B}^2$。

22. $\mathbf{A} = \begin{bmatrix} 1 & 2 \\ 3 & 4 \end{bmatrix}$, $\mathbf{B} = \begin{bmatrix} P & Q \\ R & S \end{bmatrix}$, 令 $\mathbf{AB} = \mathbf{I}$, 求 $\mathbf{A}$ 的反矩陣 $\mathbf{B}$。

23. 證明 $(\mathbf{ABC})^{-1} = \mathbf{C}^{-1}\mathbf{B}^{-1}\mathbf{A}^{-1}$。

24. 證明

(a) $\mathbf{A} = \begin{bmatrix} 1 & 1+i & 2+i \\ 1-i & 0 & i \\ 2-i & -i & 1 \end{bmatrix}$ 是赫密動。

(b) $\mathbf{B} = \begin{bmatrix} 0 & 1+i & 2-i \\ -1+i & 0 & 1 \\ -2-i & -1 & i \end{bmatrix}$ 是扭赫密動。

(c) $i\mathbf{B}$ 是赫密動。

(d) $\overline{\mathbf{A}}$ 是赫密動，$\overline{\mathbf{B}}$ 是扭赫密動。

25. 若 $\mathbf{A}$ 是方形矩陣，證明

(a) $\mathbf{AA}^t$ 和 $\mathbf{A}^t\mathbf{A}$ 是對稱的。

(b) $\mathbf{A} + \overline{\mathbf{A}}^t$, $\mathbf{A}\overline{\mathbf{A}}^t$, $\overline{\mathbf{A}}^t\mathbf{A}$ 是赫密動。

9.3　聯立方程式與高斯消去法

本節分成三個段落來說明聯立方程式的矩陣解法：(1)列運算 (row operation) 談及矩陣中列之間的加減乘除；(2)矩陣的秩 (rank) 是經由列運算產生矩陣的縮減型 (reduced form) 再決定之；(3)高斯消去法是運用上述的列運算法則來解聯立方程式的方法。

1.列運算

列運算有三項基本操作：
(1)兩列互換。
(2)整列乘以非零的常數。
(3)將乘以非零常數的矩陣加到另一列上。
舉例說明，令

$$\mathbf{A} = \begin{bmatrix} 1 & -2 & 1 \\ 0 & 1 & -1 \\ 1 & -1 & 0 \end{bmatrix}$$

(1) 1 和 2 列互換（簡寫為 $r_1 \leftrightarrow r_2$），得到

$$\begin{bmatrix} 0 & 1 & -1 \\ 1 & -2 & 1 \\ 1 & -1 & 0 \end{bmatrix}$$

(2)再將第 2 列乘以 -2（簡寫為 $r_2 \times (-2)$），得到

$$\begin{bmatrix} 0 & 1 & -1 \\ -2 & 4 & -2 \\ 1 & -1 & 0 \end{bmatrix}$$

(3)將第 3 列乘以 2 加到第 2 列（簡寫為 $r_3 \times 2 + r_2 \rightarrow r_2$），得到

$$\mathbf{B} = \begin{bmatrix} 0 & 1 & -1 \\ 0 & 2 & -2 \\ 1 & -1 & 0 \end{bmatrix}$$

定理 9.2

令 **B** 是方形矩陣 **A** 經過列運算後的矩陣，而 **R** 是單位矩陣 **I** 經過相同列運算後的矩陣，則可得證

$$\mathbf{B} = \mathbf{RA}$$

【證明】

直接由前面範例得知，令

$$\mathbf{I} = \begin{bmatrix} 1 & 0 & 0 \\ 0 & 1 & 0 \\ 0 & 0 & 1 \end{bmatrix}$$

(1) 1 和 2 列互換，得到

$$\mathbf{R}_1 = \begin{bmatrix} 0 & 1 & 0 \\ 1 & 0 & 0 \\ 0 & 0 & 1 \end{bmatrix}$$

(2) 再將第 2 列乘以 -2，得到

$$\begin{bmatrix} 0 & 1 & 0 \\ -2 & 0 & 0 \\ 0 & 0 & 1 \end{bmatrix}$$

或單純的從 **I** 將第 2 列乘以 -2，得到

$$\mathbf{R}_2 = \begin{bmatrix} 1 & 0 & 0 \\ 0 & -2 & 0 \\ 0 & 0 & 1 \end{bmatrix}$$

(3) 將第 3 列乘以2 加到第 2 列 $(r_3 \times 2 + r_2 \to r_2)$，得到

$$R = \begin{bmatrix} 0 & 1 & 0 \\ -2 & 0 & 2 \\ 0 & 0 & 1 \end{bmatrix}$$

或單純的從 I 將第 3 列乘以 2 加到第 2 列，得到

$$R_3 = \begin{bmatrix} 1 & 0 & 0 \\ 0 & 1 & 2 \\ 0 & 0 & 1 \end{bmatrix}$$

我們可以得到下列結論:

(a) $R = R_3 R_2 R_1$

(b) $B = RA$

即

$$R = \begin{bmatrix} 0 & 1 & 0 \\ -2 & 0 & 2 \\ 0 & 0 & 1 \end{bmatrix} = \begin{bmatrix} 1 & 0 & 0 \\ 0 & 1 & 2 \\ 0 & 0 & 1 \end{bmatrix} \begin{bmatrix} 1 & 0 & 0 \\ 0 & -2 & 0 \\ 0 & 0 & 1 \end{bmatrix} \begin{bmatrix} 0 & 1 & 0 \\ 1 & 0 & 0 \\ 0 & 0 & 1 \end{bmatrix}$$

$$= R_3 R_2 R_1$$

$$B = \begin{bmatrix} 0 & 1 & -1 \\ 0 & 2 & -2 \\ 1 & -1 & 0 \end{bmatrix} = \begin{bmatrix} 0 & 1 & 0 \\ -2 & 0 & 2 \\ 0 & 0 & 1 \end{bmatrix} \begin{bmatrix} 1 & -2 & 1 \\ 0 & 1 & -1 \\ 1 & -1 & 0 \end{bmatrix} = RA$$

一般 A 和 B 之間的關係又稱為 A 是列對等 (row equivalent) 於 B。

定理9.3

(1)任何矩陣列對等於自己。

(2)若 A 列對等於 B, 則 B 亦列對等於 A。

(3)若 A 列對等於 B 且 B 列對等於 C, 則 A 列對等於 C。

【證明】

(1) $A = IA$, 即令 $R = I$, 就是列 $\times 1$ 的運算。

(2) A 列對等於 B, 則 $B = RA$。取反矩陣 R^{-1}, 得到

$$R^{-1}B = R^{-1}RA = IA = A$$

故基本上可找出列運算 R^{-1}，使得

$$A = R^{-1}B$$

即 B 列對等於 A

(3) $A = R_1B$, $B = R_2C$

則當可得到

$$A = R_1B = R_1R_2C = RC$$

其中 $R = R_1R_2$

2.縮減矩陣 (reduced matrix) 和矩陣的秩 (rank of a matrix)

縮減矩陣的嚴謹定義是

(1)每列的第一元素必須是1。

(2)各列第一元素所在的行，除了第一元素外，該行元素一定是零。

(3)令 r_1 列的第一元素在 c_1 行，且 r_2 列的第一元素在 c_2 行，若 $r_1 < r_2$，則 $c_1 < c_2$。

(4)根據第3 原則，元素皆為零的列是排在最下面。

舉例說明，

$$A = \begin{bmatrix} 1 & -1 & 1 & 0 \\ 0 & 0 & 0 & 1 \end{bmatrix}, \quad B = \begin{bmatrix} 0 & 1 & 0 & 0 \\ 0 & 0 & 1 & 1 \\ 0 & 0 & 0 & 0 \end{bmatrix}$$

$$C = \begin{bmatrix} 0 & 1 & 1 & 0 \\ 1 & 0 & 1 & 0 \\ 0 & 0 & 0 & 1 \end{bmatrix}, \quad D = \begin{bmatrix} 0 & 1 & 0 & 1 \\ 0 & 0 & 2 & 0 \\ 0 & 0 & 0 & 1 \end{bmatrix}$$

上述矩陣中，A 和B 是縮減矩陣，C 和D 不是縮減矩陣。C 的第2

列之第一元素排在第 1 列之前，違反第 3 原則。**D** 的第 2 列之第一元素不是 1 且第 3 行有兩個非零元素，違反了第 1 和第 2 原則。

定理 9.4

A 是列對等於自己的縮減矩陣 $\mathbf{A}_R$，就是可以得到列運算 **R**，令

$$\mathbf{A}_R = \mathbf{RA}$$

舉例說明，令

$$\mathbf{A} = \begin{bmatrix} -1 & 1 & 2 \\ 0 & 2 & 1 \\ 1 & 0 & 2 \end{bmatrix}$$

用擴展矩陣 (augmented matrix)，

$$[\,\mathbf{A} \,\vdots\, \mathbf{I}\,] = \begin{bmatrix} -1 & 1 & 2 & 1 & 0 & 0 \\ 0 & 2 & 1 & 0 & 1 & 0 \\ 1 & 0 & 2 & 0 & 0 & 1 \end{bmatrix}$$

(a) 第 1 列乘以 -1 （簡寫為 $r_1 \times (-1)$）

$$\begin{bmatrix} 1 & -1 & -2 & -1 & 0 & 0 \\ 0 & 2 & 1 & 0 & 1 & 0 \\ 1 & 0 & 2 & 0 & 0 & 1 \end{bmatrix}$$

(b) $r_1 \times (-1) + r_3 \to r_3$

$$\begin{bmatrix} 1 & -1 & -2 & -1 & 0 & 0 \\ 0 & 2 & 1 & 0 & 1 & 0 \\ 0 & 1 & 4 & 1 & 0 & 1 \end{bmatrix}$$

(c) $r_2 \times \dfrac{1}{2}$

$$\begin{bmatrix} 1 & -1 & -2 & -1 & 0 & 0 \\ 0 & 1 & \dfrac{1}{2} & 0 & \dfrac{1}{2} & 0 \\ 0 & 1 & 4 & 1 & 0 & 1 \end{bmatrix}$$

(d) $r_2 + r_1 \to r_1$　且　$r_2 \times (-1) + r_3 \to r_3$

$$\begin{bmatrix} 1 & 0 & -\dfrac{3}{2} & \vdots & -1 & \dfrac{1}{2} & 0 \\[2mm] 0 & 1 & \dfrac{1}{2} & \vdots & 0 & \dfrac{1}{2} & 0 \\[2mm] 0 & 0 & \dfrac{7}{2} & \vdots & 1 & -\dfrac{1}{2} & 1 \end{bmatrix}$$

(e) $r_3 \times \dfrac{2}{7}$，再 $r_3 \times \left(-\dfrac{1}{2}\right) + r_2 \to r_2,\ r_3 \times \dfrac{3}{2} + r_1 \to r_1$

$$\begin{bmatrix} 1 & 0 & 0 & \vdots & -\dfrac{4}{7} & \dfrac{2}{7} & \dfrac{3}{7} \\[3mm] 0 & 1 & 0 & \vdots & -\dfrac{1}{7} & \dfrac{4}{7} & -\dfrac{1}{7} \\[3mm] 0 & 0 & 1 & \vdots & \dfrac{2}{7} & -\dfrac{1}{7} & \dfrac{2}{7} \end{bmatrix}$$

得到 $\mathbf{A}_R = \mathbf{R}\mathbf{A}$

$$\mathbf{A}_R = \begin{bmatrix} 1 & 0 & 0 \\ 0 & 1 & 0 \\ 0 & 0 & 1 \end{bmatrix}$$

$$\mathbf{R} = \begin{bmatrix} -\dfrac{4}{7} & \dfrac{2}{7} & \dfrac{3}{7} \\[3mm] -\dfrac{1}{7} & \dfrac{4}{7} & -\dfrac{1}{7} \\[3mm] \dfrac{2}{7} & -\dfrac{1}{7} & \dfrac{2}{7} \end{bmatrix} = \dfrac{1}{7} \begin{bmatrix} -4 & 2 & 3 \\ -1 & 4 & -1 \\ 2 & -1 & 2 \end{bmatrix}$$

定理9.5

$\mathbf{A}$ 的秩等於縮減矩陣 $\mathbf{A}_R$ 中非零列向量的數目，即

$$\mathrm{rank}(\mathbf{A}) = \mathrm{rank}(\mathbf{A}_R)$$

舉例說明，若

$$\mathbf{A} = \begin{bmatrix} 1 & -1 & 4 & 2 \\ 0 & 1 & 3 & 2 \\ 3 & -2 & 15 & 8 \end{bmatrix}$$

則

$$\mathbf{A}_R = \begin{bmatrix} 1 & 0 & 7 & 4 \\ 0 & 1 & 3 & 2 \\ 0 & 0 & 0 & 0 \end{bmatrix}$$

$\mathbf{A}_R$ 中非零列向量有 2 個, 故 rank($\mathbf{A}$) = 2。

$\mathbf{A}$ 的秩亦可從 $\mathbf{A}$ 之子矩陣的行列式 (determinant) 得之。 $\mathbf{A}$ 的 3×3 子矩陣之行列式皆是零, 即

$$\begin{vmatrix} 1 & -1 & 4 \\ 0 & 1 & 3 \\ 3 & -2 & 15 \end{vmatrix} = \begin{vmatrix} -1 & 4 & 2 \\ 1 & 3 & 2 \\ -2 & 15 & 8 \end{vmatrix} = \begin{vmatrix} 1 & 4 & 2 \\ 0 & 3 & 2 \\ 3 & 15 & 8 \end{vmatrix} = 0$$

這和 $\mathbf{A}_R$ 的 3×3 子矩陣之行列式皆是零有異曲同工之妙。 $\mathbf{A}$ 中的 2×2 子矩陣中隨便可以找出行列式不等於零的, 故 $\mathbf{A}$ 的秩是 2。

3.高斯消去法

對一線性系統的聯立方程式

$$a_{11}x_1 + a_{12}x_2 + \cdots + a_{1m}x_m = b_1$$
$$a_{21}x_1 + a_{22}x_2 + \cdots + a_{2m}x_m = b_2$$
$$\cdots\cdots\cdots\cdots\cdots\cdots\cdots\cdots\cdots$$
$$a_{n1}x_1 + a_{n2}x_2 + \cdots + a_{nm}x_m = b_n$$

可簡寫成矩陣關係式為

$$\mathbf{AX} = \mathbf{B}$$
$$\mathbf{A} = \begin{bmatrix} a_{11} & a_{12} & \cdots & a_{1m} \\ a_{21} & a_{22} & \cdots & a_{2m} \\ \cdots\cdots\cdots\cdots\cdots\cdots \\ a_{n1} & a_{n2} & \cdots & a_{nm} \end{bmatrix}$$

$$\mathbf{X} = \begin{bmatrix} x_1 \\ x_2 \\ \vdots \\ x_m \end{bmatrix}, \quad \mathbf{B} = \begin{bmatrix} b_1 \\ b_2 \\ \vdots \\ b_n \end{bmatrix}$$

高斯消去法中，將係數矩陣 $\mathbf{A}$ 和 $\mathbf{B}$ 寫成擴大矩陣 $[\,\mathbf{A}\,\vdots\,\mathbf{B}\,]$，再求此擴展矩陣中 $\mathbf{B}$ 行除外的縮減矩陣 $[\,\mathbf{A}_R\,\vdots\,\tilde{\mathbf{B}}\,]$，再代回原方程式，得到

$$\mathbf{A}_R\mathbf{X} = \tilde{\mathbf{B}} = \mathbf{RB}$$

即可求得聯立方程解 $\mathbf{X}$。注意，進行矩陣縮減的基本列運算是不會改變答案的。

舉例說明，若聯立方程式是

$$-x_1 + x_2 + 2x_3 = 2$$
$$3x_1 - x_2 + x_3 = 6$$
$$-x_1 + 3x_2 + 4x_3 = 4$$

則擴展矩陣是

$$\begin{bmatrix} -1 & 1 & 2 & \vdots & 2 \\ 3 & -1 & 1 & \vdots & 6 \\ -1 & 3 & 4 & \vdots & 4 \end{bmatrix}$$

其縮減矩陣是

$$\begin{bmatrix} 1 & 0 & 0 & \vdots & 1 \\ 0 & 1 & 0 & \vdots & -1 \\ 0 & 0 & 1 & \vdots & 2 \end{bmatrix}$$

得到

$$\mathbf{A}_R = \mathbf{I}$$

$$\tilde{\mathbf{B}} = \begin{bmatrix} 1 \\ -1 \\ 2 \end{bmatrix}$$

$$\mathbf{A}_R\mathbf{X} = \tilde{\mathbf{B}}$$

就是聯立方程式之解

$$x_1 = 1$$

$$x_2 = -1$$

$$x_3 = 2$$

注意，聯立方程式 $\mathbf{AX} = \mathbf{B}$ 中：若 $\mathbf{B} = 0$，則屬於齊性線性系統方程式 (homogeneous linear system)；若 $\mathbf{B} \neq 0$，則屬於非齊性線性系統方程式 (nonhomogeneous linear system)。

$$\boxed{\text{解題範例}}$$

【範例1】

$r_1 \leftrightarrow r_2,\ 3r_2,\ 2r_1 + r_3 \rightarrow r_3,\ $ 求 **B** 和 **R**。

令

$$\mathbf{A} = \begin{bmatrix} 2 & 1 & 0 \\ 0 & 1 & 2 \\ -1 & 3 & 2 \end{bmatrix}$$

【解】

擴展矩陣 $\begin{bmatrix} \mathbf{A} \vdots \mathbf{I} \end{bmatrix} = \begin{bmatrix} 2 & 1 & 0 & \vdots & 1 & 0 & 0 \\ 0 & 1 & 2 & \vdots & 0 & 1 & 0 \\ -1 & 3 & 2 & \vdots & 0 & 0 & 1 \end{bmatrix}$

(a) r_1 和 r_2 互換 $(r_1 \leftrightarrow r_2)$

$$\begin{bmatrix} 0 & 1 & 2 & \vdots & 0 & 1 & 0 \\ 2 & 1 & 0 & \vdots & 1 & 0 & 0 \\ -1 & 3 & 2 & \vdots & 0 & 0 & 1 \end{bmatrix}$$

(b) $3r_2$

$$\begin{bmatrix} 0 & 1 & 2 & \vdots & 0 & 1 & 0 \\ 6 & 3 & 0 & \vdots & 3 & 0 & 0 \\ -1 & 3 & 2 & \vdots & 0 & 0 & 1 \end{bmatrix}$$

(c) $2r_1 + r_3 \rightarrow r_3$

$$\begin{bmatrix} 0 & 1 & 2 & \vdots & 0 & 1 & 0 \\ 6 & 3 & 0 & \vdots & 3 & 0 & 0 \\ -1 & 5 & 6 & \vdots & 0 & 2 & 1 \end{bmatrix}$$

得到

$$\mathbf{B} = \mathbf{RA}$$

$$\mathbf{B} = \begin{bmatrix} 0 & 1 & 2 \\ 6 & 3 & 0 \\ -1 & 5 & 6 \end{bmatrix}$$

$$\mathbf{R} = \begin{bmatrix} 0 & 1 & 0 \\ 3 & 0 & 0 \\ 0 & 2 & 1 \end{bmatrix}$$

【範例 2】

令 $\mathbf{A} = \begin{bmatrix} 0 & 0 & 0 & 0 & 0 \\ 0 & 0 & 2 & 0 & 0 \\ 0 & 1 & 0 & 1 & 1 \\ 0 & 4 & 3 & 4 & 0 \end{bmatrix}$ ，由縮減矩陣求 $\mathbf{A}$ 的秩。

【解】

(a) $r_1 \leftrightarrow r_3$ ，再 $r_3 \leftrightarrow r_4$ ，

$$\begin{bmatrix} 0 & 1 & 0 & 1 & 1 \\ 0 & 0 & 2 & 0 & 0 \\ 0 & 4 & 3 & 4 & 0 \\ 0 & 0 & 0 & 0 & 0 \end{bmatrix}$$

(b) $(-4)r_1 + r_4 \to r_4$ ，$r_2 \times \dfrac{1}{2}$ ，

$$\begin{bmatrix} 0 & 1 & 0 & 1 & 1 \\ 0 & 0 & 1 & 0 & 0 \\ 0 & 0 & 3 & 0 & -4 \\ 0 & 0 & 0 & 0 & 0 \end{bmatrix}$$

(c) $r_2 \times (-3) + r_3 \to r_3$ ，再 $r_3 \times \left(-\dfrac{1}{4}\right)$ ，

$$\begin{bmatrix} 0 & 1 & 0 & 1 & 1 \\ 0 & 0 & 1 & 0 & 0 \\ 0 & 0 & 0 & 0 & 1 \\ 0 & 0 & 0 & 0 & 0 \end{bmatrix}$$

(d) $r_3 \times (-1) + r_1 \to r_1$ ，得到縮減矩陣 $\mathbf{A}_R$ ，

$$\begin{bmatrix} 0 & 1 & 0 & 1 & 0 \\ 0 & 0 & 1 & 0 & 0 \\ 0 & 0 & 0 & 0 & 1 \\ 0 & 0 & 0 & 0 & 0 \end{bmatrix}$$

有三個非零的列向量，故 **A** 的秩等於 3。

【範例 3】

令 $\mathbf{A} = \begin{bmatrix} 1 & -1 & 4 & 2 \\ 0 & 1 & 3 & 2 \\ 3 & -2 & 15 & 8 \end{bmatrix}$，求 **A** 的秩。

【解】

(a) $r_1 \times (-3) + r_3 \to r_3$

$$\begin{bmatrix} 1 & -1 & 4 & 2 \\ 0 & 1 & 3 & 2 \\ 0 & 1 & 3 & 2 \end{bmatrix}$$

(b) $r_2 \times (-1) + r_3 \to r_3$, $r_2 + r_1 \to r_1$, 得到縮減矩陣 $\mathbf{A}_R$,

$$\mathbf{A}_R = \begin{bmatrix} 1 & 0 & 7 & 4 \\ 0 & 1 & 0 & 0 \\ 0 & 0 & 0 & 0 \end{bmatrix}$$

有二個非零的列向量，故秩 $(\mathbf{A}) = 2$。

【範例 4】

解聯立方程式

$$x_1 - 2x_2 + x_3 = 0$$
$$-x_1 + x_2 - 2x_3 = 0$$

【解】

$$\mathbf{AX} = \mathbf{0}$$

$$\mathbf{A} = \begin{bmatrix} 1 & -2 & 1 \\ -1 & 1 & -2 \end{bmatrix}$$

令擴展矩陣 $[\, \mathbf{A} \mathbin{\vdots} \mathbf{0} \,]$,

$$[\, \mathbf{A} \mathbin{\vdots} \mathbf{0} \,] = \begin{bmatrix} 1 & -2 & 1 & \vdots & 0 \\ -1 & 1 & -2 & \vdots & 0 \end{bmatrix}$$

(a) $r_1 + r_2 \to r_2,\ r_2 \times (-1)$

$$\begin{bmatrix} 1 & -2 & 1 & \vdots & 0 \\ 0 & 1 & 1 & \vdots & 0 \end{bmatrix}$$

(b) $r_2 \times 2 + r_1 \to r_1$，得到

$$[\,\mathbf{A}_R \,\vdots\, \mathbf{0}\,] = \begin{bmatrix} 1 & 0 & 3 & \vdots & 0 \\ 0 & 1 & 1 & \vdots & 0 \end{bmatrix}$$

代入方程式，即

$$\mathbf{A}_R \mathbf{X} = \mathbf{0}$$

$$x_1 + 3x_3 = 0$$

$$x_2 + x_3 = 0$$

$$x_1 = -\frac{1}{3}x_3$$

$$x_2 = -x_3$$

令 $x_3 = \alpha$，則普通答案 (general solution) 是

$$\mathbf{X} = \begin{bmatrix} x_1 \\ x_2 \\ x_3 \end{bmatrix} = \begin{bmatrix} -\dfrac{1}{3}\alpha \\ -\alpha \\ \alpha \end{bmatrix} = \alpha \begin{bmatrix} -\dfrac{1}{3} \\ -1 \\ 1 \end{bmatrix}$$

【範例5】

解聯立方程式

$$-x_1 + x_2 + 2x_3 = -2$$
$$x_2 + x_3 = 4$$

【解】

令 $\mathbf{AX} = \mathbf{B}$，得到擴展矩陣

$$[\mathbf{A} \vdots \mathbf{B}] = \begin{bmatrix} -1 & 1 & 2 & \vdots & -2 \\ 0 & 1 & 1 & \vdots & 4 \end{bmatrix}$$

$r_1 \times (-1)$, $r_2 + r_1 \to r_1$, 得到縮減矩陣

$$[\mathbf{A}_R \vdots \tilde{\mathbf{B}}] = \begin{bmatrix} 1 & 0 & -1 & \vdots & 6 \\ 0 & 1 & 1 & \vdots & 4 \end{bmatrix}$$

聯立方程式是

$$x_1 - x_3 = 6$$
$$x_2 + x_3 = 4$$

令 $x_3 = \alpha$, 則 $x_1 = 6 + \alpha$, $x_2 = 4 - \alpha$, 故普通答案是

$$\mathbf{X} = \begin{bmatrix} x_1 \\ x_2 \\ x_3 \end{bmatrix} = \begin{bmatrix} 6 + \alpha \\ 4 - \alpha \\ \alpha \end{bmatrix} = \begin{bmatrix} 6 \\ 4 \\ 0 \end{bmatrix} + \alpha \begin{bmatrix} 1 \\ -1 \\ 1 \end{bmatrix}$$

【範例 6】

解聯立方程式

$$3x_1 + 2x_2 + x_3 = 3$$
$$2x_1 + x_2 + x_3 = 0$$
$$6x_1 + 2x_2 + 4x_3 = 5$$

【解】

令 $\mathbf{AX} = \mathbf{B}$, 得到擴展矩陣

$$[\mathbf{A} \vdots \mathbf{B}] = \begin{bmatrix} 3 & 2 & 1 & \vdots & 3 \\ 2 & 1 & 1 & \vdots & 0 \\ 6 & 2 & 4 & \vdots & 5 \end{bmatrix}$$

(a) $r_2 \times (-1) + r_1 \to r_1$, $r_2 \times (-3) + r_3 \to r_3$

$$\begin{bmatrix} 1 & 1 & 0 & \vdots & 3 \\ 2 & 1 & 1 & \vdots & 0 \\ 0 & -1 & 1 & \vdots & 5 \end{bmatrix}$$

(b) $r_1 \times (-2) + r_2 \to r_2$

$$\begin{bmatrix} 1 & 1 & 0 & 3 \\ 0 & -1 & 1 & -6 \\ 0 & -1 & 1 & 5 \end{bmatrix}$$

(c) $r_2 \times (-1)$, $r_2 \times (-1) + r_1 \to r_1$, $r_2 + r_3 \to r_3$, 得到縮減矩陣

$$[\, \mathbf{A}_R \mid \tilde{\mathbf{B}} \,] = \begin{bmatrix} 1 & 0 & 1 & \vdots & -3 \\ 0 & 1 & -1 & \vdots & 6 \\ 0 & 0 & 0 & \vdots & 11 \end{bmatrix}$$

聯立方程式是

$$x_1 + x_3 = -3$$
$$x_2 - x_3 = 6$$
$$0 = 11 \,(\text{不成立})$$

$0 = 11$ 不成立，故本題無解。

【範例7】

解聯立方程式

$$x_1 - x_2 - 2x_3 = -2$$
$$3x_1 - x_2 + x_3 = 6$$
$$x_1 - 3x_2 - 4x_3 = -4$$

【解】

令 $\mathbf{AX} = \mathbf{B}$, 得到擴展矩陣

$$[\, \mathbf{A} \mid \mathbf{B} \,] = \begin{bmatrix} 1 & -1 & -2 & \vdots & -2 \\ 3 & -1 & 1 & \vdots & 6 \\ 1 & -3 & -4 & \vdots & -4 \end{bmatrix}$$

(a) $r_1 \times (-3) + r_2 \to r_2$, $r_1 \times (-1) + r_3 \to r_3$

$$\begin{bmatrix} 1 & -1 & -2 & \vdots & -2 \\ 0 & 2 & 7 & \vdots & 12 \\ 0 & -2 & -2 & \vdots & -2 \end{bmatrix}$$

(b) $r_2 \times \dfrac{1}{2}$，再 $r_2 + r_1 \to r_1$，$r_2 \times 2 + r_3 \to r_3$

$$\begin{bmatrix} 1 & 0 & \frac{3}{2} & \vdots & 4 \\ 0 & 1 & \frac{7}{2} & \vdots & 6 \\ 0 & 0 & 5 & \vdots & 10 \end{bmatrix}$$

(c) $r_3 \times \dfrac{1}{5}$，$r_3 \times \left(-\dfrac{7}{2}\right) + r_2 \to r_2$，$r_3 \times \left(-\dfrac{3}{2}\right) + r_1 \to r_1$，得到縮減矩陣

$$[\,\mathbf{A}_R \,\vdots\, \tilde{\mathbf{B}}\,] = \begin{bmatrix} 1 & 0 & 0 & \vdots & 1 \\ 0 & 1 & 0 & \vdots & -1 \\ 0 & 0 & 1 & \vdots & 2 \end{bmatrix}$$

得到聯立方程式

$$x_1 = 1$$
$$x_2 = -1$$
$$x_3 = 2$$

普通答案是

$$\mathbf{X} = \begin{bmatrix} 1 \\ -1 \\ 2 \end{bmatrix}$$

【範例8】

令 $\mathbf{A} = \begin{bmatrix} 0 & 1 & 1 & 2 \\ 1 & 0 & 2 & 0 \end{bmatrix}$

若 r_1 和 r_2 互換，$r_1 \times (-1)$，$r_2 \times 2$，$r_1 \times 2 + r_2$，求 $\mathbf{B} = \mathbf{RA}$ 的 $\mathbf{B}$ 和 $\mathbf{R}$。

【解】

令擴展矩陣是

$$[\,\mathbf{A}\,\vdots\,\mathbf{I}\,] = \begin{bmatrix} 0 & 1 & 1 & 2 & \vdots & 1 & 0 \\ 1 & 0 & 2 & 0 & \vdots & 0 & 1 \end{bmatrix}$$

(a) $r_1 \leftrightarrow r_2$

$$\begin{bmatrix} 1 & 0 & 2 & 0 & | & 0 & 1 \\ 0 & 1 & 1 & 2 & | & 1 & 0 \end{bmatrix}$$

(b) $r_1 \times (-1)$, $r_2 \times 2$

$$\begin{bmatrix} -1 & 0 & -2 & 0 & | & 0 & -1 \\ 0 & 2 & 2 & 4 & | & 2 & 0 \end{bmatrix}$$

(c) $r_1 + r_2 \to r_2$

$$\begin{bmatrix} -1 & 0 & -2 & 0 & | & 0 & -1 \\ -2 & 2 & -2 & 4 & | & 2 & -2 \end{bmatrix}$$

故得到 $\mathbf{B} = \mathbf{R}\mathbf{A}$

$$\mathbf{B} = \begin{bmatrix} -1 & 0 & -2 & 0 \\ -2 & 2 & -2 & 4 \end{bmatrix}$$

$$\mathbf{R} = \begin{bmatrix} 0 & -1 \\ 2 & -2 \end{bmatrix}$$

習　題

$1 \sim 6$ 題，求列運算後的 **B** 和 **R**，使得 **B** = **RA**：

1. $\mathbf{A} = \begin{bmatrix} -2 & 14 & 6 \\ 8 & 1 & -3 \\ 2 & 9 & 5 \end{bmatrix}$, $r_3 \times \sqrt{13} + r_1 \to r_1,\ r_2 \leftrightarrow r_3,\ r_1 \times 5$

2. $\mathbf{A} = \begin{bmatrix} 3 & 2 \\ 1 & 6 \end{bmatrix}$, $r_2 \times 2 + r_1 \to r_1,\ r_2 \times 15,\ r_1 \leftrightarrow r_2$

3. $\mathbf{A} = \begin{bmatrix} -3 & 4 & -5 & -9 \\ -2 & -1 & -3 & 6 \\ -1 & -13 & -2 & -6 \end{bmatrix}$, $r_1 + r_3 \to r_3,\ r_1 \times \sqrt{3} + r_2 \to r_2,\ r_3 \times 4,$
$r_2 + r_3 \to r_3$

4. $\mathbf{A} = \begin{bmatrix} -1 & 0 & 3 & 0 \\ 1 & 3 & 2 & 9 \\ -9 & 7 & -5 & 7 \end{bmatrix}$, $r_2 \leftrightarrow r_3,\ r_2 \times 3 + r_3 \to r_3,\ r_1 \leftrightarrow r_3,\ r_3 \times 5$

5. $\mathbf{A} = \begin{bmatrix} -1 & \dfrac{7}{3} & \dfrac{1}{3} & \dfrac{1}{3} \\ 0 & 1 & 1 & -\dfrac{5}{3} \\ \dfrac{2}{3} & \dfrac{1}{3} & -\dfrac{5}{3} & 1 \end{bmatrix}$, $r_1 \times 2 + r_3 \to r_3,\ r_3 \times (-5),\ r_2 \leftrightarrow r_3$

6. $\mathbf{A} = \begin{bmatrix} -2 & 3 & -1 \\ 0 & 0 & 0 \\ -1 & 5 & 0 \end{bmatrix}$, $r_1 \leftrightarrow r_2,\ r_2 \times 5,\ r_3 \times (-3) + r_1$

$7 \sim 30$ 題，求縮減矩陣和矩陣的秩：

7. $\begin{bmatrix} 1 & -1 & 3 \\ 0 & 1 & 2 \\ 0 & 0 & 0 \end{bmatrix}$

8. $\begin{bmatrix} 6 & 6 \\ \dfrac{1}{2} & -\dfrac{1}{2} \\ 0 & 0 \end{bmatrix}$

9. $\begin{bmatrix} 1 & 0 & 1 & 1 \\ 0 & 1 & 0 & 0 \end{bmatrix}$

10. $\begin{bmatrix} 2 & 0 & 9 & 2 \\ 1 & 4 & 6 & 0 \\ 3 & 5 & 7 & 1 \end{bmatrix}$

11. $\begin{bmatrix} 6 & 1 \\ 1 & 3 \\ 0 & 0 \\ 0 & 1 \end{bmatrix}$

12. $\begin{bmatrix} a & b & d \\ b & a & d \end{bmatrix}$, $a \neq \pm b$

13. $\begin{bmatrix} -1 & 4 & 6 \\ 2 & 3 & -5 \\ 7 & 1 & 1 \end{bmatrix}$

14. $\begin{bmatrix} 4 & \dfrac{1}{2} & \dfrac{3}{2} & 3 \\ 0 & \dfrac{3}{2} & 1 & 1 \\ -4 & -\dfrac{1}{2} & -\dfrac{3}{2} & 2 \end{bmatrix}$

15. $\begin{bmatrix} 0 & 1 & 0 \\ 2 & 2 & 0 \\ 4 & 1 & -7 \end{bmatrix}$

16. $\begin{bmatrix} 0 & 5 & 8 \\ 3 & 1 & 4 \\ -3 & 4 & 4 \\ 1 & 2 & 4 \end{bmatrix}$

17. $\begin{bmatrix} 5 & 1 & -3 & -3 & 9 \\ 1 & 0 & -4 & 0 & 6 \\ 6 & 3 & 7 & -3 & 1 \end{bmatrix}$

18. $\begin{bmatrix} 0 & 8 & 3 \\ 6 & 0 & 2 \\ 2 & 7 & 5 \\ 5 & 5 & 0 \end{bmatrix}$

19. $\begin{bmatrix} 1 & -5 & 3 & 0 \\ -10 & 3 & 7 & 3 \end{bmatrix}$

20. $\begin{bmatrix} 1 & 2 & 3 & 2 \\ 1 & 3 & 4 & 5 \\ 2 & 3 & 5 & 1 \end{bmatrix}$

21. $\begin{bmatrix} 0 & 1 & -6 \\ 5 & -2 & 3 \\ -3 & 5 & 11 \end{bmatrix}$

22. $\begin{bmatrix} 1 & -5 & 3 & 3 \\ -2 & 3 & 8 & 5 \end{bmatrix}$

23. $\begin{bmatrix} 2 & 2 & 0 \\ -4 & 1 & 3 \end{bmatrix}$

24. $\begin{bmatrix} 1 & 3 & 2 & 2 \\ 1 & 2 & 1 & 2 \\ 2 & 4 & 3 & 4 \\ 3 & 7 & 4 & 6 \end{bmatrix}$

25. $\begin{bmatrix} 0 & 0 & 1 \\ 1 & 3 & 0 \end{bmatrix}$

26. $\begin{bmatrix} 0 & 0 & 1 \\ 0 & 1 & 0 \\ 0 & 0 & -2 \end{bmatrix}$

27. $\begin{bmatrix} 0 & 0 & 2 \\ 1 & 0 & 5 \\ -3 & 2 & 2 \end{bmatrix}$

28. $\begin{bmatrix} 0 & -1 & 3 \\ 2 & -5 & -7 \\ 4 & -11 & -11 \end{bmatrix}$

29. $\begin{bmatrix} 2 & 0 & 0 & -2 \\ 13 & 2 & 0 & -1 \\ 4 & 1 & -3 & 5 \end{bmatrix}$ 30. $\begin{bmatrix} 0 & 0 & 0 & 1 \\ 0 & 2 & 1 & -5 \\ 3 & -3 & 5 & 1 \end{bmatrix}$

31 ~ 64題，解聯立方程式：

31. $x_1 + 2x_2 - x_3 = 0$
    $x_2 - x_3 = 0$

32. $2x_1 + 3x_2 = 4$
    $3x_1 + 2x_2 = -4$

33. $2x_1 - x_2 - 2x_3 = 0$
    $x_1 - x_2 = 0$
    $x_1 + x_2 = 0$

34. $x_1 - 2x_2 = -4$
    $3x_1 + 4x_2 = 38$

35. $x_1 - x_2 + 3x_3 - x_4 + 4x_5 = 0$
    $2x_1 - 2x_2 + x_3 + x_4 = 0$
    $x_1 - 2x_3 + x_5 = 0$
    $x_3 + x_4 - x_5 = 0$

36. $x_1 + 2x_2 - 8x_3 = 0$
    $2x_1 - 3x_2 + 5x_3 = 0$
    $3x_1 + 2x_2 - 12x_3 = 0$

37. $x_2 - 3x_4 + x_5 = 0$
    $2x_1 - x_2 + x_4 = 0$
    $2x_1 - 3x_2 + 4x_5 = 0$

38. $3x_1 - x_2 + x_3 = -2$
    $x_1 + 5x_2 + 2x_3 = 6$
    $2x_1 + 3x_2 + x_3 = 0$

39. $x_1 - 4x_3 + x_5 = 0$
    $2x_3 - 4x_4 = 0$
    $x_2 - 5x_4 + 6x_5 = 0$

40. $4x_2 + 3x_3 = 13$
    $x_1 - 2x_2 + x_3 = 3$
    $3x_1 + 5x_2 = 11$

41. $18x_2 + 2x_3 - 10x_4 = 0$
    $x_1 + x_2 - 4x_4 = 0$
    $x_3 + 8x_4 = 0$

42. $-7x_1 + 4x_2 + 2x_3 = 3$
    $16x_1 + 2x_2 + x_3 = 3$

43. $x_1 - \dfrac{2}{3}x_2 + \dfrac{1}{3}x_3 = 2$
    $x_1 + 10x_2 - x_3 = 2$
    $3x_1 + 2x_2 - x_3 = 0$

44. $x_1 - 3x_2 + 2x_3 = 2$
    $x_1 - 3x_2 + \dfrac{7}{5}x_3 = 2$

45. $2x_1 - x_2 + \dfrac{3}{2}x_3 + 5x_4 = \dfrac{1}{2}$

　　$x_1 - 3x_4 = 8$

　　$2x_1 - 3x_2 + x_4 = 16$

46. $3x_1 - 6x_2 - x_3 - x_4 = 0$

　　$x_1 - 2x_2 + 5x_3 - 3x_4 = 0$

　　$2x_1 - 4x_2 + 3x_3 - x_4 = 3$

47. $2x_1 - 3x_2 + x_4 = 1$

　　$x_2 + x_3 - x_4 = 0$

　　$x_1 - \dfrac{3}{2}x_2 + 5x_3 = 0$

48. $x_1 + x_2 + x_3 = 6$

　　$3x_1 + 17x_2 - x_3 - 2x_4 = -2$

　　$4x_1 - 17x_2 + 8x_3 - 5x_4 = 2$

　　$5x_2 + 2x_3 - x_4 = -2$

49. $x_1 - \dfrac{3}{2}x_3 = \dfrac{1}{2}$

　　$x_1 - x_2 + x_3 = 1$

　　$x_1 - 2x_2 + \dfrac{1}{2}x_3 = 1$

50. $x_1 + x_2 - 2x_3 + x_4 + 3x_5 = 1$

　　$2x_1 - x_2 + 2x_3 + 2x_4 + 6x_5 = 2$

　　$3x_1 + 2x_2 - 4x_3 - 3x_4 - 9x_5 = 3$

51. $4x_1 - 5x_2 + 6x_3 = -2$

　　$2x_1 - 6x_2 + x_3 = -5$

　　$6x_1 - 16x_2 + 11x_3 = -1$

52. $x_1 + x_2 + 2x_3 + x_4 = 5$

　　$2x_1 + 3x_2 - x_3 - 2x_4 = 2$

　　$4x_1 + 5x_2 + 3x_3 = 7$

53. $x_1 - \dfrac{1}{4}x_2 + x_3 = \dfrac{1}{4}$

　　$x_1 + x_2 - 5x_3 = 0$

　　$2x_1 - x_2 - 7x_3 = -4$

54. $x_1 + x_2 + x_3 + x_4 = 0$

　　$x_1 + 3x_2 + 2x_3 + 4x_4 = 0$

　　$2x_1 + x_3 - x_4 = 0$

55. $4x_1 - 3x_2 + x_3 = -1$

　　$3x_1 - x_2 + 5x_3 = 0$

　　$x_1 + \dfrac{14}{5}x_3 = 2$

56. $x_1 + x_2 + x_3 = 4$

　　$2x_1 + 5x_2 - 2x_3 = 3$

57. $5x_1 - 3x_2 - x_3 + x_4 = 8$

　　$4x_1 + 3x_2 - x_4 = 9$

　　$-2x_1 - 3x_2 + 3x_3 - x_4 = 7$

58. $x_1 + x_2 + x_3 = 4$

　　$2x_1 + 5x_2 - 2x_3 = 3$

　　$x_1 + 7x_2 - 7x_3 = 5$

59. $2x_1 - 3x_2 = 1$

　　$4x_2 - x_3 = 0$

　　$x_1 + 3x_2 = 0$

60. $x_1 - 2x_2 + 3x_3 = 0$

　　$2x_1 + 5x_2 + 6x_3 = 0$

61. $x_1 + 2x_3 = -12$
$x_1 - 3x_3 + x_4 = 0$
$x_2 - x_4 = 1$
$x_2 - x_3 = 8$

62. $2x_1 - x_2 + 3x_3 = 0$
$3x_1 + 2x_2 + x_3 = 0$
$x_1 - 4x_2 + 5x_3 = 0$

63. $2x_2 - 3x_3 = 0$
$2x_1 - 3x_3 = 0$
$x_1 - x_2 + x_3 = 1$

64. $x_1 + 2x_2 + 3x_3 = 0$
$2x_1 + x_2 + 3x_3 = 0$
$3x_1 + 2x_2 + x_3 = 0$

9.4 行列式, 反矩陣, 克雷姆法

本節將介紹行列式、反矩陣與聯立方程式的另一解法: 克雷姆法 (Cramer's rule)。

1.行列式 (determinants)

對於行列式, 我們已耳熟能詳。行列式只對方形矩陣有效, 若矩陣 $\mathbf{A}$ 在三階以下, 則行列式 $|\mathbf{A}|$ 的定義是

$$|\mathbf{A}| = \begin{vmatrix} a_{11} & a_{12} & a_{13} \\ a_{21} & a_{22} & a_{23} \\ a_{31} & a_{32} & a_{33} \end{vmatrix}$$

$$= a_{11}a_{22}a_{33} + a_{12}a_{23}a_{31} + a_{13}a_{32}a_{21}$$

$$- (a_{13}a_{22}a_{31} + a_{12}a_{21}a_{33} + a_{11}a_{32}a_{23})$$

$$= a_{11}(a_{22}a_{33} - a_{23}a_{32}) + a_{12}(-1)(a_{21}a_{33} - a_{23}a_{31})$$

$$+ a_{13}(a_{21}a_{32} - a_{22}a_{31})$$

$$= a_{11}\begin{vmatrix} a_{22} & a_{23} \\ a_{32} & a_{33} \end{vmatrix} + a_{12}(-1)\begin{vmatrix} a_{21} & a_{23} \\ a_{31} & a_{33} \end{vmatrix} + a_{13}\begin{vmatrix} a_{21} & a_{22} \\ a_{31} & a_{32} \end{vmatrix} \quad (9.1)$$

其中 $\mathrm{CF}_{11} = (-1)^{1+1}|\mathbf{A}_{11}|$, 稱為 a_{11} 的輔因子 (cofactor)

$\mathrm{CF}_{12} = (-1)^{1+2}|\mathbf{A}_{12}|$, 稱為 a_{12} 的輔因子

$\mathrm{CF}_{13} = (-1)^{1+3}|\mathbf{A}_{13}|$, 稱為 a_{13} 的輔因子

$\mathbf{A}_{11} = \begin{bmatrix} a_{22} & a_{23} \\ a_{32} & a_{33} \end{bmatrix}$, 即將 $\mathbf{A}$ 的第 1 列和第 1 行的元素去掉。

$\mathbf{A}_{12} = \begin{bmatrix} a_{21} & a_{23} \\ a_{31} & a_{33} \end{bmatrix}$, 即將 $\mathbf{A}$ 的第 1 列和第 2 行的元素去掉。

$$\mathbf{A}_{13} = \begin{bmatrix} a_{21} & a_{22} \\ a_{31} & a_{32} \end{bmatrix}, \text{ 即將 } \mathbf{A} \text{ 的第 1 列和第 3 行的元素去掉。}$$

得到 $|\mathbf{A}|$ 之值簡寫為

$$|\mathbf{A}| = a_{11}\mathbf{CF}_{11} + a_{12}\mathbf{CF}_{12} + a_{13}\mathbf{CF}_{13} \tag{9.2a}$$

同時亦可證明

$$|\mathbf{A}| = a_{21}\mathbf{CF}_{21} + a_{22}\mathbf{CF}_{22} + a_{23}\mathbf{CF}_{23} \tag{9.2b}$$

$$|\mathbf{A}| = a_{31}\mathbf{CF}_{31} + a_{32}\mathbf{CF}_{32} + a_{33}\mathbf{CF}_{33} \tag{9.2c}$$

上三式可再簡寫為

$$|\mathbf{A}| = \sum_{j=1}^{n} a_{ij}\mathbf{CF}_{ij}, \ i = 1, \cdots, n \tag{9.3}$$

因此若 $\mathbf{A}$ 是四階以上的矩陣，要利用 (9.3) 式的技巧，使輔因子降到三階以下，才能求得該矩陣的行列式之數值。

定理9.6

⑴若矩陣 $\mathbf{B}$ 是由矩陣 $\mathbf{A}$ 的任一列或任一行乘以常數 α，則

$$|\mathbf{B}| = \alpha|\mathbf{A}|$$

　注意，若 $\mathbf{B} = \alpha\mathbf{A}$，則 $|\mathbf{B}| = \alpha^n|\mathbf{A}|$，其中 n 代表 $\mathbf{A}$ 是 $n \times n$ 矩陣。

⑵若 $\mathbf{B} = \mathbf{A}^t$，則 $|\mathbf{B}| = |\mathbf{A}|$。

⑶若 $\mathbf{B}$ 是由 $\mathbf{A}$ 的任相鄰兩列（或行）互換所形成的矩陣，則

$$|\mathbf{B}| = -|\mathbf{A}|。$$

⑷若 $\mathbf{A}$ 中有零列或零行，則 $|\mathbf{A}| = 0$。

⑸若矩陣 $\mathbf{A}$ 中的任兩列或任兩行成比例關係，則 $|\mathbf{A}| = 0$。

⑹若 $\mathbf{A}$ 中任一列（或行）可分寫成兩項，則 $|\mathbf{A}|$ 相等於兩行列式

之和，譬如：

$$|\mathbf{A}| = \begin{vmatrix} a_{11} + d_{11} & a_{12} & a_{13} \\ a_{21} + d_{21} & a_{22} & a_{23} \\ a_{31} + d_{31} & a_{32} & a_{33} \end{vmatrix} = \begin{vmatrix} a_{11} & a_{12} & a_{13} \\ a_{21} & a_{22} & a_{23} \\ a_{31} & a_{32} & a_{33} \end{vmatrix} + \begin{vmatrix} d_{11} & a_{12} & a_{13} \\ d_{21} & a_{22} & a_{23} \\ d_{31} & a_{32} & a_{33} \end{vmatrix}$$

(7)若 $\mathbf{B}$ 是由 $\mathbf{A}$ 中某一列（或行）乘以常數加到另一列（或行）所形成的矩陣，則 $|\mathbf{B}| = |\mathbf{A}|$。

(8)若 $\mathbf{A}$ 和 $\mathbf{B}$ 皆是 $n \times n$ 矩陣，則

$$|\mathbf{AB}| = |\mathbf{A}||\mathbf{B}| \tag{9.4}$$

(9)若 $\mathbf{A}$ 中的各元素是可微分的，則

$$|\mathbf{A}|' = \frac{d|\mathbf{A}|}{dx} = |\mathbf{A}'_{(1)}| + |\mathbf{A}'_{(2)}| + \cdots + |\mathbf{A}'_{(n)}|$$

其中 $|\mathbf{A}'_{(i)}|$ 是微分 $\mathbf{A}$ 中的第 i 列元素。

譬如，

$$\frac{d}{dx}\begin{vmatrix} a_{11} & a_{12} \\ a_{21} & a_{22} \end{vmatrix} = \begin{vmatrix} a'_{11} & a'_{12} \\ a_{21} & a_{22} \end{vmatrix} + \begin{vmatrix} a_{11} & a_{12} \\ a'_{21} & a'_{22} \end{vmatrix}$$

$$= |\mathbf{A}'_{(1)}| + |\mathbf{A}'_{(2)}| \tag{9.5}$$

(10)若 $\mathbf{A}$ 是 $n \times n$ 的三角矩陣，則 $|\mathbf{A}| = a_{11}a_{22}\cdots a_{nn}$

【證明】

(1)若 $\mathbf{A}$ 中的第二列乘以常數 α 來得到矩陣 $\mathbf{B}$，則

$$|\mathbf{B}| = \sum_{j=1}^{n} \alpha a_{2j} \mathrm{CF}_{2j} = \alpha \sum_{j=1}^{n} a_{2j} \mathrm{CF}_{2j} = \alpha|\mathbf{A}|$$

(2)若 $\mathbf{B}$ 是由 $\mathbf{A}$ 的第一列和第二列互換所形成，則根據(9.3) 式可得到

$$|\mathbf{A}| = \sum_{j=1}^{n} a_{1j}(-1)^{1+j}|\mathbf{A}_{1j}|$$

$$|\mathbf{B}| = \sum_{j=1}^{n} b_{2j}(-1)^{2+j}|\mathbf{B}_{2j}|$$

$$= \sum_{j=1}^{n} a_{1j}(-1)^{2+j}|\mathbf{A}_{1j}| \ （因為第一列和第二列互換）$$

$$= \sum_{j=1}^{n} a_{1j}(-1)(-1)^{1+j}|\mathbf{A}_{1j}|$$

$$= -\sum_{j=1}^{n} a_{1j}(-1)^{1+j}|\mathbf{A}_{1j}|$$

$$= -|\mathbf{A}|$$

(7)若 $\mathbf{B} = \begin{bmatrix} a_{11} & a_{12} & a_{13} \\ a_{21}+\alpha a_{11} & a_{22}+\alpha a_{12} & a_{23}+\alpha a_{13} \\ a_{31} & a_{32} & a_{33} \end{bmatrix}$，則根據第(6)項定理，

$$|\mathbf{B}| = \begin{vmatrix} a_{11} & a_{12} & a_{13} \\ a_{21} & a_{22} & a_{23} \\ a_{31} & a_{32} & a_{33} \end{vmatrix} + \begin{vmatrix} a_{11} & a_{12} & a_{13} \\ \alpha a_{11} & \alpha a_{12} & \alpha a_{13} \\ a_{31} & a_{32} & a_{33} \end{vmatrix}$$

$$= |\mathbf{A}| + 0 \text{（第(5)項定理）}$$

$$= |\mathbf{A}|$$

2.反矩陣 (inverse of a matrix)

反矩陣的求法有二種：一種利用擴展矩陣（見9.3 節的定理9.2）；另一種是運用輔助因子。

◎擴展矩陣法

令擴展矩陣為 [$\mathbf{A} \vdots \mathbf{I}$]，經過基本列運算後，得到新的擴展矩陣為 [$\mathbf{I} \vdots \mathbf{B}$]，則根據定理 9.2 得到

$$\mathbf{I} = \mathbf{BA}$$

已知反矩陣的定義是 $\mathbf{A}^{-1}\mathbf{A} = \mathbf{I}$ 或 $\mathbf{A}\mathbf{A}^{-1} = \mathbf{I}$，故 $\mathbf{B}$ 就是反矩陣 $\mathbf{A}^{-1}$。（注意，若 $|\mathbf{A}| = 0$，不能得到 [$\mathbf{I} \vdots \mathbf{B}$]，也就是沒有反矩陣 $\mathbf{A}^{-1}$。）

定理 9.7

若 $\mathbf{A}$ 是 $|\mathbf{A}| \neq 0$ 的 $n \times n$ 矩陣，則反矩陣 $\mathbf{A}^{-1}$，

$$\mathbf{A}^{-1} = \frac{1}{|\mathbf{A}|}[\mathrm{CF}_{ij}]^t = \frac{1}{|\mathbf{A}|}\begin{bmatrix} \mathrm{CF}_{11} & \mathrm{CF}_{21} & \cdots & \mathrm{CF}_{n1} \\ \mathrm{CF}_{12} & \mathrm{CF}_{22} & \cdots & \mathrm{CF}_{n2} \\ \cdots\cdots\cdots\cdots\cdots\cdots\cdots \\ \mathrm{CF}_{1n} & \mathrm{CF}_{2n} & \cdots & \mathrm{CF}_{nn} \end{bmatrix}$$

$\mathrm{CF}_{ij} = (-1)^{i+j}|\mathbf{A}_{ij}|$ 是 a_{ij} 的輔因子 (cofactor)

【證明】

$$\mathbf{A}\mathbf{A}^{-1} = \left[\sum_{k=1}^{n} a_{ik}\frac{1}{|\mathbf{A}|}\mathrm{CF}_{jk}\right] = \left[\frac{1}{|\mathbf{A}|}\sum_{k=1}^{n} a_{ik}\mathrm{CF}_{jk}\right]$$

若 $i=j$，則 $\frac{1}{|\mathbf{A}|}\sum_{k=1}^{n} a_{ik}\mathrm{CF}_{ik} = \frac{1}{|\mathbf{A}|}|\mathbf{A}| = 1$（見 (9.3) 式）

若 $i \neq j$，則 $\sum_{k=1}^{n} a_{ik}\mathrm{CF}_{jk}$ 相當於行列式中有兩列相同，故

$$\sum_{k=1}^{n} a_{ik}\mathrm{CF}_{jk} = 0$$

得到

$$\frac{1}{|\mathbf{A}|}\sum_{k=1}^{n} a_{ik}\mathrm{CF}_{jk} = 0$$

得證

$$\mathbf{A}\mathbf{A}^{-1} = \mathbf{I}$$

3.聯立方程式的克雷姆解法 (Cramer's rule)

定理 9.8

若 $\mathbf{A}$ 是 $n \times n$ 的非奇異矩陣(nonsingular matrix，就是 $|\mathbf{A}| \neq 0$），
則聯立方程式 $\mathbf{AX} = \mathbf{B}$ 之解是

$$\mathbf{X} = \mathbf{A}^{-1}\mathbf{B}$$

或

$$x_k = \frac{1}{|\mathbf{A}|} |\mathbf{A}(a_{ik} = b_i)|$$

其中 $\mathbf{A}(a_{ik} = b_i)$ 是指 $\mathbf{A}$ 中的第 k 行 $(a_{ik}, i = 1, \cdots, n)$ 被 $\mathbf{B}$ 的元素
$(b_i, i = 1, \cdots, n)$ 取代之。

【證明】

$$|\mathbf{A}(a_{ik} = b_i)| = \begin{vmatrix} a_{11} & a_{12} & \cdots & \overset{(k)}{b_1} & \cdots & a_{1n} \\ a_{21} & a_{22} & \cdots & b_2 & \cdots & a_{2n} \\ \cdots & \cdots & \cdots & \cdots & \cdots & \cdots \\ a_{n1} & a_{n2} & \cdots & b_n & \cdots & a_{nn} \end{vmatrix}$$

$$= \begin{vmatrix} a_{11} & a_{12} & \cdots & \overset{(k)}{(a_{11}x_1 + a_{12}x_2 + \cdots + a_{1k}x_k + \cdots + a_{1n}x_n)} & \cdots & a_{1n} \\ a_{21} & a_{22} & \cdots & (a_{21}x_1 + a_{22}x_2 + \cdots + a_{2k}x_k + \cdots + a_{2n}x_n) & \cdots & a_{2n} \\ \cdots & \cdots & \cdots & \cdots & \cdots & \cdots \\ a_{n1} & a_{n2} & \cdots & (a_{n1}x_1 + a_{n2}x_2 + \cdots + a_{nk}x_k + \cdots + a_{nn}x_n) & \cdots & a_{nn} \end{vmatrix}$$

$$= \begin{vmatrix} a_{11} & a_{12} & \cdots & \overset{(k)}{a_{11}x_1} & \cdots & a_{1n} \\ a_{21} & a_{22} & \cdots & a_{21}x_1 & \cdots & a_{2n} \\ \cdots & \cdots & \cdots & \cdots & \cdots & \cdots \\ a_{n1} & a_{n2} & \cdots & a_{n1}x_1 & \cdots & a_{nn} \end{vmatrix} + \begin{vmatrix} a_{11} & a_{12} & \cdots & \overset{(k)}{a_{12}x_2} & \cdots & a_{1n} \\ a_{21} & a_{22} & \cdots & a_{22}x_2 & \cdots & a_{2n} \\ \cdots & \cdots & \cdots & \cdots & \cdots & \cdots \\ a_{n1} & a_{n2} & \cdots & a_{n2}x_2 & \cdots & a_{nn} \end{vmatrix} + \cdots$$

$$+\begin{array}{c} (k) \\ \begin{vmatrix} a_{11} & a_{12} & \cdots & a_{1k}x_k & \cdots & a_{1n} \\ a_{21} & a_{22} & \cdots & a_{2k}x_k & \cdots & a_{2n} \\ \cdots\cdots\cdots\cdots\cdots\cdots\cdots\cdots\cdots\cdots \\ a_{n1} & a_{n2} & \cdots & a_{nk}x_k & \cdots & a_{nn} \end{vmatrix} \end{array}+\cdots$$

$$+\begin{array}{c} (k) \\ \begin{vmatrix} a_{11} & a_{12} & \cdots & a_{1n}x_n & \cdots & a_{1n} \\ a_{21} & a_{22} & \cdots & a_{2n}x_n & \cdots & a_{2n} \\ \cdots\cdots\cdots\cdots\cdots\cdots\cdots\cdots\cdots\cdots \\ a_{n1} & a_{n2} & \cdots & a_{nn}x_n & \cdots & a_{nn} \end{vmatrix} \end{array}$$

$$=\begin{array}{c} (k) \\ \begin{vmatrix} a_{11} & a_{12} & \cdots & a_{1k}x_k & \cdots & a_{1n} \\ a_{21} & a_{22} & \cdots & a_{2k}x_k & \cdots & a_{2n} \\ \cdots\cdots\cdots\cdots\cdots\cdots\cdots\cdots\cdots\cdots \\ a_{n1} & a_{n2} & \cdots & a_{nk}x_k & \cdots & a_{nn} \end{vmatrix} \end{array}=x_k|\mathbf{A}|$$

（注意，上述行列式除了本行列式
外其餘皆是零，因為第 k 行比例
於其他行。）

得證

$$x_k = \frac{1}{|\mathbf{A}|}|\mathbf{A}(a_{ik}=b_i)|$$

從克雷姆法得知，若 $\mathbf{B}$ 是零矩陣且要解答不是零，則 $|\mathbf{A}|$ 必須是零，
而且只能用高斯消去法去解答之。

解題範例

【範例1】

若 $\mathbf{A} = \begin{bmatrix} 1 & 2 \\ 3 & 4 \end{bmatrix}$，求 $|\mathbf{A}|$。

【解】

$$|\mathbf{A}| = \begin{vmatrix} 1 & 2 \\ 3 & 4 \end{vmatrix} = 1 \times 4 - 2 \times 3 = 4 - 6 = -2$$

【範例2】

若 $\mathbf{A} = \begin{bmatrix} 1 & 0 & 5 \\ 3 & 0 & 2 \\ 0 & -2 & 3 \end{bmatrix}$，求 $|\mathbf{A}|$。

【解】

$$|\mathbf{A}| = \begin{vmatrix} 1 & 0 & 5 \\ 3 & 0 & 2 \\ 0 & -2 & 3 \end{vmatrix} = 0 \times (-1)^{1+2} \begin{vmatrix} 3 & 2 \\ 0 & 3 \end{vmatrix} + 0 \times (-1)^{2+2} \begin{vmatrix} 1 & 5 \\ 0 & 3 \end{vmatrix}$$

$$+ (-2) \times (-1)^{3+2} \begin{vmatrix} 1 & 5 \\ 3 & 2 \end{vmatrix}$$

$$= 2 \times (2 - 15) = -26$$

【範例3】

求 $\begin{vmatrix} -2 & 0 & 0 \\ 5 & 4 & 0 \\ -1 & 2 & 5 \end{vmatrix}$

【解】

$$\begin{vmatrix} -2 & 0 & 0 \\ 5 & 4 & 0 \\ -1 & 2 & 5 \end{vmatrix} = 5 \times (-1)^{3+3} \begin{vmatrix} -2 & 0 \\ 5 & 4 \end{vmatrix} = -2 \times 5 \times 4 = -40$$

【範例4】

求 $\begin{vmatrix} 1 & 3 & 0 \\ 2 & 6 & 4 \\ -1 & 0 & 2 \end{vmatrix}$

【解】

$$\begin{vmatrix} 1 & 3 & 0 \\ 2 & 6 & 4 \\ -1 & 0 & 2 \end{vmatrix} = 2\begin{vmatrix} 1 & 3 & 0 \\ 1 & 3 & 2 \\ -1 & 0 & 2 \end{vmatrix} = 2\begin{vmatrix} 0 & 0 & -2 \\ 1 & 3 & 2 \\ -1 & 0 & 2 \end{vmatrix}$$

$$= 2 \times (-2) \times (-1)^{1+3} \begin{vmatrix} 1 & 3 \\ -1 & 0 \end{vmatrix}$$

$$= 2 \times (-2) \times 3 = -12$$

【範例5】

求 $\begin{vmatrix} 2 & 6 & 4 \\ 1 & 3 & 0 \\ -1 & 0 & 2 \end{vmatrix}$

【解】

$$\begin{vmatrix} 2 & 6 & 4 \\ 1 & 3 & 0 \\ -1 & 0 & 2 \end{vmatrix} = -\begin{vmatrix} 1 & 3 & 0 \\ 2 & 6 & 4 \\ -1 & 0 & 2 \end{vmatrix} = -(-12) = 12$$

【範例6】

求 $\begin{vmatrix} 2 & 4 & -2 \\ 1 & -1 & 3 \\ -4 & -8 & 4 \end{vmatrix}$

【解】

$$\begin{vmatrix} 2 & 4 & -2 \\ 1 & -1 & 3 \\ -4 & -8 & 4 \end{vmatrix} = -2\begin{vmatrix} 2 & 4 & -2 \\ 1 & -1 & 3 \\ 2 & 4 & -2 \end{vmatrix} = 0$$

【範例7】

求 $\begin{vmatrix} 2 & 3 & -2 & 4 \\ 3 & -2 & 1 & 2 \\ 3 & 2 & 3 & 4 \\ -2 & 4 & 0 & 5 \end{vmatrix}$

【解】

$$\begin{vmatrix} 2 & 3 & -2 & 4 \\ 3 & -2 & 1 & 2 \\ 3 & 2 & 3 & 4 \\ -2 & 4 & 0 & 5 \end{vmatrix} = \begin{vmatrix} 8 & -1 & 0 & 8 \\ 3 & -2 & 1 & 2 \\ -6 & 8 & 0 & -2 \\ -2 & 4 & 0 & 5 \end{vmatrix} = -\begin{vmatrix} 8 & -1 & 8 \\ -6 & 8 & -2 \\ -2 & 4 & 5 \end{vmatrix}$$

$$= -\begin{vmatrix} 0 & 15 & 28 \\ 0 & -4 & -17 \\ -2 & 4 & 5 \end{vmatrix} = -(-2)\begin{vmatrix} 15 & 28 \\ -4 & -17 \end{vmatrix}$$

$$= -2(15 \times 17 - 28 \times 4) = -286$$

【範例8】

求 $\mathbf{A} = \begin{bmatrix} 1 & 3 & 3 \\ 1 & 4 & 3 \\ 1 & 3 & 4 \end{bmatrix}$ 的反矩陣。

【解】

(a)用擴展矩陣 $[\,\mathbf{A}\,\vdots\,\mathbf{I}\,]$

$$[\,\mathbf{A}\,\vdots\,\mathbf{I}\,] = \begin{bmatrix} 1 & 3 & 3 & \vdots & 1 & 0 & 0 \\ 1 & 4 & 3 & \vdots & 0 & 1 & 0 \\ 1 & 3 & 4 & \vdots & 0 & 0 & 1 \end{bmatrix} = \begin{bmatrix} 1 & 3 & 3 & \vdots & 1 & 0 & 0 \\ 0 & 1 & 0 & \vdots & -1 & 1 & 0 \\ 0 & 0 & 1 & \vdots & -1 & 0 & 1 \end{bmatrix}$$

$$= \begin{bmatrix} 1 & 0 & 3 & \vdots & 4 & -3 & 0 \\ 0 & 1 & 0 & \vdots & -1 & 1 & 0 \\ 0 & 0 & 1 & \vdots & -1 & 0 & 1 \end{bmatrix} = \begin{bmatrix} 1 & 0 & 0 & \vdots & 7 & -3 & -3 \\ 0 & 1 & 0 & \vdots & -1 & 1 & 0 \\ 0 & 0 & 1 & \vdots & -1 & 0 & 1 \end{bmatrix}$$

$$= [\,\mathbf{I}\,\vdots\,\mathbf{A}^{-1}\,]$$

$$\mathbf{A}^{-1} = \begin{bmatrix} 7 & -3 & -3 \\ -1 & 1 & 0 \\ -1 & 0 & 1 \end{bmatrix}$$

(b)用輔因子

$$|\mathbf{A}| = \begin{vmatrix} 1 & 3 & 3 \\ 1 & 4 & 3 \\ 1 & 3 & 4 \end{vmatrix} = \begin{vmatrix} 1 & 3 & 3 \\ 0 & 1 & 0 \\ 0 & 0 & 1 \end{vmatrix} = 1$$

$$CF_{11} = \begin{vmatrix} 4 & 3 \\ 3 & 4 \end{vmatrix} = 16 - 9 = 7$$

$$CF_{12} = -\begin{vmatrix} 1 & 3 \\ 1 & 4 \end{vmatrix} = -1$$

$$CF_{13} = \begin{vmatrix} 1 & 4 \\ 1 & 3 \end{vmatrix} = -1$$

$$CF_{21} = -\begin{vmatrix} 3 & 3 \\ 3 & 4 \end{vmatrix} = -3$$

$$CF_{22} = \begin{vmatrix} 1 & 3 \\ 1 & 4 \end{vmatrix} = 1$$

$$CF_{23} = -\begin{vmatrix} 1 & 3 \\ 1 & 3 \end{vmatrix} = 0$$

$$CF_{31} = \begin{vmatrix} 3 & 3 \\ 4 & 3 \end{vmatrix} = -3$$

$$CF_{32} = -\begin{vmatrix} 1 & 3 \\ 1 & 3 \end{vmatrix} = 0$$

$$CF_{33} = \begin{vmatrix} 1 & 3 \\ 1 & 4 \end{vmatrix} = 1$$

$$[CF_{ij}] = \begin{bmatrix} 7 & -1 & -1 \\ -3 & 1 & 0 \\ -3 & 0 & 1 \end{bmatrix}$$

$$\mathbf{A}^{-1} = \frac{1}{|\mathbf{A}|}[CF_{ij}]^t = \begin{bmatrix} 7 & -3 & -3 \\ -1 & 1 & 0 \\ -1 & 0 & 1 \end{bmatrix}$$

【範例9】

$$\mathbf{A} = \begin{bmatrix} -4 & 6 & 3 \\ 8 & 1 & 1 \\ -2 & 0 & 7 \end{bmatrix}, \quad \mathbf{B} = \begin{bmatrix} 14 & 2 & -3 \\ -6 & 1 & -1 \\ 4 & 1 & 4 \end{bmatrix}$$

求證 $|\mathbf{AB}| = |\mathbf{A}|\ |\mathbf{B}|$

【解】

$$\mathbf{AB} = \begin{bmatrix} -80 & 1 & 18 \\ 110 & 18 & -21 \\ 0 & 3 & 34 \end{bmatrix}$$

$|\mathbf{A}| = -370,\ |\mathbf{B}| = 140$

$|\mathbf{AB}| = -51800 = |\mathbf{A}|\ |\mathbf{B}| = -370 \times 140$

【範例 10】

$\mathbf{A} = \begin{bmatrix} x^2 & x+1 & 3 \\ 1 & 2x-1 & x^3 \\ 0 & x & -2 \end{bmatrix}$，求 $\dfrac{d}{dx}|\mathbf{A}|$。

【解】

$$\frac{d}{dx}|\mathbf{A}| = \begin{vmatrix} 2x & 1 & 0 \\ 1 & 2x-1 & x^3 \\ 0 & x & -2 \end{vmatrix} + \begin{vmatrix} x^2 & x+1 & 3 \\ 0 & 2 & 3x^2 \\ 0 & x & -2 \end{vmatrix} + \begin{vmatrix} x^2 & x+1 & 3 \\ 1 & 2x-1 & x^3 \\ 0 & 1 & 0 \end{vmatrix}$$

$$= 5 + 4x - 12x^2 - 6x^5$$

【範例 11】

解系統方程式

$$2x_1 - x_2 = 4$$
$$x_1 + 2x_2 = -1$$

【解】

本題可用克雷姆法。

令 $\mathbf{AX} = \mathbf{B}$

$$\mathbf{A} = \begin{bmatrix} 2 & -1 \\ 1 & 2 \end{bmatrix},\ \mathbf{B} = \begin{bmatrix} 4 \\ -1 \end{bmatrix}$$

$$x_1 = \frac{1}{|\mathbf{A}|} \begin{vmatrix} 4 & -1 \\ -1 & 2 \end{vmatrix} = \frac{7}{5}$$

$$x_2 = \frac{1}{|\mathbf{A}|} \begin{vmatrix} 2 & 4 \\ 1 & -1 \end{vmatrix} = \frac{-6}{5}$$

得到

$$\mathbf{X} = \begin{bmatrix} \dfrac{7}{5} \\ \dfrac{-6}{5} \end{bmatrix}$$

【範例12】

解系統方程式

$$x_1 + x_2 + x_3 = 0$$
$$x_1 + 3x_2 + 2x_3 = 0$$
$$2x_1 + x_3 = 0$$

【解】

本題由於 $\mathbf{B} = \mathbf{0}$，不適合用克雷姆法，因此要用高斯消去法。令擴展矩陣是 $[\,\mathbf{A} \vdots \mathbf{B}\,]$，

$$[\,\mathbf{A} \vdots \mathbf{B}\,] = \begin{bmatrix} 1 & 1 & 1 & \vdots & 0 \\ 1 & 3 & 2 & \vdots & 0 \\ 2 & 0 & 1 & \vdots & 0 \end{bmatrix}$$

做縮減矩陣 $\mathbf{A}_R$ 的列運算，

(a) $r_1 \times (-1) + r_2 \to r_2$, $r_1 \times (-2) + r_3 \to r_3$

$$\begin{bmatrix} 1 & 1 & 1 & \vdots & 0 \\ 0 & 2 & 1 & \vdots & 0 \\ 0 & -2 & -1 & \vdots & 0 \end{bmatrix}$$

(b) $r_2 \times \dfrac{1}{2}$, $r_2 \times (-1) + r_1 \to r_1$, $r_2 \times 2 + r_3 \to r_3$，得到 $[\,\mathbf{A}_R \vdots \tilde{\mathbf{B}}\,]$，

$$[\mathbf{A}_R \mid \tilde{\mathbf{B}}] = \begin{bmatrix} 1 & 0 & \dfrac{1}{2} & 0 \\ 0 & 1 & \dfrac{1}{2} & 0 \\ 0 & 0 & 0 & 0 \end{bmatrix}$$

得到方程式為

$$x_1 + \frac{1}{2}x_3 = 0$$

$$x_2 + \frac{1}{2}x_3 = 0$$

或

$$x_1 = x_2 = -\frac{1}{2}x_3$$

令 $x_3 = \alpha$，則普通答案是

$$\mathbf{X} = \alpha \begin{bmatrix} 1 \\ 1 \\ -\dfrac{1}{2} \end{bmatrix}$$

【範例 13】
解系統方程式

$$x_1 + x_2 + 2x_3 + x_4 = 5$$
$$2x_1 + 3x_2 - x_3 - 2x_4 = 2$$
$$4x_1 + 5x_2 + 3x_3 = 7$$

【解】
本題的 $\mathbf{A}$ 不是方形矩陣，不能用克雷姆法，只能用高斯消去法。令擴展矩陣 $[\mathbf{A} \mid \mathbf{B}]$，

$$[\mathbf{A} \mid \mathbf{B}] = \begin{bmatrix} 1 & 1 & 2 & 1 & \vdots & 5 \\ 2 & 3 & -1 & -2 & \vdots & 2 \\ 4 & 5 & 3 & 0 & \vdots & 7 \end{bmatrix}$$

(a) $r_1 \times (-2) + r_2 \to r_2,\ r_1 \times (-4) + r_3 \to r_3$

$$\begin{bmatrix} 1 & 1 & 2 & 1 & \vdots & 5 \\ 0 & 1 & -5 & -4 & \vdots & -8 \\ 0 & 1 & -5 & -4 & \vdots & -13 \end{bmatrix}$$

(b) $r_2 \times (-1) + r_1 \to r_1,\ r_2 \times (-1) + r_3 \to r_3$

$$\begin{bmatrix} 1 & 0 & 7 & 5 & \vdots & 13 \\ 0 & 1 & -5 & -4 & \vdots & -8 \\ 0 & 0 & 0 & 0 & \vdots & -5 \end{bmatrix}$$

最後一行是 $0 = -5$，故本題無解。

【範例 14】

解系統方程式

$$x_1 - 3x_2 - 4x_3 = -1$$
$$x_1 - x_2 + 3x_3 = 14$$
$$x_2 - 3x_3 = -5$$

【解】

$\mathbf{A}$ 是方形矩陣，可用克雷姆法。

$$x_1 = \frac{1}{|\mathbf{A}|} \begin{vmatrix} -1 & -3 & -4 \\ 14 & -1 & 3 \\ -5 & 1 & -3 \end{vmatrix} = \frac{117}{13} = 9$$

$$x_2 = \frac{1}{|\mathbf{A}|} \begin{vmatrix} 1 & -1 & -4 \\ 1 & 14 & 3 \\ 0 & -5 & -3 \end{vmatrix} = \frac{10}{13}$$

$$x_3 = \frac{1}{|\mathbf{A}|} \begin{vmatrix} 1 & -3 & -1 \\ 1 & -1 & 14 \\ 0 & 1 & -5 \end{vmatrix} = \frac{25}{13}$$

得到答案

$$\mathbf{X} = \begin{bmatrix} 9 \\ \dfrac{10}{13} \\ \dfrac{25}{13} \end{bmatrix}$$

習　題

1～14題，求行列式之值：

1. $\begin{vmatrix} 4 & -6 \\ 1 & 7 \end{vmatrix}$

2. $\begin{vmatrix} 17 & 9 \\ 4 & -13 \end{vmatrix}$

3. $\begin{vmatrix} 8 & 1 \\ 3 & 4 \end{vmatrix}$

4. $\begin{vmatrix} \cos n\theta & \sin n\theta \\ -\sin n\theta & \cos n\theta \end{vmatrix}$

5. $\begin{vmatrix} 2 & -2 & 1 \\ 1 & 1 & 6 \\ -3 & 1 & -4 \end{vmatrix}$

6. $\begin{vmatrix} 1 & 1 & 8 \\ 3 & 3 & 6 \\ 2 & 4 & 2 \end{vmatrix}$

7. $\begin{vmatrix} 14 & 3 & -2 \\ 1 & -1 & 1 \\ 0 & -1 & 3 \end{vmatrix}$

8. $\begin{vmatrix} a & b & c \\ c & a & b \\ b & c & a \end{vmatrix}$

9. $\begin{vmatrix} 4 & -3 & -7 \\ 0 & 1 & 4 \\ 5 & 0 & 0 \end{vmatrix}$

10. $\begin{vmatrix} 3 & 2 & 0 & 0 \\ 3 & 4 & 0 & 0 \\ 0 & 0 & 4 & 7 \\ 0 & 0 & 2 & 5 \end{vmatrix}$

11. $\begin{vmatrix} -5 & 1 & 6 \\ 1 & -1 & 1 \\ 0 & 1 & 0 \end{vmatrix}$

12. $\begin{vmatrix} 1 & 0 & 0 \\ 2 & 3 & 5 \\ 4 & 1 & 3 \end{vmatrix}$

13. $\begin{vmatrix} 5 & 0 & -1 & -6 \\ 2 & -1 & 3 & 7 \\ -4 & -4 & 5 & 8 \\ 1 & -1 & 6 & 2 \end{vmatrix}$

14. $\begin{vmatrix} 2 & -1 & 1 \\ 3 & 2 & 4 \\ -1 & 0 & 3 \end{vmatrix}$

15～24題，用列運算法，求行列式之值：

15. $\begin{vmatrix} 3 & -1 & -14 \\ 0 & 1 & 6 \\ 2 & -3 & 4 \end{vmatrix}$

16. $\begin{vmatrix} -1 & 0 & 1 & -2 \\ 2 & 3 & 2 & -2 \\ 2 & 4 & 2 & 1 \\ 3 & 1 & 5 & -3 \end{vmatrix}$

17. $\begin{vmatrix} 5 & -2 & -4 \\ 1 & -3 & 4 \\ 0 & 1 & 3 \end{vmatrix}$

18. $\begin{vmatrix} 0 & 1+i & 1+2i \\ 1-i & 0 & 2-3i \\ 1-2i & 2+3i & 0 \end{vmatrix}$

19. $\begin{vmatrix} -2 & 3 & 5 \\ 7 & -4 & 4 \\ 1 & 3 & 5 \end{vmatrix}$

20. $\begin{vmatrix} 1 & 2 & 3 & 4 \\ 2 & 1 & 2 & 1 \\ 0 & 0 & 1 & 1 \\ 3 & 4 & 1 & 2 \end{vmatrix}$

21. $\begin{vmatrix} 1 & 3 & -9 & 5 \\ 6 & -2 & -1 & 1 \\ 0 & 3 & 2 & -6 \\ 8 & 5 & 3 & -8 \end{vmatrix}$

22. $\begin{vmatrix} -1 & 2 & -3 & 4 \\ 2 & -1 & 4 & -3 \\ 2 & 3 & -4 & -5 \\ 3 & -4 & 5 & 6 \end{vmatrix}$

23. $\begin{vmatrix} 203 & 13 & 693 \\ 12 & -1 & -10 \\ 0 & 5 & -64 \end{vmatrix}$

24. $\begin{vmatrix} -3 & 1 & 1 & 1 \\ 1 & -3 & 1 & 1 \\ 1 & 1 & -3 & 1 \\ 1 & 1 & 1 & -3 \end{vmatrix}$

$25 \sim 28$ 題，求行列式的微分值：

25. $\begin{vmatrix} 1 & x \\ 2 & x^2 \end{vmatrix}$

26. $\begin{vmatrix} x^2 & x^3 \\ 2x & 3x+1 \end{vmatrix}$

27. $\begin{vmatrix} x & 1 & 2 \\ 0 & 3x-2 & x^2+1 \\ x^2 & 2x+1 & x^3 \end{vmatrix}$

28. $\begin{vmatrix} x^4 & x^3 & 2x+5 \\ x^2-1 & x-1 & 1 \\ x+1 & x^2 & x \end{vmatrix}$

29. 證明 $\begin{vmatrix} 1 & a & a^2 \\ 1 & b & b^2 \\ 1 & c & c^2 \end{vmatrix} = (a-b)(b-c)(c-a)$

30. 若平面上三點 $(x_1, y_1), (x_2, y_2), (x_3, y_3)$ 在同一直線上，則證明

$$\begin{vmatrix} x_1 & y_1 & 1 \\ x_2 & y_2 & 1 \\ x_3 & y_3 & 1 \end{vmatrix} = 0$$

（提示，由斜率相等的關係式。）

31. 令 $\mathbf{A} = \begin{bmatrix} a_1 & a_2 \\ -a_2 & a_1 \end{bmatrix}$, $\mathbf{B} = \begin{bmatrix} b_1 & b_2 \\ -b_2 & b_1 \end{bmatrix}$

用 $|\mathbf{AB}| = |\mathbf{A}| \, |\mathbf{B}|$，求對等式

$$(a_1^2 + a_2^2)(b_1^2 + b_2^2) = (a_1 b_1 - a_2 b_2)^2 + (a_2 b_1 + a_1 b_2)^2$$

32. 證明 $(\mathbf{A}^{-1})^t = (\mathbf{A}^t)^{-1}$

$33 \sim 42$ 題，用輔因子求反矩陣：

33. $\begin{bmatrix} 2 & -1 \\ 1 & 6 \end{bmatrix}$

34. $\begin{bmatrix} \cos\theta & \sin\theta \\ -\sin\theta & \cos\theta \end{bmatrix}$

35. $\begin{bmatrix} 1 & -1 \\ 1 & 4 \end{bmatrix}$

36. $\begin{bmatrix} 1 & -5 \\ 1 & 4 \end{bmatrix}$

37. $\begin{bmatrix} 6 & -1 & 3 \\ 0 & -1 & 4 \\ 2 & 2 & -3 \end{bmatrix}$

38. $\begin{bmatrix} 1 & 2 & -1 \\ -1 & 1 & 2 \\ 2 & -1 & 1 \end{bmatrix}$

39. $\begin{bmatrix} 14 & -1 & 3 \\ -2 & 1 & -3 \\ 1 & 1 & 7 \end{bmatrix}$

40. $\begin{bmatrix} 12 & -4 & 1 \\ 1 & 5 & 2 \\ -8 & 24 & 7 \end{bmatrix}$

41. $\begin{bmatrix} 2 & 3 & 4 \\ 4 & 3 & 1 \\ 1 & 2 & 4 \end{bmatrix}$

42. $\begin{bmatrix} 1 & 0 & -1 \\ -0.1 & 0.2 & 0.3 \\ 1 & 0 & -3 \end{bmatrix}$

$43 \sim 52$ 題，用擴展矩陣方式求反矩陣：

43. $\begin{bmatrix} 11 & 0 & -5 \\ 0 & -1 & 0 \\ 4 & -7 & 9 \end{bmatrix}$

44. $\begin{bmatrix} 1 & 2 & 3 \\ 2 & 4 & 5 \\ 3 & 5 & 6 \end{bmatrix}$

45. $\begin{bmatrix} 1 & -3 & 4 \\ 2 & 2 & -5 \\ 0 & 1 & -7 \end{bmatrix}$

46. $\begin{bmatrix} 1 & 0 & 0 \\ 1 & 2 & 0 \\ 1 & 5 & 2 \end{bmatrix}$

47. $\begin{bmatrix} 8 & -1 & 4 \\ 1 & -3 & 6 \\ 2 & 7 & 19 \end{bmatrix}$

48. $\begin{bmatrix} 1 & 4 & 8 \\ 0 & 5 & 2 \\ 0 & 0 & -10 \end{bmatrix}$

49. $\begin{bmatrix} 1 & 1 & 1 & 1 \\ 1 & 2 & 3 & -4 \\ 2 & 3 & 5 & -5 \\ 3 & -4 & -5 & 8 \end{bmatrix}$

50. $\begin{bmatrix} 10 & 0 & 0 \\ 0 & 9 & 17 \\ 0 & 4 & 8 \end{bmatrix}$

51. $\begin{bmatrix} 3 & 4 & 2 & 7 \\ 2 & 3 & 3 & 2 \\ 5 & 7 & 3 & 9 \\ 2 & 3 & 2 & 3 \end{bmatrix}$

52. $\begin{bmatrix} 3 & -1 & 1 \\ 15 & -6 & 5 \\ 5 & -2 & 2 \end{bmatrix}$

53～62題，用克雷姆法解聯立方程式，或說明為何沒有答案：

53. $-8x_1 + 4x_2 - 3x_3 = 0$
$x_1 + 5x_2 - x_3 = -5$
$2x_1 - 6x_2 - x_3 = 4$

54. $2x_2 - x_3 = -1$
$x_1 + 3x_3 = 11$
$2x_1 - 4x_2 + 2x_3 = 6$

55. $x_1 + 2x_2 = 3$
$x_1 + x_2 = 0$

56. $3x_1 + 2x_2 = 2$
$8x_1 - 6x_3 = 7$
$8x_2 - 2x_3 = 1$

57. $x_1 + x_2 - 3x_3 = 0$
$-x_2 + 4x_3 = 0$
$-x_1 + x_2 + x_3 = -5$

58. $3x_1 + 4x_2 + 6x_3 = 1$
$x_1 - 4x_2 + 2x_3 = 1$
$2x_1 - 4x_2 + 4x_3 = -1$

59. $2x_1 - 4x_2 + x_3 - x_4 = 6$
$x_2 - 3x_3 = 10$
$-x_1 + 4x_3 = 0$
$x_2 - x_3 + 2x_4 = 4$

60. $4x_1 - x_2 + x_3 = 0$
$x_1 + 2x_2 - x_3 = 0$
$3x_1 + x_2 + 5x_3 = 0$

61. $-14x_1 + 3x_3 = -5$
$2x_1 - 4x_3 + x_4 = 2$
$x_1 - x_2 + x_3 - 3x_4 = 1$
$-x_3 + 4x_4 = 5$

62. $2x_1 + x_2 + 5x_3 + x_4 = 5$
$x_1 + x_2 - 3x_3 - 4x_4 = -1$
$3x_1 + 6x_2 - 2x_3 + x_4 = 8$
$2x_1 + 2x_2 + 2x_3 - 3x_4 = 2$

9.5　特徵值和特徵向量

　　特徵值 (eigenvalue) 曾在第六章的偏微分方程式提過，可知特徵問題 (eigenvalue problem) 在工程上是和初值問題與邊界值問題都占有相當重要的地位。而矩陣則透過特徵值與特徵向量去解決很多的工程問題，因此本章節是矩陣在工程應用上的基礎。

　　關連於特徵值的方程式基本型是

$$\mathbf{AX} = \lambda\mathbf{X} \tag{9.6}$$

　　其中 $\mathbf{A}$ 必須是 $n \times n$ 的方形矩陣，λ 稱為特徵值（可以是實數或複數），$\mathbf{X}$ 是 $n \times 1$ 的特徵向量 (eigenvector)。(9.6) 式亦可重新整理為

$$\mathbf{AX} - \lambda\mathbf{IX} = 0$$

或

$$(\mathbf{A} - \lambda\mathbf{I})\mathbf{X} = 0 \tag{9.7}$$

根據克雷姆法，(9.7) 式若要解答不是零，就要令行列式

$$|\mathbf{A} - \lambda\mathbf{I}| = 0 \tag{9.8a}$$

或

$$|\lambda\mathbf{I} - \mathbf{A}| = 0 \tag{9.8b}$$

而 $|\mathbf{A} - \lambda\mathbf{I}| = 0$ 就稱為 $\mathbf{A}$ 的特徵方程式 (characteristic equation)，而 $|\mathbf{A} - \lambda\mathbf{I}|$ 則稱為特徵行列式，將 $|\mathbf{A} - \lambda\mathbf{I}|$ 展開後又可稱為特徵多項式 (characteristic polynomial)。

　　由特徵方程式 $|\mathbf{A} - \lambda\mathbf{I}| = 0$ 解得的根 λ_i（即特徵值）再代入原方程式 $\mathbf{A}\mathbf{X}_i = \lambda_i\mathbf{X}_i$ 中去解得該特徵值的特徵向量 $\mathbf{X}_i$。在 9.6 節，若整個方程式（(9.6)式）是由微分方程式轉換而得，則方程式的普通答案就與邊界值問題的寫法相同（見下一章節的推導），即令

$$\mathbf{X} = \sum_{i=1}^{n} c_i \mathbf{X}_i \tag{9.9a}$$

或

$$\mathbf{X} = \mathbf{X}\mathbf{C} \tag{9.9b}$$

其中 $\mathbf{X}$ 是由 $\mathbf{X}_i$ 向量形成的 $n \times n$ 矩陣，

$$\mathbf{X} = [\mathbf{X}_1, \mathbf{X}_2, \cdots, \mathbf{X}_n]$$

$\mathbf{C}$ 是由常數係數 c_i 形成的向量，

$$\mathbf{C} = \begin{bmatrix} c_1 \\ c_2 \\ \vdots \\ c_n \end{bmatrix}$$

定理 9.9

令 $\mathbf{A}$ 的特徵值 λ 之特徵向量是 $\mathbf{X}$，則 $\alpha\mathbf{X}$（α 乃任意常數）仍然是 $\mathbf{A}$ 的特徵值 λ 對應之特徵向量。

【證明】

已知

$$\mathbf{A}\mathbf{X} = \lambda\mathbf{X}$$

乘以常數 α，

$$\alpha \mathbf{AX} = \alpha\lambda\mathbf{X}$$

得證

$$\mathbf{A}(\alpha\mathbf{X}) = \lambda(\alpha\mathbf{X})$$

定理 9.10　矩陣的對角化 (diagonalization)

若 $n \times n$ 矩陣 $\mathbf{A}$ 有特徵值 λ_i, $i = 1, \cdots, n$ 及其對應的 n 個線性獨立之特徵向量 $\mathbf{X}_i$, $i = 1, \cdots, n$，則存在由特徵向量形成的特徵矩陣 $\mathbf{X}$，使得 $\mathbf{X}^{-1}\mathbf{AX}$ 是為對角矩陣，而且

$$\mathbf{X}^{-1}\mathbf{AX} = \begin{bmatrix} \lambda_1 & & & \\ & \lambda_2 & & 0 \\ 0 & & \ddots & \\ & & & \lambda_n \end{bmatrix} \tag{9.10}$$

其中，$\mathbf{X} = [\mathbf{X}_1, \mathbf{X}_2, \cdots, \mathbf{X}_n]$

【證明】

已知 $\mathbf{AX}_i = \lambda_i\mathbf{X}_i$，因此

$$\mathbf{AX} = \mathbf{A}[\mathbf{X}_1, \cdots, \mathbf{X}_i, \cdots, \mathbf{X}_n]$$

$$= [\mathbf{AX}_1, \cdots, \mathbf{AX}_i, \cdots, \mathbf{AX}_n]$$

$$= [\lambda_1\mathbf{X}_1, \cdots, \lambda_i\mathbf{X}_i, \cdots, \lambda_n\mathbf{X}_n]$$

得到

$$\mathbf{X}^{-1}\mathbf{AX} = \mathbf{X}^{-1}[\lambda_1\mathbf{X}_1, \cdots, \lambda_i\mathbf{X}_i, \cdots, \lambda_n\mathbf{X}_n]$$

$$= [\mathbf{X}^{-1}\lambda_1\mathbf{X}_1, \cdots, \mathbf{X}^{-1}\lambda_i\mathbf{X}_i, \cdots, \mathbf{X}^{-1}\lambda_n\mathbf{X}_n]$$

$$= [\lambda_1\mathbf{X}^{-1}\mathbf{X}_1, \cdots, \lambda_i\mathbf{X}^{-1}\mathbf{X}_i, \cdots, \lambda_n\mathbf{X}^{-1}\mathbf{X}_n] \tag{9.11}$$

然而由反矩陣的定義，得知

$$\mathbf{X}^{-1}\mathbf{X} = \mathbf{X}^{-1}[\mathbf{X}_1, \cdots, \mathbf{X}_i, \cdots, \mathbf{X}_n]$$

$$= [\mathbf{X}^{-1}\mathbf{X}_1, \cdots, \mathbf{X}^{-1}\mathbf{X}_i, \cdots, \mathbf{X}^{-1}\mathbf{X}_n]$$

$$= \mathbf{I}_{n \times n} = [\mathbf{I}_{(1)}, \cdots, \mathbf{I}_{(i)}, \cdots, \mathbf{I}_{(n)}]$$

其中 $\mathbf{I}_{(i)}$ 乃指第 i 列元素是1，其餘元素皆零的向量，即

$$\mathbf{I}_{(i)} = \begin{bmatrix} 0 \\ \vdots \\ 0 \\ 1 \\ 0 \\ \vdots \\ 0 \end{bmatrix} \longleftarrow 第 i 元素$$

將 $\mathbf{X}^{-1}\mathbf{X}_i = \mathbf{I}_{(i)}$ 的結果代入 (9.11) 式中，得到

$$\mathbf{X}^{-1}\mathbf{A}\mathbf{X} = [\lambda_1 \mathbf{I}_{(1)}, \cdots, \lambda_i \mathbf{I}_{(i)}, \cdots, \lambda_n \mathbf{I}_{(n)}]$$

得證 $\mathbf{X}^{-1}\mathbf{A}\mathbf{X}$ 是對角矩陣，且

$$\mathbf{X}^{-1}\mathbf{A}\mathbf{X} = \begin{bmatrix} \lambda_1 & & & \\ & \lambda_2 & & 0 \\ 0 & & \ddots & \\ & & & \lambda_n \end{bmatrix}$$

　　注意本定理中，特徵值可以相同，但特徵向量是必須不同且線性獨立，則定理才可成立。

定理9.11 特徵矩陣的特徵值

⑴赫密動矩陣和實數對稱矩陣的特徵值是實數。

⑵扭赫密動矩陣和實數扭對稱矩陣的特徵值是純虛數或零。

⑶單位之矩陣 $(\overline{\mathbf{A}}^t = \mathbf{A}^{-1})$ 和實數垂直矩陣 $(\mathbf{A}^t = \mathbf{A}^{-1})$ 的特徵值
   之絕對值等於 1。

從複數平面上, 可將定理 9.11 的結果畫在圖 9.1 上。

圖9.1 特徵矩陣的特徵值分佈

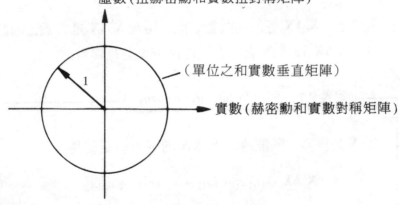

【證明】

⑴赫密動矩陣和實數對稱矩陣皆符合 $\overline{\mathbf{A}}^t = \mathbf{A}$, 則

$$\mathbf{A}\mathbf{X} = \lambda\mathbf{X}$$

$$\overline{\mathbf{X}}^t\mathbf{A}\mathbf{X} = \overline{\mathbf{X}}^t\lambda\mathbf{X} = \lambda\overline{\mathbf{X}}^t\mathbf{X} \qquad (9.12)$$

其中,

$$\overline{\mathbf{X}}^t\mathbf{X} = \sum_{i=1}^{n} |\mathbf{X}_i|^2 是大於或等於零的實數。$$

另外，由於 $\overline{\mathbf{X}}^t\mathbf{A}\mathbf{X}$ 是 $|\mathbf{X}|$ 的矩陣，故符合

$$\overline{\mathbf{X}}^t\mathbf{A}\mathbf{X} = (\overline{\mathbf{X}}^t\mathbf{A}\mathbf{X})^t$$

然而，

$$(\overline{\mathbf{X}}^t\mathbf{A}\mathbf{X})^t = \mathbf{X}^t\mathbf{A}^t(\overline{\mathbf{X}}^t)^t = \mathbf{X}^t\mathbf{A}^t\overline{\mathbf{X}}$$

得到，

$$\overline{\mathbf{X}}^t\mathbf{A}\mathbf{X} = \mathbf{X}^t\mathbf{A}^t\overline{\mathbf{X}}$$

再取共軛虛數，

$$\overline{(\overline{\mathbf{X}}^t\mathbf{A}\mathbf{X})} = \overline{(\mathbf{X}^t\mathbf{A}^t\overline{\mathbf{X}})} = \overline{\mathbf{X}}^t\overline{\mathbf{A}}^t\mathbf{X} = \overline{\mathbf{X}}^t\mathbf{A}\mathbf{X} \ (\because \overline{\mathbf{A}}^t = \mathbf{A})$$

很明顯地，$\overline{\mathbf{X}}^t\mathbf{A}\mathbf{X}$ 等於其共軛虛數，得證 $\overline{\mathbf{X}}^t\mathbf{A}\mathbf{X}$ 是實數。因此，(9.12) 式中的 $\overline{\mathbf{X}}^t\mathbf{A}\mathbf{X}$ 和 $\overline{\mathbf{X}}^t\mathbf{X}$ 皆是實數，得證 λ 必是實數。

定義9.1　平方型 (quadratic form)

若 $\mathbf{X}$ 是實數，則關連於矩陣 $\mathbf{A}$ 的平方型定義為

$$\mathbf{X}^t\mathbf{A}\mathbf{X} = a_{11}x_1^2 + (a_{12} + a_{21})x_1x_2 + a_{22}x_2^2 \qquad (9.13)$$

其中假設

$$\mathbf{X} = \begin{bmatrix} x_1 \\ x_2 \end{bmatrix}, \quad \mathbf{A} = \begin{bmatrix} a_{11} & a_{12} \\ a_{21} & a_{22} \end{bmatrix}$$

通常令 $a_{12} = a_{21}$，使得 $\mathbf{A}$ 是為對稱矩陣。譬如對平方型 $x_1^2 + 4x_1x_2 + 3x_2^2$，一般皆令其為 $x_1^2 + (2+2)x_1x_2 + 3x_2^2$，得到

$$\mathbf{X}^t\mathbf{A}\mathbf{X} = \begin{bmatrix} x_1 & x_2 \end{bmatrix} \begin{bmatrix} 1 & 2 \\ 2 & 3 \end{bmatrix} \begin{bmatrix} x_1 \\ x_2 \end{bmatrix}$$

即 **A** 是對稱矩陣。

　　另外，比較普遍的定義是赫密勳型（或扭赫密勳型）為

$$\overline{\mathbf{X}}^t \mathbf{A} \mathbf{X} = a_{11}\overline{x}_1 x_1 + a_{12}\overline{x}_1 x_2 + a_{21}x_1\overline{x}_2 + a_{22}x_2\overline{x}_2 \qquad (9.14)$$

其中 **A** 是赫密勳（或扭赫密勳）矩陣，即 $a_{12} = \overline{a}_{12}$（或 $a_{12} = -\overline{a}_{21}$）。
當然赫密勳型中，如果 **A** 和 **X** 都是實數，則成為平方型，即

$$\overline{\mathbf{X}}^t \mathbf{A} \mathbf{X} = \mathbf{X}^t \mathbf{A} \mathbf{X}$$

且

$$\overline{\mathbf{A}}^t = \mathbf{A}^t = \mathbf{A}$$

解題範例

【範例 1】

求矩陣 **A** 的特徵值及特徵向量。

(a) $\mathbf{A} = \begin{bmatrix} 1 & -1 & 0 \\ 0 & 1 & 1 \\ 0 & 0 & -1 \end{bmatrix}$

(b) $\mathbf{A} = \begin{bmatrix} -2 & 2 & -3 \\ 2 & 1 & -6 \\ -1 & -2 & 0 \end{bmatrix}$

(c) $\mathbf{A} = \begin{bmatrix} 0 & 1 \\ -1 & 0 \end{bmatrix}$

【解】

(a) 特徵方程式是

$$|\lambda\mathbf{I} - \mathbf{A}| = \begin{vmatrix} \lambda-1 & 1 & 0 \\ 0 & \lambda-1 & -1 \\ 0 & 0 & \lambda+1 \end{vmatrix} = (\lambda-1)^2(\lambda+1) = 0$$

$$\lambda = 1, 1, -1$$

(i) 將 $\lambda = 1$ 代入方程式，

$$(\mathbf{A} - \lambda\mathbf{I})\mathbf{X} = (\mathbf{A} - \mathbf{I})\mathbf{X} = \mathbf{0}$$

或

$$\begin{bmatrix} 0 & 1 & 0 \\ 0 & 0 & -1 \\ 0 & 0 & 2 \end{bmatrix} \begin{bmatrix} x_1 \\ x_2 \\ x_3 \end{bmatrix} = \begin{bmatrix} 0 \\ 0 \\ 0 \end{bmatrix}$$

得到 $x_2 = x_3 = 0$，$x_1 = \alpha \neq 0$，α 是任意數，即 $\lambda = 1$ 的特徵向量

是 $\begin{bmatrix} \alpha \\ 0 \\ 0 \end{bmatrix}$。 注意 $\lambda = 1$ 是重根，但其對應的兩特徵向量並沒有線性獨立。

(ii)將 $\lambda = -1$ 代入方程式，

$$(\mathbf{A} - \lambda \mathbf{I})\mathbf{X} = (\mathbf{A} + \mathbf{I})\mathbf{X} = \mathbf{0}$$

或

$$\begin{bmatrix} -2 & 1 & 0 \\ 0 & -2 & -1 \\ 0 & 0 & 0 \end{bmatrix} \begin{bmatrix} x_1 \\ x_2 \\ x_3 \end{bmatrix} = \begin{bmatrix} 0 \\ 0 \\ 0 \end{bmatrix} 、$$

得到

$$x_2 = 2x_1$$
$$x_3 = -2x_2 = -4x_1$$

令 $x_1 = 1$，則 $\lambda = -1$ 的特徵向量是 $\begin{bmatrix} 1 \\ 2 \\ -4 \end{bmatrix}$。

(b)特徵方程式，

$$|\lambda \mathbf{I} - \mathbf{A}| = \begin{vmatrix} \lambda + 2 & -2 & 3 \\ -2 & \lambda - 1 & 6 \\ 1 & 2 & \lambda \end{vmatrix}$$
$$= \lambda^3 + \lambda^2 - 21\lambda - 45 = (\lambda - 5)(\lambda + 3)^2 = 0$$

$$\lambda = 5, -3, -3$$

(i)$\lambda = 5$ 代入原方程式，

$$(\mathbf{A} - \lambda \mathbf{I})\mathbf{X} = (\mathbf{A} - 5\mathbf{I})\mathbf{X} = \mathbf{0}$$

或

$$\begin{bmatrix} -7 & 2 & -3 \\ 2 & -4 & -6 \\ -1 & -2 & -5 \end{bmatrix} \begin{bmatrix} x_1 \\ x_2 \\ x_3 \end{bmatrix} = \begin{bmatrix} 0 \\ 0 \\ 0 \end{bmatrix}$$

得到特徵向量 $\mathbf{X}_1 = \begin{bmatrix} 1 \\ 2 \\ -1 \end{bmatrix}$。

(ii)$\lambda = -3$ 代入原方程式,

$$(\mathbf{A} - \lambda\mathbf{I})\mathbf{X} = (\mathbf{A} + 3\mathbf{I})\mathbf{X} = \mathbf{0}$$

或

$$\begin{bmatrix} 1 & 2 & -3 \\ 2 & 4 & -6 \\ -1 & -2 & 3 \end{bmatrix} \begin{bmatrix} x_1 \\ x_2 \\ x_3 \end{bmatrix} = \begin{bmatrix} 0 \\ 0 \\ 0 \end{bmatrix}$$

整理後, 得到

$$\begin{bmatrix} 1 & 2 & -3 \\ 0 & 0 & 0 \\ 0 & 0 & 0 \end{bmatrix} \begin{bmatrix} x_1 \\ x_2 \\ x_3 \end{bmatrix} = \begin{bmatrix} 0 \\ 0 \\ 0 \end{bmatrix}$$

或

$$x_1 + 2x_2 - 3x_3 = 0$$

選擇 $(x_2, x_3) = (0, 1)$ 或 $(1, 0)$, 得到兩線性獨立的向量是

$$\mathbf{X}_2 = \begin{bmatrix} -2 \\ 1 \\ 0 \end{bmatrix}, \quad \mathbf{X}_3 = \begin{bmatrix} 3 \\ 0 \\ 1 \end{bmatrix}$$

(c)特徵方程式,

$$|\lambda\mathbf{I} - \mathbf{A}| = \begin{vmatrix} \lambda & -1 \\ 1 & \lambda \end{vmatrix} = \lambda^2 + 1 = 0$$

$$\lambda = +i, -i$$

(i)將 $\lambda = i$ 代入方程式,

$$(\mathbf{A} - \lambda\mathbf{I})\mathbf{X} = (\mathbf{A} - i\mathbf{I})\mathbf{X} = 0$$

或

$$\begin{bmatrix} -i & 1 \\ -1 & -i \end{bmatrix} \begin{bmatrix} x_1 \\ x_2 \end{bmatrix} = \begin{bmatrix} 0 \\ 0 \end{bmatrix}$$

得到

$$\begin{bmatrix} -i & 1 \\ 0 & 0 \end{bmatrix} \begin{bmatrix} x_1 \\ x_2 \end{bmatrix} = \begin{bmatrix} 0 \\ 0 \end{bmatrix}$$

或

$$-ix_1 + x_2 = 0$$

令 $x_1 = 1$, $x_2 = i$, 則 $\lambda = i$ 的特徵向量是

$$\mathbf{X}_1 = \begin{bmatrix} 1 \\ i \end{bmatrix}$$

(ii)將 $\lambda = -i$ 代入方程式,

$$(\mathbf{A} - \lambda\mathbf{I})\mathbf{X} = (\mathbf{A} + i\mathbf{I})\mathbf{X} = \mathbf{0}$$

或

$$\begin{bmatrix} i & 1 \\ -1 & i \end{bmatrix} \begin{bmatrix} x_1 \\ x_2 \end{bmatrix} = \begin{bmatrix} 0 \\ 0 \end{bmatrix}$$

得到

$$\begin{bmatrix} i & 1 \\ 0 & 0 \end{bmatrix} \begin{bmatrix} x_1 \\ x_2 \end{bmatrix} = \begin{bmatrix} 0 \\ 0 \end{bmatrix}$$

或

$$ix_1 + x_2 = 0$$

令 $x_1 = 1$, $x_2 = -i$, 則 $\lambda = -i$ 的特徵向量是

$$\mathbf{X}_2 = \begin{bmatrix} 1 \\ -i \end{bmatrix}$$

【範例 2】

以第 1 題為例, 求使矩陣 $\mathbf{A}$ 對角化的矩陣。

【解】

根據定理 9.10，使矩陣 **A** 對角化的矩陣就是特徵矩陣**X**。

(a)由於三特徵向量沒有線性獨立，故找不到特徵矩陣 **X**，使得矩陣 **A** 對角化。

(b)三特徵向量有線性獨立，得到特徵矩陣 **X**，

$$\mathbf{X} = [\mathbf{X}_1, \mathbf{X}_2, \mathbf{X}_3] = \begin{bmatrix} 1 & -2 & 3 \\ 2 & 1 & 0 \\ -1 & 0 & 1 \end{bmatrix}$$

$$\mathbf{X}^{-1}\mathbf{A}\mathbf{X} = \begin{bmatrix} \lambda_1 & 0 & 0 \\ 0 & \lambda_2 & 0 \\ 0 & 0 & \lambda_3 \end{bmatrix} = \begin{bmatrix} 5 & 0 & 0 \\ 0 & -3 & 0 \\ 0 & 0 & -3 \end{bmatrix}$$

(c)二特徵向量有線性獨立，得到特徵矩陣 **X**，

$$\mathbf{X} = [\mathbf{X}_1, \mathbf{X}_2] = \begin{bmatrix} 1 & 1 \\ i & -i \end{bmatrix}$$

$$\mathbf{X}^{-1}\mathbf{A}\mathbf{X} = \begin{bmatrix} \lambda_1 & 0 \\ 0 & \lambda_2 \end{bmatrix} = \begin{bmatrix} i & 0 \\ 0 & -i \end{bmatrix}$$

驗證：　$\mathbf{X}^{-1} = \dfrac{1}{-2i} \begin{bmatrix} -i & -1 \\ -i & 1 \end{bmatrix} = \dfrac{1}{2i} \begin{bmatrix} i & 1 \\ i & -1 \end{bmatrix}$

$$\mathbf{A}\mathbf{X} = \begin{bmatrix} 0 & 1 \\ -1 & 0 \end{bmatrix} \begin{bmatrix} 1 & 1 \\ i & -i \end{bmatrix} = \begin{bmatrix} i & -i \\ -1 & -1 \end{bmatrix}$$

$$\mathbf{X}^{-1}\mathbf{A}\mathbf{X} = \dfrac{1}{2i} \begin{bmatrix} i & 1 \\ i & -1 \end{bmatrix} \begin{bmatrix} i & -i \\ -1 & -1 \end{bmatrix} = \dfrac{1}{2i} \begin{bmatrix} -2 & 0 \\ 0 & 2 \end{bmatrix} = \begin{bmatrix} i & 0 \\ 0 & -i \end{bmatrix}$$

【範例3】

證明實數對稱矩陣的特徵向量若對應不同的特徵值，則向量相互垂直。

【解】

令 λ_1 和 λ_2 是實數對稱矩陣 **A** 的特徵值，其對應之不同特徵向量是 $\mathbf{X}_1$ 和 $\mathbf{X}_2$，則

$$\mathbf{A}\mathbf{X}_1 = \lambda_1 \mathbf{X}_1$$

$$\mathbf{AX}_2 = \lambda_2 \mathbf{X}_2$$

$$\lambda_1 \mathbf{X}_1^t \mathbf{X}_2 = (\lambda_1 \mathbf{X}_1)^t \mathbf{X}_2 = (\mathbf{AX}_1)^t \mathbf{X}_2 = \mathbf{X}_1^t \mathbf{A}^t \mathbf{X}_2 = \mathbf{X}_1^t (\mathbf{AX}_2) = \mathbf{X}_1^t \lambda_2 \mathbf{X}_2$$

$$= \lambda_2 \mathbf{X}_1^t \mathbf{X}_2$$

得到

$$(\lambda_1 - \lambda_2)\mathbf{X}_1^t \mathbf{X}_2 = \mathbf{0}$$

因為 $\lambda_1 \neq \lambda_2$，得證 $\mathbf{X}_1^t \mathbf{X}_2 = \mathbf{0}$，即 $\mathbf{X}_1$ 和 $\mathbf{X}_2$ 相互垂直。

譬如對稱矩陣 $\mathbf{A} = \begin{bmatrix} 5 & 3 \\ 3 & 5 \end{bmatrix}$ 的特徵值是 2 和 8，對應的特徵向量，

$$\mathbf{X}_1 = \begin{bmatrix} 1 \\ 1 \end{bmatrix}, \quad \mathbf{X}_2 = \begin{bmatrix} 1 \\ -1 \end{bmatrix}$$

$$\mathbf{X}_1^t \mathbf{X}_2 = \begin{bmatrix} 1 & 1 \end{bmatrix} \begin{bmatrix} 1 \\ -1 \end{bmatrix} = [0] = \mathbf{0}$$

【範例 4】

分析 $5x_1^2 - 4x_1 x_2 + 2x_2^2 = 4$ 所代表的圖形。

【解】

$5x_1^2 - 4x_1 x_2 + 2x_2^2 = 4$ 可寫成平方型

$$\mathbf{X}^t \mathbf{A} \mathbf{X} = 4$$

$$\mathbf{A} = \begin{bmatrix} 5 & -2 \\ -2 & 2 \end{bmatrix}$$

對稱矩陣 $\mathbf{A}$ 的特徵值是 1 和 6，對應之特徵向量，

$$\mathbf{X}_1 = \begin{bmatrix} 1 \\ 2 \end{bmatrix}, \quad \mathbf{X}_2 = \begin{bmatrix} 2 \\ -1 \end{bmatrix}$$

得到特徵矩陣 $\mathbf{X}$，

$$\mathbf{X} = [\mathbf{X}_1, \ \mathbf{X}_2] = \begin{bmatrix} 1 & 2 \\ 2 & -1 \end{bmatrix}$$

令坐標轉換 $\mathbf{X} = \mathbf{XY}$，則原方程式變為

$$\mathbf{X}^t \mathbf{AX} = (\mathbf{XY})^t \mathbf{A}(\mathbf{XY}) = \mathbf{Y}^t \mathbf{X}^t \mathbf{AXY} = \mathbf{Y}^t (\mathbf{X}^t \mathbf{AX})\mathbf{Y}$$

$$= \lambda_1 y_1^2 + \lambda_2 y_2^2 = y_1^2 + 6y_2^2 = 4$$

$y_1^2 + 6y_2^2 = 4$ 代表的是橢圓形。

$\mathbf{X} = \begin{bmatrix} 1 & 2 \\ 2 & -1 \end{bmatrix}$ 相當於

$$\sqrt{5} \begin{bmatrix} \dfrac{1}{\sqrt{5}} & \dfrac{2}{\sqrt{5}} \\ \dfrac{2}{\sqrt{5}} & \dfrac{-1}{\sqrt{5}} \end{bmatrix} = \sqrt{5} \begin{bmatrix} \cos\theta & \sin\theta \\ \sin\theta & -\cos\theta \end{bmatrix},$$

即坐標軸旋轉 $\theta = 63.4°$，見下圖

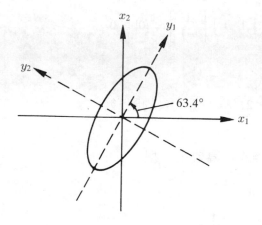

而特徵向量 $\mathbf{X}_1$ 和 $\mathbf{X}_2$ 所指的方向是橢圓的主軸 (principal axis) 的方向。

【範例 5】

求 $\mathbf{A} = \begin{bmatrix} 2 & -\sqrt{6}i \\ \sqrt{6}i & 1 \end{bmatrix}$ 的類型和特徵值。

【解】

可知 $\mathbf{A} = \overline{\mathbf{A}}^t$，故 $\mathbf{A}$ 是赫密勳矩陣。

特徵方程式

$$|\lambda\mathbf{I} - \mathbf{A}| = \begin{vmatrix} \lambda - 2 & \sqrt{6}i \\ -\sqrt{6}i & \lambda - 1 \end{vmatrix} = 0$$

得到

$$(\lambda - 2)(\lambda - 1) - 6 = 0$$

$$\lambda^2 - 3\lambda - 4 = 0$$

$$(\lambda - 4)(\lambda + 1) = 0$$

$$\lambda = 4 \ \text{或} \ -1$$

符合定理 9.11 所說明的「赫密動矩陣的特徵值是實數」。

習　題

1 ~ 24題，求特徵值和特徵向量：

1. $\begin{bmatrix} 1 & 3 \\ 2 & 1 \end{bmatrix}$　　　2. $\begin{bmatrix} 2 & 0 \\ 4 & 5 \end{bmatrix}$

3. $\begin{bmatrix} 1 & -6 \\ 2 & 2 \end{bmatrix}$　　4. $\begin{bmatrix} 0 & 2 \\ 2 & 0 \end{bmatrix}$

5. $\begin{bmatrix} -5 & 2 \\ 2 & -4 \end{bmatrix}$　　6. $\begin{bmatrix} -5 & 2 \\ -9 & 6 \end{bmatrix}$

7. $\begin{bmatrix} 4 & 2 \\ 2 & 1 \end{bmatrix}$　　8. $\begin{bmatrix} 0 & 1 \\ -1 & 0 \end{bmatrix}$

9. $\begin{bmatrix} 6 & 1 \\ 1 & 4 \end{bmatrix}$　　10. $\begin{bmatrix} 5 & 3 \\ 3 & -4 \end{bmatrix}$

11. $\begin{bmatrix} i & 1 \\ 1 & 3i \end{bmatrix}$　　12. $\begin{bmatrix} 0 & i \\ i & 0 \end{bmatrix}$

13. $\begin{bmatrix} -2+3i & 0 \\ -i & 5 \end{bmatrix}$　　14. $\begin{bmatrix} 4 & i \\ -i & 2 \end{bmatrix}$

15. $\begin{bmatrix} -3+2i & 0 \\ 1 & 4i \end{bmatrix}$　　16. $\begin{bmatrix} 1 & \sqrt{2}i \\ -\sqrt{2}i & -1 \end{bmatrix}$

17. $\begin{bmatrix} 1 & i \\ -i & -1 \end{bmatrix}$　　18. $\begin{bmatrix} 2 & 0 & 0 \\ 1 & 0 & 2 \\ 0 & 0 & 3 \end{bmatrix}$

19. $\begin{bmatrix} 2 & 0 & 0 \\ 0 & 4 & 0 \\ 0 & 0 & 3 \end{bmatrix}$　　20. $\begin{bmatrix} -14 & 1 & 0 \\ 0 & 2 & 0 \\ 1 & 0 & 2 \end{bmatrix}$

21. $\begin{bmatrix} -1 & 1 & 0 \\ 1 & -1 & 0 \\ 0 & 0 & 0 \end{bmatrix}$　　22. $\begin{bmatrix} 1 & -2 & 0 \\ 0 & 0 & 0 \\ -5 & 0 & 7 \end{bmatrix}$

23. $\begin{bmatrix} i & 0 & -1 \\ -1 & 0 & 0 \\ 0 & 0 & 4i \end{bmatrix}$ 24. $\begin{bmatrix} i & 0 & 0 \\ 0 & 0 & i \\ 0 & i & 0 \end{bmatrix}$

$25 \sim 34$ 題，求使矩陣對角化的特徵矩陣：

25. $\begin{bmatrix} 0 & -1 \\ 4 & 3 \end{bmatrix}$ 26. $\begin{bmatrix} 0 & 16 \\ 4 & 0 \end{bmatrix}$

27. $\begin{bmatrix} -1 & 0 \\ 4 & -1 \end{bmatrix}$ 28. $\begin{bmatrix} 2 & 2 \\ 0 & 0 \end{bmatrix}$

29. $\begin{bmatrix} -5 & 3 \\ 0 & 9 \end{bmatrix}$ 30. $\begin{bmatrix} 0 & 1 \\ -1 & 0 \end{bmatrix}$

31. $\begin{bmatrix} 3 & 4 \\ 1 & 3 \end{bmatrix}$ 32. $\begin{bmatrix} 5 & 0 & 0 \\ 1 & 0 & 3 \\ 0 & 0 & -2 \end{bmatrix}$

33. $\begin{bmatrix} 1 & 0 & 1 \\ 0 & 3 & 2 \\ 0 & 0 & 2 \end{bmatrix}$ 34. $\begin{bmatrix} 2 & 0 & 0 \\ 0 & 2 & 1 \\ 0 & -1 & 2 \end{bmatrix}$

$35 \sim 44$ 題，求下列平方型方程式寫成矩陣方式，$\mathbf{X}^t \mathbf{A} \mathbf{X}$。並且分析其圖形形狀。

35. $x_1^2 - 24x_1x_2 - 6x_2^2 = 4$ 36. $x_1^2 - 2x_1x_2 + 4x_2^2 = 4$

37. $x_1^2 + \sqrt{3}x_1x_2 + 2x_2^2 = 2$ 38. $3x_1^2 + 5x_1x_2 - 3x_2^2 = 6$

39. $3x_1^2 - 8x_1x_2 - 3x_2^2 = 0$ 40. $2x_1^2 + 3x_1x_2 - 2x_2^2 = 4$

41. $x_1^2 + 6x_1x_2 + 9x_2^2 = 4$ 42. $6x_1^2 + 2x_1x_2 + 5x_2^2 = 9$

43. $3x_1^2 + 4\sqrt{3}x_1x_2 + 7x_2^2 = 4$ 44. $2x_1^2 - x_1x_2 - 3x_2^2 = 4$

$45 \sim 54$ 題，判斷矩陣 $\mathbf{A}$ 是赫密勳或扭赫密勳？求赫密勳型或扭赫密勳型 $\overline{\mathbf{X}}^t \mathbf{A} \mathbf{X}$。

45. $\mathbf{A} = \begin{bmatrix} 0 & -i \\ i & 0 \end{bmatrix}$, $\mathbf{X} = \begin{bmatrix} 1 \\ i \end{bmatrix}$

46. $\mathbf{A} = \begin{bmatrix} 2 & 2-i \\ 2+i & 5 \end{bmatrix}$, $\mathbf{X} = \begin{bmatrix} -i \\ 2+i \end{bmatrix}$

47. $\mathbf{A} = \begin{bmatrix} 2 & 1+i \\ 1-i & 1 \end{bmatrix}$, $\mathbf{X} = \begin{bmatrix} 2 \\ 1 \end{bmatrix}$

48. $\mathbf{A} = \begin{bmatrix} i & 3-i \\ -3-i & 0 \end{bmatrix}$, $\mathbf{X} = \begin{bmatrix} -2-5i \\ 3i \end{bmatrix}$

49. $\mathbf{A} = \begin{bmatrix} -i & -1 \\ 1 & -2i \end{bmatrix}$, $\mathbf{X} = \begin{bmatrix} 1 \\ i \end{bmatrix}$

50. $\mathbf{A} = \begin{bmatrix} 0 & 3i & -2-i \\ 3i & 4i & 0 \\ 2-i & 0 & -3i \end{bmatrix}$, $\mathbf{X} = \begin{bmatrix} 0 \\ 2i \\ -1+5i \end{bmatrix}$

51. $\mathbf{A} = \begin{bmatrix} 0 & i & 0 \\ -i & 1 & -2i \\ 0 & 2i & 2 \end{bmatrix}$, $\mathbf{X} = \begin{bmatrix} -i \\ 1 \\ i \end{bmatrix}$

52. $\mathbf{A} = \begin{bmatrix} 4 & -1 & 2i \\ -1 & 0 & 6-i \\ -2i & 6+i & -5 \end{bmatrix}$, $\mathbf{X} = \begin{bmatrix} -3i \\ -4 \\ 0 \end{bmatrix}$

53. $\mathbf{A} = \begin{bmatrix} 3 & -i & 0 \\ i & 0 & 2i \\ 0 & -2i & 4 \end{bmatrix}$, $\mathbf{X} = \begin{bmatrix} 1 \\ 1 \\ 1 \end{bmatrix}$

54. $\mathbf{A} = \begin{bmatrix} 2i & 0 & 4 \\ 0 & i & 5-i \\ -4 & -5-i & 4i \end{bmatrix}$, $\mathbf{X} = \begin{bmatrix} 0 \\ -2i \\ 3 \end{bmatrix}$

9.6　微分方程式之矩陣解法

當工程系統的變數增多時，系統方程式就變得和聯立方程式一樣的必須用矩陣來解答才能提高效率。譬如一系統擁有 n 個變數 $y_1, y_2, \cdots, y_n$，其微分方程式為

$$y_1' = f_1(t, y_1, y_2, \cdots, y_n)$$

$$y_2' = f_2(t, y_1, y_2, \cdots, y_n) \qquad\qquad (9.15)$$

$$\cdots\cdots\cdots\cdots\cdots\cdots$$

$$y_n' = f_n(t, y_1, y_2, \cdots, y_n)$$

若本系統是線性系統，則可得到線性微分方程式：

$$y_1' = a_{11}(t)y_1(t) + a_{12}(t)y_2(t) + \cdots + a_{1n}(t)y_n(t) + g_1(t)$$

$$y_2' = a_{21}(t)y_1(t) + a_{22}(t)y_2(t) + \cdots + a_{2n}(t)y_n(t) + g_2(t) \qquad (9.16)$$

$$\cdots\cdots\cdots\cdots\cdots\cdots\cdots\cdots\cdots\cdots\cdots\cdots\cdots\cdots\cdots$$

$$y_n'(t) = a_{n1}(t)y_1(t) + a_{n2}(t)y_2(t) + \cdots + a_{nn}(t)y_n(t) + g_n(t)$$

上述的系統方程式寫法可用矩陣簡化為

$$\mathbf{Y}' = \mathbf{AY} + \mathbf{G} \qquad\qquad (9.17)$$

上式若 $\mathbf{G} \neq \mathbf{0}$，則稱為非齊性 (nonhomogeneous) 系統；若 $\mathbf{G} = \mathbf{0}$ 則稱為齊性 (homogeneous) 系統。

(9.17) 式又讓我們回到第一章和第二章線性方程式的解法，只是這裡是矩陣函數，因此解法稍有不同，而必須借助特徵向量。而 (9.17)

式的解答中含有齊性答案和特殊答案，就如同第一和第二章的解法過程一樣，茲列如後。

1.常係數齊性系統方程式

$$\mathbf{Y}' = \mathbf{A}\mathbf{Y} \tag{9.18}$$

其解類似於第一章的微分方程式 $y' = Ay$，令上式之解為

$$\mathbf{Y} = \mathbf{X}e^{\lambda t} \tag{9.19}$$

其中 $\mathbf{X}$ 是常數向量。

代入 (9.18) 式，則得到

$$\lambda \mathbf{X}e^{\lambda t} = \mathbf{A}\mathbf{X}e^{\lambda t}$$

或

$$\mathbf{A}\mathbf{X} = \lambda \mathbf{X} \tag{9.20}$$

使得微分方程式轉變成為特徵值問題。

⑴**特徵值互不相同**

若 (9.20) 式解得 n 個互不相同之特徵值 $\lambda_1, \lambda_2, \cdots, \lambda_n$ 和相對應之線性獨立的特徵向量 $\mathbf{X}_1, \mathbf{X}_2, \cdots, \mathbf{X}_n$，則 $\mathbf{Y}' = \mathbf{A}\mathbf{Y}$ 就有 n 個解答是

$$\mathbf{Y}_i = \mathbf{X}_i e^{\lambda_i t}, \ i = 1, \cdots, n$$

方程式的齊性答案是

$$\mathbf{Y} = \sum_{i=1}^{n} c_i \mathbf{X}_i e^{\lambda_i t}, \ c_i \text{是未知的常數係數} \tag{9.21}$$

⑵**特徵值有重根現象**

若特徵值有重根現象，通常對應的特徵向量會線性相依，就無法

得到完整的齊性答案。在第三章的拉卜拉斯轉換章節裡，若 λ_1 有重根現象，則解答為

$$c_1 e^{\lambda_1 t} + c_2 t e^{\lambda_1 t} + c_3 t^2 e^{\lambda_1 t} + \cdots$$

(9.18) 式的重根解答有點類似，但稍有不同。

(a)對雙重根 λ_1 而言，若只可以獲得一特徵向量 $\mathbf{X}_1$ 及解答 $\mathbf{Y}_1 = \mathbf{X}_1 e^{\lambda_1 t}$，則另一對應於 λ_1 的解答 $\mathbf{Y}_2$ 之形式為

$$\mathbf{Y}_2 = \mathbf{X}_1 t e^{\lambda_1 t} + \mathbf{U} e^{\lambda_1 t} \tag{9.22}$$

將 $\mathbf{Y}_2$ 代入原方程式 (9.18) 中，

$$\mathbf{Y}_2' = \mathbf{X}_1 e^{\lambda_1 t} + \lambda_1 \mathbf{X}_1 t e^{\lambda_1 t} + \lambda_1 \mathbf{U} e^{\lambda_1 t}$$

$$= \mathbf{A} \mathbf{X}_1 t e^{\lambda_1 t} + \mathbf{A} \mathbf{U} e^{\lambda_1 t}$$

已知 $\mathbf{A}\mathbf{X}_1 = \lambda_1 \mathbf{X}_1$，代入上式，得到

$$\mathbf{A}\mathbf{U} - \lambda_1 \mathbf{U} = \mathbf{X}_1$$

或

$$(\mathbf{A} - \lambda_1 \mathbf{I})\mathbf{U} = \mathbf{X}_1 \tag{9.23}$$

(b)對三重根 λ_1 而言，若只得到一線性獨立之特徵向量 $\mathbf{X}_1$ 及解答 $\mathbf{Y}_1$，則第二解答 $\mathbf{Y}_2$ 和 $\mathbf{U}$ 和 (9.22) 式相同，而第三解答 $\mathbf{Y}_3$ 的形式為

$$\mathbf{Y}_3 = \frac{1}{2!} \mathbf{X}_1 t^2 e^{\lambda_1 t} + \mathbf{U} t e^{\lambda_1 t} + \mathbf{V} e^{\lambda_1 t} \tag{9.24}$$

代入原方程式，可得到

$$(\mathbf{A} - \lambda_1 \mathbf{I})\mathbf{V} = \mathbf{U} \tag{9.25}$$

故依此類推，可求得任何重根的解答。

2.常係數非齊性系統方程式

$$\mathbf{Y}' = \mathbf{AY} + \mathbf{G}$$

非齊性方程式的普通答案 (general solution) 可分為齊性答案 $\mathbf{Y}_h$ (homogeneous solution) 和特殊答案 $\mathbf{Y}_p$ (particular solution)，即

$$\mathbf{Y} = \mathbf{Y}_h + \mathbf{Y}_p$$

其中 $\mathbf{Y}_h$ 即是 (9.21) 式，

$$\mathbf{Y}_h = \sum_{i=1}^{n} c_i \mathbf{X}_i e^{\lambda_i t} = \mathbf{X}_\lambda(t) \mathbf{C} \tag{9.26}$$

$$\mathbf{X}_\lambda(t) = [\mathbf{X}_1 e^{\lambda_1 t}, \mathbf{X}_2 e^{\lambda_2 t}, \cdots, \mathbf{X}_n e^{\lambda_n t}] \tag{9.27a}$$

$$\mathbf{C}(t) = [c_1, c_2, \cdots, c_n]^t, \text{ 係數向量} \tag{9.27b}$$

至於求特殊答案的方法有下列三種:

⑴**未定係數法** (method of undetermined coefficients)

根據 $\mathbf{G}(t)$ 函數的特性，猜測 $\mathbf{Y}_p(t)$ 的對應答案形式，再代入方程式去解係數值，故稱為未定係數法。譬如，以 $\mathbf{G}(t) = \begin{bmatrix} at^2 + bt \\ ct^2 + dt + e \end{bmatrix}$ 為例， $\mathbf{Y}_p(t)$ 的形式應為

$$\mathbf{Y}_p(t) = \mathbf{U} + \mathbf{V}t + \mathbf{W}t^2$$

其中 $\mathbf{U}$、$\mathbf{V}$、$\mathbf{W}$ 是未知係數，將 $\mathbf{Y}_p(t)$ 代入原方程式（即 (9.17) 式）中去決定 $\mathbf{U}$、$\mathbf{V}$、$\mathbf{W}$ 的係數值，就可得到 $\mathbf{Y}_p$ 的解答。這個方法要憑第一章和第二章解微分方程的經驗才能做適當的猜測。若沒有把握猜對，就要用下面另二種方法。

⑵**參數變異法** (variation of parameters)

　　若沒有把握能正確地決定特殊答案的形式，就用參數變異法，即令

$$\mathbf{Y}_p(t) = \mathbf{X}_\lambda(t)\mathbf{U}(t) \tag{9.28}$$

代入原方程式中，

$$\mathbf{X}'_\lambda \mathbf{U} = \mathbf{X}_\lambda \mathbf{U}' = \mathbf{A}\mathbf{X}_\lambda \mathbf{U} + \mathbf{G}(t) \tag{9.29}$$

已知

$$\mathbf{Y}'_h = \mathbf{A}\mathbf{Y}_h$$

則

$$\mathbf{X}'_\lambda \mathbf{C} = \mathbf{A}\mathbf{X}_\lambda \mathbf{C}$$

或

$$\mathbf{X}'_\lambda = \mathbf{A}\mathbf{X}_\lambda$$

將上式代入 (9.29) 式，可得

$$\mathbf{A}\mathbf{X}_\lambda \mathbf{U} + \mathbf{X}_\lambda \mathbf{U}' = \mathbf{A}\mathbf{X}_\lambda \mathbf{U} + \mathbf{G}(t)$$

或

$$\mathbf{X}_\lambda \mathbf{U}' = \mathbf{G}(t)$$

乘以 $\mathbf{X}_\lambda^{-1}$，得到

$$\mathbf{U}' = \mathbf{X}_\lambda^{-1}\mathbf{G}(t)$$

積分後，解得 $\mathbf{U}$，

$$\mathbf{U}(t) = \int_{t_0}^{t} \mathbf{X}_\lambda^{-1}\mathbf{G}(\tau)d\tau + \mathbf{C}(t_0), \quad t_0 \text{是起始值}$$

得到特殊答案,

$$\mathbf{Y}_p = \mathbf{X}_\lambda \mathbf{U}(t) = \mathbf{X}_\lambda \int_{t_0}^t \mathbf{X}_\lambda^{-1} \mathbf{G}(\tau) d\tau + \mathbf{X}_\lambda \mathbf{C}(t_0)$$

一般皆令 $\mathbf{C}(t_0) = \mathbf{0}$,因為 $\mathbf{X}_\lambda \mathbf{C}(t_0)$ 和齊性答案 $\mathbf{Y}_h$ 有重複之嫌,故特殊答案為

$$\mathbf{Y}_p = \mathbf{X}_\lambda \int_{t_0}^t \mathbf{X}_\lambda^{-1} \mathbf{G}(\tau) d\tau \tag{9.30}$$

⑶可對角化的參數變異法

若矩陣 $\mathbf{A}$ 可對角化,即 $\mathbf{A}$ 有線性獨立之特徵向量,則 $\mathbf{A}$ 之對角化矩陣 $\mathbf{D}$,

$$\mathbf{D} = \mathbf{X}^{-1} \mathbf{A} \mathbf{X}$$

$\mathbf{X} = [\mathbf{X}_1, \mathbf{X}_2, \cdots, \mathbf{X}_n]$,由特徵向量合成的矩陣

令新變數 $\mathbf{Z} = \mathbf{X}^{-1}\mathbf{Y}$ 或 $\mathbf{Y} = \mathbf{X}\mathbf{Z}$,則將原方程式乘以 $\mathbf{X}^{-1}$,

$$\mathbf{X}^{-1}\mathbf{Y}' = \mathbf{X}^{-1}\mathbf{A}\mathbf{Y} + \mathbf{X}^{-1}\mathbf{G}$$

$$(\mathbf{X}^{-1}\mathbf{Y})' = \mathbf{X}^{-1}\mathbf{A}\mathbf{X}\mathbf{Z} + \mathbf{X}^{-1}\mathbf{G}$$

得到新方程式

$$\mathbf{Z}' = \mathbf{D}\mathbf{Z} + \mathbf{H} \tag{9.31}$$

$$\mathbf{H} = \mathbf{X}^{-1}\mathbf{G} \tag{9.31a}$$

已知

$$\mathbf{D} = \begin{bmatrix} \lambda_1 & & \\ & \lambda_2 & & 0 \\ 0 & & \ddots & \\ & & & \lambda_n \end{bmatrix}$$

$$\mathbf{Z} = \begin{bmatrix} z_1 \\ z_2 \\ \vdots \\ z_n \end{bmatrix}, \quad \mathbf{H} = \begin{bmatrix} h_1 \\ h_2 \\ \vdots \\ h_n \end{bmatrix}$$

(9.31) 的矩陣方程式可簡化為 n 個獨立的線性方程式：

$$z_i'(t) = \lambda_i z_i + h_i, \ i = 1, 2, \cdots, n$$

其解答是

$$z_i(t) = c_i e^{\lambda_i t} + e^{\lambda_i t} \int h_i(t) e^{-\lambda_i t} dt \qquad (9.32)$$

可得到普通答案（裡面包含齊性答案和特殊答案），

$$\mathbf{Y} = \mathbf{XZ}$$

3. n 階微分方程式轉換成矩陣形式的單階系統方程式

　　將 n 階微分方程式轉換成單階的系統微分方程式是比直接用數值法解 n 階方程式的計算速度較快且簡單許多。

　　令 n 階線性微分方程是

$$y^{(n)} + a_{n-1}(t) y^{(n-1)} + \cdots + a_1(t) y' + a_0(t) y = g(t)$$

定義

$$y_1 = y$$

$$y_2 = y_1' = y'$$

$$y_3 = y_2' = y''$$

$$\vdots$$

$$y_n = y'_{n-1} = y^{(n-1)}$$

重新整理之，得到單階的系統方程式

$$y'_1 = y_2$$

$$y'_2 = y_3$$

$$\vdots$$

$$y'_{n-1} = y_n$$

$$y'_n = -a_{n-1}y_n - a_{n-2}y_{n-1} - \cdots - a_1 x_2 - a_0 x_1 + g(t)$$

令向量

$$\mathbf{Y} = \begin{bmatrix} y_1 \\ y_2 \\ \vdots \\ y_n \end{bmatrix}, \quad \mathbf{G}(t) = \begin{bmatrix} 0 \\ 0 \\ \vdots \\ 0 \\ g(t) \end{bmatrix}$$

可得到非齊性矩陣方程式

$$\mathbf{Y}' = \mathbf{AY} + \mathbf{G}(t)$$

普通答案 $\mathbf{Y}$ 中的 $y = y_1$ 是 n 階微分方程式的解答。

4. $\mathbf{Y}' = \mathbf{AY}$ 的實數解，當 $\mathbf{A}$ 有複數特徵值

若 $\mathbf{A}$ 有複數特徵值 $\lambda_1 = \alpha + \beta i$，$\lambda_2 = \overline{\lambda}_1 = \alpha - \beta i$，則對應之特徵向量是 $\mathbf{X}_1$ 和 $\mathbf{X}_2$，且 $\mathbf{X}_2 = \overline{\mathbf{X}}_1$，而普通答案的複數解答是

$$\mathbf{Y} = c_1 \mathbf{X}_1 e^{\lambda_1 t} + c_2 \mathbf{X}_2 e^{\lambda_2 t} = c_1 \mathbf{X}_1 e^{\lambda_1 t} + c_2 \overline{\mathbf{X}}_1 e^{\overline{\lambda}_1 t}$$

$$= c_1 \mathbf{X}_1 e^{\lambda_1 t} + c_2 \overline{(\mathbf{X}_1 e^{\lambda_1 t})} \tag{9.33}$$

根據上式，只要分析 $\mathbf{X}_1 e^{\lambda_1 t}$ 就好。而 $\mathbf{X}_1 e^{\lambda_1 t}$ 可寫成實數部份和虛數部份，即

$$\mathbf{X}_1 e^{\lambda_1 t} = \mathbf{U} + i\mathbf{V}$$

經由 Wronskian 測試，可以得到

$$|\mathbf{UV}| \neq 0$$

即證明 $\mathbf{U}$ 和 $\mathbf{V}$ 是線性獨立的兩個基本向量，故原方程式的實數普通答案

$$\mathbf{Y}_R = b_1 \mathbf{U} + b_2 \mathbf{V} \tag{9.34}$$

注意，$\mathbf{U}$ 和 $\mathbf{V}$ 亦可由 (9.33) 式求得。

$$\mathbf{Y} = c_1 \mathbf{X}_1 e^{\lambda_1 t} + c_2 (\overline{\mathbf{X}_1 e^{\lambda_1 t}}) = c_1(\mathbf{U} + i\mathbf{V}) + c_2(\mathbf{U} - i\mathbf{V})$$

令 $c_1 = c_2 = \dfrac{1}{2}$，可得 $\mathbf{Y}_{R1} = \mathbf{U}$；令 $c_1 = -c_2 = \dfrac{-i}{2}$，可得 $\mathbf{Y}_{R2} = \mathbf{V}$。

因此，$\mathbf{U}$ 和 $\mathbf{V}$ 是 $\mathbf{Y}$ 中的實數解，且 $\mathbf{U}$ 和 $\mathbf{V}$ 線性獨立，故兩向量可合成 $\mathbf{Y}$ 的實數解 $\mathbf{Y}_R$，即

$$\mathbf{Y}_R = b_1 \mathbf{U} + b_2 \mathbf{V} = \mathbf{X}_R \mathbf{B}$$

$$\mathbf{X}_R = [\mathbf{U}, \ \mathbf{V}]$$

$$\mathbf{B} = \begin{bmatrix} b_1 \\ b_2 \end{bmatrix}$$

解題範例

【範例1】

解 $\begin{cases} y_1' = 2y_1 - 4y_2 \\ y_2' = y_1 - 3y_2 \end{cases}$

【解】

本題是齊性方程式, $\mathbf{Y}' = \mathbf{AY}$,

$$\mathbf{A} = \begin{bmatrix} 2 & -4 \\ 1 & -3 \end{bmatrix}$$

特徵方程式

$$|\lambda \mathbf{I} - \mathbf{A}| = \begin{vmatrix} \lambda - 2 & 4 \\ -1 & \lambda + 3 \end{vmatrix} = \lambda^2 + \lambda - 2$$

$$= (\lambda - 1)(\lambda + 2) = 0$$

$$\lambda_1 = 1, \ \lambda_2 = -2$$

特徵向量 $\mathbf{X}$ 由

$$(\mathbf{A} - \lambda \mathbf{I})\mathbf{X} = 0$$

$$\begin{bmatrix} 2 - \lambda & -4 \\ 1 & -3 - \lambda \end{bmatrix} \begin{bmatrix} x_1 \\ x_2 \end{bmatrix} = \begin{bmatrix} 0 \\ 0 \end{bmatrix}$$

或

$$(2 - \lambda)x_1 - 4x_2 = 0$$

$$x_1 - (3 + \lambda)x_2 = 0$$

(i) 將 $\lambda_1 = 1$ 代入,

$$x_1 - 4x_2 = 0$$

$$x_2 = 1, \ x_1 = 4$$

$$\mathbf{X}_1 = \begin{bmatrix} 4 \\ 1 \end{bmatrix}$$

(ii) 將 $\lambda_2 = -2$ 代入,

$$4x_1 - 4x_2 = 0 \ \text{或} \ x_1 - x_2 = 0$$

$$\mathbf{X}_2 = \begin{bmatrix} 1 \\ 1 \end{bmatrix}$$

普通答案

$$\mathbf{Y} = \mathbf{X}_\lambda \mathbf{C}$$

$$\mathbf{X}_\lambda = [\mathbf{X}_1 e^t, \mathbf{X}_2 e^{-2t}] = \begin{bmatrix} 4e^t & e^{-2t} \\ e^t & e^{-2t} \end{bmatrix}$$

$$\mathbf{C} = \begin{bmatrix} c_1 \\ c_2 \end{bmatrix}$$

【範例2】

解 $\mathbf{Y}' = \mathbf{A}\mathbf{Y}$, $\mathbf{A} = \begin{bmatrix} 5 & -4 & 4 \\ 12 & -11 & 12 \\ 4 & -4 & 5 \end{bmatrix}$

【解】

$|\lambda \mathbf{I} - \mathbf{A}| = 0$ 的特徵值是 $\lambda_1 = -3, \ \lambda_2 = \lambda_3 = 1$。對 $(\mathbf{A} - \lambda \mathbf{I})\mathbf{X} = 0$

(i) $\lambda_1 = -3$ 代入,

$$8x_1 - 4x_2 + 4x_3 = 0$$
$$12x_1 - 8x_2 + 12x_3 = 0$$
$$4x_1 - 4x_2 + 8x_3 = 0$$

求得單一答案, $\mathbf{X}_1 = \begin{bmatrix} 1 \\ 3 \\ 1 \end{bmatrix}$

(ii) $\lambda_2 = \lambda_3 = 1$ 代入,

$$4x_1 - 4x_2 + 4x_3 = 0$$

$$12x_1 - 12x_2 + 12x_3 = 0$$

$$4x_1 - 4x_2 + 4x_3 = 0$$

合併成為只有一方程式

$$x_1 - x_2 + x_3 = 0$$

可得到兩線性獨立解，即令 $(x_1, x_2) = (0, 1)$ 或 $(1, 0)$，則兩特徵向量是

$$\mathbf{X}_2 = \begin{bmatrix} 0 \\ 1 \\ 1 \end{bmatrix}, \quad \mathbf{X}_3 = \begin{bmatrix} 1 \\ 0 \\ -1 \end{bmatrix}$$

$$\mathbf{Y} = \mathbf{X}_\lambda \mathbf{C}$$

$$\mathbf{X}_\lambda = [\mathbf{X}_1 e^{-3t}, \ \mathbf{X}_2 e^t, \ \mathbf{X}_3 e^t]$$

$$= \begin{bmatrix} e^{-3t} & 0 & e^t \\ 3e^{-3t} & e^t & 0 \\ e^{-3t} & e^t & -e^t \end{bmatrix}$$

【範例 3】

解 $\mathbf{Y}' = \begin{bmatrix} -1 & 1 \\ -1 & -1 \end{bmatrix} \mathbf{Y}$

【解】

$$|\lambda \mathbf{I} - \mathbf{A}| = \lambda^2 + 2\lambda + 2 = 0$$

$\mathbf{A}$ 的特徵值是複數 $\lambda_1 = -1 + i, \ \lambda_2 = \overline{\lambda_1} = -1 - i$。

$\lambda_1 = -1 + i$ 代入 $(\mathbf{A} - \lambda \mathbf{I})\mathbf{X} = \mathbf{0}$，得到

$$-ix_1 + x_2 = 0$$

故 λ_1 的特徵向量 $\mathbf{X}_1$,

$$\mathbf{X}_1 = \begin{bmatrix} 1 \\ i \end{bmatrix}$$

同理將 $\lambda_2 = -1 - i$ 代入 $(\mathbf{A} - \lambda\mathbf{I})\mathbf{X} = \mathbf{0}$，可得到特徵向量 $\mathbf{X}_2$，

$$\mathbf{X}_2 = \overline{\mathbf{X}}_1 = \begin{bmatrix} 1 \\ -i \end{bmatrix}$$

複數普通答案，

$$\mathbf{Y} = \mathbf{X}_\lambda \mathbf{C}$$

$$\mathbf{X}_\lambda = [\mathbf{X}_1 e^{(-1+i)t} \quad \mathbf{X}_2 e^{(-1-i)t}] = \begin{bmatrix} e^{(-1+i)t} & e^{(-1-i)t} \\ i e^{(-1+i)t} & -i e^{(-1-i)t} \end{bmatrix}$$

$$\mathbf{X}_1 e^{(-1+i)t} = \begin{bmatrix} 1 \\ i \end{bmatrix} e^{-t}(\cos t + i \sin t) = \begin{bmatrix} e^{-t}\cos t + i e^{-t}\sin t \\ -e^{-t}\sin t + i e^{-t}\cos t \end{bmatrix}$$

$$= \begin{bmatrix} e^{-t}\cos t \\ -e^{-t}\sin t \end{bmatrix} + i \begin{bmatrix} e^{-t}\sin t \\ e^{-t}\cos t \end{bmatrix} = \mathbf{U} + i\mathbf{V}$$

實數普通答案

$$\mathbf{Y}_R = b_1 \mathbf{U} + b_2 \mathbf{V}$$

或

$$y_{1R} = e^{-t}(a_1 \cos t + a_2 \sin t)$$

$$y_{2R} = e^{-t}(-a_1 \sin t + a_2 \cos t)$$

【範例 4】

解 $\mathbf{Y}' = \mathbf{A}\mathbf{Y}$ 的實數解，$\quad \mathbf{A} = \begin{bmatrix} 2 & 0 & 1 \\ 0 & -2 & -2 \\ 0 & 2 & 0 \end{bmatrix}$

【解】

$\mathbf{A}$ 的特徵值是 $\lambda_1 = 2$，$\lambda_2 = -1 + \sqrt{3}i$，$\lambda_3 = -1 - \sqrt{3}i$，特徵向量分別是

$$\mathbf{X}_1 = \begin{bmatrix} 1 \\ 0 \\ 0 \end{bmatrix}, \quad \mathbf{X}_2 = \begin{bmatrix} 1 \\ -2\sqrt{3}i \\ -3+\sqrt{3}i \end{bmatrix}, \quad \mathbf{X}_3 = \begin{bmatrix} 1 \\ 2\sqrt{3}i \\ -3-\sqrt{3}i \end{bmatrix}$$

其中

$$\mathbf{X}_2 e^{\lambda_2 t} = \begin{bmatrix} 1 \\ -2\sqrt{3}i \\ -3+\sqrt{3}i \end{bmatrix} e^{-t}(\cos\sqrt{3}t + i\sin\sqrt{3}t)$$

$$= e^{-t} \begin{bmatrix} \cos\sqrt{3}t \\ 2\sqrt{3}\sin\sqrt{3}t \\ -3\cos\sqrt{3}t - \sqrt{3}\sin\sqrt{3}t \end{bmatrix}$$

$$+ ie^{-t} \begin{bmatrix} \sin\sqrt{3}t \\ -2\sqrt{3}\cos\sqrt{3}t \\ -3\sin\sqrt{3}t + \sqrt{3}\cos\sqrt{3}t \end{bmatrix}$$

$$= \mathbf{U} + i\mathbf{V}$$

實數普通答案

$$\mathbf{Y}_R = b_1\mathbf{X}_1 e^{\lambda_1 t} + b_2\mathbf{U} + b_3\mathbf{V} = \mathbf{X}_R\mathbf{B}$$

$$\mathbf{X}_R = [\mathbf{X}_1 e^{\lambda_1 t} \quad \mathbf{U} \quad \mathbf{V}]$$

【範例5】

解 $\mathbf{Y}' = \begin{bmatrix} 4 & 1 \\ -1 & 2 \end{bmatrix} \mathbf{Y}$

【解】

$$|\lambda\mathbf{I} - \mathbf{A}| = \begin{vmatrix} \lambda-4 & -1 \\ 1 & \lambda-2 \end{vmatrix} = \lambda^2 - 6\lambda + 9 = (\lambda-3)^2 = 0$$

$$\lambda_1 = \lambda_2 = 3$$

$\lambda_1 = 3$ 代入 $(\mathbf{A} - \lambda\mathbf{I})\mathbf{X} = 0$,

$$\begin{bmatrix} 1 & 1 \\ -1 & -1 \end{bmatrix} \begin{bmatrix} x_1 \\ x_2 \end{bmatrix} = \begin{bmatrix} 0 \\ 0 \end{bmatrix}$$

或

$$x_1 + x_2 = 0$$

只能得到一特徵向量,

$$\mathbf{X}_1 = \begin{bmatrix} 1 \\ -1 \end{bmatrix} \ \text{及} \ \mathbf{Y}_1 = \mathbf{X}_1 e^{3t}$$

由於 λ 是雙重根, 故另一解答 $\mathbf{Y}_2$,

$$\mathbf{Y}_2 = \mathbf{X}_1 t e^{3t} + \mathbf{U} e^{3t}$$

且

$$(\mathbf{A} - \lambda_1 \mathbf{I})\mathbf{U} = \mathbf{X}_1$$

$$\begin{bmatrix} 1 & 1 \\ -1 & -1 \end{bmatrix} \begin{bmatrix} u_1 \\ u_2 \end{bmatrix} = \begin{bmatrix} 1 \\ -1 \end{bmatrix}$$

得到 $u_1 + u_2 = 1$, 選 $u_1 = 0, u_2 = 1$, 則 $\mathbf{U} = \begin{bmatrix} 0 \\ 1 \end{bmatrix}$

普通答案 $\mathbf{Y}$,

$$\mathbf{Y} = c_1 \mathbf{Y}_1 + c_2 \mathbf{Y}_2 = c_1 \begin{bmatrix} 1 \\ -1 \end{bmatrix} e^{3t} + c_2 \begin{bmatrix} t \\ 1-t \end{bmatrix} e^{3t} = \mathbf{X}_\lambda \mathbf{C}$$

$$\mathbf{X}_\lambda = \begin{bmatrix} e^{3t} & te^{3t} \\ -e^{3t} & (1-t)e^{3t} \end{bmatrix}, \quad \mathbf{C} = \begin{bmatrix} c_1 \\ c_2 \end{bmatrix}$$

【範例 6】

解 $\mathbf{Y}' = \begin{bmatrix} 4 & 1 & 3 \\ 0 & 4 & 1 \\ 0 & 0 & 4 \end{bmatrix} \mathbf{Y}$

【解】

$\mathbf{A}$ 的特徵值是 $\lambda_1 = \lambda_2 = \lambda_3 = 4$。

$\lambda_1 = 4$ 代入 $(\mathbf{A} - \lambda \mathbf{I})\mathbf{X} = \mathbf{0}$,

$$\begin{bmatrix} 0 & 1 & 3 \\ 0 & 0 & 1 \\ 0 & 0 & 0 \end{bmatrix} \begin{bmatrix} x_1 \\ x_2 \\ x_3 \end{bmatrix} = \begin{bmatrix} 0 \\ 0 \\ 0 \end{bmatrix}$$

得到 $x_2 = x_3 = 0$，令 $x_1 = 1$，只有一個特徵向量，

$$\mathbf{X}_1 = \begin{bmatrix} 1 \\ 0 \\ 0 \end{bmatrix}$$

$$\mathbf{Y}_1 = \mathbf{X}_1 e^{4t}$$

令 $\mathbf{Y}_2 = \mathbf{X}_1 t e^{4t} + \mathbf{U} e^{4t}$，則

$$(\mathbf{A} - \lambda_1 \mathbf{I})\mathbf{U} = \mathbf{X}_1$$

$$\begin{bmatrix} 0 & 1 & 3 \\ 0 & 0 & 1 \\ 0 & 0 & 0 \end{bmatrix} \begin{bmatrix} u_1 \\ u_2 \\ u_3 \end{bmatrix} = \begin{bmatrix} 1 \\ 0 \\ 0 \end{bmatrix}$$

得到

$$u_2 + 3u_3 = 1 \ \text{且} \ u_3 = 0$$

或

$$u_2 = 1, u_3 = 0, \ \text{令} \ u_1 = 0$$

獲得

$$\mathbf{U} = \begin{bmatrix} 0 \\ 1 \\ 0 \end{bmatrix}$$

令 $\mathbf{Y}_3 = \dfrac{1}{2!} \mathbf{X}_1 t^2 e^{4t} + \mathbf{U} t e^{4t} + \mathbf{V} e^{4t}$，則

$$(\mathbf{A} - \lambda \mathbf{I})\mathbf{V} = \mathbf{U}$$

$$\begin{bmatrix} 0 & 1 & 3 \\ 0 & 0 & 1 \\ 0 & 0 & 0 \end{bmatrix} \begin{bmatrix} v_1 \\ v_2 \\ v_3 \end{bmatrix} = \begin{bmatrix} 0 \\ 1 \\ 0 \end{bmatrix}$$

得到

$$v_2 + 3v_3 = 0$$

$$v_3 = 1$$

令 $v_1 = 0$，獲得

$$\mathbf{V} = \begin{bmatrix} 0 \\ -3 \\ 1 \end{bmatrix}$$

普通答案 $\mathbf{Y}$，

$$\mathbf{Y} = c_1 \mathbf{Y}_1 + c_2 \mathbf{Y}_2 + c_3 \mathbf{Y}_3$$

$$= c_1 \mathbf{X}_1 e^{4t} + c_2 (\mathbf{X}_1 t + \mathbf{U}) e^{4t} + c_3 (\frac{1}{2} \mathbf{X}_1 t^2 + t\mathbf{U} + \mathbf{V}) e^{4t}$$

$$= \mathbf{X}\mathbf{C}$$

$$\mathbf{X} = e^{4t} \begin{bmatrix} 1 & t & \frac{1}{2}t^2 \\ 0 & 1 & t-3 \\ 0 & 0 & 1 \end{bmatrix}$$

【範例 7】

解 $\mathbf{Y}' = \mathbf{A}\mathbf{Y} + \mathbf{G}$, $\mathbf{A} = \begin{bmatrix} 2 & -4 \\ 1 & -3 \end{bmatrix}$, $\mathbf{G}(t) = \begin{bmatrix} 4t^2 + 10t \\ t^2 + 9t + \dfrac{9}{2} \end{bmatrix}$

【解】

本題的齊性答案 $\mathbf{Y}'_h = \mathbf{A}\mathbf{Y}_h$ 在範例 1 已解答了，即

$$\mathbf{Y}_h = \begin{bmatrix} 4e^t & e^{-2t} \\ e^t & e^{-2t} \end{bmatrix} \begin{bmatrix} c_1 \\ c_2 \end{bmatrix}$$

$\mathbf{G}(t)$ 內的函數型態相當明顯，可用未定係數法，令

$$\mathbf{Y}_p = \mathbf{U} + \mathbf{V}t + \mathbf{W}t^2$$

代入原方程式，

$$\mathbf{Y}'_p = \mathbf{V} + 2\mathbf{W}t = \mathbf{AU} + \mathbf{AV}t + \mathbf{AW}t^2 + \mathbf{G}$$

或

$$\begin{bmatrix} v_1 \\ v_2 \end{bmatrix} + \begin{bmatrix} 2w_1t \\ 2w_2t \end{bmatrix} = \begin{bmatrix} 2u_1 - 4u_2 \\ u_1 - 3u_2 \end{bmatrix} + \begin{bmatrix} (2v_1 - 4v_2)t \\ (v_1 - 3v_2)t \end{bmatrix}$$

$$+ \begin{bmatrix} (2w_1 - 4w_2)t^2 \\ (w_1 - 3w_2)t^2 \end{bmatrix} + \begin{bmatrix} 4t^2 + 10t \\ t^2 + 9t + \dfrac{9}{2} \end{bmatrix}$$

得到三組聯立方程式

$$\begin{cases} 0 = 2w_1 - 4w_2 + 4 \\ 0 = w_1 - 3w_2 + 1 \end{cases}$$

$$\begin{cases} 2w_1 = 2v_1 - 4v_2 + 10 \\ 2w_2 = v_1 - 3v_2 + 9 \end{cases}$$

$$\begin{cases} v_1 = 2u_1 - 4u_2 \\ v_2 = u_1 - 3u_2 + \dfrac{9}{2} \end{cases}$$

解得

$$w_1 = -4, \ w_2 = -1$$

$$v_1 = -13, \ v_2 = 2$$

$$u_1 = -\frac{21}{2}, \ u_2 = -2$$

普通答案 $\mathbf{Y}$,

$$\mathbf{Y} = \mathbf{Y}_h + \mathbf{Y}_p$$

【範例 8】

解 $\mathbf{Y}' = \mathbf{AY} + \mathbf{G}$, $\mathbf{A} = \begin{bmatrix} -3 & 1 \\ 1 & -3 \end{bmatrix}$, $\mathbf{G} = \begin{bmatrix} -3 \\ 1 \end{bmatrix} e^{-2t}$

【解】

A 的特徵方程式

$$(\lambda+3)^2 - 1 = (\lambda+2)(\lambda+4) = 0$$

特徵值 $\lambda_1 = -2$, $\lambda_2 = -4$，對應之特徵向量，

$$\mathbf{X}_1 = \begin{bmatrix} 1 \\ 1 \end{bmatrix}, \quad \mathbf{X}_2 = \begin{bmatrix} 1 \\ -1 \end{bmatrix}$$

$$\mathbf{Y}_h = \begin{bmatrix} e^{-2t} & e^{-4t} \\ e^{-2t} & -e^{-4t} \end{bmatrix} \begin{bmatrix} c_1 \\ c_2 \end{bmatrix}$$

至於特殊答案 $\mathbf{Y}_p$ 可用未定係數法或參數變異法。

(i) 未定係數法：

因為 $\mathbf{G}(t)$ 的函數形式 e^{-2t} 是相同於齊性答案的 e^{-2t}，採用拉卜拉斯轉換章節的方式，令

$$\mathbf{Y}_p = \mathbf{U}e^{-2t} + \mathbf{V}te^{-2t}$$

代入原方程式，

$$\mathbf{Y}_p' = -2\mathbf{U}e^{-2t} + \mathbf{V}e^{-2t} - 2\mathbf{V}te^{-2t}$$

$$= \mathbf{A}\mathbf{U}e^{-2t} + \mathbf{A}\mathbf{V}te^{-2t} + \begin{bmatrix} -3 \\ 1 \end{bmatrix} e^{-2t}$$

得到 te^{-2t} 和 e^{-2t} 的兩方程式，

$$\mathbf{A}\mathbf{V} = -2\mathbf{V}$$

$$\mathbf{V} - 2\mathbf{U} = \mathbf{A}\mathbf{U} + \begin{bmatrix} -3 \\ 1 \end{bmatrix}$$

由 $\mathbf{A}\mathbf{V} = -2\mathbf{V}$，知道 $\mathbf{V}$ 是 $\mathbf{A}$ 的特徵值 $\lambda = -2$ 之特徵向量，可直接求得

$$\mathbf{V} = k\mathbf{X}_1 = k \begin{bmatrix} 1 \\ 1 \end{bmatrix}, \quad k \text{ 是任意常數}$$

將 **V** 代入另一式，

$$\mathbf{AU} + 2\mathbf{U} = \mathbf{V} - \begin{bmatrix} -3 \\ 1 \end{bmatrix}$$

得到

$$-u_1 + u_2 = k + 3$$

$$u_1 - u_2 = k - 1$$

上兩式同時成立的唯一條件是 $k = -1$，得到

$$u_1 - u_2 = -2$$

$$\mathbf{V} = \begin{bmatrix} -1 \\ -1 \end{bmatrix}$$

令 $u_1 = a$, $u_2 = a + 2$，則

$$\mathbf{U} = \begin{bmatrix} a \\ a + 2 \end{bmatrix}, \ a \text{ 是任意常數}$$

$$\mathbf{Y}_p = \begin{bmatrix} a \\ a + 2 \end{bmatrix} e^{-2t} + \begin{bmatrix} -1 \\ -1 \end{bmatrix} t e^{-2t}$$

(ii) 參數變異法：

$$\mathbf{Y}_p = \mathbf{X}_\lambda \int_0^t \mathbf{X}_\lambda^{-1} \mathbf{G}(\tau) d\tau$$

已知

$$\mathbf{X}_\lambda = \begin{bmatrix} e^{-2t} & e^{-4t} \\ e^{-2t} & -e^{-4t} \end{bmatrix}$$

$$\mathbf{X}_\lambda^{-1} = \frac{1}{-2e^{-6t}} \begin{bmatrix} -e^{-4t} & -e^{-4t} \\ -e^{-2t} & e^{-2t} \end{bmatrix} = \frac{1}{2} \begin{bmatrix} e^{2t} & e^{2t} \\ e^{4t} & -e^{4t} \end{bmatrix}$$

$$\mathbf{X}_\lambda^{-1} \mathbf{G}(\tau) = \begin{bmatrix} -1 \\ -2e^{2\tau} \end{bmatrix}$$

$$\int_0^t \mathbf{X}_\lambda^{-1} \mathbf{G}(\tau) d\tau = \int_0^t \begin{bmatrix} -1 \\ -2e^{2\tau} \end{bmatrix} d\tau = \begin{bmatrix} -t \\ -e^{2t} + 1 \end{bmatrix}$$

$$\mathbf{Y}_p = \mathbf{X}_\lambda \begin{bmatrix} -t \\ -e^{2t} + 1 \end{bmatrix} = \begin{bmatrix} -e^{-2t} - te^{-2t} + e^{-4t} \\ e^{-2t} - te^{-2t} - e^{-4t} \end{bmatrix}$$

$$= \begin{bmatrix} -1 \\ 1 \end{bmatrix} e^{-2t} + \begin{bmatrix} -1 \\ -1 \end{bmatrix} te^{-2t} + \begin{bmatrix} 1 \\ -1 \end{bmatrix} e^{-4t}$$

上式的 $\mathbf{Y}_p$ 中，e^{-4t} 項是齊性答案之一，e^{-2t} 項對等於未定係數法的答案中令 $a = -1$ 之解。te^{-2t} 項則兩種方法得到相同的答案，結論是兩答案皆正確。

(iii) 對角化的參數變異法：

已知

$$\mathbf{X} = [\mathbf{X}_1, \mathbf{X}_2] = \begin{bmatrix} 1 & 1 \\ 1 & -1 \end{bmatrix}，$$

得到

$$\mathbf{D} = \mathbf{X}^{-1}\mathbf{A}\mathbf{X} = \begin{bmatrix} -2 & 0 \\ 0 & -4 \end{bmatrix}$$

$$\mathbf{H} = \mathbf{X}^{-1}\mathbf{G} = \begin{bmatrix} \dfrac{1}{2} & \dfrac{1}{2} \\ \dfrac{1}{2} & -\dfrac{1}{2} \end{bmatrix} \begin{bmatrix} -3e^{-2t} \\ e^{-2t} \end{bmatrix} = \begin{bmatrix} -e^{-2t} \\ -2e^{-2t} \end{bmatrix}$$

令 $\mathbf{Y} = \mathbf{X}\mathbf{Z}$，則

$$\mathbf{Z}' = \mathbf{D}\mathbf{Z} + \mathbf{H}$$

$$z_1 = c_1 e^{-2t} + e^{-2t} \int -e^{-2t} \cdot e^{2t} dt = c_1 e^{-2t} - te^{-2t}$$

$$z_2 = c_2 e^{-4t} + e^{-4t} \int_0^t -2e^{-2t} e^{4t} dt = c_2 e^{-4t} - e^{-2t}$$

$$\mathbf{Z} = \begin{bmatrix} z_1 \\ z_2 \end{bmatrix} = \begin{bmatrix} c_1 e^{-2t} - te^{-2t} \\ c_2 e^{-4t} - e^{-2t} \end{bmatrix}$$

$$\mathbf{Y} = \mathbf{X}\mathbf{Z} = \begin{bmatrix} 1 & 1 \\ 1 & -1 \end{bmatrix} \begin{bmatrix} c_1 e^{-2t} - te^{-2t} \\ c_2 e^{-4t} - e^{-2t} \end{bmatrix}$$

$$= \begin{bmatrix} c_1 e^{-2t} + c_2 e^{-4t} - e^{-2t} - te^{-2t} \\ c_1 e^{-2t} - c_2 e^{-4t} + e^{-2t} - te^{-2t} \end{bmatrix}$$

$$= \begin{bmatrix} e^{-2t} & e^{-4t} \\ e^{-2t} & -e^{-4t} \end{bmatrix} \begin{bmatrix} c_1 \\ c_2 \end{bmatrix} + \begin{bmatrix} -1 \\ 1 \end{bmatrix} e^{-2t} + \begin{bmatrix} -1 \\ -1 \end{bmatrix} te^{-2t}$$

三種方法驗證的答案相同，其中以對角化的方式最簡潔。

【範例 9】

解 $\mathbf{Y}' = \mathbf{AY} + \mathbf{G}$, $\mathbf{A} = \begin{bmatrix} 1 & -10 \\ -1 & 4 \end{bmatrix}$, $\mathbf{G} = \begin{bmatrix} -e^t \\ \sin t \end{bmatrix}$

【解】

$\mathbf{A}$ 的特徵值和特徵向量分別是

$$\lambda_1 = -1, \ \mathbf{X}_1 = \begin{bmatrix} 5 \\ 1 \end{bmatrix}$$

$$\lambda_2 = 6, \ \mathbf{X}_2 = \begin{bmatrix} -2 \\ 1 \end{bmatrix}$$

$$\mathbf{X}_\lambda = \begin{bmatrix} 5e^{-t} & -2e^{6t} \\ e^{-t} & e^{6t} \end{bmatrix}$$

$$\mathbf{X}_\lambda^{-1} = \frac{1}{7} \begin{bmatrix} e^t & 2e^t \\ -e^{-6t} & 5e^{-6t} \end{bmatrix}$$

$$\mathbf{X}_\lambda^{-1} \mathbf{G}(t) = \frac{1}{7} \begin{bmatrix} -e^{2t} + 2e^t \sin t \\ e^{-5t} + 5e^{-6t} \sin t \end{bmatrix}$$

$$\int \mathbf{X}_\lambda^{-1} \mathbf{G}(t) dt = \frac{1}{7} \begin{bmatrix} -\dfrac{1}{2} e^{2t} + e^t(\sin t - \cos t) \\ -\dfrac{1}{5} e^{-5t} - \dfrac{5}{37} e^{-6t}(\cos t + 6\sin t) \end{bmatrix}$$

$$\mathbf{Y} = \mathbf{X}_\lambda \mathbf{C} + \mathbf{X}_\lambda \int \mathbf{X}^{-1} \mathbf{G}(t) dt$$

$$= \mathbf{X}_\lambda \mathbf{C} + \begin{bmatrix} -\dfrac{3}{10} e^t + \dfrac{35}{37} \sin t - \dfrac{25}{37} \cos t \\ -\dfrac{1}{10} e^t + \dfrac{1}{37} \sin t - \dfrac{6}{37} \cos t \end{bmatrix}$$

【範例 10】

解系統方程式

$$\begin{cases} y_1' = 3y_1 + 3y_2 + 4 \\ y_2' = y_1 + 5y_2 + 2e^{3t} \end{cases}$$

【解】

本題屬於非齊性方程式，$\mathbf{Y}' = \mathbf{AY} + \mathbf{G}$

$$\mathbf{A} = \begin{bmatrix} 3 & 3 \\ 1 & 5 \end{bmatrix}, \quad \mathbf{G}(t) = \begin{bmatrix} 4 \\ 2e^{3t} \end{bmatrix}$$

$\mathbf{A}$ 的特徵值 $\lambda_1 = 2, \lambda_2 = 6$，對應之特徵向量，

$$\mathbf{X}_1 = \begin{bmatrix} 3 \\ -1 \end{bmatrix}, \quad \mathbf{X}_2 = \begin{bmatrix} 1 \\ 1 \end{bmatrix}$$

採用對角化方式，

$$\mathbf{D} = \mathbf{X}^{-1}\mathbf{AX} = \begin{bmatrix} 2 & 0 \\ 0 & 6 \end{bmatrix}, \quad \mathbf{X} = \begin{bmatrix} 3 & 1 \\ -1 & 1 \end{bmatrix}$$

$$\mathbf{H} = \mathbf{X}^{-1}\mathbf{G} = \begin{bmatrix} 1 - \dfrac{1}{2}e^{3t} \\ 1 + \dfrac{3}{2}e^{3t} \end{bmatrix}$$

$$z_1 = c_1 e^{2t} + e^{2t} \int \left(1 - \frac{1}{2}e^{3t}\right) e^{-2t} dt = c_1 e^{2t} - \frac{1}{2}(1 + e^{3t})$$

$$z_2 = c_2 e^{6t} + e^{6t} \int \left(1 + \frac{3}{2}e^{3t}\right) e^{-6t} dt = c_2 e^{6t} - \frac{1}{6}(1 + 3e^{3t})$$

$$\mathbf{Z} = \begin{bmatrix} c_1 e^{2t} - \dfrac{1}{2}(1 + e^{3t}) \\ c_2 e^{6t} - \dfrac{1}{6}(1 + 3e^{3t}) \end{bmatrix}$$

$$\mathbf{Y} = \mathbf{XZ} = \begin{bmatrix} 3 & 1 \\ -1 & 1 \end{bmatrix} \begin{bmatrix} c_1 e^{2t} - \dfrac{1}{2}(1 + e^{3t}) \\ c_2 e^{6t} - \dfrac{1}{6}(1 + 3e^{3t}) \end{bmatrix}$$

$$= \begin{bmatrix} 3c_1 e^{2t} + c_2 e^{6t} - 2e^{3t} - \dfrac{5}{3} \\ -c_1 e^{2t} + c_2 e^{6t} + \dfrac{1}{3} \end{bmatrix}$$

$$= \mathbf{XC} + \begin{bmatrix} -2 \\ 0 \end{bmatrix} e^{3t} + \begin{bmatrix} -\dfrac{5}{3} \\ \dfrac{1}{3} \end{bmatrix}$$

【範例 11】

解 $y'' + 3y' + 2y = 2t$

【解】

令 $y_1 = y$, $y_2 = y_1' = y'$, 代入 $y'' + 3y' + 2y = 2t$, 得到

$$y_1' = y_2$$

$$y_2' = -2y_1 - 3y_2 + 2t$$

整理之, $\mathbf{Y'} = \mathbf{AY} + \mathbf{G}$

$$\mathbf{A} = \begin{bmatrix} 0 & 1 \\ -2 & -3 \end{bmatrix}, \quad \mathbf{G}(t) = \begin{bmatrix} 0 \\ 2t \end{bmatrix}$$

$\mathbf{A}$ 的特徵值 $\lambda_1 = -1$, $\lambda_2 = -2$, 特徵向量,

$$\mathbf{X}_1 = \begin{bmatrix} 1 \\ -1 \end{bmatrix}, \quad \mathbf{X}_2 = \begin{bmatrix} 1 \\ -2 \end{bmatrix}$$

$$\mathbf{H} = \mathbf{X}^{-1}\mathbf{G} = \begin{bmatrix} 2 & 1 \\ -1 & -1 \end{bmatrix} \begin{bmatrix} 0 \\ 2t \end{bmatrix} = \begin{bmatrix} 2t \\ -2t \end{bmatrix}$$

$$z_1 = c_1 e^{-t} + e^{-t} \int (2t) e^t dt = c_1 e^{-t} + 2(t-1)$$

$$z_2 = c_2 e^{-2t} + e^{-2t} \int (-2t) e^{2t} dt = c_2 e^{-2t} + \frac{1}{2}(1 - 2t)$$

$$\mathbf{Y} = \mathbf{XZ} = \begin{bmatrix} 1 & 1 \\ -1 & -2 \end{bmatrix} \begin{bmatrix} c_1 e^{-t} + 2(t-1) \\ c_2 e^{-2t} + \dfrac{1}{2}(1 - 2t) \end{bmatrix}$$

$$= \begin{bmatrix} c_1 e^{-t} + c_2 e^{-2t} + t - \dfrac{3}{2} \\ -c_1 e^{-t} - 2c_2 e^{-2t} + 1 \end{bmatrix}$$

$$y_1 = y = c_1 e^{-t} + c_2 e^{-2t} + t - \frac{3}{2}$$

事實上，本題的系統較簡單，只要用拉卜拉斯轉換及未定係數法，即可求得解答。本法應是屬於大系統，用起來會較有效率。

【範例12】

解系統方程式

$$y_1'' + y_2' + 3y_1 = 1$$

$$y_1' - y_2' - 2y_2 = t$$

【解】

令 $y_3 = y_1'$，則

$$y_1' = y_3$$

$$y_2' = 0y_1 - 2y_2 + y_3 - t$$

$$y_3' = -3y_1 - y_2' + 1 = -3y_1 - (-2y_2 + y_3 - t) + 1$$

$$= -3y_1 + 2y_2 - y_3 + (1 + t)$$

得到

$$\mathbf{Y}' = \mathbf{AY} + \mathbf{G}$$

$$\mathbf{A} = \begin{bmatrix} 0 & 0 & 1 \\ 0 & -2 & 1 \\ -3 & 2 & -1 \end{bmatrix}, \quad \mathbf{G} = \begin{bmatrix} 0 \\ -t \\ 1+t \end{bmatrix}$$

特徵方程式 $|\lambda \mathbf{I} - \mathbf{A}| = \lambda^3 + 3\lambda^2 + 2\lambda + 6 = (\lambda + 3)(\lambda^2 + 2) = 0$

得到特徵值 $\lambda_1 = -3, \lambda_2 = \sqrt{2}, \lambda_3 = -\sqrt{2}$，對應之特徵向量

$$\mathbf{X}_1 = \begin{bmatrix} 1 \\ 3 \\ -3 \end{bmatrix}, \quad \mathbf{X}_2 = \begin{bmatrix} 1 \\ \dfrac{\sqrt{2}}{(2+\sqrt{2})} \\ \sqrt{2} \end{bmatrix}, \quad \mathbf{X}_3 = \begin{bmatrix} 1 \\ \dfrac{\sqrt{2}}{(2-\sqrt{2})} \\ -\sqrt{2} \end{bmatrix}$$

$$\mathbf{Y}_h = \mathbf{X}_\lambda \mathbf{C}, \quad \mathbf{X}_\lambda = \begin{bmatrix} e^{-3t} & e^{\sqrt{2}t} & e^{-\sqrt{2}t} \\ 3e^{-3t} & \dfrac{\sqrt{2}e^{\sqrt{2}t}}{(2+\sqrt{2})} & \dfrac{\sqrt{2}e^{-\sqrt{2}t}}{(\sqrt{2}-2)} \\ -3e^{-3t} & \sqrt{2}e^{\sqrt{2}t} & -\sqrt{2}e^{-\sqrt{2}t} \end{bmatrix}$$

用未定係數法求 $\mathbf{Y}_p$,

$$\mathbf{Y}_p = \mathbf{U} + \mathbf{V}t$$

$$\mathbf{Y}_p' = \mathbf{V} = \mathbf{A}\mathbf{Y}_p + \mathbf{G}$$

$$\mathbf{A}\mathbf{Y}_p = \begin{bmatrix} 0 & 0 & 1 \\ 0 & -2 & 1 \\ -3 & 2 & -1 \end{bmatrix} \begin{bmatrix} u_1 + v_1 t \\ u_2 + v_2 t \\ u_3 + v_3 t \end{bmatrix}$$

$$= \begin{bmatrix} u_3 + v_3 t \\ -2(u_2 + v_2 t) + (u_3 + v_3 t) \\ -3(u_1 + v_1 t) + 2(u_2 + v_2 t) - (u_3 + v_3 t) \end{bmatrix}$$

得到

$$v_1 = u_3 + v_3 t$$

$$v_2 = -2(u_2 + v_2 t) + (u_3 + v_3 t) - t$$

$$v_3 = -3(u_1 + v_1 t) + 2(u_2 + v_2 t) - (u_3 + v_3 t) + (1 + t)$$

整理之,

$$v_3 = 0, \quad v_1 = u_3$$

$$v_3 - 2v_2 - 1 = 0, \quad v_2 = u_3 - 2u_2$$

$$-3v_1 + 2v_2 - v_3 + 1 = 0, \ v_3 = -3u_1 + 2u_2 - u_3 + 1$$

得到

$$u_1 = \frac{1}{2}, \ u_2 = \frac{1}{4}, \ u_3 = 0$$

$$v_1 = 0, \ v_2 = -\frac{1}{2}, \ v_3 = 0$$

$$\mathbf{Y}_p = \begin{bmatrix} \dfrac{1}{2} \\[2mm] \dfrac{1}{4} \\[2mm] 0 \end{bmatrix} + \begin{bmatrix} 0 \\[2mm] -\dfrac{1}{2}t \\[2mm] 0 \end{bmatrix} = \begin{bmatrix} \dfrac{1}{2} \\[2mm] \dfrac{1}{4} - \dfrac{1}{2}t \\[2mm] 0 \end{bmatrix}$$

普通答案,

$$\mathbf{Y} = \mathbf{Y}_p + \mathbf{Y}_h$$

$$y_1 = c_1 e^{-3t} + c_2 e^{\sqrt{2}t} + c_3 e^{-\sqrt{2}t} + \frac{1}{2}$$

$$y_2 = 3c_1 e^{-3t} + \frac{\sqrt{2}}{2 + \sqrt{2}} c_2 e^{\sqrt{2}t} + \frac{\sqrt{2}}{\sqrt{2} - 2} c_3 e^{-\sqrt{2}t} + \frac{1}{4} - \frac{1}{2}t$$

習　題

1 ～ 18 題，解齊性系統方程式 $\mathbf{Y}' = \mathbf{AY}$ 和初值問題：

1. $\mathbf{A} = \begin{bmatrix} 3 & 0 \\ 5 & -4 \end{bmatrix}$

2. $\mathbf{A} = \begin{bmatrix} 0 & 1 \\ 1 & 0 \end{bmatrix}$

3. $\mathbf{A} = \begin{bmatrix} 1 & 1 \\ 1 & 1 \end{bmatrix}$

4. $\mathbf{A} = \begin{bmatrix} 2 & 3 \\ \dfrac{1}{3} & 2 \end{bmatrix}$

5. $\mathbf{A} = \begin{bmatrix} 1 & 2 & 1 \\ 6 & -1 & 0 \\ -1 & -2 & -1 \end{bmatrix}$

6. $\mathbf{A} = \begin{bmatrix} -4 & -6 \\ 1 & 1 \end{bmatrix}$

7. $\mathbf{A} = \begin{bmatrix} 1 & -1 \\ 1 & 1 \end{bmatrix}$

8. $\mathbf{A} = \begin{bmatrix} 1 & -1 & 4 \\ 3 & 2 & -1 \\ 2 & 1 & -1 \end{bmatrix}$

9. $\mathbf{A} = \begin{bmatrix} 0 & -1 \\ -1 & 0 \end{bmatrix}$, $\mathbf{Y}(0) = \begin{bmatrix} 3 \\ 1 \end{bmatrix}$

10. $\mathbf{A} = \begin{bmatrix} 3 & -4 \\ 2 & -3 \end{bmatrix}$, $\mathbf{Y}(0) = \begin{bmatrix} 7 \\ 5 \end{bmatrix}$

11. $\mathbf{A} = \begin{bmatrix} 6 & 9 \\ 1 & 6 \end{bmatrix}$, $\mathbf{Y}(0) = \begin{bmatrix} -1 \\ -1 \end{bmatrix}$

12. $\mathbf{A} = \begin{bmatrix} 1 & -2 \\ -6 & 0 \end{bmatrix}$, $\mathbf{Y}(0) = \begin{bmatrix} 1 \\ -19 \end{bmatrix}$

13. $\mathbf{A} = \begin{bmatrix} 2 & 4 \\ 1 & 2 \end{bmatrix}$, $\mathbf{Y}(0) = \begin{bmatrix} -2 \\ -2 \end{bmatrix}$

14. $\mathbf{A} = \begin{bmatrix} 2 & -10 \\ -1 & -1 \end{bmatrix}$, $\mathbf{Y}(0) = \begin{bmatrix} -3 \\ 2 \end{bmatrix}$

15. $\mathbf{A} = \begin{bmatrix} -1 & 4 \\ 3 & -2 \end{bmatrix}$, $\mathbf{Y}(0) = \begin{bmatrix} 1 \\ \dfrac{4}{3} \end{bmatrix}$

16. $\mathbf{A} = \begin{bmatrix} 3 & -1 & 1 \\ 1 & 1 & -1 \\ 1 & -1 & 1 \end{bmatrix}$, $\mathbf{Y}(0) = \begin{bmatrix} -1 \\ -5 \\ -1 \end{bmatrix}$

17. $\mathbf{A} = \begin{bmatrix} 2 & 1 & -2 \\ 3 & -2 & 0 \\ 3 & 1 & -3 \end{bmatrix}$, $\mathbf{Y}(0) = \begin{bmatrix} 1 \\ 7 \\ 3 \end{bmatrix}$

18. $\mathbf{A} = \begin{bmatrix} 2 & 3 & 3 \\ 0 & -1 & -3 \\ 0 & 0 & 2 \end{bmatrix}$, $\mathbf{Y}(0) = \begin{bmatrix} -9 \\ 1 \\ 3 \end{bmatrix}$

19～28題，解齊性系統方程式 $\mathbf{Y}' = \mathbf{AY}$，只求實數解及注意重根。

19. $\mathbf{A} = \begin{bmatrix} 3 & 2 \\ 0 & 3 \end{bmatrix}$

20. $\mathbf{A} = \begin{bmatrix} 2 & 0 \\ 5 & 2 \end{bmatrix}$

21. $\mathbf{A} = \begin{bmatrix} 2 & -4 \\ 1 & 6 \end{bmatrix}$

22. $\mathbf{A} = \begin{bmatrix} 5 & -3 \\ 3 & -1 \end{bmatrix}$

23. $\mathbf{A} = \begin{bmatrix} 2 & 5 & 6 \\ 0 & 8 & 9 \\ 0 & -1 & 2 \end{bmatrix}$

24. $\mathbf{A} = \begin{bmatrix} 1 & 5 & 0 \\ 0 & 1 & 0 \\ 4 & 8 & 1 \end{bmatrix}$

25. $\mathbf{A} = \begin{bmatrix} 7 & -1 \\ 1 & 5 \end{bmatrix}$, $\mathbf{Y}(0) = \begin{bmatrix} 1 \\ \dfrac{3}{5} \end{bmatrix}$

26. $\mathbf{A} = \begin{bmatrix} 2 & 0 \\ 5 & 2 \end{bmatrix}$, $\mathbf{Y}(0) = \begin{bmatrix} 4 \\ 3 \end{bmatrix}$

27. $\mathbf{A} = \begin{bmatrix} -4 & 1 & 1 \\ 0 & 2 & -5 \\ 0 & 0 & -4 \end{bmatrix}$, $\mathbf{Y}(0) = \begin{bmatrix} 0 \\ 1 \\ 3 \end{bmatrix}$

28. $\mathbf{A} = \begin{bmatrix} -5 & 2 & 1 \\ 0 & -5 & 3 \\ 0 & 0 & -5 \end{bmatrix}$, $\mathbf{Y}(0) = \begin{bmatrix} -2 \\ 3 \\ -4 \end{bmatrix}$

29～37題，用未定係數法，解非齊性系統方程式 $\mathbf{Y}' = \mathbf{AY} + \mathbf{G}$:

29. $\mathbf{A} = \begin{bmatrix} 0 & 1 \\ 1 & 0 \end{bmatrix}$, $\mathbf{G}(t) = \begin{bmatrix} 2e^{2t} \\ -e^{2t} \end{bmatrix}$

30. $\mathbf{A} = \begin{bmatrix} 3 & 3 \\ 1 & 5 \end{bmatrix}$, $\mathbf{G}(t) = \begin{bmatrix} 2 \\ e^{3t} \end{bmatrix}$

31. $\mathbf{A} = \begin{bmatrix} 0 & 4 \\ 4 & 0 \end{bmatrix}$, $\mathbf{G}(t) = \begin{bmatrix} 0 \\ 1 - 8t^2 \end{bmatrix}$

32. $\mathbf{A} = \begin{bmatrix} 2 & -4 \\ 1 & -2 \end{bmatrix}$, $\mathbf{G}(t) = \begin{bmatrix} 1 \\ 3t \end{bmatrix}$

33. $\mathbf{A} = \begin{bmatrix} 0 & 5 \\ -5 & 0 \end{bmatrix}$, $\mathbf{G}(t) = \begin{bmatrix} 23 \\ 15t \end{bmatrix}$, $\mathbf{Y}(0) = \begin{bmatrix} -1 \\ 2 \end{bmatrix}$

34. $\mathbf{A} = \begin{bmatrix} 1 & -2 \\ -1 & 2 \end{bmatrix}$, $\mathbf{G}(t) = \begin{bmatrix} 2t \\ 5 \end{bmatrix}$, $\mathbf{Y}(0) = \begin{bmatrix} 13 \\ 12 \end{bmatrix}$

35. $\mathbf{A} = \begin{bmatrix} 1 & 4 \\ 1 & 1 \end{bmatrix}$, $\mathbf{G}(t) = \begin{bmatrix} t^2 - 6t \\ t^2 - t + 1 \end{bmatrix}$, $\mathbf{Y}(0) = \begin{bmatrix} 2 \\ -1 \end{bmatrix}$

36. $\mathbf{A} = \begin{bmatrix} 0 & -2 \\ 1 & 2 \end{bmatrix}$, $\mathbf{G}(t) = \begin{bmatrix} t \\ -t \end{bmatrix}$, $\mathbf{Y}(0) = \begin{bmatrix} 0 \\ 0 \end{bmatrix}$

37. $\mathbf{A} = \begin{bmatrix} 2 & 0 \\ 5 & 2 \end{bmatrix}$, $\mathbf{G}(t) = \begin{bmatrix} 1 \\ 5t \end{bmatrix}$, $\mathbf{Y}(0) = \begin{bmatrix} 0 \\ 3 \end{bmatrix}$

38～57題，用對角化方式，解系統方程式 $\mathbf{Y}' = \mathbf{A}\mathbf{Y} + \mathbf{G}$:

38. $\mathbf{A} = \begin{bmatrix} 1 & 1 \\ 1 & 1 \end{bmatrix}$, $\mathbf{G}(t) = \begin{bmatrix} 0 \\ 0 \end{bmatrix}$

39. $\mathbf{A} = \begin{bmatrix} -2 & 1 \\ -4 & 3 \end{bmatrix}$, $\mathbf{G}(t) = \begin{bmatrix} 0 \\ 5\cos t \end{bmatrix}$

40. $\mathbf{A} = \begin{bmatrix} 6 & 2 \\ 4 & 4 \end{bmatrix}$, $\mathbf{G}(t) = \begin{bmatrix} 0 \\ 0 \end{bmatrix}$

41. $\mathbf{A} = \begin{bmatrix} 3 & 3 \\ 1 & 5 \end{bmatrix}$, $\mathbf{G}(t) = \begin{bmatrix} 2 \\ e^{3t} \end{bmatrix}$

42. $\mathbf{A} = \begin{bmatrix} 2 & 2 \\ 1 & 3 \end{bmatrix}$, $\mathbf{G}(t) = \begin{bmatrix} 0 \\ 0 \end{bmatrix}$

43. $\mathbf{A} = \begin{bmatrix} 1 & 1 \\ 1 & 1 \end{bmatrix}$, $\mathbf{G}(t) = \begin{bmatrix} 3e^{3t} \\ 2 \end{bmatrix}$

44. $\mathbf{A} = \begin{bmatrix} 3 & -2 \\ 9 & -3 \end{bmatrix}$, $\mathbf{G}(t) = \begin{bmatrix} 3e^{2t} \\ e^{2t} \end{bmatrix}$

45. $\mathbf{A} = \begin{bmatrix} 5 & -4 & 4 \\ 12 & -11 & 12 \\ 4 & -4 & 5 \end{bmatrix}$, $\mathbf{G}(t) = \begin{bmatrix} 0 \\ 0 \\ 0 \end{bmatrix}$

46. $\mathbf{A} = \begin{bmatrix} 2 & 1 & -2 \\ 3 & -2 & 0 \\ 3 & 1 & -3 \end{bmatrix}$, $\mathbf{G}(t) = \begin{bmatrix} -2 \\ 0 \\ 9t \end{bmatrix}$

47. $\mathbf{A} = \begin{bmatrix} 2 & -9 & 0 \\ 1 & 2 & 0 \\ 2 & 6 & -1 \end{bmatrix}$, $\mathbf{G}(t) = \begin{bmatrix} 0 \\ 0 \\ 0 \end{bmatrix}$

48. $\mathbf{A} = \begin{bmatrix} 3 & -1 & 1 \\ 1 & 1 & -1 \\ 1 & -1 & 1 \end{bmatrix}$, $\mathbf{G}(t) = \begin{bmatrix} 3e^{4t} \\ \cos 2t \\ \cos 2t \end{bmatrix}$

49. $\mathbf{A} = \begin{bmatrix} 1 & -1 & -1 \\ 1 & -1 & 0 \\ 1 & 0 & -1 \end{bmatrix}$, $\mathbf{G}(t) = \begin{bmatrix} 2e^t \\ e^{-3t} \\ -e^{-3t} \end{bmatrix}$

50. $\mathbf{A} = \begin{bmatrix} -1 & -3 \\ 1 & -5 \end{bmatrix}$, $\quad \mathbf{G}(t) = \begin{bmatrix} 0 \\ 0 \end{bmatrix}$, $\quad \mathbf{Y}(0) = \begin{bmatrix} -1 \\ 0 \end{bmatrix}$

51. $\mathbf{A} = \begin{bmatrix} 1 & 1 \\ 1 & 1 \end{bmatrix}$, $\quad \mathbf{G}(t) = \begin{bmatrix} 3e^{2t} \\ e^{2t} \end{bmatrix}$, $\quad \mathbf{Y}(0) = \begin{bmatrix} 3 \\ 0 \end{bmatrix}$

52. $\mathbf{A} = \begin{bmatrix} 1 & -4 \\ 2 & -5 \end{bmatrix}$, $\quad \mathbf{G}(t) = \begin{bmatrix} 0 \\ 0 \end{bmatrix}$, $\quad \mathbf{Y}(0) = \begin{bmatrix} -1 \\ 1 \end{bmatrix}$

53. $\mathbf{A} = \begin{bmatrix} 2 & -5 \\ 1 & -2 \end{bmatrix}$, $\quad \mathbf{G}(t) = \begin{bmatrix} 5\sin t \\ 2\sin t \end{bmatrix}$, $\quad \mathbf{Y}(0) = \begin{bmatrix} 2 \\ 1 \end{bmatrix}$

54. $\mathbf{A} = \begin{bmatrix} 1 & -1 & 4 \\ 3 & 2 & -1 \\ 2 & 1 & -1 \end{bmatrix}$, $\quad \mathbf{G}(t) = \begin{bmatrix} 0 \\ 0 \\ 0 \end{bmatrix}$, $\quad \mathbf{Y}(0) = \begin{bmatrix} -7 \\ 4 \\ 1 \end{bmatrix}$

55. $\mathbf{A} = \begin{bmatrix} 5 & -4 & 4 \\ 12 & -11 & 12 \\ 4 & -4 & 5 \end{bmatrix}$, $\quad \mathbf{G}(t) = \begin{bmatrix} -3e^{-3t} \\ t \\ t \end{bmatrix}$, $\quad \mathbf{Y}(0) = \begin{bmatrix} -1 \\ 1 \\ -2 \end{bmatrix}$

56. $\mathbf{A} = \begin{bmatrix} 3 & -1 & -1 \\ 1 & 1 & -1 \\ 1 & -1 & 1 \end{bmatrix}$, $\quad \mathbf{G}(t) = \begin{bmatrix} 0 \\ t \\ 2e^t \end{bmatrix}$, $\quad \mathbf{Y}(0) = \begin{bmatrix} 1 \\ 2 \\ -2 \end{bmatrix}$

57. $\mathbf{A} = \begin{bmatrix} 3 & -4 & 0 & 0 \\ 2 & -3 & 0 & 0 \\ 0 & 0 & 1 & -2 \\ 0 & 0 & -6 & 0 \end{bmatrix}$, $\quad \mathbf{G}(t) = \begin{bmatrix} 1 \\ 2t \\ 7 \\ \dfrac{7}{2}t \end{bmatrix}$, $\quad \mathbf{Y}(0) = \begin{bmatrix} 1 \\ 0 \\ \dfrac{1}{2} \\ -\dfrac{1}{2} \end{bmatrix}$

$58 \sim 69$ 題，用參數變異法，解系統方程式 $\mathbf{Y}' = \mathbf{AY} + \mathbf{G}$：

58. $\mathbf{A} = \begin{bmatrix} -3 & 1 \\ 1 & -3 \end{bmatrix}$, $\quad \mathbf{G}(t) = \begin{bmatrix} -3\cos t \\ 2\cos t + 3\sin t \end{bmatrix}$

59. $\mathbf{A} = \begin{bmatrix} 5 & 2 \\ -2 & 1 \end{bmatrix}$, $\quad \mathbf{G}(t) = \begin{bmatrix} 3e^t \\ -e^{3t} \end{bmatrix}$

60. $\mathbf{A} = \begin{bmatrix} 4 & -8 \\ 2 & -6 \end{bmatrix}$, $\quad \mathbf{G}(t) = \begin{bmatrix} 2\cosh t \\ \cosh t + 2\sinh t \end{bmatrix}$

61. $\mathbf{A} = \begin{bmatrix} 7 & -1 \\ 1 & 5 \end{bmatrix}$, $\quad \mathbf{G}(t) = \begin{bmatrix} e^{6t} \\ 3te^{6t} \end{bmatrix}$

62. $\mathbf{A} = \begin{bmatrix} 0 & 1 \\ -4 & 0 \end{bmatrix}$, $\mathbf{G}(t) = \begin{bmatrix} 5\sin t \\ -17\cos t \end{bmatrix}$

63. $\mathbf{A} = \begin{bmatrix} 2 & 0 & 0 \\ 0 & 6 & -4 \\ 0 & 4 & -2 \end{bmatrix}$, $\mathbf{G}(t) = \begin{bmatrix} 3e^{2t}\cos 3t \\ -1 \\ -1 \end{bmatrix}$

64. $\mathbf{A} = \begin{bmatrix} 0 & -1 \\ -1 & 0 \end{bmatrix}$, $\mathbf{G}(t) = \begin{bmatrix} \cos t - \sin t \\ \cos t + \sin t \end{bmatrix}$, $\mathbf{Y}(0) = \begin{bmatrix} 1 \\ 6 \end{bmatrix}$

65. $\mathbf{A} = \begin{bmatrix} 5 & -4 \\ 4 & -3 \end{bmatrix}$, $\mathbf{G}(t) = \begin{bmatrix} e^t \\ e^t \end{bmatrix}$, $\mathbf{Y}(0) = \begin{bmatrix} 1 \\ -3 \end{bmatrix}$

66. $\mathbf{A} = \begin{bmatrix} 5 & 4 \\ 1 & 2 \end{bmatrix}$, $\mathbf{G}(t) = \begin{bmatrix} 5t^2 - 6t - 25 \\ t^2 - 2t - 4 \end{bmatrix}$, $\mathbf{Y}(0) = \begin{bmatrix} 0 \\ 0 \end{bmatrix}$

67. $\mathbf{A} = \begin{bmatrix} 2 & 3 \\ 1 & 4 \end{bmatrix}$, $\mathbf{G}(t) = \begin{bmatrix} 2e^{2t} \\ 3e^{2t} \end{bmatrix}$, $\mathbf{Y}(0) = \begin{bmatrix} -2 \\ 1 \end{bmatrix}$

68. $\mathbf{A} = \begin{bmatrix} 2 & -3 & 1 \\ 0 & 2 & 4 \\ 0 & 0 & 1 \end{bmatrix}$, $\mathbf{G}(t) = \begin{bmatrix} 10e^{2t} \\ 6e^{2t} \\ -e^{2t} \end{bmatrix}$, $\mathbf{Y}(0) = \begin{bmatrix} -5 \\ -11 \\ 2 \end{bmatrix}$

69. $\mathbf{A} = \begin{bmatrix} 1 & -3 & 0 \\ 3 & -5 & 0 \\ 4 & 7 & -2 \end{bmatrix}$, $\mathbf{G}(t) = \begin{bmatrix} te^{-2t} \\ te^{-2t} \\ 11t^2 e^{-2t} \end{bmatrix}$, $\mathbf{Y}(0) = \begin{bmatrix} 3 \\ 1 \\ \dfrac{3}{2} \end{bmatrix}$

70 ~ 81 題，用系統方程式法去解 n 階微分方程式：

70. $y''' - 4y'' + 8y' - 10y = -\cos t$

71. $y^{(5)} + 16y''' + 5y'' - 8y = \dfrac{1}{2}t^2 - t$

72. $y^{(4)} - 22y'' + 8y' + 12y = \cos t - \dfrac{1}{2}e^t$

73. $y^{(4)} - 6y''' + 10y'' + 4y' - 9y = \dfrac{1}{2}t^3$

74. $y_1' - 3y_2' - y_1 + 2y_2 = e^{5t} + 6t$
$y_2'' - 2y_2' - 3y_1 = \cos(5t)$

75. $y_1' - 2y_1 - y_2' + 2y_2 = 2 - e^{3t}$

   $y_1' - 4y_1 + y_2' - 8y_2 = 2 + e^{3t}$

76. $y''' - 2y'' + 3y' - 5y = 6e^{2t} - 5t$

77. $2y_1'' - 6y_1' - 4y_1 + 8y_2' - 2y_2 = 8e^{4t}$

   $3y_1' + 5y_1 - y_2'' + 4y_2' + 7y_2 = e^{-t}$

78. $2y_1' - 3y_1 - 7y_2' + 23y_2 = 5e^{2t}$

   $y_1' - y_1 - 4y_2' + 13y_2 = 3e^{2t}$

79. $3y_1' - 8y_1 + 5y_2' - 8y_2 = 4e^{4t}$

   $y_1' - 3y_1 + 2y_2' - 3y_2 = e^{4t}$

80. $4y_1' - 9y_1 + y_2' + 18y_2 = 3t + 4$

   $y_1'' - 7y_1 + 7y_2' + 14y_2 = 9t + 2$

   $y_1(2) = -7, \ y_2(2) = -7, \ y_1'(2) = 13$

81. $y_1'' - 2y_1' + y_1 - y_2 = 5e^{-t}$

   $2y_1' - 2y_1 - y_2' = e^{-t}$

   $y_1(0) = -1, \ y_2(0) = -1, \ y_1'(0) = 4$

9.7 矩陣的工程應用

　　本節舉出七項矩陣應用於解決工程系統上的問題，使得前六節所介紹的技巧可以純熟的加以運用。

1.決定網路上的直流電流

圖 9.2　電阻網路

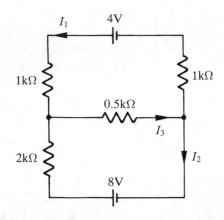

見圖 9.2，運用迴路分析和節點分析

$$I_1 \times 1 + I_3 \times 0.5 + I_1 \times 1 = 4$$

$$I_2 \times 2 + I_3 \times 0.5 = 8$$

$$I_1 + I_2 - I_3 = 0$$

得到

$$\mathbf{AI} = \mathbf{B}$$

$$\mathbf{A} = \begin{bmatrix} 1 & 0.5 & 1 \\ 0 & 2 & 0.5 \\ 1 & 1 & -1 \end{bmatrix}$$

$$\mathbf{B} = \begin{bmatrix} 4 \\ 8 \\ 0 \end{bmatrix}, \quad \mathbf{I} = \begin{bmatrix} I_1 \\ I_2 \\ I_3 \end{bmatrix}$$

以擴展矩陣解之,

$$\begin{bmatrix} \mathbf{A} \vdots \mathbf{B} \end{bmatrix} = \begin{bmatrix} 1 & 0.5 & 1 & \vdots & 4 \\ 0 & 2 & 0.5 & \vdots & 8 \\ 1 & 1 & -1 & \vdots & 0 \end{bmatrix}$$

(1) $r_1 \times (-1) + r_3 \to r_3$ 且 $r_2 \div 2$

$$\begin{bmatrix} 1 & 0.5 & 1 & \vdots & 4 \\ 0 & 1 & 0.25 & \vdots & 4 \\ 0 & 0.5 & -2 & \vdots & -4 \end{bmatrix}$$

(2) $r_1 \times (-0.5) + r_1 \to r_1$ 且 $r_1 \times (-0.5) + r_3 \to r_3$

$$\begin{bmatrix} 1 & 0 & \dfrac{7}{8} & \vdots & 2 \\ 0 & 1 & \dfrac{1}{4} & \vdots & 4 \\ 0 & 0 & -2\dfrac{1}{8} & \vdots & -6 \end{bmatrix}$$

(3) $r_3 \div \left(-2\dfrac{1}{8} \right)$, $r_3 \times \left(-\dfrac{1}{4} \right) + r_2 \to r_2, r_3 \times \left(-\dfrac{7}{8} \right) + r_1 \to r_1$

$$\begin{bmatrix} \mathbf{A}_R \vdots \tilde{\mathbf{B}} \end{bmatrix} = \begin{bmatrix} 1 & 0 & 0 & \vdots & -\dfrac{8}{17} \\ 0 & 1 & 0 & \vdots & \dfrac{56}{17} \\ 0 & 0 & 1 & \vdots & \dfrac{48}{17} \end{bmatrix}$$

得到解答,

$$\mathbf{I} = \begin{bmatrix} I_1 \\ I_2 \\ I_3 \end{bmatrix} = \begin{bmatrix} -\dfrac{8}{17} \\ \dfrac{56}{17} \\ \dfrac{48}{17} \end{bmatrix} (\mu A)$$

$$I_1 = -\frac{8}{17}\mu A, \quad I_2 = \frac{56}{17}\mu A, \quad I_3 = \frac{48}{17}\mu A$$

2.彈性橡皮的拉伸

一圓形橡皮 $x_1^2 + x_2^2 = 1$，加以拉扯後的形狀可用坐標轉換公式表示為

$$\mathbf{Y} = \mathbf{AX}$$

$$\mathbf{A} = \begin{bmatrix} 4 & 2 \\ 2 & 4 \end{bmatrix}$$

求拉扯主軸和拉扯後的形狀。

拉扯主軸是指拉伸時，原點的位置向量之方向不變，即是 $\mathbf{Y} = \lambda\mathbf{X}$。
由主軸要求的 $\mathbf{Y} = \lambda\mathbf{X}$ 和坐標轉換的 $\mathbf{Y} = \mathbf{AX}$，形成特徵值問題，

$$\mathbf{AX} = \lambda\mathbf{X}$$

特徵方程式

$$\begin{vmatrix} \lambda - 4 & -2 \\ -2 & \lambda - 4 \end{vmatrix} = (\lambda - 4)^2 - 4 = \lambda^2 - 8\lambda + 12$$
$$= (\lambda - 6)(\lambda - 2) = 0$$

得到特徵值 $\lambda_1 = 2, \lambda_2 = 6$。
(1) $\lambda_1 = 2$ 代入 $\mathbf{AX}_1 = \lambda_1\mathbf{X}_1$，

$$\begin{bmatrix} 2 & 2 \\ 2 & 2 \end{bmatrix} \begin{bmatrix} x_1 \\ x_2 \end{bmatrix} = \begin{bmatrix} 0 \\ 0 \end{bmatrix}$$

$$x_1 + x_2 = 0$$

特徵向量 $\mathbf{X}_1$,

$$\mathbf{X}_1 = \begin{bmatrix} 1 \\ -1 \end{bmatrix}$$

(2) $\lambda_2 = 6$ 代入 $\mathbf{AX}_2 = \lambda_2 \mathbf{X}_2$,

$$\begin{bmatrix} -2 & 2 \\ 2 & -2 \end{bmatrix} \begin{bmatrix} x_1 \\ x_2 \end{bmatrix} = \begin{bmatrix} 0 \\ 0 \end{bmatrix}$$

$$x_1 - x_2 = 0$$

特徵向量 $\mathbf{X}_2$,

$$\mathbf{X}_2 = \begin{bmatrix} 1 \\ 1 \end{bmatrix}$$

因此，得到兩個主軸，原始位置向量是 $\mathbf{X}_1$ 和 $\mathbf{X}_2$，被拉扯的長度增加倍數分別是 $2(= \lambda_1)$ 倍和 $6(= \lambda_2)$ 倍。而 $\mathbf{X}_1$ 和 $\mathbf{X}_2$ 的方向分別在 135° 和 45° 方位。

由主軸向量 $\mathbf{X}_1$ 和 $\mathbf{X}_2$ 知道拉扯後的圖形反時針旋轉了 45°。為求出拉扯後的形狀，先把主軸順時針旋轉回來原坐標軸，即定義新變數 z_1 和 z_2，令

$$\mathbf{Z} = \mathbf{RY} = \mathbf{RAX}$$

$\mathbf{R}$ 是旋轉 −45° 的矩陣，

$$\mathbf{R} = \begin{bmatrix} \cos(-45°) & -\sin(-45°) \\ \sin(-45°) & \cos(-45°) \end{bmatrix} = \begin{bmatrix} \dfrac{1}{\sqrt{2}} & \dfrac{1}{\sqrt{2}} \\ \dfrac{-1}{\sqrt{2}} & \dfrac{1}{\sqrt{2}} \end{bmatrix}$$

$$\mathbf{RA} = \begin{bmatrix} \dfrac{1}{\sqrt{2}} & \dfrac{1}{\sqrt{2}} \\ \dfrac{-1}{\sqrt{2}} & \dfrac{1}{\sqrt{2}} \end{bmatrix} \begin{bmatrix} 4 & 2 \\ 2 & 4 \end{bmatrix} = \begin{bmatrix} 3\sqrt{2} & 3\sqrt{2} \\ -\sqrt{2} & \sqrt{2} \end{bmatrix}$$

$$\begin{bmatrix} z_1 \\ z_2 \end{bmatrix} = \begin{bmatrix} 3\sqrt{2} & 3\sqrt{2} \\ -\sqrt{2} & \sqrt{2} \end{bmatrix} \begin{bmatrix} x_1 \\ x_2 \end{bmatrix}$$

展開之，得到

$$z_1 = 3\sqrt{2}(x_1 + x_2)$$

$$z_2 = \sqrt{2}(x_2 - x_1)$$

$$\frac{z_1^2}{18} = (x_1 + x_2)^2$$

$$\frac{z_2^2}{2} = (x_2 - x_1)^2$$

$$\frac{z_1^2}{18} + \frac{z_2^2}{2} = 2(x_1^2 + x_2^2) = 2$$

（ $x_1^2 + x_2^2 = 1$ 是代表未拉扯前的橡皮邊緣）

$$\frac{z_1^2}{36} + \frac{z_2^2}{4} = 1$$

上式是屬於橢圓方程式，因此得證，拉扯後的橡皮形狀是反時針旋轉 $45°$ 的橢圓，且主軸長度分別是 6 和 2，相當於特徵值，見圖 9.3。

圖 9.3　未拉伸及拉伸後的橡皮

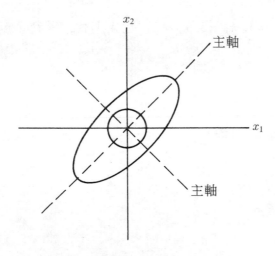

3.彈簧振動系統

圖 9.4 所表示的彈簧振動系統之微分方程式是

圖9.4   彈簧振動系統

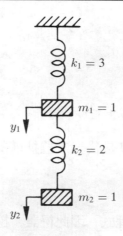

$$m_1 y_1'' = -k_1 y_1 + k_2(y_2 - y_1)$$

$$m_2 y_2'' = -k_2(y_2 - y_1)$$

已知 $m_1 = m_2 = 1$, $k_1 = 3$, $k_2 = 2$, 代入上式, 得到

$$y_1'' = -5y_1 + 2y_2$$

$$y_2'' = 2y_1 - 2y_2$$

轉換成單階微分方程式, 令

$$y_1' = y_3$$

$$y_2' = y_4$$

得到

$$y_3' = -5y_1 + 2y_2$$

$$y_4' = 2y_1 - 2y_2$$

則系統方程式是

$$\mathbf{Y}' = \mathbf{AY}$$

$$\mathbf{A} = \begin{bmatrix} 0 & 0 & 1 & 0 \\ 0 & 0 & 0 & 1 \\ -5 & 2 & 0 & 0 \\ 2 & -2 & 0 & 0 \end{bmatrix}$$

$\mathbf{A}$ 的特徵方程式,

$$|\lambda\mathbf{I} - \mathbf{A}| = (\lambda^2 + 6)(\lambda^2 + 1) = 0$$

得到特徵值,

$$\lambda_1 = \sqrt{6}i, \ \lambda_2 = -\sqrt{6}i, \ \lambda_3 = i, \lambda_4 = -i$$

λ_1 和 λ_3 的特徵向量分別是

$$\mathbf{X}_1 = \begin{bmatrix} 2 \\ -1 \\ 2\sqrt{6}i \\ -\sqrt{6}i \end{bmatrix} = \begin{bmatrix} 2 \\ -1 \\ 0 \\ 0 \end{bmatrix} + i \begin{bmatrix} 0 \\ 0 \\ 2\sqrt{6} \\ -\sqrt{6} \end{bmatrix}$$

$$\mathbf{X}_3 = \begin{bmatrix} 1 \\ 2 \\ i \\ 2i \end{bmatrix} = \begin{bmatrix} 1 \\ 2 \\ 0 \\ 0 \end{bmatrix} + i \begin{bmatrix} 0 \\ 0 \\ 1 \\ 2 \end{bmatrix}$$

$$\mathbf{Y} = \mathbf{X}_\lambda \mathbf{C}$$

$$\mathbf{X}_\lambda = [\mathbf{X}_1 e^{\sqrt{6}it}, \overline{\mathbf{X}}_1 e^{-\sqrt{6}it}, \mathbf{X}_3 e^{it}, \overline{\mathbf{X}}_3 e^{-it}]$$

得到

$$\mathbf{Y} = \begin{bmatrix} y_1 \\ y_2 \end{bmatrix} = \begin{bmatrix} 2 \\ -1 \end{bmatrix} (c_1 e^{\sqrt{6}it} + c_2 e^{-\sqrt{6}it}) + \begin{bmatrix} 1 \\ 2 \end{bmatrix} (c_3 e^{it} + c_4 e^{-it})$$

然而

$$\cdot \begin{bmatrix} 2 \\ -1 \end{bmatrix} (c_1 e^{\sqrt{6}it} + c_2 e^{-\sqrt{6}it})$$

$$= \begin{bmatrix} 2 \\ -1 \end{bmatrix} (c_1 + c_2) \cos \sqrt{6}t + i \begin{bmatrix} 2 \\ -1 \end{bmatrix} (c_1 - c_2) \sin \sqrt{6}t$$

$$\begin{bmatrix} 1 \\ 2 \end{bmatrix} (c_3 e^{it} + c_4 e^{-it}) = \begin{bmatrix} 1 \\ 2 \end{bmatrix} (c_3 + c_4) \cos t + i \begin{bmatrix} 1 \\ 2 \end{bmatrix} (c_3 - c_4) \sin t$$

則 $\mathbf{Y}$ 的實數解 $\mathbf{Y}_R$ 是

$$\mathbf{Y}_R = \begin{bmatrix} 2 \\ -1 \end{bmatrix} (b_1 \cos \sqrt{6}t + b_2 \sin \sqrt{6}t) + \begin{bmatrix} 1 \\ 2 \end{bmatrix} (b_3 \cos t + b_4 \sin t)$$

【另解】

原系統方程式可化為

$$\mathbf{Y}'' = \mathbf{AY}$$

$$\mathbf{A} = \begin{bmatrix} -5 & 2 \\ 2 & -2 \end{bmatrix}$$

令 $\mathbf{Y} = \mathbf{X}e^{\alpha t}$，則

$$\mathbf{Y}'' = \alpha^2 \mathbf{X} e^{\alpha t}$$

再令 $\alpha^2 = \lambda$，代入 $\mathbf{Y}'' = \mathbf{AY}$，

$$\mathbf{Y}'' = \lambda \mathbf{X} e^{\alpha t} = \mathbf{AX} e^{\alpha t}$$

得到特徵問題

$$\mathbf{AX} = \lambda \mathbf{X}$$

求得特徵值和特徵向量

$$\lambda_1 = -6, \ \mathbf{X}_1 = \begin{bmatrix} 2 \\ -1 \end{bmatrix}$$

$$\lambda_2 = -1, \ \mathbf{X}_2 = \begin{bmatrix} 1 \\ 2 \end{bmatrix}$$

$$\alpha_{11} = \sqrt{6}i, \ \alpha_{12} = -\sqrt{6}i, \ \alpha_{21} = i, \ \alpha_{22} = -i$$

同理可得

$$\mathbf{Y} = \begin{bmatrix} 2 \\ -1 \end{bmatrix} (c_1 e^{\sqrt{6}it} + c_2 e^{-\sqrt{6}it}) + \begin{bmatrix} 1 \\ 2 \end{bmatrix} (c_3 e^{it} + c_4 e^{-it})$$

$$\mathbf{Y}_R = \begin{bmatrix} 2 \\ -1 \end{bmatrix} (b_1 \cos\sqrt{6}t + b_2 \sin\sqrt{6}t) + \begin{bmatrix} 1 \\ 2 \end{bmatrix} (b_3 \cos t + b_4 \sin t)$$

4.溶液的混合

圖 9.5 的燒杯 1 裝有 100M 的 Na^+ 溶液 40 升，燒杯 2 裝有 80M 的 Na^+ 溶液 20 升。現在以每分鐘 3 升的純水灌入燒杯 1，而燒杯間的液體流動如圖 9.5 所示，求各燒杯之 Na^+ 濃度的變化。

圖 9.5 溶液的混合

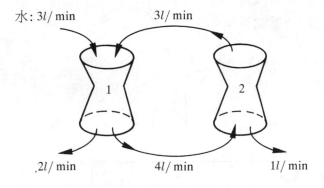

如圖 9.5 所示，由於液體的進出量相等，因此各燒杯容納的液體量維持不變，則各燒杯的 Na^+ 濃度變化是

$$y_1' = (3l/\min \times 0M + 3l/\min \times y_2 - 2l/\min \times y_1 - 4l/\min \times y_1)/40l$$

$$y_2' = (4l/\min \times y_1 - 3l/\min \times y_2 - 1l/\min \times y_2)/20l$$

或

$$y_1' = -\frac{3}{20}y_1 + \frac{3}{40}y_2$$

$$y_2' = \frac{1}{5}y_1 - \frac{1}{5}y_2$$

且

$$y_1(0) = 100, \ y_2(0) = 80$$

寫成矩陣形式，

$$\mathbf{Y} = \mathbf{AY}$$

$$\mathbf{A} = \begin{bmatrix} -\dfrac{3}{20} & \dfrac{3}{40} \\ \dfrac{1}{5} & -\dfrac{1}{5} \end{bmatrix}$$

$$\mathbf{Y}(0) = \begin{bmatrix} 100 \\ 80 \end{bmatrix}$$

解得特徵值和特徵向量是

$$\lambda_1 = -\frac{3}{10}, \ \mathbf{X}_1 = \begin{bmatrix} 1 \\ -2 \end{bmatrix}$$

$$\lambda_2 = -\frac{1}{20}, \ \mathbf{X}_2 = \begin{bmatrix} 1 \\ \dfrac{4}{3} \end{bmatrix}$$

$$\mathbf{Y} = \mathbf{X}_\lambda \mathbf{C} = \begin{bmatrix} e^{-\frac{3}{10}t} & e^{-\frac{1}{20}t} \\ -2e^{-\frac{3}{10}t} & \dfrac{4}{3}e^{-\frac{1}{20}t} \end{bmatrix} \begin{bmatrix} c_1 \\ c_2 \end{bmatrix}$$

$$\mathbf{Y}(0) = \begin{bmatrix} 100 \\ 80 \end{bmatrix} = \begin{bmatrix} 1 & 1 \\ -2 & \dfrac{4}{3} \end{bmatrix} \begin{bmatrix} c_1 \\ c_2 \end{bmatrix}$$

$$\begin{bmatrix} c_1 \\ c_2 \end{bmatrix} = \begin{bmatrix} 1 & 1 \\ -2 & \dfrac{4}{3} \end{bmatrix}^{-1} \begin{bmatrix} 100 \\ 80 \end{bmatrix} = \frac{3}{10} \begin{bmatrix} \dfrac{4}{3} & -1 \\ 2 & 1 \end{bmatrix} \begin{bmatrix} 100 \\ 80 \end{bmatrix} = \begin{bmatrix} 16 \\ 84 \end{bmatrix}$$

$$y_1(t) = 16e^{-\frac{3}{10}t} + 84e^{-\frac{1}{20}t}$$

$$y_2(t) = -32e^{-\frac{3}{10}t} + 112e^{-\frac{1}{20}t}$$

5.電子網路 (I)

圖9.6　電子網路 (I)

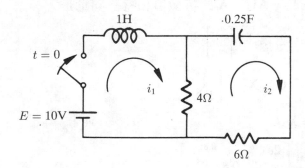

用迴路分析法，得到

$$10 = 1 \cdot i_1' + 4(i_1 - i_2)$$

$$0 = i_2 \cdot 6 + (i_2 - i_1) \cdot 4 + \frac{1}{0.25} \int i_2 dt$$

整理之，

$$i_1' = -4i_1 + 4i_2 + 10$$

$$i_2' = 0.4i_1' - 0.4i_2 = 0.4(-4i_1 + 4i_2 + 10) - 0.4i_2$$

$$= -1.6i_1 + 1.2i_2 + 4$$

寫成矩陣形式,

$$\mathbf{I}' = \mathbf{AI} + \mathbf{G}$$

$$\mathbf{A} = \begin{bmatrix} -4 & 4 \\ -1.6 & 1.2 \end{bmatrix}, \ \mathbf{G} = \begin{bmatrix} 10 \\ 4 \end{bmatrix}$$

初值條件在 $t = 0^+$ 時,電感不讓任何電流流過,所以

$$i_1(0^+) = i_2(0^+) = 0$$

或

$$\mathbf{I}(0^+) = \begin{bmatrix} 0 \\ 0 \end{bmatrix}$$

先求齊性答案 $\mathbf{I}'_h = \mathbf{AI}_h$,$\mathbf{A}$ 的特徵值和特徵向量是

$$\lambda_1 = -2, \ \mathbf{X}_1 = \begin{bmatrix} 2 \\ 1 \end{bmatrix}$$

$$\lambda_2 = -0.8, \ \mathbf{X}_2 = \begin{bmatrix} 1 \\ 0.8 \end{bmatrix}$$

$$\mathbf{I}_h = \mathbf{X}_\lambda \mathbf{C}$$

$$\mathbf{X}_\lambda = \begin{bmatrix} 2e^{-2t} & e^{-0.8t} \\ e^{-2t} & 0.8e^{-0.8t} \end{bmatrix}$$

由於 $\mathbf{G}$ 是相當單純的純量矩陣,故令特殊答案 $\mathbf{I}_p = \mathbf{U}$,代入原方程式,

$$\mathbf{I}'_p = 0 = \mathbf{AI}_p + \mathbf{G} = \mathbf{AU} = \mathbf{G}$$

$$\mathbf{U} = -\mathbf{A}^{-1}\mathbf{G} = \frac{-1}{1.6} \begin{bmatrix} 1.2 & -4 \\ 1.6 & -4 \end{bmatrix} \begin{bmatrix} 10 \\ 4 \end{bmatrix} = \frac{-1}{1.6} \begin{bmatrix} -4 \\ 0 \end{bmatrix} = \begin{bmatrix} 2.5 \\ 0 \end{bmatrix}$$

普通答案

$$\mathbf{I} = \mathbf{I}_h + \mathbf{I}_p = \mathbf{X}_\lambda \mathbf{C} + \begin{bmatrix} 2.5 \\ 0 \end{bmatrix}$$

由初值條件 $\mathbf{I}(0^+)$,求得係數向量 $\mathbf{C}$,

$$\mathbf{I}(0^+) = \begin{bmatrix} 0 \\ 0 \end{bmatrix} = \begin{bmatrix} 2 & 1 \\ 1 & 0.8 \end{bmatrix} \begin{bmatrix} c_1 \\ c_2 \end{bmatrix} + \begin{bmatrix} 2.5 \\ 0 \end{bmatrix}$$

$$\begin{bmatrix} c_1 \\ c_2 \end{bmatrix} = \frac{1}{0.6} \begin{bmatrix} 0.8 & -1 \\ -1 & 2 \end{bmatrix} \begin{bmatrix} -2.5 \\ 0 \end{bmatrix} = \begin{bmatrix} -\dfrac{10}{3} \\[2mm] \dfrac{25}{6} \end{bmatrix}$$

6. 電子網路 (II)

圖 9.7　電子網路 (II)

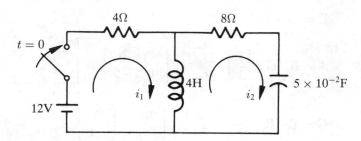

用迴路分析法,

$$4 \cdot i_1 + 4(i_1' - i_2') = 12$$

$$4(i_2' - i_1') + 8 \cdot i_2 + \frac{1}{0.05} \int i_2 dt = 0$$

整理之,

$$i_1' - i_2' = -i_1 + 3$$

$$4i_1 - 12 + 8i_2 + 20 \int i_2 dt = 0$$

或

$$i_1' + 2i_2' = -5i_2$$

得到矩陣形式

$$\mathbf{BI}' = \mathbf{CI} + \mathbf{H}$$

$$\mathbf{B} = \begin{bmatrix} 1 & -1 \\ 1 & 2 \end{bmatrix}$$

$$\mathbf{C} = \begin{bmatrix} -1 & 0 \\ 0 & -5 \end{bmatrix}$$

$$\mathbf{H} = \begin{bmatrix} 3 \\ 0 \end{bmatrix}$$

乘以 $\mathbf{B}^{-1}$，以得標準型式

$$\mathbf{I}' = \mathbf{AI} + \mathbf{G}$$

$$\mathbf{A} = \mathbf{B}^{-1}\mathbf{C} = \frac{1}{3} \begin{bmatrix} 2 & 1 \\ -1 & 1 \end{bmatrix} \begin{bmatrix} -1 & 0 \\ 0 & -5 \end{bmatrix} = \begin{bmatrix} \dfrac{-2}{3} & \dfrac{-5}{3} \\ \dfrac{1}{3} & \dfrac{-5}{3} \end{bmatrix}$$

$$\mathbf{G} = \mathbf{B}^{-1}\mathbf{H} = \frac{1}{3} \begin{bmatrix} 2 & 1 \\ -1 & 1 \end{bmatrix} \begin{bmatrix} 3 \\ 0 \end{bmatrix} = \begin{bmatrix} 2 \\ -1 \end{bmatrix}$$

初值條件在 $t = 0^+$ 時，電感造成斷路，電容造成短路，因此通過 4Ω 和 8Ω 電阻的電流是 $12 \div 12 = 1(\mathrm{A})$，得到初值條件

$$i_1(0^+) = i_2(0^+) = 1$$

或

$$\mathbf{I}(0^+) = \begin{bmatrix} 1 \\ 1 \end{bmatrix}$$

$\mathbf{A}$ 的特徵值和特徵向量是

$$\lambda_1 = \frac{-7}{6} + \frac{\sqrt{11}}{6}i, \ \mathbf{X}_1 = \begin{bmatrix} \dfrac{3 + \sqrt{11}}{2}i \\ 1 \end{bmatrix}$$

$$\lambda_2 = \frac{-7}{6} - \frac{\sqrt{11}}{6}i, \ \mathbf{X}_2 = \begin{bmatrix} \dfrac{3-\sqrt{11}}{2}i \\ 1 \end{bmatrix}$$

用可對角化的參數變異法，已知

$$\mathbf{X} = [\mathbf{X}_1, \ \mathbf{X}_2] = \begin{bmatrix} \dfrac{3+\sqrt{11}i}{2} & \dfrac{3-\sqrt{11}i}{2} \\ 1 & 1 \end{bmatrix}$$

$$\mathbf{D} = \mathbf{X}^{-1}\mathbf{A}\mathbf{X} = \begin{bmatrix} \lambda_1 & 0 \\ 0 & \lambda_2 \end{bmatrix} = \begin{bmatrix} \dfrac{-7+\sqrt{11}i}{6} & 0 \\ 0 & \dfrac{-7-\sqrt{11}i}{6} \end{bmatrix}$$

$$\mathbf{H} = \mathbf{X}^{-1}\mathbf{G} = \frac{1}{\sqrt{11}i}\begin{bmatrix} 1 & \dfrac{-3+\sqrt{11}i}{2} \\ -1 & \dfrac{3+\sqrt{11}i}{2} \end{bmatrix}\begin{bmatrix} 2 \\ -1 \end{bmatrix} = \begin{bmatrix} \dfrac{-1-\dfrac{7}{\sqrt{11}}i}{2} \\ \dfrac{-1+\dfrac{7}{\sqrt{11}}i}{2} \end{bmatrix}$$

得到 $\mathbf{I} = \mathbf{X}\mathbf{Z}$，

$$z_1 = c_1 e^{\frac{-7+\sqrt{11}i}{6}t} + e^{\frac{-7+\sqrt{11}i}{6}t}\int \frac{-1-\dfrac{7}{\sqrt{11}}i}{2}e^{-\frac{-7+\sqrt{11}i}{6}t}dt$$

$$= c_1 e^{\frac{-7+\sqrt{11}i}{6}t} + \frac{-1-\dfrac{7}{\sqrt{11}}i}{2} \times \frac{6}{7-\sqrt{11}i}$$

$$= c_1 e^{\frac{-7+\sqrt{11}i}{6}t} - \frac{3}{\sqrt{11}}i$$

$$z_2 = c_2 e^{\frac{-7-\sqrt{11}i}{6}t} + \frac{3}{\sqrt{11}}i$$

$$\mathbf{I} = \mathbf{X}\mathbf{Z} = \begin{bmatrix} \dfrac{3+\sqrt{11}i}{2} & \dfrac{3-\sqrt{11}i}{2} \\ 1 & 1 \end{bmatrix}\begin{bmatrix} c_1 e^{\frac{-7+\sqrt{11}i}{6}t} - \dfrac{3}{\sqrt{11}}i \\ c_2 e^{\frac{-7-\sqrt{11}i}{6}t} + \dfrac{3}{\sqrt{11}}i \end{bmatrix}$$

$$\mathbf{I} = \begin{bmatrix} c_1 \cdot \dfrac{3 + \sqrt{11}i}{2} e^{\frac{-7+\sqrt{11}i}{6}t} + c_2 \dfrac{3 - \sqrt{11}i}{2} e^{\frac{-7-\sqrt{11}i}{6}t} + 3 \\ c_1 e^{\frac{-7+\sqrt{11}i}{6}t} + c_2 e^{\frac{-7-\sqrt{11}i}{6}t} \end{bmatrix}$$

$$\mathbf{I}(0^+) = \begin{bmatrix} 1 \\ 1 \end{bmatrix} = \begin{bmatrix} c_1 \cdot \dfrac{3 + \sqrt{11}i}{2} + c_2 \cdot \dfrac{3 - \sqrt{11}i}{2} + 3 \\ c_1 + c_2 \end{bmatrix}$$

得到

$$\mathbf{C} = \begin{bmatrix} c_1 \\ c_2 \end{bmatrix} = \dfrac{1}{\sqrt{11}i} \begin{bmatrix} 1 & \dfrac{-3 + \sqrt{11}i}{2} \\ -1 & \dfrac{3 + \sqrt{11}i}{2} \end{bmatrix} \begin{bmatrix} -2 \\ 1 \end{bmatrix} = \begin{bmatrix} \dfrac{1}{2} + \dfrac{7}{2\sqrt{11}}i \\ \dfrac{1}{2} - \dfrac{7}{2\sqrt{11}}i \end{bmatrix}$$

將 $\mathbf{C}$ 代入 $\mathbf{I}$ 中，得到實數解，

$$i_1(t) = e^{-\frac{7}{6}t} \left[-2\cos\left(\frac{\sqrt{11}}{6}t \right) - \frac{16}{\sqrt{11}} \sin\left(\frac{\sqrt{11}}{6}t \right) \right] + 3$$

$$i_2(t) = e^{-\frac{7}{6}t} \left[\cos\left(\frac{\sqrt{11}}{6}t \right) - \frac{7}{\sqrt{11}} \sin\left(\frac{\sqrt{11}}{6}t \right) \right]$$

習　題

1～4 題，求直流電流。

1.

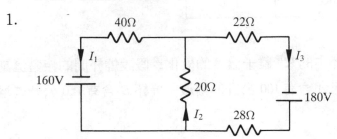

2.

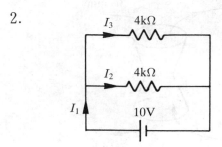

3.

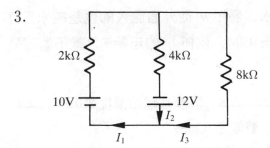

4.

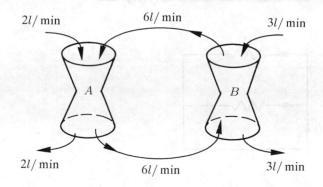

$5 \sim 6$ 題，求燒杯中的 K^+ 離子濃度的變化。假設燒杯間的液體流動如下圖所示，燒杯 A 含有 100 公升的溶液，燒杯 B 含有 150 公升的溶液。

5. 燒杯 A 從外面流入的是純水，燒杯 B 從外面流入的也是純水；燒杯 A 的起始 K^+ 離子濃度是 0.2M，燒杯 B 的起始 K^+ 離子濃度是 $\frac{1}{60}$M。

6. 燒杯 A 從外面流入的是 0.125M 的 K^+ 溶液且起始濃度是 0.5M，燒杯 B 從外面流入的仍是純水且濃度是 0.25M。

$7 \sim 12$ 題，根據下圖的彈簧系統，求普通答案。

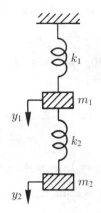

7. $k_1 = 6$, $m_1 = 2$, $k_2 = 4$, $m_2 = 2$; $y_1(0) = 1$, $y_2(0) = 2$

8. $k_1 = 6$, $m_1 = 2$, $k_2 = 4$, $m_2 = 2$; $y_1'(0) = 2$, $y_2'(0) = -1$

9. $k_1 = 3$, $m_1 = 1$, $k_2 = 2$, $m_2 = 1$; $y_1(0) = 6$, $y_1'(0) = 0$, $y_2(0) = 2$, $y_2'(0) = 0$

10. $k_1 = 16$, $m_1 = 1$, $k_2 = 6$, $m_2 = 1$; $y_1(0) = y_2(0) = 1$

11. $k_1 = 16$, $m_1 = 1$, $k_2 = 6$, $m_2 = 1$; $y_1(0) = 1$, $y_2(0) = -1$

12. $k_1 = 4$, $m_1 = \dfrac{1}{4}$, $k_2 = \dfrac{3}{2}$, $m_2 = \dfrac{1}{4}$; $y_1(0) = y_2(0) = y_1'(0) = y_2'(0) = 0$;

在 m_2 再加上外力 $F(t) = 2\sin(3t)$。

13～16題，根據下圖的彈簧系統，求普通答案。

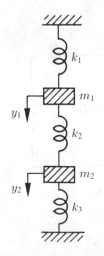

13. $k_1 = 3$, $m_1 = 0.5$, $k_2 = 1$, $m_2 = 0.5$, $k_3 = 1.5$; $y_1(0) = 1$, $y_2(0) = -1$, $y_1'(0) = y_2'(0) = 0$

14. $k_1 = 16$, $m_1 = 4$, $k_2 = 10$, $m_2 = 4$, $k_3 = 16$; $y_1(0) = y_2(0) = -1$, $y_1'(0) = y_2'(0) = 0$

15. $k_1 = 8$, $m_1 = 2$, $k_2 = 5$, $m_2 = 2$, $k_3 = 8$; $y_1(0) = 1$, $y_2(0) = -1$, $y_1'(0) = y_2'(0) = 0$

16. $k_1 = 4$, $m_2 = 1$, $k_2 = 2.5$, $m_2 = 1$, $k_3 = 4$; $y_1(0) = y_2(0) = y_1'(0) = y_2'(0) = 0$，在 m_1 再加上外力 $F(t) = 2\sin(t)$。

17 ～ 28 題，解電路問題。

17.

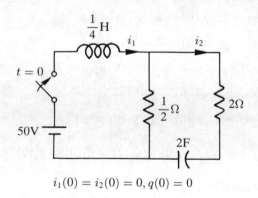

$i_1(0) = i_2(0) = 0, q(0) = 0$

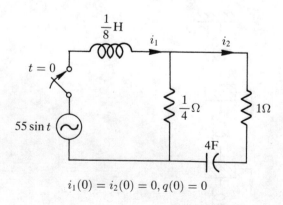

$i_1(0) = i_2(0) = 0, q(0) = 0$

19.

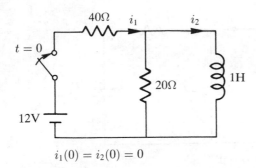

$i_1(0) = i_2(0) = 0$

20.

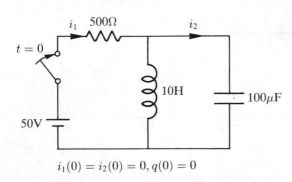

$i_1(0) = i_2(0) = 0, q(0) = 0$

21.

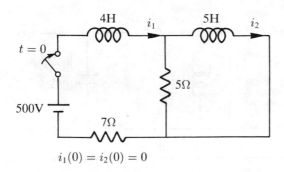

$i_1(0) = i_2(0) = 0$

22.

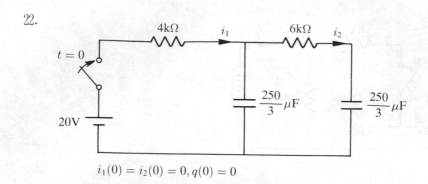

$$i_1(0) = i_2(0) = 0, q(0) = 0$$

23.

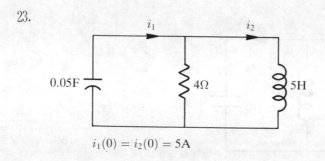

$$i_1(0) = i_2(0) = 5A$$

24. 求 i_1, i_2 和 v_C。

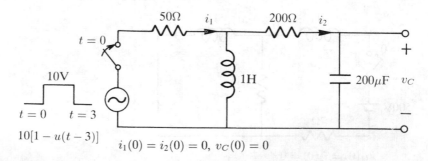

$10[1 - u(t-3)]$

$$i_1(0) = i_2(0) = 0, v_C(0) = 0$$

25.

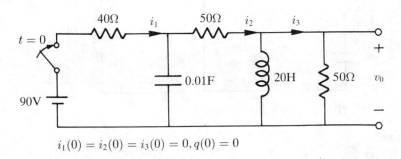

$$i_1(0) = i_2(0) = 0, q(0) = 0$$

26. 求 i_1, i_2, i_3 和 v_0 何時達到其最大值。

$$i_1(0) = i_2(0) = i_3(0) = 0, q(0) = 0$$

27.

$$i_1(0) = i_2(0) = 0, q(0) = 0$$

28.

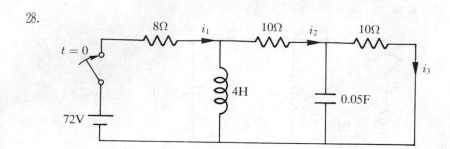

29.

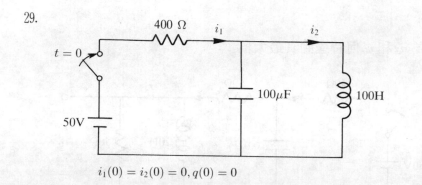

$$i_1(0) = i_2(0) = 0, q(0) = 0$$

第十章 複數和複變函數

10.1 基本觀念

複數系是實數系的延伸。在定義上，複數 z 是由實數 x 和 y 組成的有序數對 (x, y)，即

$$z = (x, y) \tag{10.1}$$

式 (10.1) 中的實數 x，y 分別稱為複數 z 的實部與虛部，並記作

$$\mathrm{Re}(z) = x, \ \mathrm{Im}(z) = y \tag{10.2}$$

我們通常將 z 表示成

$$z = x + iy \tag{10.3}$$

並將 z 看成複數平面上的一點 (x, y) 或從原點 $(0, 0)$ 到點 (x, y) 的向量。例如，複數 $-1 + i2$ 可由圖 10.1 中的點 $(-1, 2)$ 代表複數 z 或設想成從 $(0, 0)$ 到 $(-1, 2)$ 所形成的向量。

　　複數平面或稱 z 平面，其 x 軸稱為實軸，而 y 軸則稱為虛軸。若令 $r = |z| = \sqrt{x^2 + y^2}$，且 $\theta = \tan^{-1} \dfrac{y}{x}$，則 z 可寫成極式

$$z = r(\cos\theta + i\sin\theta) \tag{10.4}$$

正數 r 可看作 z 的向量長度（見圖 10.2）。θ 則稱為 z 之幅角，記作 $\theta = \arg(z)$。$\arg(z)$ 代表 z 和正實軸之間的角度，單位為弳度。因此，$\arg(z)$ 有無限多個寫法。假設主幅角 $\mathrm{Arg}(z)$ 的範圍為 $0 \leq \mathrm{Arg}(z) < 2\pi$（或 $-\pi < \mathrm{Arg}(z) \leq \pi$），則

$$\arg(z) = \mathrm{Arg}(z) + 2n\pi \quad (n = 0, \pm1, \pm2, \cdots) \tag{10.5}$$

圖 10.1　複數 z 在複數平面上的幾何意義

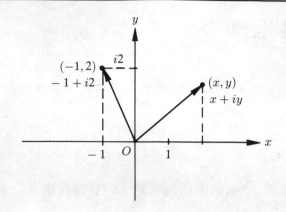

圖 10.2　複數 z 的極坐標表示法

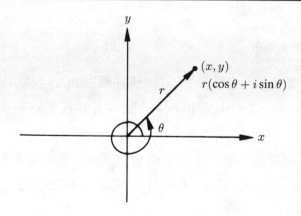

式 (10.4) 中的 $\cos\theta + i\sin\theta$ 可以根據尤拉公式 (Euler) 表示成

$$e^{i\theta} = \cos\theta + i\sin\theta \tag{10.6}$$

所以 z 還可以寫成指數形式

$$z = re^{i\theta} \tag{10.7}$$

複數的基本性質歸納如下：

$(1) z = x + iy \Longrightarrow \bar{z} = x - iy$

所以，若 $z = \overline{z}$，則 $y = 0$，z 為實數；若 $z = -\overline{z}$，則 $x = 0$，z 為純虛數。

(2)$\operatorname{Re}(z) = \dfrac{z + \overline{z}}{2}$，$\operatorname{Im}(z) = \dfrac{z - \overline{z}}{2}$

(3)$z\overline{z} = |z|^2$

(4)$|z_1 z_2| = |z_1||z_2|$，$\left| \dfrac{z_1}{z_2} \right| = \dfrac{|z_1|}{|z_2|}$

(5)$\overline{z_1 + z_2} = \overline{z}_1 + \overline{z}_2$，$\overline{z_1 z_2} = \overline{z}_1 \overline{z}_2$

(6)假設 $z_1 = x_1 + iy_1$，$z_2 = x_2 + iy_2$，則 $z_1 = z_2$ 的充分必要條件是 $x_1 = x_2$ 且 $y_1 = y_2$。

另外，複數的基本四則運算如下：

(1)加法： $z_1 + z_2 = (x_1 + x_2) + i(y_1 + y_2)$

(2)減法： $z_1 - z_2 = (x_1 - x_2) + i(y_1 - y_2)$

(3)乘法： $z_1 z_2 = (x_1 + iy_1)(x_2 + iy_2) = (x_1 x_2 - y_1 y_2) + i(x_1 y_2 + x_2 y_1)$

(4)除法： $\dfrac{z_1}{z_2} = \dfrac{z_1 \overline{z}_2}{z_2 \overline{z}_2} = \dfrac{(x_1 + iy_1)(x_2 - iy_2)}{x_2^2 + y_2^2}$

$$= \dfrac{(x_1 x_2 + y_1 y_2) + i(x_2 y_1 - x_1 y_2)}{x_2^2 + y_2^2}$$

複數系的加法和乘法的代數性質皆與實數系相同：

(1)結合律： $(z_1 + z_2) + z_3 = z_1 + (z_2 + z_3)$，$(z_1 z_2)z_3 = z_1(z_2 z_3)$

(2)交換律： $z_1 + z_2 = z_2 + z_1$，$z_1 z_2 = z_2 z_1$

(3)乘法對加法分配律： $z_1(z_2 + z_3) = z_1 z_2 + z_1 z_3$

(4)單位元素： $z + 0 = z$，$z \cdot 1 = z$

(5)反元素： $z + (-z) = 0$，$zz^{-1} = 1$（z 不為 $\emptyset$）

解題範例

【範例 1】

將 $-1, i, \sqrt{3}+i$ 寫成極式。

【解】

(1) $-1 = e^{i(\pi+2n\pi)} = \cos(\pi+2n\pi)$

(2) $i = e^{i(\frac{\pi}{2}+2n\pi)} = i\sin\left(\frac{\pi}{2}+2n\pi\right)$

(3) $\sqrt{3}+i = 2e^{i(\frac{\pi}{6}+2n\pi)} = 2\left[\cos\left(\frac{\pi}{6}+2n\pi\right)+i\sin\left(\frac{\pi}{6}+2n\pi\right)\right]$

【範例 2】

已知 $z_1 = r_1(\cos\theta_1+i\sin\theta_1)$, $z_2 = r_2(\cos\theta_2+i\sin\theta_2)$, 求 z_1z_2 和 $\dfrac{z_1}{z_2}=?$

【解】

(1) $z_1z_2 = r_1e^{i\theta_1}\cdot r_2e^{i\theta_2} = r_1r_2e^{i(\theta_1+\theta_2)}$

(2) $\dfrac{z_1}{z_2} = \dfrac{r_1e^{i\theta_1}}{r_2e^{i\theta_2}} = \dfrac{r_1}{r_2}e^{i(\theta_1-\theta_2)}$

【範例 3】

證明 $\cos 5\theta = 16\cos^5\theta - 20\cos^3\theta + 5\cos\theta$

【解】

$$(\cos 5\theta + i\sin 5\theta) = e^{i5\theta} = (e^{i\theta})^5 = (\cos\theta+i\sin\theta)^5$$

$$= C_5^5\cos^5\theta + C_4^5\cos^4\theta(i\sin\theta) + C_3^5\cos^3\theta(i\sin\theta)^2$$

$$+ C_2^5\cos^2\theta(i\sin\theta)^3 + C_1^5\cos\theta(i\sin\theta)^4 + C_0^5(i\sin\theta)^5$$

$$= (16\cos^5\theta - 20\cos^3\theta + 5\cos\theta) + i(16\cos^4\theta\sin\theta$$

$$-12\cos^2\theta\sin\theta + \sin\theta)$$

由實部相等可得

$$\cos 5\theta = 16\cos^5\theta - 20\cos^3\theta + 5\cos\theta$$

【範例 4】

求 $z^3 = -1$ 的所有複數根。

【解】

$$z^3 = e^{i(\pi+2n\pi)} = e^{i(2n+1)\pi}$$

$$z = e^{i(\frac{2n+1}{3})\pi}$$

$$n = 0,\ z_1 = e^{i\frac{\pi}{3}} = \cos\frac{\pi}{3} + i\sin\frac{\pi}{3}$$

$$n = 1,\ z_2 = e^{i\pi} = \cos\pi + i\sin\pi$$

$$n = 2,\ z_3 = e^{i\frac{5}{3}\pi} = \cos\frac{5}{3}\pi + i\sin\frac{5}{3}\pi$$

【範例 5】

證明 $|z_1 + z_2| \le |z_1| + |z_2|$

【解】

$$|z_1 + z_2|^2 = (z_1 + z_2)(\overline{z_1 + z_2}) = (z_1 + z_2)(\overline{z}_1 + \overline{z}_2)$$

$$= z_1\overline{z}_1 + z_1\overline{z}_2 + \overline{z}_1 z_2 + z_2\overline{z}_2$$

$$= |z_1|^2 + (z_1\overline{z}_2 + \overline{z_1\overline{z}_2}) + |z_2|^2$$

$$= |z_1|^2 + 2\mathbf{Re}(z_1\overline{z}_2) + |z_2|^2$$

$$\because \operatorname{Re}(z_1 \overline{z}_2) \leq |z_1 \overline{z}_2| = |z_1||\overline{z}_2| = |z_1||z_2|$$

$$\therefore |z_1 + z_2|^2 \leq |z_1|^2 + 2|z_1||z_2| + |z_2|^2 = (|z_1| + |z_2|)^2$$

故

$$|z_1 + z_2| \leq |z_1| + |z_2|$$

1. 試證明:

(a) $\dfrac{2-i}{5i} + \dfrac{1+2i}{3-4i} = -\dfrac{2}{5}$

(b) $(1-i)^8 = 16$

(c) $\dfrac{10}{(1-i)(2-i)(3-i)} = i$

2. 已知 z_1 和 z_2 為任意兩複數，且 n 為正整數，試證:

$$(z_1 + z_2)^n = z_1^n + \frac{n}{1!}z_1^{n-1}z_2 + \frac{n(n-1)}{2!}z_1^{n-2}z_2^2 + \cdots$$

$$+ \frac{n(n-1)(n-2)\cdots(n-k+1)}{k!}z_1^{n-k}z_2^k + \cdots + z_2^n$$

提示: 利用數學歸納法。

3. 試證明:

(a) $\overline{z_1 + z_2 + \cdots + z_n} = \bar{z}_1 + \bar{z}_2 + \cdots + \bar{z}_n$

(b) $\overline{z_1 z_2 \cdots z_n} = \bar{z}_1 \bar{z}_2 \cdots \bar{z}_n$

(c) $\overline{\left(\dfrac{1}{z_1 z_2 \cdots z_n}\right)} = \dfrac{1}{\bar{z}_1 \bar{z}_2 \cdots \bar{z}_n}$

4. 試證明，若 z 位於圓 $|z| = 2$ 上，則 $\left|\dfrac{1}{z^4 - 4z^2 + 3}\right| \le \dfrac{1}{3}$。

5. 試證明 $\sqrt{2}|z| \ge |\mathbf{Re}(z)| + |\mathbf{Im}(z)|$

6. 試在 z 平面上畫出 $z^2 + \bar{z}^2 = 2$ 的幾何圖形。

7. 試求 $\arg(z)$:

(a) $z = (\sqrt{3} - i)^3$,　(b) $z = \dfrac{-i}{1+i}$,　(c) $z = \dfrac{2}{1+\sqrt{3}i}$

8. 將下列各運算式化簡後以指數形式表示:

(a) $i(1 - \sqrt{3}i)(\sqrt{3} + i)$,　(b) $(-1 + i)^7$,　(c) $(1 + \sqrt{3}i)^{-10}$

9. 證明：

(a) $\overline{e^{i\theta}} = e^{-i\theta}$,　(b) $|e^{i\theta}| = 1$,　(c) $e^{i\theta_1}e^{i\theta_2} = e^{i(\theta_1 + \theta_2)}$

10. 已知 $z_1 \neq 0$,　求 $\arg(z)$：

(a) $z = z_1^{-2}$,　(b) $z = z_1^2$

11. 證明若 $\operatorname{Re}(z_1) > 0$, $\operatorname{Re}(z_2) > 0$,　則 $\operatorname{Arg}(z_1 z_2) = \operatorname{Arg}(z_1) + \operatorname{Arg}(z_2)$。

12. 試導出：

(a) $\sin^3 \theta = \dfrac{3}{4} \sin \theta - \dfrac{1}{4} \sin 3\theta$

(b) $\cos^4 \theta = \dfrac{1}{8} \cos 4\theta + \dfrac{1}{2} \cos 2\theta + \dfrac{3}{8}$

13. 已知當 $z \neq 1$ 時

$$1 + z + z^2 + \cdots + z^n = \frac{1 - z^{n+1}}{1 - z}$$

試利用其導出

$$1 + \cos \theta + \cos 2\theta + \cdots + \cos n\theta = \frac{1}{2} + \frac{\sin \left[\left(n + \dfrac{1}{2} \right) \theta \right]}{2 \sin(\theta/2)}$$
$$0 < \theta < 2\pi$$

14. 解方程式：

(a) $z\bar{z} - z + \bar{z} = 0$,　(b) $z^2 + 2\bar{z} = -1 + 6i$

15. 已知方程式 $az^2 + bz + c = 0$ $(a \neq 0)$,　其中 a, b, c 為複數,　試證明方程式的根為

$$z = \frac{-b + \sqrt{b^2 - 4ac}}{2a}$$

16. 證明：

(a) $|z_1 + z_2| \leq |z_1| + |z_2|$,　(b) $|z_1 - z_2| \geq \big||z_1| - |z_2|\big|$

10.2　複函數、極限、導數

複函數 f 係將定義域內的每一點 z 指定一個複數 w 與之對應。複數 w 稱為 f 在 z 的函數值，記作 $f(z)$。假設 $w = u + iv$ 是複函數 f 在 $z = x + iy$ 的函數值，則我們可以寫成

$$w = f(z) = u(x, y) + iv(x, y) \tag{10.8}$$

以 $f(z) = z^2$ 為例，$f(z) = f(x + iy) = (x + iy)^2 = (x^2 - y^2) + i2xy$。若將 z 平面和 w 平面分開畫，我們可以進一步展示出複函數 f 定義的 $z = (x, y)$ 和 $w = (u, v)$ 兩點之間的映射關係，如圖 10.3 所示。

圖 10.3　複函數 $f(z) = z^2$ 的映射圖

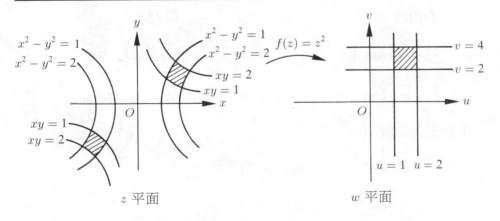

z 平面　　　　　　　　　w 平面

複函數若將定義域內的點 z 對應到一個以上的對應值，則稱該複函數為多值函數；相反的，若任何點只有一值對應，則為單值函數。基本上，複函數的型態可以歸類如下：

(1)多項式函數

$$w = f(z) = a_n z^n + \cdots + a_1 z + a_0, \quad a_n, \cdots, a_1, a_0 \text{ 為複數}$$

$f(z)$ 稱為 z 的 n 次多項式函數，如線性變換 $w = z + 1$。

(2)有理分式

$$w = \frac{P(z)}{Q(z)}, \ P(z) \ \text{及} \ Q(z) \ \text{為} z \ \text{之多項式}$$

如：雙線變換 $w = \dfrac{z+1}{z-1}$。

(3)對數函數

$$w = \ln z$$

為無窮多值函數，由 $z = re^{i\theta}$ 得 $w = \ln r + i(\theta + 2n\pi)$, $n = 0, \pm 1, \pm 2, \cdots$。

(4)指數函數

$$w = e^z = e^x(\cos(y) + i\sin(y))$$

(5)三角函數

$$w = \sin(z) = \frac{e^{iz} - e^{-iz}}{2i} = \sin(x)\cosh(y) + i\cos(x)\sinh(y)$$

$$w = \cos(z) = \frac{e^{iz} + e^{-iz}}{2} = \cos(x)\cosh(y) - i\sin(x)\sinh(y)$$

(6)反三角函數

$$w = \sin^{-1}(z) = -i\ln(iz \pm \sqrt{1 - z^2})$$

$$w = \cos^{-1}(z) = -i\ln(z \pm i\sqrt{1 - z^2})$$

$$w = \tan^{-1}(z) = \frac{i}{2}\ln\frac{1+z}{1-z}$$

(7)雙曲線函數

$$w = \sinh(z) = \frac{e^z - e^{-z}}{2} = \sinh(x)\cos(y) + i\cosh(x)\sin(y)$$

$$w = \cosh(z) = \frac{e^z + e^{-z}}{2} = \cosh(x)\cos(y) + i\sinh(x)\sin(y)$$

(8)反雙曲線函數

$$w = \sinh^{-1}(z) = \ln(z + \sqrt{z^2 + 1})$$

$$w = \cosh^{-1}(z) = \ln(z + \sqrt{z^2 - 1})$$

$$w = \tanh^{-1}(z) = \frac{1}{2}\ln\frac{1 + z}{1 - z}$$

(9)複數指數

$$w = z^c = e^{c\ln z}, \ c \ \text{為任意複數常數}$$

接下來，我們討論複函數幾個重要的極限定理：

定理 10.1

若 $f(z) = u(x, y) + iv(x, y)$, $z_0 = x_0 + iy_0$, $w_0 = u_0 + iv_0$, 則 $\lim\limits_{z \to z_0} f(z) = w_0$ 的充要條件為

$$\lim_{(x,y) \to (x_0, y_0)} u(x, y) = u_0 \ \text{且} \ \lim_{(x,y) \to (x_0, y_0)} v(x, y) = v_0$$

【證明】

($\Longrightarrow$) 若 $\lim\limits_{z \to z_0} f(z) = w_0$ 成立，則必存在一正數 δ 使得

$$0 < |z - z_0| < \delta$$

且滿足 $|(u - u_0) + i(v - v_0)| < \varepsilon$, ε 為所有正數。

又因 $|u - u_0| \le |(u - u_0) + i(v - v_0)| < \varepsilon$

　及 $|v - v_0| \le |(u - u_0) + i(v - v_0)| < \varepsilon$

且 $|z - z_0| = |(x - x_0) + i(y - y_0)| = \sqrt{(x - x_0)^2 + (y - y_0)^2}$

故 $\lim_{(x,y)\to(x_0,y_0)} u(x,y) = u_0$ 且 $\lim_{(x,y)\to(x_0,y_0)} v(x,y) = v_0$ 亦成立。

($\Longleftarrow$) 若 $\lim_{(x,y)\to(x_0,y_0)} u(x,y) = u_0$ 及 $\lim_{(x,y)\to(x_0,y_0)} v(x,y) = v_0$ 成立，則必存在兩正數 δ_1 和 δ_2 使得

當 $0 < \sqrt{(x-x_0)^2+(y-y_0)^2} < \delta_1$ 而 $|u-u_0| < \dfrac{\varepsilon}{2}$

且當 $0 < \sqrt{(x-x_0)^2+(y-y_0)^2} < \delta_2$ 而 $|v-v_0| < \dfrac{\varepsilon}{2}$

令 δ 為 $\min(\delta_1,\delta_2)$，則因

$$|(u-u_0)+i(v-v_0)| \le |u-u_0| + |v-v_0|$$

得知 $|(u+iv)-(u_0+iv_0)| < \varepsilon$ 且 $0 < |z-z_0| < \delta$

故 $\lim_{z\to z_0} f(z) = w_0$ 成立。

定理 10.2

若 $f(z)$ 為 z 之單值函數，則 $\lim_{z\to z_0} f(z)$ 存在時，其值必為唯一。

【證明】

假設 $\lim_{z\to z_0} f(z) = w_1$ 且 $\lim_{z\to z_0} f(z) = w_2$

對任意正數 ε，恒存在正數 δ 使得

當 $|z-z_0| < \delta$ 時，$|f(z)-w_1| < \dfrac{\varepsilon}{2}$

且當 $|z-z_0| < \delta$ 時，$|f(z)-w_2| < \dfrac{\varepsilon}{2}$

因

$$|w_1 - w_2| = |w_1 - f(z) + f(z) - w_2|$$
$$\le |w_1-f(z)| + |f(z)-w_2| < \frac{\varepsilon}{2}+\frac{\varepsilon}{2} = \varepsilon$$

故得

$$w_1 = w_2$$

定理 10.3

若 $\displaystyle\lim_{z \to z_0} f(z) = w_1$ 及 $\displaystyle\lim_{z \to z_0} g(z) = w_2$，則

(1) $\displaystyle\lim_{z \to z_0} (f(z) + g(z)) = w_1 + w_2$

(2) $\displaystyle\lim_{z \to z_0} f(z)g(z) = w_1 w_2$

(3) $\displaystyle\lim_{z \to z_0} \frac{f(z)}{g(z)} = \frac{w_1}{w_2}$，但 $w_2 \neq 0$

【證明】

性質(1)令 $f(z) = u_1(x,y) + iv_1(x,y)$, $g(z) = u_2(x,y) + iv_2(x,y)$,

$$z_0 = x_0 + iy_0,\ w_1 = u_1 + iv_1,\ w_2 = u_2 + iv_2$$

由定理 10.1 知

$$\lim_{(x,y) \to (x_0,y_0)} u_1(x,y) = u_1, \qquad \lim_{(x,y) \to (x_0,y_0)} v_1(x,y) = v_1$$

$$\lim_{(x,y) \to (x_0,y_0)} u_2(x,y) = u_2, \qquad \lim_{(x,y) \to (x_0,y_0)} v_2(x,y) = v_2$$

所以

$$\lim_{z \to z_0} (f(z) + g(z)) = \lim_{(x,y) \to (x_0,y_0)} [u_1(x,y) + u_2(x,y) + i(v_1(x,y) + v_2(x,y))]$$

$$= u_1 + u_2 + i(v_1 + v_2) = w_1 + w_2$$

性質(2)和(3)的證明，讀者可依性質(1)的方法自行練習。

　　認識了極限定理後，我們就可以介紹連續的觀念了。若複函數 f 滿足下列三條件，則稱 f 在 z_0 點連續：

(1) $\displaystyle\lim_{z \to z_0} f(z)$ 存在。

(2) $f(z_0)$ 存在。

(3) $\lim_{z \to z_0} f(z) = f(z_0)$。

如果 f 在區域 R 內的每一點皆連續，則稱 f 在 R 內連續。

有了連續的觀念後，我們再進一步認識複函數的微分。若複函數 $f(z)$ 為 z 的單值函數，則 f 在 z_0 的導函數 $f'(z_0)$ 或 $d[f(z)]/dz$ 定義為

$$f'(z_0) = \lim_{z \to z_0} \frac{f(z) - f(z_0)}{z - z_0} \tag{10.9}$$

公式 (10.9) 成立的先決條件是該極限值要先存在且唯一。若將 $z - z_0$ 以 Δz 表示，則 $f'(z_0)$ 可以寫成

$$f'(z_0) = \lim_{\Delta z \to 0} \frac{f(z + \Delta z) - f(z)}{\Delta z} \tag{10.10}$$

複函數基本微分公式皆可利用微積分中相同的步驟，由基本導函數定義和極限定理導出。以下所列是較常使用到的微分公式：

(1) $\dfrac{d}{dz} c = 0$

(2) $\dfrac{d}{dz} z = 1$

(3) $\dfrac{d}{dz} [cf(z)] = cf'(z)$

(4) $\dfrac{d}{dz} z^n = nz^{n-1}$，$n$ 為正整數（若 n 為負整數時，$z \neq 0$ 才成立）

(5) $\dfrac{d}{dz} [f(z) + g(z)] = f'(z) + g'(z)$

(6) $\dfrac{d}{dz} [f(z)g(z)] = f(z)g'(z) + f'(z)g(z)$

(7) $\dfrac{d}{dz} \left[\dfrac{f(z)}{g(z)} \right] = \dfrac{f'(z)g(z) - f(z)g'(z)}{[g(z)]^2}$，$g(z) \neq 0$

(8) $\dfrac{d}{dz} g(w) = \dfrac{d[g(w)]}{dw} \dfrac{dw}{dz}$

在求有理分式的極限值時，若發生分子分母同時趨近 0 或 ∞ 的情況，則我們可利用對分子分母同時微分後再求取極限值。這個方法稱

作 hospital 定理。

> ### 定理 10.4　　hospital 定理
>
> 若 $f(z)$ 和 $g(z)$ 在 $z = z_0$ 為可微分，且 $f(z_0) = g(z_0) = 0$（或 ∞）
> $g'(z_0) \neq 0$，則
> $$\lim_{z \to z_0} \frac{f(z)}{g(z)} = \frac{f'(z_0)}{g'(z_0)}$$

【證明】

$\because f(z)$ 和 $g(z)$ 在 z_0 可微

$\therefore \lim_{\Delta z \to 0} \dfrac{f(z_0 + \Delta z) - f(z_0)}{\Delta z} = f'(z_0)$

$\lim_{\Delta z \to 0} \dfrac{g(z_0 + \Delta z) - g(z_0)}{\Delta z} = g'(z_0)$

故

$$\lim_{z \to z_0} \frac{f(z)}{g(z)} = \lim_{z \to z_0} \frac{\dfrac{f(z) - f(z_0)}{z - z_0}}{\dfrac{g(z) - g(z_0)}{z - z_0}} = \lim_{\Delta z \to 0} \frac{\dfrac{f(z_0 + \Delta z) - f(z_0)}{\Delta z}}{\dfrac{g(z_0 + \Delta z) - g(z_0)}{\Delta z}}$$

$$= \frac{f'(z_0)}{g'(z_0)}$$

解題範例

【範例1】

畫出 z 平面上區域 $\{re^{i\theta}|0 \le r \le 1, \ 0 \le \theta < \pi\}$ 經複函數 $w = z + \dfrac{1}{z}$ 映射後，在 w 平面上的影像。

【解】

$(1)\, r = 1$

$$w = e^{i\theta} + e^{-i\theta} = 2\cos\theta, \quad 0 \le \theta < \pi$$

$$\therefore -2 \le w \le 2 \text{ 為一線段}$$

$(2)\, r = r_1,\, 0 \le r_1 < 1$

$$w = r_1 e^{i\theta} + \frac{1}{r_1 e^{i\theta}} = r_1(\cos\theta + i\sin\theta) + \frac{1}{r_1}(\cos\theta - i\sin\theta)$$

$$= \left(r_1 + \frac{1}{r_1}\right)\cos\theta + i\left(r_1 - \frac{1}{r_1}\right)\sin\theta$$

令 $w = u + iv,\, a = r_1 + \dfrac{1}{r_1},\, b = r_1 - \dfrac{1}{r_1}$，則 $u = a\cos\theta,\, v = b\sin\theta$

而 $\dfrac{u^2}{a^2} + \dfrac{v^2}{b^2} = 1$，表示為焦點在 $w = \pm\sqrt{a^2 - b^2} = \pm 2$ 的橢圓。

當 $0 \le \theta < \pi$，w 為長軸 a，短軸 b 的橢圓的下半部。

當 r_1 逐漸趨近 0 時，$a \to \infty, b \to -\infty$ 而漸漸填滿整個下半平面。

綜合以上討論可得映射關係如下圖：

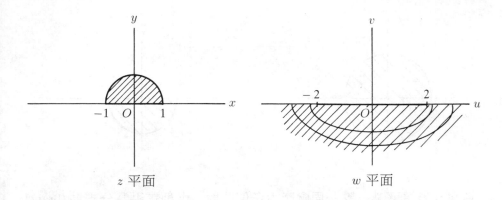

z 平面　　　　　　　　　w 平面

【範例2】

畫出 z 平面以原點為圓心,半徑為 r 圍成的區域,經複函數 $w = z^{\frac{1}{2}}$ 映射後,在 w 平面上的影像。

【解】

令 $z = re^{i\theta} = re^{i(\theta+2n\pi)}$, $0 \le \theta < 2\pi$

$$w = z^{\frac{1}{2}} = r^{\frac{1}{2}} e^{i(\frac{\theta}{2}+n\pi)}$$

故同一區域映射出兩個影像:

$$n = 0, \ w_1 = r^{\frac{1}{2}} e^{i\frac{\theta}{2}}, \ 0 \le \theta < 2\pi$$

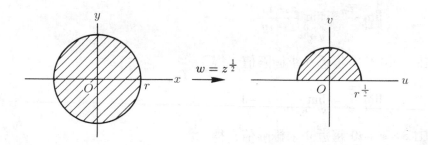

$$n = 1, \ w_2 = r^{\frac{1}{2}} e^{i(\frac{\theta}{2}+\pi)}, \ 0 \le \theta < 2\pi$$

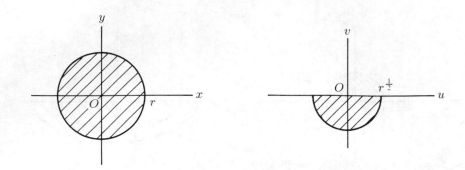

注意: 若繞著某一點一周會產生多值映射, 則稱該點為分支點 (branch
point)。以本例的複函數來說, 原點即是分支點。由分支點射出
的任何一條射線皆可做為分支割線 (branch cut)。跨越分支割線
將進入另一個映射平面。以本例來看, 當 z 繞著原點兩周後,
仍會回到原映射平面, 故 $w = z^{\frac{1}{2}}$ 為二值函數, 亦即有兩分支。

【範例3】

試證明 $\lim\limits_{z \to 0} \dfrac{\bar{z}}{z}$ 不存在。

【解】

令 $z = x + iy$, $\bar{z} = x - iy$, 則

$$\lim_{z \to 0} \frac{\bar{z}}{z} = \lim_{\substack{x \to 0 \\ y \to 0}} \frac{x + iy}{x - iy}$$

(1)由 $z = 0 + iy$ 趨近 0 求極限值, 得

$$\lim_{z \to 0} \frac{\bar{z}}{z} = \lim_{y \to 0} \frac{-iy}{iy} = -1$$

(2)由 $z = x + i0$ 趨近 0 求極限值, 得

$$\lim_{z \to 0} \frac{\bar{z}}{z} = \lim_{x \to 0} \frac{x}{x} = 1$$

由(1), (2)知 $\lim\limits_{z \to 0} \dfrac{\bar{z}}{z}$ 的極限值因趨近方法不同而相異, 故其極限值不存
在。

【範例 4】

試證明 $f(z) = \begin{cases} z^2 & ,z \neq i \\ 0 & ,z = i \end{cases}$ 為不連續函數。

【解】

$$\lim_{z \to i} f(z) = -1 \neq f(i) = 0$$

【範例 5】

試證明 $\cos^{-1} z = -i \ln(z \pm i\sqrt{1-z^2})$

【解】

令 $w = \cos^{-1} z$，則

$$z = \cos w = \frac{e^{iw} + e^{-iw}}{2}$$

$$(e^{iw})^2 - 2z(e^{iw}) + 1 = 0$$

$$e^{iw} = \frac{2z \pm \sqrt{4z^2 - 4}}{2} = z \pm \sqrt{z^2 - 1}$$

$$iw = \ln(z \pm \sqrt{z^2 - 1})$$

$$\therefore w = -i \ln(z \pm i\sqrt{1 - z^2})$$

【範例 6】

已知 $f(z) = z^3$，求 $f'(z)$。

【解】

$$\begin{aligned} f'(z) &= \lim_{\Delta z \to 0} \frac{f(z + \Delta z) - f(z)}{\Delta z} \\ &= \lim_{\Delta z \to 0} \frac{(z + \Delta z)^3 - z^3}{\Delta z} \\ &= \lim_{\Delta z \to 0} \frac{z^3 + 3z^2 \Delta z + 3z\Delta z^2 + \Delta z^3 - z^3}{\Delta z} \\ &= \lim_{\Delta z \to 0} (3z^2 + 3z\Delta z + \Delta z^2) = 3z^2 \end{aligned}$$

【範例7】

已知 $f(z) = |z|^2$，求 $f'(z)$。

【解】

$$f'(z) = \lim_{\Delta z \to 0} \frac{|z + \Delta z|^2 - |z|^2}{\Delta z}$$

$$= \lim_{\Delta z \to 0} \frac{(z + \Delta z)\overline{(z + \Delta z)} - z\overline{z}}{\Delta z}$$

$$= \lim_{\Delta z \to 0} \overline{z} + \overline{\Delta z} + z\frac{\overline{\Delta z}}{\Delta z}$$

(1)當 $z = 0$, $f'(z) = z + \overline{z}$

(2)當 $z \neq 0$，由 $\Delta z = 0 + i\Delta y$ 趨近 0 求極限值，得 $f'(z) = \overline{z} - z$

　　　　而由 $\Delta z = \Delta x + i0$ 趨近 0 求極限值，得 $f'(z) = \overline{z} + z$

故知 $z \neq 0$ 時，$f'(z)$ 不存在。

【範例8】

求 $\lim\limits_{z \to 0} \dfrac{\sin z}{z} = ?$

【解】

由 hospital 定理

$$\lim_{z \to 0} \frac{\sin z}{z} = \lim_{z \to 0} \frac{\cos z}{1} = 1$$

$$\boxed{習\quad 題}$$

1. 將 $f(z) = z^3 + z^2 + z + 1$ 表示成 $f(z) = u(x, y) + iv(x, y)$ 的形式。

2. 將 $f(z) = x^2 - y^2 - 2y + i(2x - 2xy)$ 表示成 z 的形式。

3. 已知 $f(z) = y \int_0^\infty e^{-xt} dt + i \sum_{n=0}^\infty y^n$, $g(z) = \dfrac{y}{x} + \dfrac{i}{1 - y}$, 其中 $z = x + iy$。

   試證明若 z 為區域 $x > 0$, $-1 < y < 1$ 內任一點, 則 $g(z) = f(z)$。

4. 求出下列各式的極限值:（a, b, c 和 z_0 表複數常數）

   (a) $\lim\limits_{z \to z_0} c$

   (b) $\lim\limits_{z \to z_0} (az + b)$

   (c) $\lim\limits_{z \to z_0} \overline{z}$

   (d) $\lim\limits_{z \to 0} \dfrac{z^{-2}}{z}$

   (e) $\lim\limits_{z \to 1+i} [x + i(2x + y)]$

   (f) $\lim\limits_{z \to 2i} \dfrac{z^2 + 4}{z - 2i}$

   (g) $\lim\limits_{z \to \infty} \dfrac{3z^2}{(z - 1)^2}$

5. 求下列各函數的 $f'(z)$:

   (a) $f(z) = 3z^2 + z + 1$

   (b) $f(z) = (1 - z^2)^2$

   (c) $f(z) = \dfrac{1 + z^3}{z^2}$ $(z \neq 0)$

   (d) $f(z) = \dfrac{2z - 1}{z + 1}$

6. 試證明 $f(z) = \mathrm{Re}(z)$ 的導函數不存在。

7. 試證明 $\dfrac{d}{dz}(z^{-n}) = \dfrac{-1}{z^{n+1}}$, n 為正整數。

8. 試證明 $f(z) = \bar{z}$ 的導函數不存在。

9. 寫出下列各函數的非連續點：

(a) $f(z) = \dfrac{z}{z^2 + 1}$

(b) $f(z) = \dfrac{z^2 - 1}{z - 1}$

(c) $f(z) = \begin{cases} z^2 + iz + 2 & , z \neq i \\ i & , z = i \end{cases}$

10. 已知 $z^n = 1$ 的 n 次方根分別為 $z_1, z_2, \cdots, z_n$，試證明：

(a) $z_1 + z_2 + \cdots + z_n = 0$

(b) $z_1 z_2 \cdots z_n = (-1)^{n-1}$

11. 證明 $\lim\limits_{z \to 0} \dfrac{xy}{x^2 + y^2}$ 不存在。

10.3　解析函數 (analytic) 與科煦–黎曼方程式 (Cauchy-Riemann)

若複函數 $f(z)$ 為 z 的單值函數，且在 z_0 點及 z_0 點的鄰域內之每一點的導函數都存在時，則稱 $f(z)$ 在 z_0 點解析；而 z_0 點則稱為 $f(z)$ 的解析點或常點 (regular point)。若 $f(z)$ 在 z_0 點不解析而在 z_0 的鄰域中的每一點解析時，則稱 z_0 為 $f(z)$ 的奇異點 (singular point)。例如，$f(z) = 1/z \, (z \neq 0)$，其導函數 $f'(z) = -1/z^2$，除了 $z = 0$ 外，在每一點都存在。因此，$z = 0$ 為 $f(z) = 1/z$ 的奇異點。但是對 $f(z) = |z|^2$ 來說，因其導函數不存在，所以沒有奇異點。若 $f(z)$ 在區域 R 內每一點解析，則稱 $f(z)$ 在區域 R 內解析。因此，我們可以說 $f(z) = 1/z$ 在 $z \neq 0$ 的區域內解析。

若 $f(z)$ 在整個 z 平面上每一點都解析，則稱 $f(z)$ 為完全函數 (entire function)。常被用到的多項式函數就是完全函數，因其導函數存在於 z 平面上的每一點。

有了解析函數的概念後，我們即可認識由法國數學家 A. L. Cauchy (1789–1857) 和德國數學家 G. F. Riemann (1826–1866) 發展出來的科煦–黎曼方程式：設 $f(z) = u(x,y) + iv(x,y)$ 是定義於區域 R 內的單值函數，若且唯若 $f(z)$ 在 R 中是解析函數，則 $u(x,y)$ 及 $v(x,y)$ 恒滿足

$$\begin{cases} \dfrac{\partial u(x,y)}{\partial x} = \dfrac{\partial v(x,y)}{\partial y} \\[2mm] \dfrac{\partial u(x,y)}{\partial y} = -\dfrac{\partial v(x,y)}{\partial x} \end{cases} \quad \forall (x,y) \in R \qquad (10.11)$$

【證明】

($\Longrightarrow$) 若 $f(z)$ 在區域 R 中解析，則 $f'(z)$ 存在，亦即

$$\frac{df(z)}{dz} = \lim_{\Delta z \to 0} \frac{f(z+\Delta z) - f(z)}{\Delta z} \quad 極限值存在且唯一$$

由 $\Delta z = 0 + i\Delta y$ 趨近 0 求極限值，得

$$\lim_{\Delta z \to 0} \frac{f(z+\Delta z) - f(z)}{\Delta z} = \lim_{\Delta y \to 0} \left[\frac{u(x, y+\Delta y) - u(x, y)}{i\Delta y} \right.$$

$$\left. +i\frac{v(x, y+\Delta y) - v(x, y)}{i\Delta y} \right]$$

$$= -i\frac{\partial u(x, y)}{\partial y} + \frac{\partial v(x, y)}{\partial y} \cdots\cdots\cdots(1)$$

由 $\Delta z = \Delta x + i0$ 趨近 0 求極限值，得

$$\lim_{\Delta z \to 0} \frac{f(z+\Delta z) - f(z)}{\Delta z} = \lim_{\Delta x \to 0} \left[\frac{u(x+\Delta x, y) - u(x, y)}{\Delta x} \right.$$

$$\left. +i\frac{v(x+\Delta x, y) - v(x, y)}{\Delta x} \right]$$

$$= \frac{\partial u(x, y)}{\partial x} + i\frac{\partial v(x, y)}{\partial x} \cdots\cdots\cdots\cdots(2)$$

因極限值存在且唯一，故由(1)=(2)得

$$\begin{cases} \dfrac{\partial u(x, y)}{\partial x} = \dfrac{\partial v(x, y)}{\partial y} \\ \dfrac{\partial u(x, y)}{\partial y} = -\dfrac{\partial v(x, y)}{\partial x} \end{cases}$$

($\Longleftarrow$) 已知 $f(z) = u(x, y) + iv(x, y)$ 且 u, v 滿足

$$\begin{cases} \dfrac{\partial u(x, y)}{\partial x} = \dfrac{\partial v(x, y)}{\partial y} \\ \dfrac{\partial u(x, y)}{\partial y} = -\dfrac{\partial v(x, y)}{\partial x} \end{cases}$$

由 $u(x+\Delta x, y+\Delta y) - u(x, y) = u(x+\Delta x, y+\Delta y) - u(x, y+\Delta y)$

$$+u(x, y+\Delta y) - u(x, y)$$

$$= \frac{\partial u(x, y)}{\partial x}\Delta x + \varepsilon_1 \Delta x + \frac{\partial u(x, y)}{\partial y}\Delta y$$

$$+\eta_1 \Delta y$$

當 $\Delta x \to 0$ 且 $\Delta y \to 0$，則 $\varepsilon_1 \to 0$ 且 $\eta_1 \to 0$

由 $v(x + \Delta x, y + \Delta y) - v(x, y) = v(x + \Delta x, y + \Delta y) - v(x, y + \Delta y)$

$$+ v(x, y + \Delta y) - v(x, y)$$

$$= \frac{\partial v(x, y)}{\partial x} \Delta x + \varepsilon_2 \Delta x + \frac{\partial v(x, y)}{\partial y} \Delta y$$

$$+ \eta_2 \Delta y$$

當 $\Delta x \to 0$ 且 $\Delta y \to 0$，則 $\varepsilon_2 \to 0$ 且 $\eta_2 \to 0$，得

$$\lim_{\Delta z \to 0} \frac{f(z + \Delta z) - f(z)}{\Delta z} = \left\{ \lim_{\substack{\Delta x \to 0 \\ \Delta y \to 0}} \frac{[u(x + \Delta x, y + \Delta y) + iv(x + \Delta x, y + \Delta y)]}{\Delta x + i\Delta y} \right.$$

$$\left. - \frac{[u(x, y) + iv(x, y)]}{\Delta x + i\Delta y} \right\}$$

$$= \lim_{\substack{\Delta x \to 0 \\ \Delta y \to 0}} \left\{ \frac{\left(\dfrac{\partial u}{\partial x} \Delta x + \varepsilon_1 \Delta x + \dfrac{\partial u}{\partial y} \Delta y + \eta_1 \Delta y \right)}{\Delta x + i\Delta y} \right.$$

$$\left. + \frac{i \left(\dfrac{\partial v}{\partial x} \Delta x + \varepsilon_2 \Delta x + \dfrac{\partial v}{\partial y} \Delta y + \eta_2 \Delta y \right)}{\Delta x + i\Delta y} \right\}$$

$$= \lim_{\substack{\Delta x \to 0 \\ \Delta y \to 0}} \left\{ \frac{\dfrac{\partial u}{\partial x}(\Delta x + i\Delta y) + \dfrac{\partial u}{\partial y}(\Delta y - i\Delta x)}{\Delta x + i\Delta y} \right.$$

$$\left. + \frac{\Delta x(\varepsilon_1 + i\varepsilon_2) + \Delta y(\eta_1 + i\eta_2)}{\Delta x + i\Delta y} \right\}$$

$$= \frac{\partial u}{\partial x} - i\frac{\partial v}{\partial y}$$

由科煦–黎曼方程式可以推出，若且唯若 $f(z) = u(x,y) + iv(x,y)$ 為區域 R 中的一個解析函數，則其分量函數 $u(x,y)$ 及 $v(x,y)$ 在 R 內為調和 (harmonic) 函數，亦即 u 和 v 均滿足 Laplace 方程式

$$\begin{cases} \nabla^2 u = \dfrac{\partial^2 u}{\partial x^2} + \dfrac{\partial^2 u}{\partial y^2} = 0 \\ \nabla^2 v = \dfrac{\partial^2 v}{\partial x^2} + \dfrac{\partial^2 v}{\partial y^2} = 0 \end{cases} \tag{10.12}$$

欲證此，可由科煦–黎曼方程式的兩邊對 x 微分，則得

$$\frac{\partial^2 u}{\partial x^2} = \frac{\partial^2 v}{\partial y \partial x}, \quad \frac{\partial^2 u}{\partial y \partial x} = -\frac{\partial^2 v}{\partial x^2}$$

同樣地，對 y 微分，可得

$$\frac{\partial^2 u}{\partial x \partial y} = \frac{\partial^2 v}{\partial y^2}, \quad \frac{\partial^2 u}{\partial y^2} = -\frac{\partial^2 v}{\partial x \partial y}$$

由於偏導函數具有連續性，可使 $\dfrac{\partial^2 u}{\partial y \partial x} = \dfrac{\partial^2 u}{\partial x \partial y}$ 和 $\dfrac{\partial^2 v}{\partial y \partial x} = \dfrac{\partial^2 v}{\partial x \partial y}$，故可推出公式 (10.12)。另外，$v(x,y)$ 稱為 $u(x,y)$ 的調和共軛 (harmonic conjugate)。若 $u(x,y) = c$, $v(x,y) = d$（c, d 為複數常數）表示區域 R 中兩曲線族，則該兩組曲線必正交。其證明如下：

由

$$\frac{du}{dx} = \frac{\partial u}{\partial x} + \frac{\partial u}{\partial y}\frac{dy}{dx} = 0$$

得

$$\left(\frac{dy}{dx}\right)_u = -\frac{\partial u/\partial x}{\partial u/\partial y}$$

由

$$\frac{dv}{dx} = \frac{\partial v}{\partial x} + \frac{\partial v}{\partial y}\frac{dy}{dx} = 0$$

得

$$\left(\frac{dy}{dx}\right)_v = -\frac{\partial v/\partial x}{\partial v/\partial y}$$

故知

$$\left(\frac{dy}{dx}\right)_u\left(\frac{dy}{dx}\right)_v = \left(-\frac{\partial u/\partial x}{\partial u/\partial y}\right)\left(-\frac{\partial v/\partial x}{\partial v/\partial y}\right) = -1$$

科煦−黎曼方程式亦可以極坐標方式表示。由 $x = r\cos\theta,\, y = r\sin\theta$，$r = \sqrt{x^2+y^2},\, \theta = \tan^{-1}\frac{y}{x}$ 可推出、

$$\frac{\partial}{\partial x} = \frac{\partial}{\partial r}\frac{\partial r}{\partial x} + \frac{\partial}{\partial \theta}\frac{\partial \theta}{\partial x} = \cos\theta\frac{\partial}{\partial r} - \frac{\sin\theta}{r}\frac{\partial}{\partial \theta}$$

$$\frac{\partial}{\partial y} = \frac{\partial}{\partial r}\frac{\partial r}{\partial y} + \frac{\partial}{\partial \theta}\frac{\partial \theta}{\partial y} = \sin\theta\frac{\partial}{\partial r} + \frac{\cos\theta}{r}\frac{\partial}{\partial \theta}$$

將其代入科煦−黎曼方程式:

$$\begin{cases}\dfrac{\partial u}{\partial x} = \dfrac{\partial v}{\partial y}\\[2mm] \dfrac{\partial u}{\partial y} = -\dfrac{\partial v}{\partial x}\end{cases} \Longrightarrow \begin{cases}\cos\theta\dfrac{\partial u}{\partial r} - \dfrac{\sin\theta}{r}\dfrac{\partial u}{\partial \theta} = \sin\theta\dfrac{\partial v}{\partial r} + \dfrac{\cos\theta}{r}\dfrac{\partial v}{\partial \theta}\\[3mm] \sin\theta\dfrac{\partial u}{\partial r} + \dfrac{\cos\theta}{r}\dfrac{\partial u}{\partial \theta} = -\cos\theta\dfrac{\partial v}{\partial r} + \dfrac{\sin\theta}{r}\dfrac{\partial v}{\partial \theta}\end{cases}$$

$$\Longrightarrow \begin{cases}\dfrac{\partial u}{\partial r} = \dfrac{1}{r}\dfrac{\partial v}{\partial \theta}\\[3mm] \dfrac{\partial v}{\partial r} = -\dfrac{1}{r}\dfrac{\partial v}{\partial \theta}\end{cases} \tag{10.13}$$

前面提到的奇異點是指使 $f(z)$ 為不解析的點。現在，我們深入認識各種不同的奇異點。基本上，奇異點可以分成五類:

(1)分支點 (branch point)

使 $f(z)$ 產生多值的奇異點，如 $f(z) = \sqrt{1+z^2}$ 具有分支點 $z = \pm i$。

(2)孤立奇異點 (isolated singular point)

$\forall z \in |z - z_0| < \delta$（$\delta$ 為任意小的正數），$f(z)$ 僅具有一個奇異點 $z = z_0$，則稱 $z = z_0$ 為 $f(z)$ 的孤立奇異點。如 $f(z) = \dfrac{1}{z}$ 具有孤立奇異

點 $z = 0$ 。

(3)極點 (pole)

已知 $z = z_0$ 為 $f(z)$ 的奇異點，若存在正整數 n，使得 $\lim\limits_{z \to z_0} (z -$ $z_0)^n f(z) \neq 0$，則稱 $z = z_0$ 為 $f(z)$ 的 n 階極點。如 $f(z) = \dfrac{1}{1 + z^2}$ 具有奇異點 $z = \pm i$，而 $\lim\limits_{z \to i} (z - i) \dfrac{1}{1 + z^2} = \dfrac{1}{2i} \neq 0$，故 $z = i$ 是 $f(z)$ 的一階極點。

(4)可去奇異點 (removable singular point)

若 $z = z_0$ 時 $f(z)$ 不存在，但 $\lim\limits_{z \to z_0} f(z)$ 存在，則稱 $z = z_0$ 為 $f(z)$ 的可去奇異點。如 $f(z) = \dfrac{\sin z}{z}$ 具有可去奇異點 $z = 0$。

(5)本性奇異點 (essential singular point)

若 $z = z_0$ 是 $f(z)$ 的奇異點，但非 $f(z)$ 的分支點、孤立奇異點、極點和可去奇異點，則稱 $z = z_0$ 為 $f(z)$ 的本性奇異點。如 $f(z) = e^{\frac{1}{z}}$ 具有本性奇異點 $z = 0$。

解題範例

【範例 1】

已知 $g(z) = z^{\frac{1}{2}} = \sqrt{r}e^{i\theta/2}$ 在定義域 $(r > 0,\ -\pi < 0 < \pi)$ 內處處解析，試找出完全函數 $f(z) = z^2$ 的最大定義域，使得 $g[f(z)]$ 在該區域解析。

【解】

令 $w = f(z) = \rho e^{i\phi}$，並將 g 當作定義於 w 平面的函數，即

$$g(w) = \sqrt{\rho}e^{i\phi/2} \quad (\rho > 0,\ -\pi < \phi < \pi)$$

令 $z = re^{i\theta}$，則

$$w = r^2 e^{i2\theta}$$

當 $r > 0$ 且 $-\dfrac{\pi}{2} < \theta < \dfrac{\pi}{2}$，可得

$$\rho = r^2 \quad 且 \quad \phi = 2\theta$$

故將 $f(z)$ 限制在最大區域 $\left(r > 0,\ -\dfrac{\pi}{2} < \theta < \dfrac{\pi}{2}\right)$ 內，可保證 $g[f(z)]$ 在該域內解析。

【範例 2】

已知調和函數 $u(x, y) = y^3 - 3x^2y$，求其調和共軛函數 $v(x, y)$。

【解】

$\because v(x, y)$ 為 $u(x, y)$ 的調和共軛

$\therefore$ 由科煦–黎曼方程式得

$$\begin{cases} \dfrac{\partial u}{\partial x} = -6xy = \dfrac{\partial v}{\partial y} \cdots\cdots\cdots\cdots\cdots\cdots\cdots\cdots\cdots\cdots(1) \\[3mm] \dfrac{\partial u}{\partial y} = 3y^2 - 3x^2 = -\dfrac{\partial v}{\partial x} \cdots\cdots\cdots\cdots\cdots\cdots\cdots(2) \end{cases}$$

由(1)兩邊對 y 積分，可得

$$v(x,y) = -3xy^2 + \phi(x) \cdots\cdots\cdots\cdots\cdots\cdots\cdots\cdots\cdots (3)$$

將(3)代入(2)，可得

$$3y^2 - 3x^2 = 3y^2 - \phi'(x)$$

故

$$\phi'(x) = 3x^2, \ \phi(x) = x^3 + c, \ c \text{ 為任意常數}$$

因此函數 $v(x,y) = x^3 - 3xy^2 + c$ 是 $u(x,y)$ 的調和共軛。

【範例 3】

已知 $f(z) = e^x(\cos y + i \sin y)$，求 $f'(z)$ 存在的區域。

【解】

將 y 用弳度作單位，則

$$u(x,y) = e^x \cos y \quad 且 \quad v(x,y) = e^x \sin y$$

由

$$\begin{cases} \dfrac{\partial u}{\partial x} = e^x \cos y = \dfrac{\partial v}{\partial y} \\[2mm] \dfrac{\partial u}{\partial y} = -e^x \sin y = -\dfrac{\partial v}{\partial x} \end{cases}$$

在任意點恒成立，且因這些導函數在每一點皆連續，故 $f'(z)$ 存在整個 z 平面。

【範例 4】

已知 $f(z) = |z|^2$，求 $f'(z)$ 存在的區域。

【解】

令 $z = x + iy$, 則

$$f(z) = u(x,y) + iv(x,y) = (x^2 + y^2) + i0$$

由

$$\begin{cases} \dfrac{\partial u}{\partial x} = 2x \neq \dfrac{\partial v}{\partial y} = 0 \\ \dfrac{\partial u}{\partial y} = 2y \neq -\dfrac{\partial v}{\partial x} = 0 \end{cases}$$

知除了 $z = 0$ 外, $u(x,y)$ 和 $v(x,y)$ 並未滿足科煦–黎曼方程式, 故 $f'(z)$ 不存在於 $z \neq 0$ 的區域。

雖然 $z = 0$ 可使 $u(x,y)$ 和 $v(x,y)$ 滿足科煦–黎曼方程式, 但若要使 $f'(0)$ 存在還須 u, v 對 x, y 的一階偏導函數在點 $x = 0, y = 0$ 的鄰域內任意點存在, 且在該點連續。由於 $u(x,y) = x^2 + y^2$, $v(x,y) = 0$ 滿足此條件, 故可確定 $f'(0)$ 存在。因此, $f'(z)$ 只存在於 $z = 0$ 處。

習　題

1. 證明下列各函數為完全函數：

   (a) $f(z) = 3x + y + i(3y - x)$

   (b) $f(z) = e^{-y}e^{ix}$

   (c) $f(z) = (z^2 - 2)e^{-x}e^{-iy}$

2. 試求下列各函數的不解析點：

   (a) $f(z) = e^y e^{ix}$

   (b) $f(z) = \dfrac{(z - 2)}{(z + 1)(z^2 + 1)}$

3. 試求下列各函數的奇異點：

   (a) $f(z) = \dfrac{z^3 + i}{z^2 - 3z + 2}$

   (b) $f(z) = \dfrac{2z - 1}{z(z^2 + 1)}$

   (c) $f(z) = \dfrac{z^2 + 1}{(z - 2)(z^2 + 2z + 2)}$

4. 證明兩完全函數的合成函數亦是完全函數。

5. 證明下列各 $u(x, y)$ 函數在某個區域內為調和函數，並求其調和共軛 $v(x, y)$：

   (a) $u(x, y) = 2x - x^3 + 3xy^2$

   (b) $u(x, y) = \sinh x \sin y$

6. 證明若在某區域內，v 為 u 的調和共軛，而且 u 亦為 v 的調和共軛，則 u, v 必為常數函數。

7. 證明函數 $u(r, \theta) = \ln r$，在區域 $r > 0,\, 0 < \theta < 2\pi$ 內為調和函數，並求其調和共軛 $v(r, \theta)$。

8. 求下列各題 $f'(z)$ 在 z 平面存在的區域:

(a) $f(z) = \overline{z}$

(b) $f(z) = e^x e^{-iy}$

(c) $f(z) = z^3$

(d) $f(z) = iz + 2$

(e) $f(z) = \dfrac{1}{z}$

(f) $f(z) = e^{-x} e^{-iy}$

(g) $f(z) = 2x + ixy^2$

(h) $f(z) = x^2 + iy^2$

(i) $f(z) = \cos x \cosh y - i \sin x \sinh y$

(j) $f(z) = x^3 + i(1 - y)^3$

(k) $f(z) = z \mathbf{Im}(z)$

9. 已知 $f(z) = \begin{cases} \dfrac{(\overline{z})^2}{z} & , z \neq 0 \\ 0 & , z = 0 \end{cases}$

證明在點 $z = 0$ 處, 科煦–黎曼方程式恒成立, 但是 $f'(0)$ 則不存在。

10. 已知 $f(z) = \dfrac{z-1}{z+1}$, 試繪出分量函數 $u(x,y)$ 和 $v(x,y)$ 的等值曲線族。

11. 已知 $f(z) = \begin{cases} \dfrac{x^3 - y^3}{x^2 + y^2} + i\dfrac{x^3 + y^3}{x^2 + y^2} & , z \neq 0 \\ 0 & , z = 0 \end{cases}$

證明在 $z = 0$ 處函數 f 滿足科煦–黎曼方程式, 但 $f'(0)$ 不存在。

12. 證明若 $f(z)$ 和 $f(\overline{z})$ 都是解析函數, 則 $f(z)$ 為常數函數。

10.4   指數、三角、雙曲等函數

在 10.2 節，我們已介紹過複函數的基本型態，並對其做了定義。以下我們就分別對指數函數、三角函數、雙曲線函數的基本性質，做進一步的認識：

1.指數函數 e^z

(1)對所有的實數 x, $e^{x+i0} = e^x$ 能變成實數指數函數。

(2) e^z 為完全函數

(3) $\dfrac{d}{dz}e^z = e^z$

(4) $e^z = e^x e^{iy} = e^x(\cos y + i\sin y)$

(5) $e^{z_1} e^{z_2} = e^{(z_1+z_2)}$

(6) $e^{(z+2\pi i)} = e^z$ ($\because e^{2\pi i} = 1$)

(7) $\dfrac{e^{z_1}}{e^{z_2}} = e^{(z_1-z_2)}$

(8) $(e^z)^n = e^{nz}$ ($n = 0, \pm1, \pm2, \cdots$)

(9) $|e^z| = e^x$ 且 $\arg(e^z) = y + 2n\pi$ ($n = 0, \pm1, \pm2, \cdots$)

(10) $e^z \neq 0$

2.三角函數 $\sin z$, $\cos z$

(1) $\sin z = \dfrac{e^{iz} - e^{-iz}}{2i}$, $\cos z = \dfrac{e^{iz} + e^{-iz}}{2}$

(2) $\sin z$ 和 $\cos z$ 為完全函數 e^{iz} 和 e^{-iz} 的線性組合，故亦為完全函數。

(3) $\dfrac{d}{dz}\sin z = \cos z,\ \dfrac{d}{dz}\cos z = -\sin z$

(4) $\sin(-z) = -\sin z,\ \cos(-z) = \cos z$

(5) $\sin^2 z + \cos^2 z = 1$

(6) $\sin(z_1 + z_2) = \sin z_1 \cos z_2 + \cos z_1 \sin z_2$

(7) $\cos(z_1 + z_2) = \cos z_1 \cos z_2 - \sin z_1 \sin z_2$

(8) $\sin 2z = 2\sin z \cos z,\ \cos 2z = \cos^2 z - \sin^2 z$

(9) $\sin\left(z + \dfrac{\pi}{2}\right) = \cos z$

(10) $\sin z = \sin x \cosh y + i \cos x \sinh y$

(11) $\cos z = \cos x \cosh y - i \sin x \sinh y$

(12) $\sin(iy) = i \sinh y,\ \cos(iy) = \cosh y$

(13) $\sin(z + 2\pi) = \sin z,\ \sin(z + \pi) = -\sin z$

(14) $\cos(z + 2\pi) = \cos z,\ \cos(z + \pi) = -\cos z$

(15) $|\sin z|^2 = \sin^2 x + \sinh^2 y$

(16) $|\cos z|^2 = \cos^2 x + \sinh^2 y$

(17) $\tan z = \dfrac{\sin z}{\cos z},\ \cot z = \dfrac{\cos z}{\sin z}$

(18) $\sec z = \dfrac{1}{\cos z},\ \csc z = \dfrac{1}{\sin z}$

(19) $\dfrac{d}{dz}\tan z = \sec^2 z,\ \dfrac{d}{dz}\cot z = -\csc^2 z$

(20) $\dfrac{d}{dz}\sec z = \sec z \tan z,\ \dfrac{d}{dz}\csc z = -\csc z \cot z$

3.雙曲線函數 $\sinh z,\ \cosh z$

(1) $\sinh z = \dfrac{e^z - e^{-z}}{2},\ \cosh z = \dfrac{e^z + e^{-z}}{2}$

(2) $\sinh z$ 和 $\cosh z$ 是完全函數 e^z 和 e^{-z} 的線性組合，故也是完全函數。

(3) $\dfrac{d}{dz}\sinh z = \cosh z,\ \dfrac{d}{dz}\cosh z = \sinh z$

(4) $-i\sinh(iz) = \sin z,\ -i\sin(iz) = \sinh z$

(5) $\cosh(iz) = \cos z,\ \cos(iz) = \cosh z$

(6) $\sinh(-z) = -\sinh z,\ \cosh(-z) = \cosh z$

(7) $\cosh^2 z - \sinh^2 z = 1$

(8) $\sinh(z_1 + z_2) = \sinh z_1 \cosh z_2 + \cosh z_1 \sinh z_2$

(9) $\cosh(z_1 + z_2) = \cosh z_1 \cosh z_2 + \sinh z_1 \sinh z_2$

(10) $\sinh z = \sinh x \cos y + i \cosh x \sin y$

(11) $\cosh z = \cosh x \cos y + i \sinh x \sin y$

(12) $|\sinh z|^2 = \sinh^2 x + \sin^2 y$

(13) $|\cosh z|^2 = \sinh^2 x + \cos^2 y$

(14) $\tanh z = \dfrac{\sinh z}{\cosh z},\ \coth z = \dfrac{\cosh z}{\sinh z}$

(15) $\operatorname{sech} z = \dfrac{1}{\cosh z},\ \operatorname{csch} z = \dfrac{1}{\sinh z}$

(16) $\dfrac{d}{dz}\tanh z = \operatorname{sech}^2 z,\ \dfrac{d}{dz}\coth z = -\operatorname{csch}^2 z$

(17) $\dfrac{d}{dz}\operatorname{sech} z = -\operatorname{sech} z \tan z,\ \dfrac{d}{dz}\operatorname{csch} z = -\operatorname{csch} z \coth z$

解題範例

【範例1】

證明 $e^{i\theta_1}e^{i\theta_2} = e^{i(\theta_1+\theta_2)}$

【解】

$$e^{i\theta_1}e^{i\theta_2} = (\cos\theta_1 + i\sin\theta_1)(\cos\theta_2 + i\sin\theta_2)$$

$$= (\cos\theta_1\cos\theta_2 - \sin\theta_1\sin\theta_2) + i(\sin\theta_1\cos\theta_2 + \cos\theta_1\sin\theta_2)$$

$$= \cos(\theta_1+\theta_2) + i\sin(\theta_1+\theta_2)$$

$$= e^{i(\theta_1+\theta_2)}$$

【範例2】

證明 $e^{z_1}e^{z_2} = e^{z_1+z_2}$

【解】

令 $z_1 = x_1 + iy_1$，$z_2 = x_2 + iy_2$，則

$$e^{z_1}e^{z_2} = e^{x_1+iy_1}e^{x_2+iy_2} = e^{x_1}e^{iy_1}e^{x_2}e^{iy_2} = e^{x_1}e^{x_2}e^{iy_1}e^{iy_2}$$

$$= e^{x_1+x_2}e^{i(y_1+y_2)} = e^{z_1+z_2}$$

【範例3】

試求滿足 $e^z = -1$ 的所有 z 值。

【解】

$$e^z = e^x e^{iy} = -1 = 1e^{i\pi}$$

$$x=0, \ y=(2n+1)\pi$$

$$\therefore z = i(2n+1)\pi, \ n = 0, \pm 1, \pm 2, \cdots$$

【範例 4】

證明 $z = n\pi$ 是 $\sin z$ 唯一的零解。

【解】

$(\Longrightarrow) \ z = n\pi \Longrightarrow \sin z = \sin(n\pi) = 0$

$(\Longleftarrow) \ \sin z = 0 \Longrightarrow \sin^2 x + \sinh^2 y = 0$

$\therefore \sin x = 0$ 且 $\sinh y = 0$

故 $x = n\pi$ 且 $y = 0$，亦即 $z = n\pi$。

【範例 5】

證明 $\tan(z + \pi) = \tan(z)$

【解】

$$\tan(z+\pi) = \frac{\sin(z+\pi)}{\cos(z+\pi)} = \frac{-\sin z}{-\cos z} = \frac{\sin z}{\cos z} = \tan(z)$$

【範例 6】

已知 $|\sin z|^2 = \sin^2 x + \sinh^2 y$, $\sinh z = -i \sin(iz)$，證明 $|\sinh z|^2 = \sinh^2 x + \sin^2 y$。

【解】

由 $\sinh z = -i \sin(iz)$，得

$$|\sinh z|^2 = |-i\sin(iz)|^2 = |\sin(-y+ix)|^2 = \sin^2 y + \sinh^2 x$$

$$\boxed{習　題}$$

1. 求下列各複數方程式的根:

   (a) $e^z = 1 + \sqrt{3}i$,　(b) $e^{(2z+1)} = 1$,　(c) $e^z = -1$

2. 證明 $e^{\frac{2+\pi i}{4}} = \sqrt{\dfrac{e}{2}}(1+i)$

3. 證明 $|e^{(z^2)}| \leq e^{(|z|^2)}$

4. 證明 $|e^{(iz^2)} + e^{(2z+i)}| \leq e^{2x} + e^{-2xy}$

5. 證明若且唯若 $\mathrm{Re}(z) > 0$ 則 $|e^{(-2z)}| < 1$

6. 證明 $e^{\bar{z}}$ 不是解析函數。

7. 證明 $e^{(z^2)}$ 為完全函數。

8. 已知 $f(z) = u(x,y) + iv(x,y)$ 在區域 D 內解析, 證明函數

$$U(x,y) = e^{u(x,y)} \cos v(x,y), \quad V(x,y) = e^{u(x,y)} \sin v(x,y)$$

   在 D 內為調和函數, 且 $V(x,y)$ 為 $U(x,y)$ 的調和共軛。

9. 證明 $e^{iz} = \cos z + i \sin z$

10. 證明 $\sin^2 z + \cos^2 z = 1$

11. 證明 $\sin(z_1 + z_2) = \sin z_1 \cos z_2 + \cos z_1 \sin z_2$

12. 證明 $\sin z = \sin x \cosh y + i \cos x \sinh y$

13. 證明 $1 + \tan^2 z = \sec^2 z$

14. 證明 $|\sin z| \geq |\sin x|$

15. 證明 $|\sinh y| \leq |\sin z| \leq \cosh y$

16. 證明 $2\cos(z_1 + z_2)\sin(z_1 - z_2) = \sin 2z_1 - \sin 2z_2$

17. 證明 $\cos 2x \sinh 2y$ 為調和函數。

18. 求方程式 $\cos z = 2$ 的所有根。

19. 求方程式 $\sin z = \cosh 4$ 的所有根。

20. 證明 $\sin \bar{z}$ 不是 z 的解析函數。

21. 證明

    (a) $\dfrac{d(\cos^{-1} z)}{dz} = -\dfrac{1}{\sqrt{1-z^2}}$

    (b) $\dfrac{d(\sin^{-1} z)}{dz} = \dfrac{1}{\sqrt{1-z^2}}$

22. 證明 $|\sin z|^2 = \sin^2 x + \sinh^2 y$ 而且 $|\cos z|^2 = \cos^2 x + \sinh^2 y$

23. 證明 $\sinh z = \sinh x \cos y + i \cosh x \sin y$

24. 證明

    (a) $\sinh(z + \pi i) = -\sinh z$

    (b) $\cosh(z + \pi i) = -\cosh z$

    (c) $\tanh(z + \pi i) = \tanh z$

25. 求下列各方程式的所有根：

    (a) $\cosh z = -1$

    (b) $\sinh z = i$

    (c) $\cosh z = 2$

10.5　對數、廣義指數、反三角及反雙曲函數

接續上一節，本節將探討對數函數、廣義指數、反三角函數和反雙曲函數的基本性質。

1.對數函數 $\ln z$

(1) $\ln z = \ln |z| + i \arg(z)$

$$= \ln r + i\theta \quad (r > 0, \ \theta = \text{Arg}(z) + 2n\pi, \ n = 0, \pm 1, \pm 2, \cdots)$$

(2) $\ln z$ 為具有無限多值的多值函數。

(3)若將 z 限制在區域 $r > 0, \alpha < \theta < \alpha + 2\pi$ 內，其中 α 為固定的任意值，則可得到多值函數 $\ln z$ 的分支 (branch)。射線 $\theta = \alpha$ 則為分支函數的分支割線 (branch cut)，分支割線由奇異點組成，而原點是所有分支割線共有的奇異點，特別稱為分支點 (branch point)。若令 $\alpha = -\pi$，則因 $-\pi < \theta < \pi$，所得到的分支函數是 $\ln z$ 的主分支 (principal branch)，記作 $\text{Ln } z$。

(4)由於 $\ln z$ 的任何一個分支函數在指定的域內為連續且是單值函數。在該域中，分量函數具有對 r 和 θ 的連續一階偏導函數，而這些偏導函數滿足科煦–黎曼方程式的極式。因此，$\ln z$ 的所有分支函數在其定義域內解析，而且

$$\frac{d}{dz} \ln z = \frac{1}{z} \quad (|z| > 0, \ \alpha < \arg(z) < \alpha + 2\pi)$$

(5) $e^{\ln z} = z \quad (z \neq 0)$

(6) $\text{Ln}(e^z) = z$ $(-\pi < \text{Im}(z) \leq \pi)$

(7) $\ln(z_1 z_2) = \ln z_1 + \ln z_2$ $(z_1 \neq 0,\ z_2 \neq 0)$

(8) $\text{Ln}|z_1 z_2| + i \arg(z_1 z_2) = (\text{Ln}|z_1| + i \arg z_1) + (\text{Ln}|z_2| + i \arg z_2)$

(9) $\ln\left(\dfrac{z_1}{z_2}\right) = \ln z_1 - \ln z_2$

(10) $z^n = e^{(n \ln z)}$ $(n = 0, \pm 1, \pm 2, \cdots)$

(11) $z^{\frac{1}{n}} = e^{(\frac{1}{n} \ln z)}$ $(n = 1, 2, \cdots)$

(12) $e^{(\frac{1}{n} \ln z)} = \sqrt[n]{r}\, e^{i\left(\frac{\text{Arg}(z)}{n} + \frac{2k\pi}{n}\right)}$ $(k = 0, \pm 1, \pm 2, \cdots)$

2.廣義指數 z^c

(1)廣義指數也就是複數指數，其定義如下：

$$z^c = e^{c \ln z} \quad (z \neq 0,\ c\ \text{為任意複數常數})$$

(2)由於 $\ln z$ 為多值函數，故 z^c 亦為多值函數。但是，當 $\ln z$ 的分支函數被指定時，z^c 在該域內為單值函數而且解析。

(3) $\dfrac{1}{z^c} = z^{-c}$

(4) $\dfrac{d}{dz} z^c = c z^{c-1}$ $(|z| > 0,\ \alpha < \arg(z) < \alpha + 2\pi)$

(5)若以 c 為底數，則指數函數可以表示成

$$c^z = e^{z \ln c}$$

(6)當 $\ln c$ 的值被指定後，c^z 為完全函數而且

$$\frac{d}{dz} c^z = c^z \ln c$$

3.反三角與反雙曲函數 $\sin^{-1} z,\ \sinh^{-1} z$

(1)由 $z = \sin w = \dfrac{e^{iw} - e^{-iw}}{2i}$ 可寫成 e^{iw} 的二項式

$$(e^{iw})^2 - 2iz(e^{iw}) - 1 = 0$$

解 e^{iw}，可得

$$e^{iw} = iz + \sqrt{1 - z^2}$$

將兩邊取對數，並利用 $w = \sin^{-1} z$ ，可得

$$\sin^{-1} z = -i \ln(iz \pm \sqrt{1 - z^2})$$

利用導出 $\sin^{-1} z$ 的技巧，我們可以證明

$$\cos^{-1} z = -i \ln(z \pm i\sqrt{1 - z^2})$$

和

$$\tan^{-1} z = -\frac{i}{2} \ln\left(\frac{1 + iz}{1 - iz}\right)$$

(2) $\sin^{-1} z,\ \cos^{-1} z$ 和 $\tan^{-1} z$ 函數都是多值函數。當對數函數及其平方根的分支函數指定後，所有三個反函數就變成單值而且解析。在這樣的條件下，其導函數可以定義成：

$$\frac{d}{dz} \sin^{-1} z = \frac{1}{\sqrt{1 - z^2}}$$

$$\frac{d}{dz} \cos^{-1} z = \frac{-1}{\sqrt{1 - z^2}}$$

$$\frac{d}{dz} \tan^{-1} z = \frac{1}{1 + z^2}$$

(3)反雙曲函數可用對應的方法求得：

$$\sinh^{-1} z = \ln(z + \sqrt{z^2 + 1})$$

$$\cosh^{-1} z = \ln(z + \sqrt{z^2 - 1})$$

$$\tanh^{-1} z = \frac{1}{2} \ln\left(\frac{1+z}{1-z}\right)$$

解題範例

【範例1】

已知 $z = re^{i\theta}$ 且 α 為任意固定實數，證明 $\dfrac{d}{dz}z^c = cz^{c-1}$ $(r > 0, \alpha < \theta < \alpha + 2\pi)$。

【解】

$$\frac{d}{dz}z^c = \frac{d}{dz}e^{c\ln z} = e^{c\ln z}\frac{c}{z} = c\frac{e^{c\ln z}}{e^{\ln z}} = ce^{(c-1)\ln z} = cz^{c-1}$$

【範例2】

求 i^{-2i} 的主值。

【解】

$$i^{-2i} = e^{-2i\mathrm{Ln}i} = e^{(-2i\cdot\frac{1}{2}\pi i)} = e^{\pi}$$

【範例3】

求 $z^{\frac{2}{3}}$ 的主分支函數。

【解】

$$z^{\frac{2}{3}} = e^{\frac{2}{3}\mathrm{Ln}z} = e^{\frac{2}{3}(\mathrm{Ln}r+\mathrm{Arg}(z))} = r^{\frac{2}{3}}e$$

【範例4】

證明當 $\ln c$ 的值指定後，$\dfrac{d}{dz}c^z = c^z\ln c$。

【解】

當 $\ln c$ 的值指定後 $c^z = e^{z\ln c}$ 為 z 的完全函數

$$\frac{d}{dz}c^z = \frac{d}{dz}e^{z\ln c} = e^{z\ln c}\ln c = c^z\ln c$$

【範例 5】

證明 $\ln 1 = 2n\pi i$ 且 $\ln(-1) = (2n+1)\pi i$　$(n = 0, \pm1, \pm2, \cdots)$。

【解】

$$\ln 1 = \ln e^{i2n\pi} = 2n\pi i \quad (n = 0, \pm1, \pm2, \cdots)$$

$$\ln(-1) = \ln e^{i(2n+1)\pi} = (2n+1)\pi i \quad (n = 0, \pm1, \pm2, \cdots)$$

【範例 6】

已知 $z = re^{i\theta}$ 且 α 為任意固定實數，證明 $\dfrac{d}{dz}\ln z = \dfrac{1}{z}$ $(r > 0,\ \alpha < \theta < \alpha + 2\pi)$。

【解】

$$\frac{d}{dz}\ln z = \frac{d}{dr}\ln(re^{i\theta})\frac{dr}{dz} = \frac{d}{dr}(\ln r + i\theta)\frac{d}{dz}(e^{-i\theta}z)$$

$$= \frac{1}{r}\cdot e^{-i\theta} = \frac{1}{re^{i\theta}} = \frac{1}{z}$$

【範例 7】

求 $\sin^{-1}(-i) = ?$

【解】

$$\sin^{-1}(-i) = -i\ln(1 \pm \sqrt{2})$$

$$\ln(1 + \sqrt{2}) = \text{Ln}(1 + \sqrt{2}) + 2n\pi i \quad (n = 0, \pm1, \pm2, \cdots)$$

$$\ln(1 - \sqrt{2}) = \text{Ln}(\sqrt{2} - 1) + (2n+1)\pi i \quad (n = 0, \pm1, \pm2, \cdots)$$

因為

$$\mathrm{Ln}(\sqrt{2}-1) = \mathrm{Ln}\frac{1}{1+\sqrt{2}} = -\mathrm{Ln}(1+\sqrt{2})$$

所以

$$\ln(1 \pm \sqrt{2}) = (-1)^n \mathrm{Ln}(1+\sqrt{2}) + n\pi i \quad (n = 0, \pm 1, \pm 2, \cdots)$$

故

$$\sin^{-1}(-i) = n\pi + i(-1)^{n+1}\mathrm{Ln}(1+\sqrt{2}) \quad (n = 0, \pm 1, \pm 2, \cdots)$$

習　題

1. 證明當 n 是整數時：

   (a) $\ln(-1 + \sqrt{3}i) = \text{Ln}2 + 2\left(n + \dfrac{1}{3}\right)\pi i$

   (b) $\ln e = 1 + 2n\pi i$

   (c) $\ln i = \left(2n + \dfrac{1}{2}\right)\pi i$

2. 求下列各值：

   (a) $(-1 + i)^i$

   (b) $(\sqrt{3} - i)^{1+2i}$

   (c) $[(1 + i)^{(1-i)}]^{(1+i)}$

   (d) $(1 + i)^{1+i}$

   (e) $\left[\dfrac{e}{2}(-1 + i\sqrt{3})\right]^{3\pi i}$

   (f) $\text{Ln}(1 - i)$

   (g) $\text{Ln}(\sqrt{2} + i\sqrt{2})$

   (h) $\text{Ln}(1 + i)^2$

   (i) $\ln 3$

   (j) $\ln(-1 - i)$

3. 求方程式 $\ln z = \dfrac{\pi}{2}i$ 所有的根。

4. 證明 $(\sqrt{3} + i)^{i/2} = e^{-\pi/12}\left[\cos\left(\dfrac{1}{2}\text{Ln}2\right) + i\sin\left(\dfrac{1}{2}\text{Ln}2\right)\right]$

5. 證明 $\text{Re}[(1 + i)^{\text{Ln}(1+i)}] = 2^{\frac{1}{4}\text{Ln}2}e^{-(\pi^2/16)}\cos\left(\dfrac{1}{4}\pi\text{Ln}2\right)$

6. 已知 $z = re^{i\theta}$ 且 $z - 1 = \rho e^{i\phi}$，證明 $\text{Re}[\text{Ln}(z - 1)] = \dfrac{1}{2}\text{Ln}(1 + r^2 -$

$2r\cos\theta$)。

7. 證明當 $z_1 \neq 0$ 且 $z_2 \neq 0$，則 $\text{Ln}(z_1 z_2) = \text{Ln}z_1 + \text{Ln}z_2 + 2N\pi i$，其中 N 為 $0, \pm 1$ 三數之一。

8. 已知 $z = re^i$ ($r > 0, -\pi < \text{Arg}(z) \leq \pi$)，$n$ 為任意固定正整數，證明

$$\ln(z^{\frac{1}{n}}) = \frac{1}{n}\text{Ln}r + i\frac{\text{Arg}(z) + 2(pn + k)\pi}{n}$$

其中 $p = 0, \pm 1, \pm 2, \cdots$ 且 $k = 0, 1, 2, \cdots, n - 1$

9. 證明 $(-1)^{1/n} = e^{\frac{(2n+1)i\pi}{n}}$，$n = 0, \pm 1, \pm 2, \cdots$

10. 證明 $(-1 + \sqrt{3}i)^{\frac{3}{2}} = \pm 2\sqrt{2}$

11. 求下列各題的主值：

(a) i^i

(b) $(1 + i)^i$

(c) $\left[\left(\dfrac{1 + \sqrt{3}i}{2}\right)e\right]^{3\pi i}$

12. 若 $z \neq 0$ 且 c 為一實數，證明 $|z^c| = |z|^c$。

13. 已知 c, d 和 z 為複數且 $z \neq 0$，證明若下列各冪函數皆為主值時，則

(a) $(z^c)^n = z^{cn}$ ($n = 1, 2, \cdots$)

(b) $z^c z^d = z^{c+d}$

(c) $z^c / z^d = z^{c-d}$

14. 求下列各方程式的根：

(a) $\sin z = i$

(b) $\cos z = 2$

(c) $\tan z = 1$

15. 求下列各題所有值：

(a) $\tan^{-1}(1 - 2i)$

(b) $\tan^{-1}(2i)$

(c) $\cosh^{-1}(-1)$

(d) $\sinh^{-1}\left(-\dfrac{1}{2}\right)$

(e) $\tanh^{-1} 0$

(f) $\tanh^{-1} i$

16. 證明 $\cos^{-1} z = (-1)^{n+1}\sin^{-1} z + \dfrac{\pi}{2} + n\pi \quad (n = 0, \pm1, \pm2, \cdots)$

17. 證明下列各導函數公式:

(a) $\dfrac{d}{dz}\sin^{-1} z = \dfrac{1}{\sqrt{1 - z^2}}$

(b) $\dfrac{d}{dz}\tan^{-1} z = \dfrac{1}{1 + z^2}$

(c) $\dfrac{d}{dz}\cosh^{-1} z = \dfrac{1}{\sqrt{z^2 - 1}}$

第十一章　複數積分

11.1　複平面之線積分

　　複函數的積分是定義在 z 平面上的曲線 C 而非直線上的一段區間。曲線 C 是點 $z=(x,y)$ 的集合，其中

$$x=x(t),\ y=y(t)\qquad (a\le t\le b) \tag{11.1}$$

為實數參數 t 的連續函數。這個定義建立了從區間 $a\le t\le b$ 到 z 平面的連續映射。我們通常將曲線 C 上的點用方程式

$$z=z(t)=x(t)+iy(t)\qquad (a\le t\le b) \tag{11.2}$$

表示。若曲線 C 本身不相交，則稱為單弧(simple arc)。若只在頭尾相交（即 $z(a)=z(b)$），則稱為單閉曲線 (simple closed curve)，例如：
⑴折線

$$z=\begin{cases} t+i, & 0\le t\le 1 \\ t+it, & 1\le t\le 2 \end{cases} \tag{11.3}$$

是由 i 到 $1+i$ 的線段和由 $1+i$ 到 $2+i2$ 的線段組成，而為一種單弧。
⑵圓

$$z=z_0+Re^{i\theta}\qquad (0\le\theta\le 2\pi) \tag{11.4}$$

是以點 z_0 為圓心，R 為半徑，繞逆時針方向的單閉曲線。
　　若式 (11.2) 中，$x'(t)$ 和 $y'(t)$ 都存在，則 $z'(t)$ 可以定義為

$$z'(t)=x'(t)+iy'(t)\qquad (a\le t\le b) \tag{11.5}$$

在這些條件下，曲線 C 稱為可微分弧。因此，**實數值函數**

$$|z'(t)| = \sqrt{[x'(t)]^2 + [y'(t)]^2} \tag{11.6}$$

在 $a \le t \le b$ 區間內可積分，而且曲線 C 長度為

$$L = \int_a^b |z'(t)| dt \tag{11.7}$$

若式 (11.2) 表示一可微分弧，而且 $z'(t)$ 不僅連續，還在整個 $a \le t \le b$ 區間內不為零，則稱如此的弧為平滑弧。由多個平滑弧頭尾相連接而組成的曲線，就是所謂的圍線 (contour)。若式 (11.2) 表示一圍線，則 $z(t)$ 為連續函數，$z'(t)$ 為分段連續而且不為零。當圍線只在起點和終點相交時，該圍線稱為單閉圍線 (simple closed contour)。

假設式 (11.2) 表示一圍線 C，而 $z_1 = z(a)$ 為 C 的起點，$z_2 = z(b)$ 為 C 的終點。若函數

$$f[z(t)] = u[x(t), y(t)] + iv[x(t), y(t)] \tag{11.8}$$

在 $a \le t \le b$ 區間內為分段連續，則函數 f 沿著 C 的線積分或圍線積分的定義如下：

$$\int_C f(z) dz = \int_a^b f[z(t)] z'(t) dt \tag{11.9}$$

因為 C 為圍線，所以 $z'(t)$ 在區間 $a \le t \le b$ 內為分段連續而且不為零，故積分式 (11.9) 必存在。將 (11.5) 式和 (11.8) 式代入 (11.9) 式，我們可以將圍線積分的定義改寫成

$$\int_C f(z) dz = \int_a^b (ux' - vy') dt + i \int_a^b (vx' + uy') dt \tag{11.10}$$

若以 $x'dt = dx$, $y'dt = dy$ 的形式表示，則 (11.10) 式還可以用 x, y 兩實變數之實數值函數形式寫成

$$\int_C f(z) dz = \int_C u dx - v dy + i \int_C v dx + u dy \tag{11.11}$$

公式 (11.11) 也可以令 $f(z) = u + iv$, $dz = dx + idy$ 代入展開而得。

若 $f(z)$ 和 $g(z)$ 沿著圍線 C 為可積分，我們可以推導出以下性質：

(1)
$$\int_C [f(z) + g(z)]dz = \int_C f(z)dz + \int_C g(z)dz \qquad (11.12)$$

(2)對任意複數常數 A 而言，
$$\int_C Af(z)dz = A \int_C f(z)dz \qquad (11.13)$$

(3)沿著同一圍線 C 做積分
$$\int_a^b f(z)dz = \int_b^a f(z)dz \qquad (11.14)$$

(4)若圍線 $-C$ 的參數式為 $z = z(-t),\ -b \leq t \leq -a$，則
$$\int_{-C} f(z)dz = \int_{-b}^{-a} f[z(-t)][-z'(-t)]dt = -\int_C f(z)dz \qquad (11.15)$$

(5)若圍線 C 是由圍線 C_1 和圍線 C_2 所組成，亦即 C_1 的終點是 C_2 的起點，記作 $C = C_1 + C_2$，則
$$\int_C f(z)dz = \int_{C_1} f(z)dz + \int_{C_2} f(z)dz \qquad (11.16)$$

(6)
$$\left| \int_C f(z)dz \right| \leq \int_a^b |f[z(t)]z'(t)|dt \qquad (11.17)$$

(7)若沿著圍線 C 上的所有點，$|f(z)|$ 具有上界 M，亦即 $|f(z)| \leq M$，則由不等式 (11.17) 可推導出
$$\left| \int_C f(z)dz \right| \leq ML,\ L = \int_a^b |z'(t)|dt \text{ 表示圍線 } C \text{ 的長度 } (11.18)$$

解題範例

【範例1】

假設 $z = z(t)$, $a \le t \le b$ 表示圍線 C，證明

$$\left| \int_C f(z)dz \right| \le \int_a^b |f[z(t)]z'(t)|dt$$

【解】

令

$$\int_C f(z)dz = r_0 e^{i\theta_0}$$

則

$$\left| \int_C f(z)dz \right| = r_0 = e^{-i\theta_0} \int_C f(z)dz = e^{-i\theta_0} \int_a^b f[z(t)]z'(t)dt$$

$$= \int_a^b e^{-i\theta_0} f[z(t)]z'(t)dt = \mathrm{Re}\left(\int_a^b e^{-i\theta_0} f[z(t)]z'(t)dt \right)$$

$$= \int_a^b \mathrm{Re}(e^{-i\theta_0} f[z(t)]z'(t))dt \le \int_a^b |e^{-i\theta_0} f[z(t)]z'(t)|dt$$

$$= \int_a^b |f[z(t)]z'(t)|dt$$

【範例2】

若圍線 C_1 為

$$z(t) = t^2 + it, \ 0 \le t \le 1$$

圍線 C_2 為

$$z(t) = \begin{cases} t, & 0 \le t \le 1 \\ 1 + i(t-1), & 1 \le t \le 2 \end{cases}$$

試求積分值：

(a) $I_1 = \displaystyle\int_{C_1} z^2 dz$

(b) $I_2 = \displaystyle\int_{C_2} z^2 dz$

【解】

(a) $I_1 = \displaystyle\int_{C_1} z^2 dz = \int_0^1 z^2(t) z'(t) dt = \int_0^1 (t^2 + it)^2 (2t+i) dt$

$\qquad = \displaystyle\int_0^1 (t^4 - t^2 + 2it^3)(2t+i) dt = \int_0^1 (2t^5 - 4t^3) dt + i \int_0^1 (5t^4 - t^2) dt$

$\qquad = \left(\dfrac{1}{3} t^6 - t^4 \right) \Big|_0^{-1} + i \left(t^5 - \dfrac{1}{3} t^3 \right) \Big|_0^1 = -\dfrac{2}{3} + \dfrac{2}{3} i$

(b) $I_2 = \displaystyle\int_{C_2} z^2 dz = \int_0^1 z^2(t) z'(t) dt + \int_1^2 z^2(t) z'(t) dt$

$\qquad = \displaystyle\int_0^1 t^2 dt + \int_1^2 [1 + i(t-1)]^2 i \, dt$

$\qquad = \dfrac{t^3}{3} \Big|_0^1 - 2 \displaystyle\int_1^2 (t-1) dt - i \int_1^2 (t^2 - 2t) dt$

$\qquad = \dfrac{1}{3} - 2 \left(\dfrac{t^2}{2} - t \right) \Big|_1^2 - i \left(\dfrac{t^3}{3} - t^2 \right) \Big|_1^2 = -\dfrac{2}{3} + \dfrac{2}{3} i$

可知 $I_2 = I_1$，因此 z^2 對整個單閉曲線 $C_1 - C_2$ 的積分值 $I_1 - I_2 = 0$。

【範例 3】

若圍線 C_1 及 C_2 同上例，試求積分值：

(a) $I_3 = \displaystyle\int_{C_1} \bar{z}\,dz$

(b) $I_4 = \displaystyle\int_{C_2} \bar{z}\,dz$

【解】

(a) $I_3 = \displaystyle\int_{C_1} \bar{z}\,dz = \int_0^1 (t^2 - it)(2t+i)\,dt = \int_0^1 (2t^3 + t)\,dt - i\int_0^2 t^2\,dt$

$= \left(\dfrac{1}{2}t^4 + \dfrac{1}{2}t^2\right)\Big|_0^1 - i\left(\dfrac{1}{3}t^3\right)\Big|_0^1 = 1 - \dfrac{1}{3}i$

(b) $I_4 = \displaystyle\int_{C_2} \bar{z}\,dz = \int_0^1 t^2\,dt + \int_1^2 [1 - i(t-1)]i\,dt$

$= \dfrac{t^3}{3}\Big|_0^1 + \left(\dfrac{t^2}{2} - t\right)\Big|_1^2 + it\Big|_1^2 = \dfrac{5}{6} + i$

可知 $I_4 \neq I_3$，所以 $\bar{z}$ 對整個單閉曲線 $C_1 - C_2$ 的積分值 $I_3 - I_4 \neq 0$。

【範例 4】

已知圍線 C 為下半圓 $z(\theta) = e^{i\theta}$, $\pi \leq \theta \leq 2\pi$; $f(z) = r^{\frac{1}{3}} e^{i\theta/3}$ $(r > 0,\ 0 < \theta < 2\pi)$ 是 $z^{\frac{1}{3}}$ 的分支函數，試求積分值 $\displaystyle\int_C f(z)\,dz =$?

【解】

$$f[z(\theta)] = e^{i\theta/3} = \cos\frac{\theta}{3} + i\sin\frac{\theta}{3} \qquad (\pi \leq \theta < 2\pi)$$

之實部與虛部在 $\theta = 2\pi$ 的左極限分別為 $\dfrac{1}{2}$ 和 $\dfrac{\sqrt{3}}{2}$。因此，若在 $\theta = 2\pi$ 處定義 $f[z(\theta)] = \dfrac{1}{2} + \dfrac{\sqrt{3}}{2}i$ 時，則 $f[z(\theta)]$ 在封閉區間 $\pi \leq \theta \leq 2\pi$ 內連續，

$$I = \int_C f(z)\,dz = \int_\pi^{2\pi} e^{i\theta/3} i e^{i\theta}\,d\theta = i\int_\pi^{2\pi} e^{i\frac{4}{3}\theta}\,d\theta$$

$$= \frac{3}{4} e^{i\frac{4}{3}\theta} \Big|_{\pi}^{2\pi} = \frac{3\sqrt{3}}{4} i$$

【範例 5】

已知圍線 C 為上半圓 $z(\theta) = 8e^{i\theta}$, $0 \le \theta \le \pi$; $z^{\frac{1}{3}}$ 同上例分支函數，證明

$$\left| \int_C \frac{z^{\frac{1}{3}}}{z^3 - 2} dz \right| \le \frac{8\pi}{255}$$

【解】

對 C 上的點 z 而言，

$$|z^{\frac{1}{3}}| = |8^{\frac{1}{3}} e^{i\theta/3}| = 2$$

$$|z^3 - 2| \ge \left| |z|^3 - 2 \right| = 510$$

因此

$$\left| \frac{z^{\frac{1}{3}}}{z^3 - 2} \right| = \frac{|z^{\frac{1}{3}}|}{|z^3 - 2|} \le M, \ M = \frac{2}{510} = \frac{1}{255}$$

由圍線 C 長 $L = 8\pi$，得

$$\left| \int_C \frac{z^{\frac{1}{3}}}{z^3 - 2} dz \right| \le ML = \frac{8\pi}{255}$$

習 題

1 ~ 5 題: 求沿著圍線 C 的積分值 $\int_C f(z)dz$。

1. $f(z) = z^2$，而 C 為

   (a)從 $z = 0$ 到 $z = 3 + i$ 的線段 $y = x/3$。

   (b)兩線段的組成，一從 $z = 0$ 到 $z = 3$，另一從 $z = 3$ 到 $z = 3 + i$。

   (c)兩線段的組成，一從 $z = 0$ 到 $z = i$，另一從 $z = i$ 到 $z = 3 + i$。

2. $f(z) = (z + 3)/z$，而 C 為

   (a)半圓 $z = 3e^{i\theta}$ $(0 \le \theta \le \pi)$。

   (b)半圓 $z = 3e^{i\theta}$ $(\pi \le \theta \le 2\pi)$。

   (c)半圓 $z = 3e^{i\theta}$ $(0 \le \theta \le 2\pi)$。

3. $f(z) = (\bar{z})^2$，而 C 為

   (a)從 $z = 0$ 到 $z = 3 + i$ 的線段 $y = x/3$。

   (b)兩線段的組成，一從 $z = 0$ 到 $z = 3$，另一從 $z = 3$ 到 $z = 3 + i$。

4. $f(z) = e^{-z^2}$，而 C 為

   (a)從 $z = 0$ 到 $z = 1 + i$ 的線段 $y = x$。

   (b)從 $z = 0$ 到 $z = 1 + i$ 的單弧 $y = x^2$。

5. $f(z) = \begin{cases} 4y, & \text{當 } y > 0 \\ 1, & \text{當 } y < 0 \end{cases}$，而 C 為從 $z = -1 - i$ 到 $z = 1 + i$ 之單弧 $y = x^3$。

6. 證明若 C 為四頂點 $z = 0$, $z = 1$, $z = 1 + i$, $z = i$ 之正方形邊界，而 C 為逆時針方向（正向），則

$$\int_C (z + 1)dz = 0$$

7. 證明若 C 為圓 $|z| = 2$ 在第一象限內從 $z = 2$ 到 $z = 2i$ 之圓弧，則

$$\left| \int_C \frac{dz}{z^2 - 1} \right| \le \frac{\pi}{3}$$

8. 試求 $\left| \int_C \dfrac{e^{2z}}{z^2 + 1} dz \right|$ 的上界，若 C 為

(a)正向圓 $|z| = \dfrac{1}{2}$。

(b)正向圓 $|z| = 3$。

11.2 科煦積分定理

若區域 R 中的任一單閉圍線，其縮至一點的過程中都不會離開區域 R，則稱 R 為單連通區域；否則即為複連通區域。以下我們討論著名的科煦積分定理及其延伸定理。

定理 11.1　科煦－葛薩 (Cauchy-Goursat) 定理

若函數 $f(z)$ 在 z 平面上某個單連通區域 R 內解析，則沿著任何在 R 內的單閉圍線 C 對 $f(z)$ 做圍線積分

$$\int_C f(z)dz = 0 \qquad 恆成立。$$

科煦在早期求得的結論認為，只有當 f 在 R 內解析而且 f' 在 R 內連續時，定理 11.1 才成立。後來，葛薩證明 f' 的連續性這個條件可以省略，所以我們就把定理 11.1 稱做科煦－葛薩定理。定理 11.1 可以推廣到任何的封閉圍線 C^*。因為 C^* 可以看成許多個單閉圍線 C 的組合。

欲證明定理 11.1，我們可以假設 R 由正向（逆時針）單閉圍線 C 及 C 內之點組成，並對 R 做方格子分割。這些方格子用 $i = 1, 2, 3, \cdots, n$ 標示，分割後使得在每一個格子內存在一個固定點 z_i 會使該格子其他的點滿足不等式

$$\left| \frac{f(z) - f(z_i)}{z - z_i} - f'(z_i) \right| < \varepsilon \qquad (z \neq z_i) \tag{11.19}$$

現定義第 i 個格子的函數為

$$\delta_i(z) = \begin{cases} \dfrac{f(z) - f(z_i)}{z - z_i} - f'(z_i) & , z \neq z_i \\ 0 & , z = z_i \end{cases} \tag{11.20}$$

則不等式 (11.19) 可以改寫成

$$|\delta_i(z)| < \varepsilon \tag{11.21}$$

因為 $f(z)$ 在 R 內連續, 而且

$$\lim_{z \to z_i} \delta_i(z) = f'(z_i) - f'(z_i) = 0$$

所以 $\delta_i(z)$ 亦在格子 i 內連續。由 (11.20) 式得

$$f(z) = f(z_i) - z_i f'(z_i) + f'(z_i)z + (z - z_i)\delta_i(z)$$

令 C_i 表示格子 i 的正向性邊界, 則依逆時針方向沿著 C_i 對 $f(z)$ 做圍線積分可得

$$\int_{C_i} f(z)dz = f(z_i) \int_{C_i} dz - z_i f'(z_i) \int_{C_i} dz + f'(z_i) \int_{C_i} zdz$$
$$+ \int_{C_i} (z - z_i)\delta_i(z)dz$$
$$= \int_{C_i} (z - z_i)\delta_i(z)dz \qquad (i = 1, 2, 3, \cdots, n)$$

因此

$$\int_C f(z)dz = \sum_{i=1}^n \int_{C_i} f(z)dz$$
$$= \sum_{i=1}^n \int_{C_i} (z - z_i)\delta_i(z)dz$$

而且

$$\left| \int_C f(z)dz \right| \leq \sum_{i=1}^n \left| \int_{C_i} (z - z_i)\delta_i(z)dz \right| \tag{11.22}$$

令 s 表示方格的邊長, 則因為在第 i 個積分時, z 和 z_i 都在方格內,

所以

$$|z - z_i| \leq \sqrt{2}s \qquad (11.23)$$

因此，若格子 i 為完整方格，則由 (11.21) 和 (11.23) 可推出

$$\left| \int_{C_i} (z - z_i) \delta_i(z) dz \right| < \sqrt{2}s\varepsilon \cdot 4s = 4\sqrt{2}s^2\varepsilon \qquad (11.24)$$

若格子 i 被圍線 C 切割成部分方格，則

$$\left| \int_{C_i} (z - z_i) \delta_i(z) dz \right| < \sqrt{2}s\varepsilon(3s + L_i) = 3\sqrt{2}s^2\varepsilon + \sqrt{2}sL_i\varepsilon \quad (11.25)$$

其中 L_i 為 C_i 和 C 重疊部分的長度。若圍線 C 的長度為 L，則由不等式 (11.24) 和 (11.25) 得知

$$\left| \int_C f(z) dz \right| < (4\sqrt{2}ns^2 + \sqrt{2}nsL)\varepsilon$$

因為正數 ε 為任意值，所以只有當 $\int_C f(z) dz = 0$ 才能滿足上式。故定理 11.1 可以得證。

由定理 11.1，我們可以很容易推論出定理 11.2。

定理 11.2

令 $C_i(i = 1, 2, \cdots, n)$ 為單閉圍線 C 內彼此不相交的單閉圍線，R 為由 C 和 C 內部除了 C_i 內部以外所有點組成的封閉區域（見圖 11.1 的陰影區）。若 $f(z)$ 在 R 內解析，且圍線 B 由圍線 C 及所有圍線 C_i 組成（其方向為使 R 的內點永遠在 B 的左方，如圖 11.1 所示），則

$$\int_B f(z) dz = 0 \quad 恆成立 \qquad (11.26)$$

圖 11.1　區域 R 及圍線 B

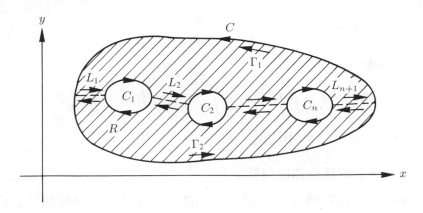

欲證明定理 11.2，可利用折線 $L_1, L_2, \cdots, L_{n+1}$ 將所有 C_i 串連並將 C 分割成兩個單閉圍線 Γ_1 和 Γ_2。因為沿著路線 L_i 相反兩方向的積分可互相抵消，所以

$$\int_B f(z)dz = \int_{\Gamma_1} f(z)dz + \int_{\Gamma_2} f(z)dz = 0$$

故定理 11.2 可以得證。

以下我們再討論線積分值與所取積分路線無關和反導函數存在的問題。

定理 11.3

若且唯若連續函數 f 在區域 R 內各處有反導函數 F 存在，則函數 f 在區域 R 內從點 z_1 到 z_2 的積分值與所取的積分路線無關。

【證明】

($\Longrightarrow$) 令圍線 C 為區域 R 內從點 z_1 到 z_2 任取之一平滑弧線，且 $z = z(t)$，
　　　$a \le t \le b$ $(z_1 = z(a),\ z_2 = z(b))$

因 $F'(z) = f(z)$，可得

$$\frac{d}{dt}F[z(t)] = F'[z(t)]z'(t)$$

所以

$$\int_C f(z)dz = \int_C F'(z)dz = \int_a^b F'[z(t)]z'(t)dt = \int_a^b \frac{d}{dt}F[z(t)]$$

$$= F[z(t)]\Big|_a^b = F[z(a)] - F[z(b)]$$

與所選取積分路線無關。

($\Longleftarrow$) 因為 f 在區域 R 內連續，且 f 的積分與 R 內的路線無關。若在 R 內取一固定點 z_0 且所取積分路線都在 R 內，則可在 R 內定義一新函數

$$F(z) = \int_{z_0}^z f(s)ds$$

令 $z + \Delta z$ 為 R 內位於 z 的某個鄰域的點，則

$$F(z + \Delta z) - F(z) = \int_{z_0}^{z+\Delta z} f(s)ds - \int_{z_0}^z f(s)ds = \int_z^{z+\Delta z} f(s)ds$$

因 $\int_z^{z+\Delta z} ds = \Delta z$，可令

$$f(z) = \frac{1}{\Delta z}\int_z^{z+\Delta z} f(z)ds$$

故可得

$$\frac{F(z + \Delta z) - F(z)}{\Delta z} - f(z) = \frac{1}{\Delta z}\int_z^{z+\Delta z}(f(s) - f(z))ds$$

由於 f 在點 z 連續，因此對每一正數 ε 在 $|f(s) - f(z)| < \varepsilon$ 時，必存在一正數 δ 使得 $|s - z| < \delta$。

若點 $z + \Delta z$ 相當接近 z 而使得 $|\Delta z| < \delta$，則

$$\left|\frac{F(z + \Delta z) - F(z)}{\Delta z} - f(z)\right| < \frac{1}{|\Delta z|}\varepsilon|\Delta z| = \varepsilon$$

亦即

$$\lim_{\Delta z \to 0} \frac{F(z + \Delta z) - F(z)}{\Delta z} = f(z)$$

故對 R 內每一點而言, 恆使 $F'(z) = f(z)$。

　　由定理 11.3 可知, 若函數 f 在區域 R 內每一點連續, 且 f 沿著 R 內的封閉圍線之積分值恆為 0, 亦即 f 之線積分值與 R 內之路線無關, 則 f 在 R 內有反導函數; 也就是說, 存在一解析函數 F 使得 R 內每一點 z 滿足 $F'(z) = f(z)$。因為解析函數的導函數亦為解析函數, 所以 f 在 R 內解析。此定理即是莫里拉 (Morera) 定理。

定理 11.4　莫里拉定理或科煦 – 葛薩逆定理

若函數 f 在區域 R 內連續, 而且對 R 內任一個封閉圍線 C 恆有

$$\int_C f(z)dz = 0$$

則 f 在 R 內為解析函數。

解題範例

【範例1】

證明若 C 為一單閉圍線，則 $\int_C dz = 0$, $\int_C z\,dz = 0$, 且 $\int_C z^2\,dz = 0$。

【解】

因為函數 1，z 和 z^2 為完全函數，其必然在 C 上及其內部所有點解析。
故由科煦–葛薩定理可以得證。

【範例2】

求 $\int_0^{1-i} z^3\,dz = ?$

【解】

函數 z^3 為完全函數，其反導函數 $F(z) = \dfrac{z^4}{4}$。
對點 $z = 0$ 和點 $z = 1 - i$ 之間的任意圍線而言，可得

$$\int_0^{1-i} z^3\,dz = \left. \frac{z^4}{4} \right|_0^{1-i} = \frac{1}{4}(1-i)^4 = -1$$

【範例3】

求 $\int_0^{1+i\pi} (z + \cosh 2z)\,dz = ?$

【解】

函數 $z + \cosh 2z$ 為完全函數，其反導函數 $F(z) = \dfrac{1}{2}z^2 + \dfrac{1}{2}\sinh 2z$。

對點 $z = 0$ 和點 $z = 1 + i\pi$ 之間的任意圍線而言，可得

$$\int_0^{1+i\pi} (z + \cosh z)\,dz = \left. \frac{1}{2}z^2 + \frac{1}{2}\sinh z \right|_0^{1+i\pi}$$

$$= \frac{1}{2}(1 + i\pi)^2 + \frac{1}{2}\sinh(1 + i\pi)$$

$$= \frac{1}{2} - \pi^2 + \frac{1}{2}\sinh 2 + i\pi$$

【範例 4】

已知 C 為多連通域 $|z| > 0$ 內不通過原點的任意單閉圍線，證明

$$\int_C \frac{1}{z^2}dz = 0$$

【解】

函數 $\frac{1}{z^2}$ 在原點以外各點解析，在 $|z| > 0$ 內有反導函數 $F(z) = -\frac{1}{z}$。

因此，對從 z_1 到 z_2 而不通過原點的任意圍線而言，

$$\int_{z_1}^{z_2} \frac{1}{z^2}dz = -\frac{1}{z}\bigg|_{z_1}^{z_2} = \frac{1}{z_1} - \frac{1}{z_2} \qquad (z_1 \neq 0,\ z_2 \neq 0)$$

因為 C 為不通過原點的單閉圍線，故

$$\int_C \frac{1}{z^2} = \int_{z_1}^{z_2} \frac{1}{z^2}dz + \int_{z_2}^{z_1} \frac{1}{z^2}dz = 0$$

【範例 5】

已知單閉圍線 C 為正向圓 $z = 2e^{i\theta}$, $\theta : 0 \sim 2\pi$，求 $\int_C z^{\frac{1}{2}}dz =?$

【解】

因為 $z^{\frac{1}{2}}$ 在分支割線 $\theta = \alpha$ 上沒有定義，為避開割線 $\theta = \alpha$，可令

$$\int_C z^{\frac{1}{2}}dz = \int_{C_1} z^{\frac{1}{2}}dz + \int_{C_2} z^{\frac{1}{2}}dz$$

其中圍線 C_1 為 $z = 2e^{i\theta}$, $\theta : 0 \sim \pi$; C_2 為 $z = 2e^{i\theta}$, $\theta : \pi \sim 2\pi$。

而求 $\int_{C_1} z^{\frac{1}{2}}dz$ 時，則以 $z^{\frac{1}{2}}$ 分支函數 $r^{\frac{1}{2}}e^{i\theta/2}$ $\left(r > 0,\ -\frac{\pi}{2} < \theta < \frac{3\pi}{2}\right)$ 的

反導函數 $\dfrac{2}{3}z^{\frac{3}{2}} = \dfrac{2}{3}r^{\frac{3}{2}}e^{i3\theta/2}$ $\left(r > 0, \ -\dfrac{\pi}{2} < \theta < \dfrac{3\pi}{2}\right)$ 計算，得

$$\int_{C_1} z^{\frac{1}{2}}\,dz = \dfrac{2}{3}r^{\frac{3}{2}}e^{i3\theta/2}\bigg|_2^{-2} = \dfrac{4}{3}\sqrt{2}(e^{i3\pi/2} - e^{i0}) = \dfrac{4}{3}\sqrt{2}(-i - 1)$$

同理求 $\displaystyle\int_{C_2} z^{\frac{1}{2}}\,dz$ 時，以 $z^{\frac{1}{2}}$ 分支函數 $r^{\frac{1}{2}}e^{i\theta/2}$ $\left(r > 0, \ \dfrac{\pi}{2} < \theta < \dfrac{5\pi}{2}\right)$ 的反導函數計算，得

$$\int_{C_2} z^{\frac{1}{2}}\,dz = \dfrac{2}{3}r^{\frac{3}{2}}e^{i3\theta/2}\bigg|_{-2}^2 = \dfrac{4}{3}\sqrt{2}(e^{i3\pi} - e^{i3\pi/2}) = \dfrac{4}{3}\sqrt{2}(-1 + i)$$

所以

$$\int_C z^{\frac{1}{2}}\,dz = \dfrac{4}{3}\sqrt{2}(-i - 1) + \dfrac{4}{3}\sqrt{2}(-1 + i) = -\dfrac{8}{3}\sqrt{2}$$

習　題

1. 利用科煦–葛薩定理證明下列各函數對 C 的圍線積分

$$\int_C f(z)dz = 0$$

而 C 為正向圓 $|z| = 1$

(a) $f(z) = \dfrac{z^3}{z-3}$　　(b) $f(z) = \dfrac{1}{z^2+2z+2}$　　(c) $f(z) = e^{-z}$

(d) $f(z) = \tan z$　　(e) $f(z) = \mathrm{Ln}(z+2)$

2. 已知 C_0 為正向單閉圍線 C 內部的另外一條正向單閉圍線。證明若函數 f 在由 C 和 C_0 所圍成的封閉區域內解析，則

$$\int_C f(z)dz = \int_{C_0} f(z)dz$$

3. 求下列各積分值：

(a) $\displaystyle\int_1^3 (z-1)^3 dz$　　(b) $\displaystyle\int_i^{\frac{i}{2}} e^{\pi z} dz$　　(c) $\displaystyle\int_0^{\pi+i} \cos\left(\frac{z}{2}\right) dz$

4. 已知 C 為不經過 z_0 的任意單閉圍線，利用反導函數證明

$$\int_C (z-z_0)^{n-1} dz = 0 \qquad (n = \pm 1, \pm 2, \cdots)$$

5. 已知圍線 C 為圓 $|z| = 2$ 左半從 $-2i$ 到 $2i$，試利用對數函數的分支

$$\ln z = \mathrm{Ln}\, r + i\theta \qquad (r > 0,\ 0 < \theta < 2\pi)$$

是 $\dfrac{1}{z}$ 的反導函數證明

$$\int_C \frac{1}{z} dz = -\pi i$$

11.3　科煦積分公式

　　若函數 f 在單閉圍線 C 上及其內部解析，則函數 f 在 C 內部任意點的函數值將可由科煦積分公式求得，其定理如下：

定理 11.5　科煦積分公式

設函數 $f(z)$ 在區域 D 內解析，而且正向單閉圍線 C 及其內部的一點都被 D 所包含，則 C 內任一點 $z = z_0$ 恆有

$$f(z_0) = \frac{1}{2\pi i} \int_C \frac{f(z)}{z - z_0} dz \qquad\qquad (11.27)$$

【證明】

令 $\phi(z) = f(z)/(z - z_0)$，則函數 ϕ 在 C 內除了 $z = z_0$ 外，其他處皆解析。現以 z_0 做為圓心，ε 為半徑，從 C 內部建立一個單閉圍線 C_0（如圖 11.2 所示）。

如此，函數 ϕ 在 C 和 C_0 所圍的區域 R 內解析。應用定理 11.2 可得

$$\int_C \phi(z)dz - \int_{C_0} \phi(z)dz = 0$$

亦即

$$\int_C \phi(z)dz = \int_{C_0} \phi(z)dz$$

在 C_0 上，$|z - z_0| = \varepsilon$，$z = z_0 + \varepsilon e^{i\theta}$，$dz = i\varepsilon e^{i\theta}d\theta$，代入上式，得

圖 11.2

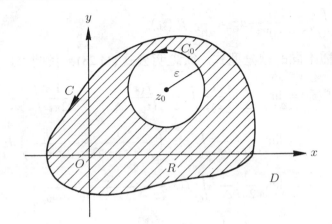

$$\int_C \phi(z)dz = \int_{C_0} \phi(z)dz = \int_0^{2\pi} \phi(z_0 + \varepsilon e^{i\theta})i\varepsilon e^{i\theta}d\theta$$

$$= \int_0^{2\pi} \frac{f(z_0 + \varepsilon e^{i\theta})i\varepsilon e^{i\theta}}{\varepsilon e^{i\theta}}d\theta = i\int_0^{2\pi} f(z_0 + \varepsilon e^{i\theta})d\theta$$

當 $\varepsilon \to 0$，則

$$\int_C \phi(z)dz = if(z_0)\int_0^{2\pi} d\theta = 2\pi i f(z_0)$$

換言之，

$$f(z_0) = \frac{1}{2\pi i}\int_C \frac{f(z)}{z - z_0}dz$$

故科煦積分公式可以得證。

　　在應用上，我們習慣將科煦積分公式寫成

$$\int_C \frac{f(z)}{z - z_0}dz = 2\pi i f(z_0)$$

以求出沿著某單閉圍線積分的積分值。另外，科煦積分還可以推廣成

$$f^{(n)}(z_0) = \frac{n!}{2\pi i}\int_C \frac{f(z)}{(z - z_0)^{n+1}}dz \tag{11.28}$$

或寫成

$$\int_C \frac{f(z)}{(z-z_0)^{n+1}}dz = \frac{2\pi i}{n!}f^n(z_0)$$

以適合各種不同的積分型式。欲證明公式 (11.28)，我們可以先證明

$$f'(z_0) = \lim_{\Delta z \to 0} \frac{1}{\Delta z}\left[\frac{1}{2\pi i}\int_C \frac{f(z)}{z-(z_0+\Delta z)}dz - \frac{1}{2\pi i}\int_C \frac{f(z)}{z-z_0}dz\right]$$

$$= \lim_{\Delta z \to 0} \frac{1}{2\pi i}\frac{1}{\Delta z}\int_C f(z)\left(\frac{1}{z-z_0-\Delta z} - \frac{1}{z-z_0}\right)dz$$

$$= \lim_{\Delta z \to 0} \frac{1}{2\pi i}\frac{1}{\Delta z}\int_C f(z)\frac{\Delta z}{(z-z_0-\Delta z)(z-z_0)}dz$$

$$= \lim_{\Delta z \to 0} \frac{1}{2\pi i}\int_C \frac{f(z)}{(z-z_0-\Delta z)(z-z_0)}dz$$

$$= \frac{1}{2\pi i}\int_C \frac{f(z)}{(z-z_0)^2}dz$$

接著，即可利用數學歸納法證明公式 (11.28)。

　　認識了科煦積分公式後，我們再來看看幾個相關定理。

定理 11.6　科煦不等式

若函數 $f(z)$ 在以 $z=z_0$ 為圓心，r 為半徑的單閉圍線 C 上及其內部解析，則

$$|f^{(n)}(z_0)| \le \frac{M_C n!}{r^n}, \quad n = 0, 1, 2, \cdots$$

其中 M_C 為常數且滿足在 C 上 $f(z) < M_C$。

【證明】

已知 $|z-z_0| = r$，$z = z_0 + re^{i\theta}$，$\theta : 0 \sim 2\pi$

由公式 (11.28) 得

$$f^{(n)}(z_0) = \frac{n!}{2\pi i} \int_C \frac{f(z_0 + re^{i\theta})}{r^{n+1}e^{i(n+1)\theta}} ire^{i\theta} d\theta$$

則

$$|f^n(z_0)| = \left| \frac{n!}{2\pi i} \int_C \frac{f(z_0 + re^{i\theta})}{r^{n+1}e^{i(n+1)\theta}} ire^{i\theta} d\theta \right|$$

$$\leq \frac{n!}{2\pi} \int_0^{2\pi} \frac{|f(z_0 + re^{i\theta})|}{r^n} |e^{-in\theta}| d\theta$$

$$\leq \frac{n!}{2\pi} \int_0^{2\pi} \frac{|f(z_0 + re^{i\theta})|}{r^n} d\theta$$

因為在 C 上 $f(z) < M_C$，所以證得

$$|f^{(n)}(z_0)| \leq \frac{n!}{2\pi} \int_0^{2\pi} \frac{M_C}{r^n} d\theta = \frac{n!M_C}{r^n}$$

定理 11.7　路易維爾 (Liouville) 定理

若函數 $f(z)$ 在整個 z 平面上為完全而且有界函數，亦即 $f(z)$ 在整個 z 平面上滿足條件

　　(1)處處解析，

　　(2)$|f(z)| \leq M$，M 為非負值常數，

則 $f(z)$ 為常數函數。

【證明】

由科煦不等式，知對 z 平面上任選之 z_0 及半徑 r

$$|f'(z_0)| \leq \frac{M_C}{r} \quad 恆成立$$

由於在整個 z 平面上 $|f(z)| \leq M$，因此

$$|f'(z_0)| \leq \frac{M_C}{r} \leq \frac{M}{r}$$

當令 $r \to \infty$ 時，上式 $|f'(z_0)| \le 0$ 亦成立，故知 $f'(z_0) = 0$，則

$$f(z_0) = c$$

由路易維爾定理可以推出下述之代數基本定理。

定理 11.8　代數基本定理

對任意 n 次 $(n \ge 1)$ 多項式函數

$$P(z) = a_0 + a_1 z + a_2 z^2 + \cdots + a_n z^n \qquad (a_n \ne 0)$$

至少有一點 z_0 使得 $P(z_0) = 0$。

【證明】

假設對任何 z 而言，$P(z)$ 恆不為 0，則函數 $f(z) = \dfrac{1}{P(z)}$ 為完全函數。

此外，對所有 z 必存在一正數 r_0，使得當 $|z| > r_0$ 時

$$|f(z)| = \frac{1}{|P(z)|} < \frac{2}{|a_n||z|^n} < \frac{2}{|a_n|r_0^n} \qquad （參考本節習題）$$

所以 $f(z)$ 在 z 平面上亦為有界函數。

故由路易維爾定理知 $f(z)$ 為常數函數，因而 $P(z)$ 亦為常數函數。此結論與 $P(z)$ 為多項式函數不合，故得知先前假設不成立。

下面我們再介紹幾個常用的定理：

定理 11.9　高斯平均值定理

若函數 $f(z)$ 在以 $z = z_0$ 為圓心，r 為半徑的圓心上及其內部解析，則函數 $f(z)$ 在 C 上的算術平均值等於 $f(z_0)$，即

$$f(z_0) = \frac{1}{2\pi} \int_0^{2\pi} f(z_0 + re^{i\theta}) d\theta$$

【證明】

讀者可將 $z = z_0 + re^{i\theta}$, $\theta = 0 \sim 2\pi$ 代入科煦積分公式自行證明。

> **定理 11.10　極大模 (maximum modulus) 與**
> **　　　　　　極小模 (minimum modulus) 定理**
>
> 若函數 $f(z)$ 在單閉曲線 C 上及其內部解析而且 $f(z)$ 不是常數函數，則 $|f(z)|$ 的極大值與極小值必然在 C 上。

【證明】

假設在 C 內以任意點 z_0 為圓心，r 為半徑，取單閉圍線 C_0，由科煦不等式知

$$|f(z_0)| \le M_{C_0}$$

因此，無論 C_0 的半徑 r 有多小，$|f(z)|$ 的最大值必不小於 C 內任意點 z_0 的絕對函數值 $|f(z_0)|$。因為 $f(z)$ 不是常數函數，故 $|f(z)|$ 的最大值必然在 C 上。

有關極小值必在 C 上的證明，則留在習題裡讓讀者自行練習。

解題範例

【範例1】

已知圍線 C 為圓心在 $z = i$ 的單位圓，求 $\displaystyle\int_C \frac{e^z}{z^2+1}dz = ?$

【解】

令

$$f(z) = \frac{e^z}{z+i}, \; z_0 = i$$

則

$$\int_C \frac{e^z}{z^2+1}dz = \int_C \frac{f(z)}{z-z_0}dz$$

因為 $f(z)$ 在 C 上及其內部解析，故可由科煦積分公式求得

$$\int_C \frac{e^z}{z^2+1}dz = 2\pi i f(z_0) = 2\pi i f(i) = 2\pi i \frac{e^i}{2i} = \pi(\cos 1 + i \sin 1)$$

【範例2】

已知函數 $f(z) = z^2 + 2$，試求 $|f(z)|$ 在區域 $R : |z| \le 1$ 的最大值和最小值。

【解】

令單閉圍線 C 為 $|z| = 1$，則 $f(z)$ 為非常數函數且在 C 上及其內部各點解析。

由極大模與極小模定理知 $|f(z)|$ 的最大值和最小值必然在 C 上。

令 $z = e^{i\theta}$，則

$$|f(z)| = |z^2 + 1| = |e^{i2\theta} + 1| = |\cos 2\theta + 1 + i\sin 2\theta|$$

$$= \sqrt{(\cos 2\theta + 1)^2 + \sin^2 2\theta} = \sqrt{2\cos 2\theta + 2}$$

由 $\dfrac{d|f(z)|}{dz} = \dfrac{-4\sin 2\theta}{2\sqrt{2\cos 2\theta + 1}} = 0$，　知極值出現在 $\theta = 0,\ \dfrac{\pi}{2},\ \pi,\ \dfrac{3\pi}{2}$。

故當 $\theta = 0$ 和 π 時有最大值 $\sqrt{3}$；當 $\theta = \dfrac{\pi}{2}$ 和 $\dfrac{3\pi}{2}$ 時有最小值 0。

【範例 3】

已知正向單閉圍線 C 包含 $z = 1$ 和 $z = 2$，試求 $\displaystyle\int_C \dfrac{\sin \pi z^2 + \cos \pi z^2}{(z-1)(z-2)}dz$。

【解】

假設 C 所包圍的區域為 R，令 R^* 為 $R - \{z\,|\,|z-1| < \varepsilon_1\} - \{z\,|\,|z-2| < \varepsilon_2\}$，
則 $f(z)$ 在 R^* 內解析。

現取圍線 B 如圖 11.3 所示，則由定理 11.2 知

$$\int_B f(z)dz = \int_C f(z)dz + \int_{C_1} f(z)dz + \int_{C_2} f(z)dz = 0$$

$$\therefore \int_C f(z)dz = -\int_{C_1} f(z)dz - \int_{C_2} f(z)dz$$

$$= -\int_{C_1} \dfrac{g_1(z)}{z-1}dz - \int_{C_2} \dfrac{g_2(z)}{z-2}dz$$

$$= 2\pi i g_1(1) + 2\pi i g_2(2)$$

圖 11.3

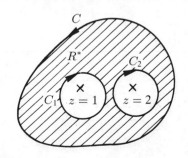

其中

$$g_1(z) = \frac{\sin \pi z^2 + \cos \pi z^2}{z - 2}$$

$$g_2(z) = \frac{\sin \pi z^2 + \cos \pi z^2}{z - 1}$$

故得

$$\int_C f(z)dz = 2\pi i + 2\pi i = 4\pi i$$

習　題

1～5 題：根據給予的正向單閉圍線 C，求積分值。

1. $\displaystyle\int_C \frac{z^2 + 2z + 1}{z + 1} dz$

   (a) C 為圓 $|z + 1| = 1$

   (b) C 為圓 $|z + i| = 1$

   (c) C 為橢圓 $x^2 + 2y^2 = 8$

2. $\displaystyle\int_C \frac{z + 4}{z^2 + 2z + 5} dz$

   (a) C 為圓 $|z| = 1$

   (b) C 為圓 $|z + 1 + i| = 2$

   (c) C 為圓 $|z + 1 - i| = 2$

3. $\displaystyle\int_C \frac{1}{(z^2 + 4)^2} dz$，$C$ 為圓 $|z - i| = 2$。

4. $\displaystyle\int_C \frac{e^z}{(z + 1)^2} dz$，$C$ 為圓 $|z - 1| = 3$。

5. $\displaystyle\int_C \frac{z - 1}{z^3 - 2z^2} dz$，$C$ 為圓 $|z - 1 - 2i| = 2$。

6. 令正向單閉圍線 C 為四頂點 $2 + 2i$, $2 - 2i$, $-2 - 2i$, $-2 + 2i$ 正方形的
   邊界，試求下列各積分：

   (a) $\displaystyle\int_C \frac{\cos z}{z(z^2 + 8)} dz$, (b) $\displaystyle\int_C \frac{z}{z + 1} dz$, (c) $\displaystyle\int_C \frac{e^{-z} dz}{z - (\pi i/2)}$, (d) $\displaystyle\int_C \frac{\sinh z}{z^3} dz$

7. 試求下列各積分：

   (a) $\displaystyle\int_1^{3-i} \sin 2z\, dz$, (b) $\displaystyle\int_{1+i}^{2+3i} (z^2 + 2z + 1) dz$

8. 證明若函數 f 在單閉圍線 C 上及其內部解析，而且 z_0 點不在 C 上，

則

$$\int_C \frac{f'(z)dz}{z - z_0} = \int_C \frac{f(z)dz}{(z - z_0)^2}$$

9. 證明在 z 平面上任一個由單閉圍線 C 包圍起來的面積 A

$$A = \frac{1}{2i} \int_C \bar{z}dz$$

10. 證明科煦積分定理在多連通區域亦成立。

11. 令 C 為圓 $z = Re^{i\theta}$, $z_0 = re^{i\phi}$, 其中 $r < R$。證明：

(a)科煦積分公式可以寫成

$$f(re^{i\phi}) = \frac{1}{2\pi i} \int_0^{2\pi} \frac{f(Re^{i\theta})}{Re^{i\theta} - re^{i\phi}} iRe^{i\theta} d\theta$$

(b) $$\frac{1}{2\pi i} \int_0^{2\pi} \frac{f(Re^{i\theta})}{Re^{i\theta} - (R^2/r)e^{i\phi}} iRe^{i\theta} d\theta = 0$$

(c)圓的Poisson's 積分公式

$$u(r, \phi) = \frac{1}{2\pi} \int_0^{2\pi} \frac{(R^2 - r^2)u(R, \theta)}{R^2 - 2Rr\cos(\theta - \phi) + r^2} d\theta$$

12. 證明若

$$P(z) = a_0 + a_1 z + a_2 z^2 + \cdots + a_n z^n \qquad (a_n \neq 0)$$

為 n 次 $(n \geq 1)$ 多項式, 則存在一正數 R 使得對所有滿足 $|z| > R$ 之 z, 恆有

$$|P(z)| > \frac{|a_n||z|^n}{2}$$

11.4 泰勒與勞倫茲 (Laurent's) 複級數

本節我們討論解析複函數兩個重要的級數表示法：泰勒級數與勞倫茲級數。藉此，可以發現實級數與複級數的共通性。

定理 11.11　泰勒定理

若函數 $f(z)$ 在半徑 R，圓心 z_0 之圓 C 上及其內部各點解析，則對圓內任一點 z 恆有

$$f(z) = f(z_0) + \frac{f'(z_0)}{1!}(z - z_0) + \frac{f''(z_0)}{2!}(z - z_0)^2 + \cdots$$

$$= \sum_{n=0}^{\infty} \frac{f^{(n)}(z_0)}{n!}(z - z_0)^n$$

其中由科煦積分公式 $\dfrac{f^{(n)}(z_0)}{n!} = \dfrac{1}{2\pi i}\displaystyle\int_C \frac{f(w)}{(w - z_0)^{n+1}}dw$

【證明】

因為 $f(z)$ 在單閉圍線 C 上及其內部各點解析，由科煦積分公式知，在 C 內任一點 z 恆有

$$f(z) = \frac{1}{2\pi i}\int_C \frac{f(w)}{w - z}dw$$

而

$$\frac{1}{w - z} = \frac{1}{(w - z_0) - (z - z_0)} = \frac{1}{w - z_0}\left[\frac{1}{1 - \dfrac{z - z_0}{w - z_0}}\right]$$

因為 w 在圓 C 上，而 z 在圓 C 內，所以

$$\left| \frac{z - z_0}{w - z_0} \right| < 1$$

由幾何級數得

$$\frac{1}{1 - \dfrac{z - z_0}{w - z_0}} = \sum_{n=0}^{\infty} \frac{(z - z_0)^n}{(w - z_0)^n}$$

故

$$f(z) = \frac{1}{2\pi i} \sum_{n=0}^{\infty} \left[\int_C \frac{f(w)}{(w - z_0)^{n+1}} dw \right] (z - z_0)^n$$

$$= \sum_{n=0}^{\infty} \frac{f^{(n)}(z_0)}{n!} (z - z_0)^n$$

當以 $z_0 = 0$ 為圓心對 $f(z)$ 做泰勒級數展開時，通常又稱為馬克勞林級數 (Maclaurin series)。以下所列為常見基本函數的馬克勞林級數表示式：

(1) $e^z = 1 + \dfrac{z}{1!} + \dfrac{z^2}{2!} + \cdots = \sum\limits_{n=0}^{\infty} \dfrac{z^n}{n!}, \quad |z| < \infty$

(2) $\ln(z + 1) = z - \dfrac{z^2}{2} + \dfrac{z^3}{3} - \cdots = \sum\limits_{n=1}^{\infty} \dfrac{(-1)^{n+1} z^n}{n}, \quad |z| < 1$

(3) $\sin z = z - \dfrac{z^3}{3!} + \dfrac{z^5}{5!} - \cdots = \sum\limits_{n=0}^{\infty} \dfrac{(-1)^n z^{2n+1}}{(2n+1)!}, \quad |z| < \infty$

(4) $\cos z = 1 - \dfrac{z^2}{2!} + \dfrac{z^4}{4!} - \cdots = \sum\limits_{n=0}^{\infty} \dfrac{(-1)^n z^{2n}}{(2n)!}, \quad |z| < \infty$

(5) $\sinh z = z + \dfrac{z^3}{3!} + \dfrac{z^5}{5!} + \cdots = \sum\limits_{n=0}^{\infty} \dfrac{z^{2n+1}}{(2n+1)!}, \quad |z| < \infty$

(6) $\cosh z = 1 + \dfrac{z^2}{2!} + \dfrac{z^4}{4!} + \cdots = \sum\limits_{n=0}^{\infty} \dfrac{z^{2n}}{(2n)!}, \quad |z| < \infty$

泰勒定理雖然好用，但是如果函數 f 在 z_0 點不解析，則在該點就

不可再引用泰勒定理對 f 做級數展開。這個時候，勞倫茲定理就可派上用場了。

定理 11.12　勞倫茲定理

令 C_0 和 C_1 為圓心在 $z = z_0$，半徑分別為 R_0 和 R_1 之正向同心圓，而 $R_0 < R_1$（如圖 11.4）。若函數 $f(z)$ 在兩圓上及兩圓之間的環形區域 R 內解析，則在 R 內每一點 z 處恆有

$$f(z) = \sum_{n=-\infty}^{\infty} a_n(z - z_0)^n$$

其中

$$a_n = \frac{1}{2\pi i} \int_C \frac{f(z)}{(z - z_0)^{n+1}} dz$$

C 為區域 R 內任何包含 C_0 的正向單閉圍線

圖 11.4

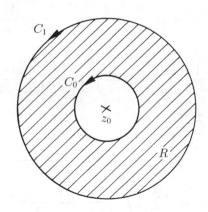

【證明】

令圍線 B 由 C_1 和 $-C_0$ 組成，因為 $f(z)$ 在區域 R 內解析，所以 R 內任

一點 z 恒有

$$f(z) = \frac{1}{2\pi i} \int_B \frac{f(w)}{(w-z)} dw$$

$$= \frac{1}{2\pi i} \int_{C_1} \frac{f(w)}{(w-z)} dw - \frac{1}{2\pi i} \int_{C_0} \frac{f(w)}{(w-z)} dw$$

在 C_1 上任一點 w，$\left| \dfrac{z-z_0}{w-z_0} \right| < 1$ 恆成立，所以

$$\frac{1}{w-z} = \frac{1}{(w-z_0)-(z-z_0)} = \frac{1}{w-z_0} \left(\frac{1}{1 - \dfrac{z-z_0}{w-z_0}} \right)$$

$$= \frac{1}{w-z_0} \sum_{n=0}^{\infty} \left(\frac{z-z_0}{w-z_0} \right)^n = \sum_{n=0}^{\infty} \frac{(z-z_0)^n}{(w-z_0)^{n+1}}$$

則

$$\int_{C_1} \frac{f(w)}{w-z} dw = \sum_{n=0}^{\infty} \left[\int_{C_1} \frac{f(w)}{(w-z_0)^{n+1}} dw \right] (z-z_0)^n$$

在 C_0 上任一點 w，$\left| \dfrac{w-z_0}{z-z_0} \right| < 1$ 恒成立，所以

$$\frac{1}{w-z} = \frac{-1}{z-w} = \frac{-1}{(z-z_0)-(w-z_0)} = \frac{-1}{z-z_0} \frac{1}{1 - \dfrac{w-z_0}{z-z_0}}$$

$$= \frac{-1}{z-z_0} \sum_{n=0}^{\infty} \left(\frac{w-z_0}{z-z_0} \right)^n = - \sum_{n=0}^{\infty} \frac{(w-z_0)^n}{(z-z_0)^{n+1}}$$

$$= - \sum_{n=1}^{\infty} \frac{(w-z_0)^{n-1}}{(z-z_0)^n}$$

則

$$\int_{C_0} \frac{f(w)}{w-z} dw = - \sum_{n=1}^{\infty} \left[\int_{C_0} \frac{f(w)}{(w-z_0)^{-n+1}} dw \right] (z-z_0)^{-n}$$

故

$$f(z) = \frac{1}{2\pi i} \sum_{n=0}^{\infty} \left[\int_{C_1} \frac{f(w)}{(w-z_0)^{n+1}} dw \right] (z-z_0)^n$$

$$+ \frac{1}{2\pi i} \sum_{n=1}^{\infty} \left[\int_{C_0} \frac{f(w)}{(w - z_0)^{-n+1}} dw \right] (z - z_0)^{-n}$$

$$= \frac{1}{2\pi i} \sum_{n=0}^{\infty} \left[\int_{C_1} \frac{f(w)}{(w - z_0)^{n+1}} dw \right] (z - z_0)^n$$

$$+ \frac{1}{2\pi i} \sum_{n=-\infty}^{-1} \left[\int_{C_0} \frac{f(w)}{(w - z_0)^{n+1}} dw \right] (z - z_0)^n$$

$$= \sum_{n=-\infty}^{\infty} \left[\frac{1}{2\pi i} \int_C \frac{f(w)}{(w - z_0)^{n+1}} dw \right] (z - z_0)^n$$

$$= \sum_{n=-\infty}^{\infty} a_n (z - z_0)^n$$

讀者須注意勞倫茲定理中的 a_n 和 b_n 係數項，因 z_0 不在 C_1 及 C_0 內解析，所以不可用科煦積分公式求積分值。另外，比較泰勒級數與勞倫茲級數的表示法，我們可以發現勞倫茲級數以 $(z - z_0)$ 的正冪次與負冪次表示 $f(z)$，而泰勒級數只用到 $(z - z_0)$ 的正冪次項。

解題範例

【範例1】

證明 $\sinh z = \sum\limits_{n=0}^{\infty} \dfrac{z^{2n+1}}{(2n+1)!}$, $\quad |z| < \infty$。

【解】

由於 $\sinh z = -i\sin(iz)$，故先求 $\sin z$ 的展開式。

因 $\sin z$ 為完全函數，所以可對 $z = 0$ 做泰勒級數展開，得

$$\sin z = \sin 0 + \frac{\sin'(0)}{1!}(z-0) + \frac{\sin''(0)}{2!}(z-0)^2 + \cdots$$

$$= \frac{z}{1!} - \frac{z^3}{3!} + \frac{z^5}{5!} - \cdots$$

$$= \sum_{n=0}^{\infty}(-1)^n \frac{z^{2n+1}}{(2n+1)!}$$

故

$$\sinh z = -i\sin(iz)$$

$$= -i\sum_{n=0}^{\infty}(-1)^n \frac{(iz)^{2n+1}}{(2n+1)!}$$

$$= -\sum_{n=0}^{\infty}(-1)^n (i^2)^{n+1} \frac{z^{2n+1}}{(2n+1)!}$$

$$= \sum_{n=0}^{\infty} \frac{z^{2n+1}}{(2n+1)!}$$

而 $\sinh z$ 亦為完全函數，其級數收斂條件為 $|z| < \infty$。

【範例2】

試求函數 $f(z) = \dfrac{1}{1+z}$ 的馬克勞林級數展開式。

【解】

$f(z)$ 在 $z = -1$ 處不解析，故以 $|z| < 1$ 為圓 C 對 $z = 0$ 點展開得

$$f(z) = f(0) + \frac{f'(0)}{1!} z + \frac{f''(0)}{2!} z^2 + \cdots$$

由

$$f^{(n)}(z) = \frac{(-1)^n n!}{(1 + z)^{n+1}}$$

知

$$f(z) = 1 - z + z^2 - \cdots = \sum_{n=0}^{\infty} (-1)^n z^n, \quad |z| < 1$$

【範例3】

$f(z) = \dfrac{1}{(z - 1)(z - 2)(z - 4)}$，求對 $z = 1$ 展開的勞倫茲級數。

【解】

由於勞倫茲定理中的係數項不易求得，實際展開時必須藉變數代換後，再以泰勒級數展開法求解，以下分三個解析區域討論：

(1) $0 < |z - 1| < 1$

令 $u = z - 1, \ 0 < |u| < 1$，則

$$f(u) = \frac{1}{u(u - 1)(u - 3)}$$

$$= \frac{1/3}{u} + \frac{-1/2}{u - 1} + \frac{1/6}{u - 3}$$

$$= \frac{1}{3u} + \frac{1}{2} \frac{1}{1 - u} - \frac{1}{18} \frac{1}{1 - u/3}$$

$$= \frac{1}{3} u^{-1} + \frac{1}{2} \sum_{n=0}^{\infty} u^n - \frac{1}{18} \sum_{n=0}^{\infty} \left(\frac{u}{3} \right)^n$$

$$\therefore f(z) = \frac{1}{3}(z-1)^{-1} + \frac{4}{9} + \frac{13}{27}(z-1) + \frac{40}{81}(z-1)^2 + \cdots, \ 0 < |z-1| < 1$$

(2) $1 < |z - 1| < 3$

令 $u = z - 1,\ 1 < |u| < 3$，則

$$f(u) = \frac{1}{u(u-1)(u-3)}$$

$$= \frac{1}{3u} - \frac{1}{2u}\left(\frac{1}{1-1/u}\right) - \frac{1}{18}\left(\frac{1}{1-u/3}\right)$$

$$= \frac{1}{3}u^{-1} - \frac{1}{2u}\sum_{n=0}^{\infty}\left(\frac{1}{u}\right)^n - \frac{1}{18}\sum_{n=0}^{\infty}\left(\frac{u}{3}\right)^n$$

$$= \frac{1}{3}u^{-1} - \frac{1}{2}\sum_{n=1}^{\infty}u^{-n} - \frac{1}{18}\sum_{n=0}^{\infty}\left(\frac{u}{3}\right)^n$$

$$\therefore f(z) = \cdots - \frac{1}{2}(z-1)^{-2} - \frac{1}{6}(z-1)^{-1} - \frac{1}{18} - \frac{1}{54}(z-1)$$

$$- \frac{1}{162}(z-1)^2 - \cdots,\ 1 < |z-1| < 3$$

⑶ $|z - 1| > 3$

令 $u = z - 1,\ |u| > 3$，則

$$f(u) = \frac{1}{u(u-1)(u-3)}$$

$$= \frac{1}{3u} - \frac{1}{2u}\left(\frac{1}{1-1/u}\right) + \frac{1}{6u}\left(\frac{1}{1-3/u}\right)$$

$$= \frac{1}{3u} - \frac{1}{2u}\sum_{n=0}^{\infty}\left(\frac{1}{u}\right)^n + \frac{1}{6u}\sum_{n=0}^{\infty}\left(\frac{3}{u}\right)^n$$

$$= \frac{1}{3}u^{-1} - \frac{1}{2}\sum_{n=1}^{\infty}u^{-n} + \frac{1}{6}\sum_{n=1}^{\infty}3^{n-1}u^{-n}$$

$$= \frac{1}{3}u^{-1} + \sum_{n=1}^{\infty}\left[\left(\frac{3^{n-1}}{6} - \frac{1}{2}\right)u^{-n}\right]$$

$$\therefore f(z) = (z-1)^{-3} + 4(z-1)^{-4} + 13(z-1)^{-5} + \cdots$$

如果單閉圍線 C 位於區域 $|z-1| \leq 3$ 而且包含圓 $|z| = 1$，則由勞倫茲定理對係數項的定義知

$$a_{-1} = \frac{1}{2\pi i}\int_C f(z)dz = \frac{1}{2\pi i}\int_C \frac{1}{(z-1)(z-2)(z-4)}dz$$

由結論(2)知 $(z-1)^{-1}$ 係數項是 $-\dfrac{1}{6}$，所以

$$a_{-1} = -\frac{1}{6}$$

即

$$\frac{1}{2\pi i}\int_C \frac{1}{(z-1)(z-2)(z-4)}dz = -\frac{1}{6}$$

或是

$$\int_C \frac{1}{(z-1)(z-2)(z-4)}dz = -\frac{\pi}{3}i$$

如此，無法用科煦積分公式求出的積分值，可用勞倫茲定理求出。

習　題

$1 \sim 5$ 題: 試求函數對點 z_0 的泰勒級數展開式。

1. $\cos z$　$(z_0 = \pi/2)$　　　　2. $\sinh z$　$(z_0 = i\pi)$　　3. $\dfrac{z-1}{z+1}$　$(z_0 = 0)$

4. $\dfrac{1}{(z+1)(z+2)}$　$(z_0 = 2)$　5. e^z　$(z_0 = 1)$

6. 試求能使 $\tan z$ 之馬克勞林級數對所有 z 而言會收斂到 $\tanh z$ 的最大圓。

7. 在下列各區間, 將 $f(z) = \dfrac{z}{(z-1)(z-2)}$ 展開成 z 的冪級數:

(a) $|z| < 1$　　　　(b) $1 < |z| < 2$　(c) $|z| > 2$

(d) $0 < |z-1| < 1$　(e) $|z-1| > 1$　(f) $0 < |z-2| < 1$

(g) $|z-2| > 1$

8. 證明 $f(z) = \sinh(z + z^{-1})$ 對點 $z = 0$ 的勞倫茲級數展開式是

$$\sum_{n=-\infty}^{\infty} a_n z^n, \quad a_n = \frac{1}{2\pi} \int_0^{2\pi} \cos n\theta \sinh(2\cos\theta) d\theta$$

9. 證明 $f(z) = \sin(z + z^{-1})$ 對點 $z = 0$ 的勞倫茲級數展開式是

$$\sum_{n=-\infty}^{\infty} a_n z^n, \quad a_n = \frac{1}{2\pi} \int_0^{2\pi} \cos n\theta \sin(2\cos\theta) d\theta$$

10. 證明 $f(z) = e^{z-z^{-1}}$, $|z| > 0$ 對點 $z = 0$ 的勞倫茲級數展開式是

$$\sum_{n=-\infty}^{\infty} a_n z^n, \quad a_n = \frac{1}{2\pi} \int_0^{2\pi} \cos(n\theta - 2\sin\theta) d\theta$$

11.5　賸值 (residue) 與賸值定理

由前一節的討論, 我們可以知道: 當 z_0 是函數 $f(z)$ 的孤立奇異點時, 則存在一正數 R 使得 f 在區域 $0 < |z - z_0| < R$ 內解析。若對 $f(z)$ 在 z_0 點以勞倫茲級數展開, 則 $(z - z_0)^{-1}$ 的係數

$$a_{-1} = \frac{1}{2\pi i} \int_C f(z) dz \qquad (11.29)$$

稱為函數 f 在孤立奇異點 z_0 的賸值。須注意的是 (11.29) 式中的 C 是區域 $0 < |z - z_0| < R$ 內, 任何環繞 z_0 的正向單閉圍線。

藉由勞倫茲級數展開求取孤立奇異點 z_0 的賸值, 除了可以推算出函數 f 圍繞 z_0 的單閉圍線積分值外, 我們還可進一步推廣應用在多孤立奇異點的單閉圍線積分。這個方法即是賸值定理所要探討的。

定理 11.13　賸值定理

令 C 為一正向單閉圍線。若函數 $f(z)$ 除了 C 內的奇異點 $z_1, z_2, \cdots, z_n$ 外, 在 C 上及 C 內其他點解析, 則

$$\int_C f(z) dz = \int_{C_1} f(z) dz + \int_{C_2} f(z) dz + \cdots + \int_{C_n} f(z) dz$$

$$= 2\pi i \left[\sum_{i=1}^{n} \text{Res at } z = z_i \right]$$

其中 C_i 為 C 內圍繞 z_i 且互不相交的正向單閉圍線, $i = 1, 2, \cdots, n$。

【證明】

令圍線 B 由正向單閉圍線 C 和逆向單閉圍線 $-C_i$ 所組成, 則由科煦 –葛薩推廣定理 11.2 知

$$\int_B f(z)dz = 0$$

即

$$\int_C f(z)dz - \sum_{i=1}^{n} \int_{C_i} f(z)dz = 0$$

所以

$$\int_C f(z)dz = \sum_{i=1}^{n} \int_{C_i} f(z)dz = 2\pi i \left[\sum_{i=1}^{n} \text{Res at } z = z_i \right]$$

故本定理得證。

　　基本上，對函數 $f(z)$ 在其孤立奇異點 z_0 以勞倫茲級數展開，我們將得到如下的展開式:

$$f(z) = \sum_{n=0}^{\infty} a_n(z - z_0)^n + \frac{a_{-1}}{z - z_0} + \frac{a_{-2}}{(z - z_0)^2} + \cdots + \frac{a_{-m}}{(z - z_0)^m},$$

$$0 < |z - z_0| < R \tag{11.30a}$$

其中 $a_{-m} \neq 0$，而 $a_{-(m+1)} = a_{-(m+2)} = \cdots = 0$。此時，$z_0$ 稱為函數 f 的 m 階極點。若 $m = 1$，則稱為單極點; 若 $m = \infty$，則稱為本性奇異點 (essential singular point)。例如:

(1)函數

$$\frac{\sin z}{z^3} = \frac{1}{z^3} \left(z - \frac{z^3}{3!} + \frac{z^5}{5!} - \frac{z^7}{7!} + \cdots \right)$$

$$= \frac{1}{z^2} - \frac{1}{3!} + \frac{1}{5!}z^2 - \frac{1}{7!}z^4 + \cdots, \quad 0 < |z| < \infty$$

在 $z = 0$ 有 2 階極點，而賸值為 0。

(2)函數

$$e^{\frac{1}{z-1}} = 1 + \frac{1}{z-1} + \frac{1}{2!}\frac{1}{(z-1)^2} + \frac{1}{3!}\frac{1}{(z-1)^3} + \cdots, \quad 0 < |z-1| < \infty$$

在 $z = 1$ 有本性奇異點，賸值為 1。

(3)函數

$$\frac{z^2+3}{z+i} = z + \frac{-iz+3}{z+i} = (z+i) - 2i + \frac{2}{z+i}, \ 0 < |z+i| < \infty$$

在 $z = -i$ 有一單極點，賸值為 2。

　　若孤立奇異點 z_0 不是本性奇異點，則 z_0 的賸值除了藉由勞倫茲級數展開求取外，還可使用較簡單的直接代入法。當 z_0 是單極點時，函數 $f(z)$ 又可寫成

$$f(z) = \frac{\phi(z)}{z - z_0}$$

其中 $\phi(z)$ 在 z_0 解析，而且 $\phi(z) \neq 0$。在 z_0 對 $\phi(z)$ 做泰勒級數展開，得

$$\phi(z) = \sum_{n=0}^{\infty} \frac{\phi^{(n)}(z_0)}{n!}(z - z_0)^n$$

$$= \phi(z_0) + \frac{\phi'(z_0)}{1!}(z - z_0) + \frac{\phi''(z_0)}{2!}(z - z_0)^2 + \cdots,$$

$$0 < |z - z_0| < R$$

將 $\phi(z)$ 代入 $f(z)$，可得

$$f(z) = \frac{\phi(z_0)}{z - z_0} + \frac{\phi'(z_0)}{1!} + \frac{\phi''(z_0)}{2!}(z - z_0) + \cdots,$$

$$0 < |z - z_0| < R \tag{11.30b}$$

因為 $\phi(z_0) \neq 0$，且在區域 $0 < |z - z_0| < R$，$f(z)$的勞倫茲級數表示法唯一。故上式即透過對 $\phi(z)$ 做泰勒級數展開後，得到的函數 $f(z)$ 在單極點 z_0 的勞倫茲級數。故知單極點 z_0 的賸值可由

$$a_{-1} = \phi(z_0) \tag{11.31}$$

求得（見 (11.30a) 式中，令 $m = 1$，再與 (11.30b) 式比較後可得 (11.31) 式）。

當 z_0 是函數 f 的 m 階極點時，我們可以將上面的結論推廣為

$$f(z) = \frac{\phi(z)}{(z - z_0)^m}$$

$$= \frac{\phi(z_0)}{(z - z_0)^m} + \frac{\phi'(z_0)/1!}{(z - z_0)^{m-1}} + \cdots + \frac{\phi^{(m-1)}(z_0)/(m-1)!}{z - z_0}$$

$$+ \sum_{n=m}^{\infty} \frac{\phi^{(n)}(z_0)}{n!}(z - z_0)^{n-m}, \quad 0 < |z - z_0| < R$$

而得 f 在 m 階極點 z_0 的賸值為

$$a_{-1} = \frac{\phi^{(m-1)}(z_0)}{(m-1)!} \tag{11.32}$$

或寫成

$$a_{-1} = \lim_{z \to z_0} \frac{1}{(m-1)!} \frac{d^{m-1}}{dz^{m-1}}[(z - z_0)^m f(z)] \tag{11.33}$$

解題範例

【範例 1 】

試求 $f(z) = \dfrac{z^2 - 2z}{(z+1)^2(z^2+4)}$ 在各孤立奇異點的賸值。

【解】

(1) Res (at $z = -1$)（2 階極點, $m = 2$）

$$= \lim_{z \to -1} \frac{d}{dz}\left[(z+1)^2 \frac{z^2 - 2z}{(z+1)^2(z^2+4)}\right]$$

$$= \lim_{z \to -1} \frac{d}{dz}\left[\frac{z^2 - 2z}{z^2 + 4}\right]$$

$$= -\frac{14}{25}$$

(2) Res (at $z = 2i$) $(m = 1)$

$$= \lim_{z \to 2i}\left[(z - 2i)\frac{z^2 - 2z}{(z+1)^2(z^2+4)}\right]$$

$$= \lim_{z \to 2i} \frac{z^2 - 2z}{(z+1)^2(z+2i)}$$

$$= \frac{1}{5} + \frac{1}{35}i$$

【範例 2 】

試求積分 $\displaystyle\int_C \frac{z+1}{z(z-1)}dz$，其中 C 為正向圓 $|z| = 2$。

【解】

因被積分函數 $f(z)$ 的兩個單極點 $z = 0$ 和 $z = 1$ 皆在 C 內，由賸值定理知

$$\int_C f(z)dz = 2\pi i[\text{Res (at } z=0) + \text{Res (at } z=1)]$$

(1) $\text{Res (at } z=0) = \lim\limits_{z \to 0} \left[(z-0)\dfrac{z+1}{z(z-1)} \right] = -1$

(2) $\text{Res (at } z=1) = \lim\limits_{z \to 1} \left[(z-1)\dfrac{z+1}{z(z-1)} \right] = 2$

所以

$$\int_C \frac{z+1}{z(z-1)}dz = 2\pi i(-1+2) = 2\pi i$$

【範例3】

試求積分值 $\displaystyle\int_C \frac{1+z}{1-\cos z}dz$，其中 C 為正向圓 $|z|=1$。

【解】

由 $f(z) = \dfrac{1+z}{1-\cos z}$ 知，$f(z)$ 有孤立奇異點 $z=0$，但無法知道其為幾

階極點。因此，將 $\cos z$ 以馬克勞林級數展開，得

$$f(z) = \frac{1+z}{1-(1-z^2/2+z^4/24-\cdots)} = \frac{2(1+z)}{z^2(1-z^2/12+\cdots)}$$

故知 $z=0$ 為 $f(z)=2$ 階極點

$$\begin{aligned}
\text{Res (at } z=0) &= \lim_{z \to 0} \frac{d}{dz}\left[z^2 \frac{2(1+z)}{z^2(1-z^2/12+\cdots)} \right] \\
&= \lim_{z \to 0} 2\frac{(1-z^2/12+\cdots)-(1+z)(-z/6+\cdots)}{(1-z^2/12+\cdots)} \\
&= 2
\end{aligned}$$

因為 C 內只包含奇異點 $z=0$，所以

$$\int_C \frac{1+z}{1-\cos z}dz = 2\pi i \text{ (Res at } z=0) = 4\pi i$$

習　題

1 ~15 題：試決定函數的極點，並求出該極點的階數與膪值：

1. $\dfrac{1 - \sinh z}{z^2}$

2. $\dfrac{1 - \cosh z}{z^5}$

3. $\dfrac{1 - e^z}{z^3}$

4. $\dfrac{e^{2z}}{(1 - z)^2}$

5. $\dfrac{z - \sin z}{z}$

6. $\dfrac{\cot z}{z^4}$

7. $\dfrac{z}{z^2 + 1}$

8. $\dfrac{z + 1}{z^2(z - 3)}$

9. $\dfrac{z}{(1 + z)^3}$

10. $\tan z$

11. $\dfrac{1}{z - \sin z}$

12. $\dfrac{1}{1 - e^z}$

13. $\tanh z$

14. $\dfrac{z}{\cos z}$

15. $\csc^2 z$

16 ~23 題：已知 C 為正向圓 $z = |2|$，求函數的圍線積分 $\displaystyle\int_C f(z)dz$：

16. $\dfrac{z}{z^2 - 1}$

17. $\dfrac{z + 1}{z^2(z + 2)}$

18. $\dfrac{e^{-z}}{z^2}$

19. $z^2 e^{z^{-1}}$

20. $\dfrac{z^2}{(z^2 + 3z + 2)^2}$

21. $\dfrac{1}{z^2 \sin z}$

22. $\dfrac{z}{\cos z}$

23. $\tan z$

24. 試求積分式

$$\int_C \dfrac{3z^3 - 2}{(z - 1)(z^2 + 9)} dz$$

沿著正向圓 C (a) $|z - 2| = 2$；(b) $|z| = 4$ 的圍線積分值。

11.6　以賸值定理求實函數積分

　　賸值定理除了應用在複函數的圍線積分外，還可以用來求取實函數的不定積分和定積分。本節即按照實函數的積分類型，分別說明如何應用賸值定理求出其積分值。

類型（一）

　　$\int_0^{2\pi} f(\cos\theta, \sin\theta)d\theta$，其中函數 f 是 $\sin\theta$ 和 $\cos\theta$ 的有理函數

令 $z = e^{i\theta}$，$\theta : 0 \sim 2\pi$，則 $dz = izd\theta$。

根據尤拉公式

$$\begin{cases} \cos\theta = \dfrac{e^{i\theta} + e^{-i\theta}}{2} = \dfrac{z + z^{-1}}{2} \\ \sin\theta = \dfrac{e^{i\theta} - e^{-i\theta}}{2i} = \dfrac{z - z^{-1}}{2i} \end{cases}$$

若以 $z = 0$ 為圓心之正向單位圓 C 求圍線積分，則得

$$\int_0^{2\pi} f(\cos\theta, \sin\theta)d\theta = \int_C f\left(\frac{z+z^{-1}}{2}, \frac{z-z^{-1}}{2i}\right) \frac{dz}{iz} \tag{11.34}$$

類型（二）

　　$\int_{-\infty}^{\infty} f(x)dz$，其中函數 $f(x)$ 是 x 的有理函數

(1) $f(x) = \dfrac{p(x)}{q(x)}$，degree $q(x) >$ degree $p(x) + 1$ 且 $q(x) = 0$ 不具實根。

　　若在 z 平面上以 $z = 0$ 為圓心，沿著 x 軸取一半徑為 R 的正向半圓圍線 C，如圖 11.5。

圖 11.5

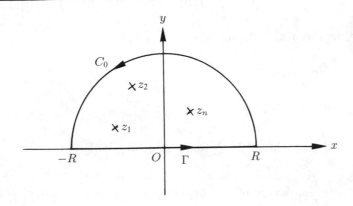

圍線 C 由圍線 C_0 和 Γ 相接而成，即

$$C = C_0 + \Gamma$$

在 C_0 上：$z = Re^{i\theta}$, $\theta : 0 \sim \pi$

$$dz = iRe^{i\theta}d\theta$$

在 Γ 上：$z = x$, $x : -R \sim R$

$$dz = dx$$

則

$$\int_C f(z)dz = \int_{C_0} f(z)dz + \int_{\Gamma} f(z)dz$$

$$= \int_0^{\pi} f(Re^{i\theta})iRe^{i\theta}d\theta + \int_{-R}^{R} f(x)dx$$

假設 $f(z)$ 在上半 z 平面有孤立奇異點 $z_1, z_2, \cdots, z_n$，則
當 $R \to \infty$ 時

$$\int_C f(z)dz = 2\pi i \sum_{i=1}^{n} \text{Res (at } z = z_i)$$

$$= \lim_{R \to \infty} \int_0^\pi f(Re^{i\theta})iRe^{i\theta}d\theta + \lim_{R \to \infty} \int_{-R}^R f(x)dx$$

因為 degree $q(x) >$ degree $p(x) + 1$,所以

$$\lim_{R \to \infty} f(Re^{i\theta})iRe^{i\theta} = 0$$

因此可得到如下結論:

$$\int_{-\infty}^{\infty} f(x)dx = 2\pi i \sum \text{Res}（\text{at 上半} z \text{ 平面}）\qquad (11.35)$$

(2)$f(x) = \dfrac{p(x)}{q(x)}$, degree $q(x) >$ degree $p(x) + 1$ 但 $q(x) = 0$ 具有實根。

若 $q(x)$ 具有實根,則表示在 x 軸上會有奇異點出現,此時所取圍線必須避開 x 軸上的奇異點。假設 x 軸上有奇異點 x_1 和 x_2,圍線 C 可取如圖11.6 所示。

圖 11.6

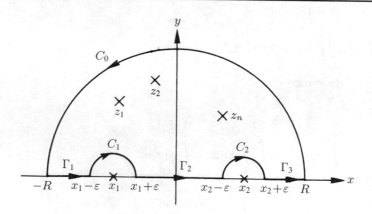

$$C = C_0 + \Gamma_1 + C_1 + \Gamma_2 + C_2 + \Gamma_3$$

在 C_0 上: $z = Re^{i\theta}$, $\theta : 0 \sim \pi$, $dz = iRe^{i\theta}d\theta$

在 Γ_1 上: $z = x$, $x : -R \sim x_1 - \varepsilon$, $dz = dx$

在 Γ_2 上：$z = x$, $x : x_1 + \varepsilon \sim x_2 - \varepsilon$, $dz = dx$

在 Γ_3 上：$z = x$, $x : x_2 - \varepsilon \sim x_2 + \varepsilon$, $dz = dx$

則

$$\int_C f(z)dz = \int_0^\pi f(Re^{i\theta})iRe^{i\theta}d\theta + \int_{-R}^{x_1-\varepsilon} f(x)dx + \int_{x_1+\varepsilon}^{x_2-\varepsilon} f(x)dx$$

$$+ \int_{x_2+\varepsilon}^R f(x)dx + \int_{C_1} f(z)dz + \int_{C_2} f(z)dz$$

當 $R \to \infty$, $\varepsilon \to 0$ 時

$$\int_C f(z)dz = \int_{-\infty}^\infty f(x)dx + \int_{C_1} f(z)dz + \int_{C_2} f(z)dz$$

$$= 2\pi i \sum \text{Res}（\text{at 上半 } z \text{ 平面}）$$

即

$$\int_{-\infty}^\infty f(x)dx = 2\pi i \sum \text{Res}（\text{at 上半} z \text{ 平面}）- \int_{C_1} f(z)dz$$

$$- \int_{C_2} f(z)dz$$

而

$$\int_{C_1} f(z)dz = -\pi i \text{ Res (at } x_1) \quad \text{且} \quad \int_{C_2} f(z)dz = -\pi i \text{ Res (at } x_2)$$

所以我們得到如下結論：

$$\int_{-\infty}^\infty f(x)dx = 2\pi i[\sum \text{Res}（\text{at 上半} z \text{ 平面}）]$$

$$+ \pi i[\sum \text{Res}（\text{at } x \text{ 軸}）] \qquad (11.36)$$

類型(三)

$$\int_{-\infty}^\infty e^{imx}f(x)dx，\text{其中 } f(x) \text{ 是 } x \text{ 的有理函數}$$

(1)$f(x) = \dfrac{p(x)}{q(x)}$, degree $q(x) >$ degree $p(x)$ 且 $q(x) = 0$ 不具實根。

若 $m > 0$，則沿著 x 軸取上半 z 平面之半圓 C 做圍線積分，方法同圖 11.5 所示。

由 $C = C_0 + \Gamma$

$$\begin{cases} C_0 : z = Re^{i\theta},\ \theta : 0 \sim \pi,\ dz = iRe^{i\theta}d\theta \\ \Gamma : z = x,\ x : -R \sim R,\ dz = dx \end{cases}$$

$$\int_C e^{imz} f(z) dz = \int_{C_0} e^{imz} f(z) dz + \int_\Gamma e^{imz} f(z) dz$$

$$= \int_0^\pi e^{imRe^{i\theta}} f(Re^{i\theta}) iRe^{i\theta} d\theta + \int_{-R}^R e^{imx} f(x) dx$$

當 $R \to \infty$ 時

$$\lim_{R \to \infty} \int_C e^{imz} f(z) dz = 2\pi i [\sum \text{Res (at 上半 } z \text{ 平面)}]$$

$$= \lim_{R \to \infty} \int_0^\pi e^{(-mR\sin\theta + imR\cos\theta)} f(Re^{i\theta}) iRe^{i\theta} d\theta$$

$$+ \int_{-\infty}^\infty e^{imx} f(x) dx$$

其中

$$\lim_{R \to \infty} \left| \int_0^\pi e^{(-mR\sin\theta + imR\cos\theta)} f(Re^{i\theta}) iRe^{i\theta} d\theta \right|$$

$$\leq \lim_{R \to \infty} \int_0^\pi |e^{(-mR\sin\theta + imR\cos\theta)}| \, |f(Re^{i\theta})| \, |iRe^{i\theta}| d\theta$$

$$\leq \lim_{R \to \infty} \int_0^\pi (e^{-mR\sin\theta}) \left(\frac{M}{R^{k+1}} \right) (R) d\theta$$

（$\because$ degree $q(x) >$ degree $p(x)$，$\therefore$ 可假設 $|f(Re^{i\theta})| \leq \dfrac{M}{R^{k+1}}$，

k 為 ≥ 0 的整數且 M 為大於 0 的常數）

$$= \lim_{R \to \infty} \frac{2M}{R^k} \int_0^{\frac{\pi}{2}} e^{-mR \sin \theta} \, d\theta$$

$$\leq \lim_{R \to \infty} \frac{2M}{R^k} \int_0^{\frac{\pi}{2}} e^{-mR \frac{2\theta}{\pi}} \, d\theta$$

$$= \lim_{R \to \infty} \frac{2M}{R^k} \frac{\pi}{2mR} e^{-mR \frac{2\theta}{\pi}} \bigg|_0^{\frac{\pi}{2}}$$

$$= \lim_{R \to \infty} \frac{\pi M}{mR^{k+1}} (1 - e^{-mR})$$

$$= 0$$

所以

$$\lim_{R \to \infty} \int_C e^{imz} f(z) dz = 0 + \int_{-\infty}^{\infty} e^{imx} f(x) dx$$

若 $m < 0$，則沿著 x 軸取下半 z 平面之半圓 C 做圍線積分，我們同理可以證得

$$\lim_{R \to \infty} \int_C e^{imz} f(z) dz = \int_{-\infty}^{\infty} e^{imx} f(x) dx$$

綜合上面的推演，我們得到以下結論：

①當 $m > 0$ 時，沿 x 軸以 $z = 0$ 為圓心取上半 z 平面半徑 ∞ 之半圓單閉圍線，則

$$\int_{-\infty}^{\infty} e^{imx} f(x) dx = 2\pi i \left[\sum \text{Res （at 上半 } z \text{ 平面）} \right]$$

②當 $m < 0$ 時，沿 x 軸以 $z = 0$ 為圓心取下半 z 平面半徑 ∞ 之半圓單閉圍線，則

$$\int_{-\infty}^{\infty} e^{imx} f(x) dx = 2\pi i \left[\sum \text{Res （at 下半 } z \text{ 平面）} \right]$$

(2) $f(x) = \dfrac{p(x)}{q(x)}$, degree $q(x) >$ degree $p(x)$ 且 $q(x) = 0$ 具有實根。

此時 $f(z) = \dfrac{p(z)}{q(z)}$ 在 x 軸上有孤立奇異點，讀者可以使用圖 11.6 的

圍線法證得以下結論：

①當 $m > 0$ 時，沿 x 軸避開極點，以 $z = 0$ 為圓心取上半 z 平面，半徑 ∞ 之半圓單閉圍線，則

$$\int_{-\infty}^{\infty} e^{imx} f(x) dx = 2\pi i [\sum \text{Res（at 上半 } z \text{ 平面）}]$$

$$+ \pi i [\sum \text{Res（at } x \text{ 軸）}]$$

②當 $m < 0$ 時，沿 x 軸避開極點，以 $z = 0$ 為圓心取下半 z 平面，半徑 ∞ 之半圓單閉圍線，則

$$\int_{-\infty}^{\infty} e^{imx} f(x) dx = -2\pi i [\sum \text{Res（at 下半 } z \text{ 平面）}]$$

$$- \pi i [\sum \text{Res（at } x \text{ 軸）}]$$

　　除了以上三個類型外，其餘類型的積分求值可以從解題中獲取經驗，其中較重要的包括改變圍線取法和如何避開分支割線來求得積分值。這些將會在解題範例中，以實例詳細說明。

解題範例

【範例 1】

$$\int_0^{2\pi} \frac{d\theta}{\sqrt{2} + \sin\theta} = ?$$

【解】

令 C 為以 $z = 0$ 為圓心之正向單位圓，則 $\forall z \in C$，

$$z = e^{i\theta}, \; z^{-1} = e^{-i\theta}, \; d\theta = \frac{dz}{iz}$$

由尤拉公式知

$$\sin\theta = \frac{e^{i\theta} - e^{-i\theta}}{2i} = \frac{z - z^{-1}}{2i}$$

$$\therefore I = \int_0^{2\pi} \frac{d\theta}{\sqrt{2} + \sin\theta} = \int_C \frac{\frac{dz}{iz}}{\sqrt{2} + \frac{z - z^{-1}}{2i}} = \int_C \frac{2}{z^2 + 2\sqrt{2}iz - 1} dz$$

令 $f(z) = \dfrac{2}{z^2 + 2\sqrt{2}iz - 1}$，則 $f(z)$ 有 2 個單極點

$$z_1 = \frac{-2\sqrt{2}i + \sqrt{-8 + 4}}{2} = (1 - \sqrt{2})i \quad \text{在 } C \text{ 內}$$

而

$$z_2 = \frac{-2\sqrt{2}i - \sqrt{-8 + 4}}{2} = (-1 - \sqrt{2})i \quad \text{不在 } C \text{ 內}$$

$$\text{Res (at } z = z_1) = \lim_{z \to z_1} (z - z_1) f(z)$$

$$= \lim_{z \to (1 - \sqrt{2})i} \frac{2}{z + (1 + \sqrt{2})i}$$

$$= -i$$

所以

$$I = 2\pi i \ \text{Res} \ (\text{at} \ z = z_1) = 2\pi$$

【範例2】

$$\int_0^\infty \frac{1}{1+x^4} dx = ?$$

【解】

由 $f(x) = \dfrac{1}{1+x^4}$ 為偶函數知，

$$I = \int_0^\infty f(x)dx = \frac{1}{2} \int_{-\infty}^\infty f(x)dx$$

令 $f(z) = \dfrac{1}{1+z^4}$，圍線 $C = C_1 + \Gamma$（如圖 11.5）

則 $f(z)$ 有 2 個單極點 $z_1 = e^{i\pi/4}$, $z_2 = e^{i3\pi/4}$ 在 $R \to \infty$ 時位於 C 內，由

$$\lim_{R\to\infty} \int_C f(z)dz = 2\pi i[\text{Res} \ (\text{at} \ z = z_1) + \text{Res} \ (\text{at} \ z = z_2)]$$

$$= \lim_{R\to\infty} \int_0^\pi \frac{iRe^{i\theta}}{1+R^4e^{i4\theta}} d\theta + \lim_{R\to\infty} \int_{-R}^R \frac{dx}{1+x^4}$$

$$= \int_{-\infty}^\infty \frac{dx}{1+x^4}$$

其中，

$$\left| \lim_{R\to\infty} \int_0^\pi \frac{iRe^{i\theta}}{1+R^4e^{i4\theta}} d\theta \right| \le \lim_{R\to\infty} \int_0^\pi \left| \frac{iRe^{i\theta}}{1+R^4e^{i4\theta}} \right| d\theta$$

$$\le \lim_{R\to\infty} \frac{M}{R^3} d\theta \quad （M \ 為大於0 \ 的常數）$$

$$= \lim_{R\to\infty} \frac{\pi M}{R^3} = 0$$

而且

$$\text{Res(at } z=z_1)=\lim_{z\to e^{i\pi/4}}\left[(z-e^{i\pi/4})\frac{1}{1+z^4}\right]=\lim_{z\to e^{i\pi/4}}\frac{1}{4z^3}=\frac{1}{4}e^{-i\frac{3}{4}\pi}$$

$$\text{Res(at } z=z_2)=\lim_{z\to e^{i3\pi/4}}\left[(z-e^{i3\pi/4})\frac{1}{1+z^4}\right]=\frac{1}{4}e^{-i\pi/4}$$

所以

$$I=\frac{1}{2}\cdot 2\left(\frac{1}{4}e^{-i3\pi/4}+\frac{1}{4}e^{-i\pi/4}\right)=-\frac{\sqrt{2}}{4}i$$

【範例3】

$$\int_0^\infty \frac{1}{1+x^3}dx=?$$

【解】

因 $f(x)=\dfrac{1}{1+x^3}$ 是奇函數，所以無法使用偶函數的對稱特性求取積分。這個時候，應該沿著正 x 軸取扇形圍線 C 做圍線積分，如圖 11.7 所示。

圖 11.7

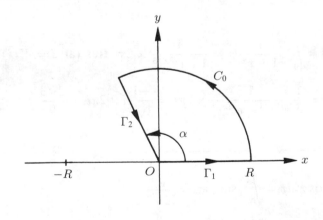

單閉圍線 $C=C_0+\Gamma_1+\Gamma_2$

在 $C_0:z=Re^{i\theta},\ \theta:0\sim\alpha,\ dz=iRe^{i\theta}d\theta$（其中 $0<\alpha<\pi$）

$$\Gamma_1 : z = x, \ x : 0 \sim R, \ dz = dx$$

$$\Gamma_2 : z = xe^{i\alpha}, \ x : R \sim 0, \ dz = e^{i\alpha}dx$$

令 $f(z) = \dfrac{1}{1+z^3}$，則當 $R \to \infty$ 時 f 有一單極點 $z_1 = e^{i\pi/3}$ 位於 C 內，所以

$$\lim_{R \to \infty} \int_C f(z)dz = 2\pi i \ \text{Res} \ (\text{at} \ z = e^{i\pi/3})$$

$$= \lim_{R \to \infty} \left[\int_0^\alpha \frac{iRe^{i\theta}}{1+R^3e^{i3\theta}}d\theta + \int_0^R \frac{dx}{1+x^3} + \int_R^0 \frac{e^{i\alpha}dx}{1+x^3e^{i3\alpha}} \right]$$

$$= 0 + \int_0^\infty \frac{dx}{1+x^3} + \int_\infty^0 \frac{e^{i2\pi/3}dx}{1+x^3} \quad \left(令 \ \alpha = \frac{2}{3}\pi \right)$$

$$= (1 - e^{i2\pi/3}) \int_0^\infty \frac{1}{1+x^3}dx$$

又

$$\text{Res} \ (\text{at} \ z = e^{i\pi/3}) = \lim_{z \to e^{i\pi/3}} \left[(z - e^{i\pi/3})\frac{1}{1+z^3} \right] = \lim_{z \to e^{i\pi/3}} \frac{1}{3z^2}$$

$$= \frac{1}{3}e^{-i2\pi/3}$$

故得

$$I = \int_0^\infty \frac{1}{1+x^3}dx = \frac{1}{1 - e^{i2\pi/3}} \times 2\pi i \ \text{Res} \ (\text{at} \ z = e^{i\pi/3})$$

$$= \frac{1}{3}\frac{1}{e^{i2\pi/3} - e^{i4\pi/3}} \times 2\pi i = \frac{-1}{3\sqrt{3}}i \times 2\pi i = \frac{2\sqrt{3}}{9}\pi$$

【範例 4】

證明 $\displaystyle\int_0^\infty \cos x^2 dx = \int_0^\infty \sin x^2 dx = \frac{\sqrt{\pi}}{2\sqrt{2}}$

【解】

本題為特殊類型積分，由於是沿著正 x 軸做積分，求解時還是使用圖

11.7 之圍線 C。

令 $f(z) = e^{iz^2}$，則因為 f 為全函數，根據科煦積分公式知

$$\int_C f(z)dz = 0$$

當 $R \to \infty$ 時，

$$\lim_{R \to \infty} \int_C f(z)dz = 0 = \lim_{R \to \infty} \int_0^\alpha e^{-R^2 \sin 2\theta + iR^2 \cos 2\theta} iRe^{i\theta} d\theta$$

$$+ \lim_{R \to \infty} \int_0^R e^{ix^2} dx + \lim_{R \to \infty} \int_R^0 e^{ix^2 e^{i2\alpha}} e^{i\alpha} dx$$

令 $\alpha = \dfrac{\pi}{4}$，則

$$\lim_{R \to \infty} \left| \int_0^{\frac{\pi}{4}} e^{-R^2 \sin 2\theta + iR^2 \cos 2\theta} iRe^{i\theta} d\theta \right|$$

$$\leq \lim_{R \to \infty} \int_0^{\frac{\pi}{4}} |e^{-R^2 \sin 2\theta + iR^2 \cos 2\theta}| \, |iRe^{i\theta}| d\theta$$

$$= \lim_{R \to \infty} R \int_0^{\frac{\pi}{4}} e^{-R^2 \sin 2\theta} d\theta$$

$$= \lim_{R \to \infty} \left[\frac{\pi R}{4R^2} - e^{-4\frac{R^2}{\pi}\theta} \right] \Bigg|_0^{\frac{\pi}{4}}$$

$$= \lim_{R \to \infty} \frac{\pi}{4R}(1 - e^{-R^2})$$

$$= 0$$

因此

$$\int_0^\infty e^{ix^2} dx - e^{i\frac{\pi}{4}} \int_0^\infty e^{-x^2} dx = 0$$

$$\int_0^\infty e^{ix^2} dx = \int_0^\infty \cos x^2 dx + i \int_0^\infty \sin x^2 dx$$

$$= \frac{1}{2}\sqrt{\frac{\pi}{2}} + i\frac{1}{2}\sqrt{\frac{\pi}{2}}$$

故證得

$$\int_0^\infty \cos x^2 dx = \int_0^\infty \sin x^2 dx = \frac{\sqrt{\pi}}{2\sqrt{2}}$$

【範例 5】

證明 $\displaystyle\int_0^\infty \frac{x^{-a}}{x+1}dx = \frac{\pi}{\sin a\pi}$ $(0 < a < 1)$

【解】

令 $f(z) = \dfrac{z^{-a}}{z+1}$，則 $f(z)$ 在 $z = -1$ 有單極點，$z = 0$ 為分支點，取單閉

圍線 C 如圖 11.8。

圖 11.8

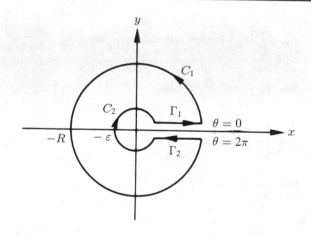

$$C = C_1 + \Gamma_2 + C_2 + \Gamma_1$$

在 $C_1 : z = Re^{i\theta}, \ \theta : 0 \sim 2\pi, \ dz = iRe^{i\theta}d\theta$

$C_2 : z = \varepsilon e^{i\phi}, \ \phi : 2\pi \sim 0, \ dz = i\varepsilon e^{i\phi}d\phi$

$\Gamma_1 : z = x, \ x : \varepsilon \sim R, \ dz = dx$

$\Gamma_2 : z = xe^{i2\pi}, \ x : R \sim \varepsilon, \ dz = e^{i2\pi}dx = dx$

則當 $R \to \infty, \ \varepsilon \to 0$ 時

$$\lim_{\substack{R\to\infty \\ \varepsilon\to 0}} \int_C f(z)dz = 2\pi i \ \text{Res} \ (\text{at} \ z = -1)$$

$$= \lim_{R\to\infty} \int_0^{2\pi} \frac{iR^{-a}e^{-ia\theta}}{Re^{i\theta}+1}d\theta + \lim_{\varepsilon\to 0} \int_{2\pi}^0 \frac{i\varepsilon^{-a}e^{-ia\phi}}{\varepsilon e^{i\phi}+1}d\phi$$

$$+ \lim_{\substack{R\to\infty \\ \varepsilon\to 0}} \int_\varepsilon^R \frac{x^{-a}}{x+1}dx + \lim_{\substack{R\to\infty \\ \varepsilon\to 0}} \int_R^\varepsilon \frac{x^{-a}e^{-i2a\pi}}{xe^{i2\pi}+1}dx$$

$$= 0 + 0 + \int_0^\infty \frac{x^{-a}}{x+1}dx - e^{-i2a\pi} \int_0^\infty \frac{x^{-a}}{x+1}dx$$

$$= (1 - e^{-i2a\pi}) \int_0^\infty \frac{x^{-a}}{1+x}dx$$

$$\text{Res} \ (\text{at} \ z = -1) = \lim_{z\to -1} (z+1)\frac{z^{-a}}{z+1} = (e^{i\pi})^{-a} = e^{-ia\pi}$$

所以

$$I = \int_0^\infty \frac{x^{-a}}{1+x}dx = \frac{2\pi ie^{-ia\pi}}{1-e^{-i2a\pi}} = \frac{2\pi i}{e^{ia\pi}-e^{-ia\pi}} = \frac{\pi}{\sin a\pi}$$

習　題

1 ~24題：試利用賸值定理求出積分值。

1. $\displaystyle\int_0^{2\pi} \frac{d\theta}{1 - 2a\sin\theta + a^2}$　$(-1 < a < 1)$

2. $\displaystyle\int_0^{\pi} \frac{d\theta}{(a + \cos\theta)^2}$　$(a > 1)$

3. $\displaystyle\int_0^{2\pi} \frac{d\theta}{1 + a\cos\theta}$　$(-1 < a < 1)$

4. $\displaystyle\int_0^{\pi} \frac{\cos 2\theta\, d\theta}{3 + 2\cos\theta}$

5. $\displaystyle\int_0^{\pi} \sin^{2n}\theta\, d\theta$　$(n = 1, 2, \cdots)$

6. $\displaystyle\int_0^{2\pi} \frac{d\theta}{\cos\theta + 2\sin\theta + 3}$

7. $\displaystyle\int_0^{\infty} \frac{dx}{1 + x^2}$

8. $\displaystyle\int_0^{\infty} \frac{dx}{1 + x^6}$

9. $\displaystyle\int_{-\infty}^{\infty} \frac{x^2\, dx}{1 + x^6}$

10. $\displaystyle\int_{-\infty}^{\infty} \frac{dx}{(1 + x^2)^3}$

11. $\displaystyle\int_0^{\infty} \frac{x^2\, dx}{(1 + x^2)(4 + x^2)}$

12. $\displaystyle\int_0^{\infty} \frac{dx}{(a^2 + x^2)^2}$

13. $\displaystyle\int_{-\infty}^{\infty} \frac{\cos x\, dx}{(x^2 + a^2)(x^2 + b^2)}$　$(a > b > 0)$

14. $\displaystyle\int_{-\infty}^{\infty} \frac{x\sin x dx}{(x^2+a^2)(x^2+b^2)}$

15. $\displaystyle\int_{0}^{\infty} \frac{\cos ax}{1+x^2}dx \quad (a\geq 0)$

16. $\displaystyle\int_{-\infty}^{\infty} \frac{x\sin ax}{1+x^4}dx$

17. $\displaystyle\int_{-\infty}^{\infty} \frac{x\sin 2x}{3+x^2}dx$

18. $\displaystyle\int_{-\infty}^{\infty} \frac{x^3\sin \pi x}{4+x^4}dx$

19. $\displaystyle\int_{0}^{\infty} \frac{dx}{1+x^3}$

20. $\displaystyle\int_{0}^{\infty} \frac{xdx}{1+x^3}$

21. $\displaystyle\int_{0}^{\infty} \frac{dx}{1+x^4}$

22. $\displaystyle\int_{0}^{\infty} \frac{x^2dx}{1+x^4}$

23. $\displaystyle\int_{-\infty}^{\infty} \frac{dx}{(x^2+1)(x^2+2x+2)}$

24. $\displaystyle\int_{-\infty}^{\infty} \frac{\sin x dx}{x^2+4x+5}$

25. 證明 $\displaystyle\int_{0}^{\infty} \frac{\sin x}{x}dx = \frac{\pi}{2}$

26. 證明 $\displaystyle\int_{0}^{\infty} \frac{\sin^2 x}{x^2}dx = \frac{\pi}{2}$

27. 證明 $\displaystyle\int_{0}^{\infty} \frac{\cos x}{\sqrt{x}}dx = \int_{0}^{\infty} \frac{\sin x}{\sqrt{x}}dx = \sqrt{\frac{\pi}{2}}$

28. 證明 $\displaystyle\int_{0}^{\infty} \frac{\mathrm{Ln}\ x}{1+x^2}dx = 0$

29. 證明 $\displaystyle\int_{0}^{\infty} \frac{\mathrm{Ln}\ x}{(1+x^2)^2}dx = -\frac{\pi}{4}$

30. 證明 $\displaystyle\int_{0}^{\infty} \frac{(\mathrm{Ln}\ x)^2}{1+x^2}dx = \frac{\pi^3}{8}$

第十二章　初值問題的數值分析法

12.0　簡介

　　在前面章節用於解微分方程式時，都想盡辦法，以預設立場的方式
（譬如常係數線性微分方程式，其中的常係數和線性即是預設立場），
來解出普通答案的正確函數形式。但事實上，許多工程問題並不符合預
設立場，因此前面章節所用的技巧就顯得相當笨拙且往往使用不上。

　　以心臟心室細胞的動作電位 (action potential) 系統為例，圖 12.1 是
心臟細胞收縮時的動作電位：細胞內電位由休息狀態的 $-85mV$，在瞬
間上升到收縮狀態的 $40mV$ 左右，停留在高原電位一段時間之後，才
回到放鬆的休息狀態。我們的整個心臟的所有細胞約在同一時間作同
步的收縮，才能產生強大的力量將血液運送到全身各部位。假設細胞
內的電位是 V，則產生動作電位的系統微分方程式是

$$\frac{dV}{dt} = \frac{-1}{c}(I_{\mathrm{Na}} + I_{\mathrm{K}} + I_{\mathrm{Ca}} + I_{\mathrm{st}})$$

　　其中 I_{Na} 是 Na^+ 電流，I_{K} 是 K^+ 電流，I_{Ca} 是 Ca^{++} 電流，而 I_{st}
是刺激電流。本來這是相當簡單的單階微分問題，但是由於各離子電
流是電壓 (V) 和時間的函數，譬如 I_{Na}，

圖 12.1　心臟細胞的動作電位

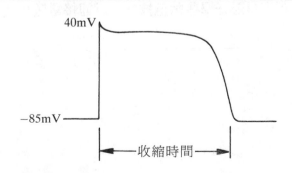

$$I_{\text{Na}} = \overline{G}_{\text{Na}} m^3 h j (V - E_{\text{Na}})$$

$\overline{G}_{\text{Na}}$：鈉通道的最大導電度 (conductance)

$m = m(V, t)$：快速活性 (activation) 通道

$h = h(V, t)$：快速抑制 (inhibition) 通道

$j = j(V, t)$：慢速抑制通道

E_{Na}：鈉平衡電位 (Nernst potential)

m、h、j 不但是 V 和時間的非線性函數，同時又要遵循另一微分系統方程式，

$$\frac{dm}{dt} = \frac{m_\infty(V, t) - m}{\tau_m(V, t)}$$

$$\frac{dh}{dt} = \frac{h_\infty(V, t) - h}{\tau_h(V, t)}$$

$$\frac{dj}{dt} = \frac{j_\infty(V, t) - j}{\tau_j(V, t)}$$

造成整個問題很難由前面章節介紹的解題技巧完成之。對於這些非線性問題，最好藉由必須使用電腦計算能力的數值分析法來解決之，通常可迎刃而解。現在的個人電腦的計算速度進步得相當快，同時數值分析法也大量地被研究，造成相當多的工程問題愈來愈依賴數值分析法。因此，工程人員最好學些數值技巧，以迎接電腦化時代的來臨。

12.1　尤拉法

尤拉法 (Euler's method) 是數值分析法解初值問題中最簡單的方法，當然誤差也是最大的。不過從尤拉法可以了解數值法的源起和運用，及可能造成的誤差大小。

尤拉法可說是用泰勒展開方式推導而得。對一單階微分方程式（不管線性或非線性）所形成的初值問題：

$$y' = f(t, y), \quad t \in [a, b] \tag{12.1}$$

$$y(a) = \alpha$$

假設解答是 $y(t)$，則對某一固定時間 t_i 的泰勒展開式為

$$y(t) = y(t_i) + y'(t_i)(t - t_i) + \sum_{n=2}^{\infty} \frac{y^{(n)}(t_i)}{n!}(t - t_i)^n \tag{12.2}$$

若欲求 $y(t_{i+1})$ 值且只考慮到二階微分（即假設 t_{i+1} 非常接近 t_i，故將三階以上忽略之），則 $y(t_{i+1})$ 是

$$y(t_{i+1}) = y(t_i) + y'(t_i)(t_{i+1} - t_i) + \frac{y''(\beta)}{2!}(t_{i+1} - t_i)^2 \tag{12.3}$$

其中 $t_i < \beta < t_{i+1}$，$[a, b]$ 之間分成 N 等分，則 $i = 0, \cdots, N$, $t_0 = a$ 且 $t_N = b$。令 $t_{i+1} - t_i = h$，則

$$t_i = a + ih, \quad i = 0, 1, \cdots, N$$

將 (12.1) 式代入 (12.3) 式，得到關係式

$$y(t_{i+1}) = y(t_i) + hf(t_i, y(t_i)) + \frac{h^2}{2}y''(\beta) \tag{12.4}$$

尤拉法就是將實際值 $y(t_i)$ 給予預測值 y_i，其預測的差分方程式

(difference equation) 為

$$y_{i+1} = y_i + hf(t_i, y_i), \quad i = 0, \cdots, N-1 \tag{12.5}$$

因此尤拉法隱含三層意義：一是用斜率 $y_i' = f(t_i, y_i)$ 來預測未來值，如圖 12.2 所示；二是預測點是離散的 (discrete)，而不是連續的，正符合運用電腦計算的條件；三是尤拉法的誤差是 $\dfrac{1}{2}hy''(\beta)$（比較 (12.4) 式和 (12.5) 式），且誤差是漸增累積的。

圖 12.2　尤拉分析法

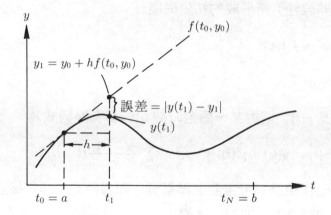

法則 12.1　尤拉法

初值問題，

$$y' = f(t, y); \ y(a) = \alpha, \ t \in [a, b]$$

將區間 $[a, b]$ 分成 N 等分。

【程式流程】

INPUT　　$a, \ b, \ N, \ \alpha$

STEP 1　$h = (b-a)/N$

$$t = a$$

$$y = \alpha$$

OUTPUT (t, y)

STEP 2　DO　$i = 1, \cdots, N$

$$y = y + hf(t, y)$$

$$t = a + ih$$

OUTPUT (t, y)

END　DO

STEP 3　STOP

定理 12.1

對初值問題

$$y' = f(t, y), \ t \in [a, b], \ y(a) = \alpha$$

若

$$|y''(t)| \leq M, \ t \in [a, b]$$

$$|f(t_i, y(t_i)) - f(t_i, y_i)| \leq L|y(t_i) - y_i| \tag{12.6}$$

則誤差 e_i,

$$|e_i| = |y(t_i) - y_i| \leq \frac{hM}{2L}[e^{(t_i - a)L} - 1], \ i = 0, \cdots, N \tag{12.7}$$

注意，$y(t_i)$ 是實際值，而 y_i 是數值分析法的預測值。

【證明】

在 t_{i+1} 處的絕對誤差是

$$|e_{i+1}| = |y(t_{i+1}) - y_{i+1}|$$

$$= \left| y(t_i) + hf(t_i, y(t_i)) + \frac{h^2}{2}y''(\beta) - [y_i + hf(t_i, y_i)] \right|$$

（代入 (12.4) 式和 (12.5) 式）

$$= \left| [y(t_i) - y_i] + h[f(t_i, y(t_i)) - f(t_i, y_i)] + \frac{h^2}{2}y''(\beta) \right|$$

$$\leq |y(t_i) - y_i| + h|f(t_i, y(t_i)) - f(t_i, y_i)| + \frac{h^2}{2}|y''(\beta)|$$

$$\leq |y(t_i) - y_i| + hL|y(t_i) - y_i| + \frac{h^2}{2}M$$

$$= (1 + hL)|e_i| + \frac{h^2}{2}M$$

$$\leq (1 + hL)\left[(1 + hL)|e_{i-1}| + \frac{h^2}{2}M\right] + \frac{h^2}{2}M$$

$$= (1 + hL)^2|e_{i-1}| + \frac{h^2}{2}M[1 + (1 + hL)]$$

依此類推，得到

$$|e_{i+1}| \leq (1 + hL)^{i+1}|e_0| + \frac{h^2}{2}M[1 + (1 + hL) + \cdots + (1 + hL)^i]$$

$$= 0 + \frac{h^2}{2}M \times \frac{(1 + hL)^{i+1} - 1}{(1 + hL) - 1}$$

（∵ $e_0 = y(t_0) - y_0 = \alpha - \alpha = 0$，起始值沒有誤差）

$$= \frac{hM}{2L}[(1 + hL)^{i+1} - 1]$$

由 e^x 在原點$(x_0 = 0)$ 的泰勒級數可縮減為

$$e^x = 1 + x + \frac{1}{2}x^2e^{\beta}, \quad x \geq 0$$

因此，

$$(1 + x) \leq e^x$$

或

$$(1+x)^i \le e^{ix}$$

將上式代入 $|e_{i+1}|$，則得到（令 $hL = x$）

$$|e_{i+1}| \le \frac{hM}{2L}[e^{(i+1)hL} - 1] = \frac{hM}{2L}[e^{(t_{i+1}-a)} - 1]$$

$$(\because t_{i+1} - a = (i+1)hL)$$

得證 (12.7) 式。

　　由 (12.7) 式可知尤拉法的預測值 y_i 與實際值 $y(t_i)$ 之誤差是有累積性的，對 $|e_i|$ 而言，當 $h \to 0$ 時，$[e^{(t_i-a)L} - 1]$ 是不變的，而 $\frac{hM}{2L}$ 則以一階(h') 的速度減少之。這種以一階速度降低誤差 $|e_i|$ 的尤拉法，通常以 $O(h)$ 符號表示之。因此，$O(h^2)$ 代表 $|e_i|$ 是以二階的方式趨近零，當 $h \to 0$，即 $|e_i| \propto h^2$。

解題範例

【範例 1】

解 $y' + 2y = 2t + 1;\ t \in [0, 1],\ y(0) = 2$。

【解】

令

$$y' = -2y + 2t + 1$$

則尤拉法的預估值 y_i,

$$y_{i+1} = y_i + hy'(t_i, y_i)$$

$$= y_i + h(-2y_i + 2t_i + 1)$$

$$= (1 - 2h)y_i + h(1 + 2t_i)$$

本題的實際答案是

$$y(t) = 2e^{-2t} + t$$

圖 12.3 說明尤拉法在 $h = 0.1$ 和 $h = 0.02$ 逼近真實值的情形, 而表 12.1 列出 $h = 0.1$ 和 $h = 0.02$ 的誤差及 (12.6) 式的誤差限制範圍。注意, 從實際解答 $y(t) = 2e^{-2t} + t$ 且 $t \in [0, 1]$, 得知

$$|y''(t)| = 8e^{-2t} \leq 8e^0 = 8 = M$$

另外, (12.6) 式在 y_i 趨近於 $y(t_i)$ 時, 可簡化為

$$\left| \frac{\partial f(t, y)}{\partial y} \right| \leq L, \quad t \in [a, b] \tag{12.8}$$

已知 $f(t, y) = y' = -2y + 2t + 1$, 得到

$$\left|\frac{\partial f}{\partial y}\right| \le 2 = L$$

將 $M = 8$ 和 $L = 2$ 代入 (12.7) 式，得到誤差限制範圍，

$$|e_i| \le 2h(e^{2t_i} - 1) = |e_i|_b, \quad t_i = ih$$

圖 12.3　尤拉法的預測值 $h = 0.1$ 和 $h = 0.02$ 之比較

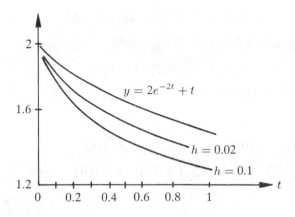

表 12.1

t_i	$y(t_i)$	$y_i(h=0.1)$	$e_i(h=0.1)$	$|e_i|_b(h=0.1)$	$y_i(h=0.02)$	$e_i(h=0.02)$	$|e_i|_b(h=0.02)$
0	2.0000	2.0000	0	0	2.0000	0	0
0.1	1.7375	1.7000	0.0375	0.0443	1.7307	0.0067	0.0089
0.2	1.5406	1.4800	0.0606	0.0984	1.5297	0.0110	0.0197
0.3	1.3976	1.3240	0.0736	0.1644	1.3842	0.0135	0.0329
0.4	1.2987	1.2192	0.0795	0.2451	1.2840	0.0147	0.0490
0.5	1.2358	1.1554	0.0804	0.3437	1.2208	0.0150	0.0687
0.6	1.2024	1.1243	0.0781	0.4640	1.1877	0.0147	0.0928
0.7	1.1932	1.1194	0.0738	0.6110	1.1792	0.0140	0.1222
0.8	1.2038	1.1355	0.0682	0.7906	1.1907	0.0131	0.1581
0.9	1.2306	1.1684	0.0622	1.0099	1.2186	0.0120	0.2020
1.0	1.2707	1.2147	0.0559	1.2778	1.2598	0.0109	0.2556

習 題

$1 \sim 12$ 題，用尤拉法去解答微分方程式。

1. $y' = y\sin(t);\ y(0) = 2,\ t \in [0,\pi],\ h = 0.1\pi$

2. $y' = t^{-1}y + t^{-2}y^2;\ y(1) = 2,\ t \in [1,1.5],\ h = 0.05$

3. $y' = x - y^2;\ y(0) = 2,\ t \in [0,1],\ h = 0.02$

4. $y' = \sin t + e^{-t};\ y(0) = 0,\ t \in [0,2],\ h = 0.02$

5. $y' = 2t^2\ln(y);\ y(1) = 2,\ t \in [1,2],\ h = 0.01$

6. $y' = -5t^4y^2;\ y(0) = 2,\ t \in [0,1],\ h = 0.1$

7. $y' = t + \sinh(y);\ y(0) = 1,\ t \in [0,0.5],\ h = 0.1$

8. $y' = t^{-1}(y + y^2);\ y(1) = -2,\ t \in [1,2],\ h = 0.02$

9. $y' = \sqrt{t+y};\ y(2) = 1,\ t \in [1,2],\ h = -0.1$

10. $y' = ty;\ y(0) = 2,\ t \in [0,2],\ h = 0.4$

11. $y' = y + \cos(x);\ y(1) = -2,\ t \in [1,3],\ h = 0.2$

12. $y' = 2(t+y)^2;\ y(0) = 0,\ t \in [0,1],\ h = 0.1$

13. 解初值問題，

$$y' = 2(t^{-1}y + t^2e^t);\ y(1) = 0,\ t \in [1,3]$$

(a)用尤拉法，求 $h = 0.4,\ 0.2,\ 0.1,\ 0.05$ 的近似解。

(b)實際解 $y = 2t^2(e^t - e)$，求(a)題的誤差百分比。

(c)修改一下尤拉法，令 $y_{i+1} = y_i + hf(t_i,y_i) + 10^{-5}$，求(a)題中，那一個 h 的 $y(2)$ 解最準確。

14. 解初值問題，

$$y' = y - 3;\ y(0) = 4,\ t \in [0,2]$$

(a)用尤拉法，求 $h = 0.5,\ 0.25\ ,0.1,\ 0.05$ 的近似解。

(b)求實際解答之後，再求(a)題的誤差百分比。

(c)修改一下尤拉法，令 $y_{i+1} = y_i + hf(t_i, y_i) + 10^{-6}$，求(a)題之中，各
h 解答的最準確點。

15. 解初值問題，

$$y' = -y + 2(t+1);\ \ y(0) = 1,\ t \in [0,4]$$

(a)用尤拉法，求 $y(4)$ 的近似解用 $h = 0.4,\ 0.01,\ 0.004,\ 0.002$。

(b)修改尤拉法，令 $y_{i+1} = y_i + hf(t_i, y_i) + 10^{-6}$，求那個 h 的 $y(4)$ 解最
準確。

12.2 單步數值法 (One-Step Numeric Method)

單步數值分析法是指差分方程式中，下一步的解答 y_{i+1} 只用目前這一步的解答 y_i 預測之，即

$$y_{i+1} = G(y_i, t_i)$$

$G(y_i, t_i)$ 是 y_i 和 t_i 形成的函數，譬如尤拉法是單步法，其預測函數 $G(y_i, t_i) = y_i + hf(y_i, t_i)$。

相對於單步法的就是多步法 (multistep method)，其預測函數中包含了目前這一步 y_i 之前的任何一步，即

$$y_{i+1} = G(y_i, t_i, y_{i-1}, t_{i-1}, \cdots, y_0, t_0)$$

以下介紹些單步數值法：

1. n 階泰勒法 (nth-order Taylor method)

由泰勒展開式 (12.2) 可知尤拉法是去掉式中二階以上的項目，造成誤差 e_i 是一階 $O(h)$。因此 n 階泰勒法仍然採用尤拉法的方式，去掉 $(n+1)$ 階以上的項目，則得知差分方程式為

$$y_{i+1} = y_i + hy'(t_i) + \frac{h^2}{2!}y''(t_i) + \cdots + \frac{h^n}{n!}y^{(n)}(t_i) \qquad (12.9)$$

或

$$y_{i+1} = y_i + hf(t_i, y_i) + \frac{h^2}{2!}f'(t_i, y_i) + \cdots + \frac{h^n}{n!}f^{(n-1)}(t_i, y_i) \quad (12.10)$$

對 n 階泰勒法而言，由於誤差是 $(n+1)$ 階以上的項目合成，故誤差的

階數是 $O(h^n)$，就是誤差以 h^n 速度減小或增大。

一般 n 階泰勒法很少被採用，原因是要先求出各階微分 $y^{(n)}, n \geq 2$（或 $f^{(n)}, n \geq 1$），這有時候會使得問題更加複雜而不易求得解答。因此為免除計算微分的困擾，就發展出知名的侖格–庫塔法 (Runge-Kutta method)。

2.侖格–庫塔法

侖格–庫塔法可說是由泰勒法變化出來，最主要是免除計算微分的需要。現在以二階侖格–庫塔法來說明變化的過程，首先由 (12.10) 式導出的二階泰勒差分方程式是

$$y_{i+1} = y_i + hf(t_i, y_i) + \frac{h^2}{2} f'(t_i, y_i) \tag{12.11}$$

為取代 $f'(t_i, y_i)$ 項，一種方式是用 $af(t_i + \alpha, \ y_i + \beta)$ 趨近之，而 $af(t_i + \alpha, \ y_i + \beta)$ 的一階雙變數（t 和 y）之泰勒展開式為

$$af(t_i+\alpha, y_i+\beta) = af(t_i,y_i) + a\alpha\frac{\partial f}{\partial t}(t_i,y_i) + a\beta\frac{\partial f}{\partial y}(t_i,y_i) \tag{12.12}$$

然而 $f'(t_i, y_i)$ 的偏微分形式是

$$f'(t_i,y_i) = \frac{df}{dt}(t_i,y_i) = \frac{\partial f}{\partial t}(t_i,y_i) + \frac{\partial f}{\partial y}(t_i,y_i)y'(t_i)$$

$$= \frac{\partial f}{\partial t}(t_i,y_i) + \frac{\partial f}{\partial y}(t_i,y_i)f(t_i,y_i)$$

將上式代入 (12.11) 式，得到

$$y_{i+1} = y_i + hf(t_i,y_i) + \frac{h^2}{2}\left[\frac{\partial f}{\partial t}(t_i,y_i) + \frac{\partial f}{\partial y}f(t_i,y_i)\right] \tag{12.13}$$

比較 (12.12) 式和 (12.13) 式，可以發現，若令 $a = h$、$\alpha = \frac{h}{2}$、$\beta = \frac{h}{2}f(t_i,y_i)$，則可將 (12.13) 式簡化為

$$y_{i+1} = y_i + hf\left(t_i + \frac{h}{2},\ y_i + \frac{h}{2}f(t_i, y_i)\right) \tag{12.14}$$

上式即是二階侖格–庫塔差分方程式，很明顯地，本式中並沒有 $f(t, y)$ 的微分項目，而巧妙地透過雙變數泰勒展開法來取代微分項目。我們若直接剖析 (12.14) 式，可以得知 $f\left(t_i + \frac{h}{2},\ y_i + \frac{h}{2}f(t_i, y_i)\right)$ 是在計算 t_i 到 t_{i+1} 之中點的斜率，而用中點的斜率去預測 y_{i+1}。這是非常不同於尤拉法用 t_i 點的斜率去預測 y_{i+1}。因此特別將 (12.14) 式的方法稱為中點法 (midpoint method)。除了中點法，歸類為二階侖格–庫塔法的尚有二種重要的方法是尤拉修正法 (modified Euler method) 和宏恩法 (Heun's method)。這兩種方法皆用下列形式去趨近三階的泰勒差分方程式：

$$a_1 f(t_i, y_i) + a_2 f(t_i + \alpha,\ y_i + \beta f(t_i, y_i))$$

但由於這樣的趨近並不成功，因此仍被歸類為二階侖格–庫塔法，就是誤差是屬於 $O(h^2)$。尤拉修正法是令 $a_1 = a_2 = \frac{h}{2}$, $\alpha = \beta = h$；而宏恩法是令 $a_1 = \frac{1}{4}h$, $a_2 = \frac{3}{4}h$, $\alpha = \beta = \frac{2}{3}h$，故得到

(1)尤拉修正法

$$y_{i+1} = y_i + \frac{h}{2}[f(t_i, y_i) + f(t_{i+1},\ y_i + hf(t_i, y_i))] \tag{12.15}$$

這相當於用尤拉法求得 t_{i+1} 的斜率，再取得 t_i 斜率和 t_{i+1} 斜率的平均值，作為尤拉法預測 y_{i+1} 的斜率。基本上，可將上式寫成兩個尤拉方程式，即

$$y_{i+1}^* = y_i + hf(t_i, y_i) \tag{12.16a}$$

$$f_{\frac{1}{2}}^* = \frac{1}{2}[f(t_i, y_i) + f(t_{i+1}, y_{i+1}^*)] \tag{12.16b}$$

$$y_{i+1} = y_i + hf_{\frac{1}{2}}^* \tag{12.16c}$$

(2)宏恩法

$$y_{i+1} = y_i + \frac{h}{4}\left[f(t_i, y_i) + 3f\left(t_i + \frac{2}{3}h, \ y_i + \frac{2}{3}hf(t_i, y_i)\right)\right] \quad (12.17)$$

宏恩法是加重 $t_i + \frac{2}{3}h$ 處的斜率貢獻，比 t_i 處的斜率加重3倍。宏恩法亦可寫成下列三個方程式：

$$y^*_{i+\frac{2}{3}} = y_i + \frac{2}{3}hf(t_i, y_i) \qquad\qquad (12.18a)$$

$$f^*_{\frac{2}{3}} = \frac{1}{4}\left[f(t_i, y_i) + 3f\left(t_i + \frac{2}{3}h, \ y^*_{i+\frac{2}{3}}\right)\right] \qquad\qquad (12.18b)$$

$$y_{i+1} = y_i + hf^*_{\frac{2}{3}} \qquad\qquad (12.18c)$$

事實上，尤拉修正法和宏恩法兩者都是屬於所謂的預測–修正法(predictor-corrector method)。先作預測（即 (12.16a) 式和 (12.18a) 式），再修正之（即(12.16c) 式和 (12.18c) 式）。

以上都是屬於二階侖格–庫塔法，然而單步數值法中，最常用的是四階侖格–庫塔法，其運算方式是

$$\begin{aligned}
k_1 &= f(t_i, y_i) \\[6pt]
k_2 &= f\left(t_i + \frac{h}{2}, \ y_i + \frac{h}{2}k_1\right) \\[6pt]
k_3 &= f\left(t_i + \frac{h}{2}, \ y_i + \frac{h}{2}k_2\right) \qquad\qquad (12.19) \\[6pt]
k_4 &= f(t_{i+1}, \ y_i + hk_3) \\[6pt]
y_{i+1} &= y_i + \frac{h}{6}(k_1 + 2k_2 + 2k_3 + k_4)
\end{aligned}$$

由上式可知，四階侖格–庫塔法是先算出 t_i, $t_i + \frac{h}{2}$, t_{i+1} 處的斜率（其中 $t_i + \frac{h}{2}$ 處估算二次），再依據比重求出平均斜率，最後用尤拉法得出預測值 y_{i+1}。四階侖格–庫塔法的誤差是 $O(h^4)$ 且相當有效率，故常被用之。

法則 12.2　四階侖格－庫塔法

初值問題，

$$y' = f(t, y); \ y(a) = \alpha, \ t \in [a, b]$$

將區間 $[a, b]$ 分成 N 等分。

【程式流程】

INPUT　a, b, N, α

STEP 1　$h = (b - a)/N$

　　　　$t = a$

　　　　$y = \alpha$

　　　　OUTPUT (t, y)

STEP 2　DO　$i = 1, \cdots, N$

　　　　　　$k_1 = f(t, y)$

　　　　　　$k_2 = f\left(t + \dfrac{h}{2}, \ y + \dfrac{h}{2}k_1\right)$

　　　　　　$k_3 = f\left(t + \dfrac{h}{2}, \ y + \dfrac{h}{2}k_2\right)$

　　　　　　$k_4 = f(t + h, \ y + hk_3)$

　　　　　　$y = y + \dfrac{h}{6}(k_1 + 2k_2 + 2k_3 + k_4)$

　　　　　　$t = a + ih$

　　　　　　OUTPUT (t, y)

　　　　END　DO

STEP 3　STOP

解題範例

【範例 1】

用二階泰勒法、中點法、尤拉修正法、宏恩法去解初值問題（令 $N = 10$）。

$$y' = y + t; \ y(0) = 0, \ t \in [0, 1]$$

【解】

$$h = \frac{1 - 0}{10} = 0.1$$

$$f(t, y) = y' = y + t$$

對二階泰勒法，

$$y_{i+1} = y_i + hf(t_i, y_i) + \frac{h^2}{2!} f'(t_i, y_i)$$

然而，

$$f'(t_i, y_i) = y''(t_i) = y'(t_i) + 1 = f(t_i, y_i) + 1$$

得到二階泰勒差分方程式是

$$y_{i+1} = y_i + hf(t_i, y_i) + \frac{h^2}{2} [f(t_i, y_i) + 1]$$

$$= y_i + \left(h + \frac{h^2}{2}\right) f(t_i, y_i) + \frac{h^2}{2}$$

本題的真正解答是

$$y(t) = e^t - t - 1$$

表 12.2 列出這四種方法的預測值和誤差。

表 12.2

t_i	真正值	二階泰勒法	泰勒誤差	中點法	中點誤差
0	0	0	0	0	0
0.1	0.00517091807565	0.00500000000000	0.00017091807565	0.00500000000000	0.00017091807565
0.2	0.02140275816017	0.02102500000000	0.00037775816017	0.02102500000000	0.00037775816017
0.3	0.04985880757600	0.04923262500000	0.00062618257600	0.04923262500000	0.00062618257600
0.4	0.09182469764127	0.09090205062500	0.00092264701627	0.09090205062500	0.00092264701627
0.5	0.14872127070013	0.14744676594063	0.00127450475950	0.14744676594062	0.00127450475950
0.6	0.22211880039051	0.22042867636439	0.00169012402612	0.22042867636439	0.00169012402612
0.7	0.31375270747048	0.31157368738265	0.00217902008782	0.31157368738265	0.00217902008782
0.8	0.42554092849247	0.42278892455783	0.00275200393464	0.42278892455783	0.00275200393464
0.9	0.55960311115695	0.55618176163640	0.00342134952055	0.55618176163640	0.00342134952055
1.0	0.71828182845905	0.71408084660822	0.00420098185082	0.71408084660822	0.00420098185082

t_i	尤拉修正法	尤拉修正誤差	宏恩法	宏恩誤差	
0	0	0	0	0	
0.1	0.00500000000000	0.00017091807565	0.00500000000000	0.00017091807565	
0.2	0.02102500000000	0.00037775816017	0.02102500000000	0.00037775816017	
0.3	0.04923262500000	0.00062618257600	0.04923262500000	0.00062618257600	
0.4	0.09090205062500	0.00092264701627	0.09090205062500	0.00092264701627	
0.5	0.14744676594062	0.00127450475950	0.14744676594062	0.00127450475950	
0.6	0.22042867636439	0.00169012402612	0.22042867636439	0.00169012402612	
0.7	0.31157368738265	0.00217902008782	0.31157368738265	0.00217902008782	
0.8	0.42278892455783	0.00275200393464	0.42278892455783	0.00275200393464	
0.9	0.55618176163640	0.00342134952055	0.55618176163640	0.00342134952055	
1.0	0.71408084660822	0.00420098185082	0.71408084660822	0.00420098185082	

【範例 2】

用尤拉法、尤拉修正法、四階侖格−庫塔法去解初值問題，

$$y' = t^{-1}y + 2t^2;\ y(1) = 4,\ t \in [1, 3]$$

其中尤拉法的 $h = 0.01$，尤拉修正法的 $h = 0.05$，四階侖格−庫塔法的 $h = 0.2$。試列出各數值法在點 $t = 1.4,\ 1.8,\ 2.2,\ 2.6,\ 3.0$ 的誤差。

【解】

表 12.3 列出這三種方法的誤差，從表中可清楚的了解四階侖格－庫塔
法只計算了 10 次，而誤差也最小，故是最有效率的單步數值法。本題
的真正解答 $y(t) = 3t + t^3$。

表 12.3

t_i	尤拉誤差	尤拉修正誤差	四階侖格－庫塔誤差
1.4	0.01670618663090	0.00110510637961	0.00003495132167
1.8	0.04298919472658	0.00249949918673	0.00006480605384
2.2	0.07885427585239	0.00411777507824	0.00009201756688
2.6	0.12430473035632	0.00591877334001	0.00011769244625
3.0	0.17934282818238	0.00787416361660	0.00014239773207

習 題

1 ～12 題，用二階泰勒法、中點法、尤拉修正法、宏恩法去解初值問題，令 $N = 10$。

1. $y' = 2\sinh(t + y)$; $y(0) = 0$, $t \in [0, 0.5]$

2. $y' = t^{-1}y + t^{-2}y^2$; $y(1) = 1$, $t \in [1, 1.4]$

3. $y' = \cos(y) + 2e^{-t}$; $y(0) = 1$, $t \in [0, 2]$

4. $y' = e^{-t} + 2\sin(t)$; $y(0) = 0$, $t \in [0, 1]$

5. $y' = -y + e^{-t}$; $y(0) = 2$, $t \in [0, 1]$

6. $y' = t + y$; $y(0) = -2$, $t \in [0, 2]$

7. $y' = \sec(y) - 2ty^2$; $y\left(\dfrac{\pi}{4}\right) = 1$, $t \in \left[\dfrac{\pi}{4}, \dfrac{\pi}{2}\right]$

8. $y' = 2 + t\sin(ty)$; $y(0) = 0$, $t \in [0, 2]$

9. $y' = e^y - t - y$; $y(1) = 1$, $t \in [1, 1.2]$

10. $y' = y - t$; $y(0) = 1$, $t \in [0, 1]$

11. $y' = y + e^{t-y}$; $y(0) = 2$, $t \in [0, 1]$

12. $y' = 2ty$; $y(0) = 1$, $t \in [0, 1]$

13 ～20 題，用尤拉法($N = 1000$)、尤拉修正法 ($N = 100$)、宏恩法 ($N = 100$)、四階侖格－庫塔法 ($N = 10$) 分別去解初值問題，並且求出真正解答及比較各方法的誤點（只要 10 點即可）。

13. $y' = t - t^{-1}y$; $y(1) = 2$, $t \in [1, 2]$

14. $y' = \dfrac{2}{t}y + 2t^2 e^t$; $y(1) = 0$, $t \in [1, 2]$

15. $y' = y - e^t$; $y(-1) = 2$, $t \in [-1, 3]$

16. $y' = t^{-2} - t^{-1}y - y^2$; $y(1) = -1$, $t \in [1, 3]$

17. $y' = te^{-t-y}$; $y(0) = 0$, $t \in [0, 1]$

18. $y' = -y\tan(t) + \sin(2t)$; $y(0) = 1$, $t \in [0, 1]$

19. $y' = 25t^2 + t - 25y$; $y(0) = \dfrac{1}{3}$, $t \in [0, 1]$

20. $y' = (1 + t^{-1})y$; $y(1) = 2e$, $t \in [1, 3]$

12.3　多步法和預測-修正法

就如上節提及，多步法是運用前面的任何訊息來預測下一步的數據 y_{i+1}，即

$$y_{i+1} = G(y_i, t_i, y_{i-1}, t_{i-1}, \cdots, y_0, t_0)$$

面對任何初值問題，

$$y' = f(t, y), \ y(a) = \alpha, \ t \in [a, b]$$

多步法一般可寫為

$$y_{i+1} = b_{m-1}y_i + b_{m-2}y_{i-1} + \cdots + b_0 y_{i+1-m} + h[a_m f(t_{i+1}, y_{i+1})$$

$$+ a_{m-1}f(t_i, y_i) + \cdots + a_0 f(t_{i+1-m}, y_{i+1-m})] \tag{12.20}$$

上式中，$m \geq 1$ 代表運用多少步的訊息來預測下一步數據（若 $m = 1$ 是指單步法）；$h = (b-a)/N$ 是每步間距，N 是預測的總次數；預測起始步是 y_m，故須初值 $y_0, y_1, \cdots, y_{m-1}$ 確定後，才能執行多步法。另外，若 $a_m = 0$，此法則稱為明顯或開放法 (explicit or open method)，就是 y_{i+1} 可以馬上從(12.20) 式的右邊計算出來；若 $a_m \neq 0$，此法則稱為隱含或封閉法 (implicit or closed method)，就是 y_{i+1} 沒有辦法直接由等式右邊的項目計算出來，因為等式右邊含有 y_{i+1} 和 t_{i+1} 項目，故必須解方程式才能求得 y_{i+1}。

多步法的推導是直接積分原方程式 $y' = f(t, y)$，即

$$\int_{t_i}^{t_{i+1}} y' = \int_{t_i}^{t_{i+1}} \frac{dy}{dt} = \int_{t_i}^{t_{i+1}} f(t, y)$$

或

$$\int_{t_i}^{t_{i+1}} dy = \int_{t_i}^{t_{i+1}} f(t,y)dt$$

得到關係式

$$y(t_{i+1}) - y(t_i) = \int_{t_i}^{t_{i+1}} f(t,y)dt$$

或

$$y(t_{i+1}) = y(t_i) + \int_{t_i}^{t_{i+1}} f(t,y)dt \qquad (12.21)$$

如果 $f(t,y)$ 很容易積分，則差分方程式可變為

$$y_{i+1} = y_i + \int_{t_i}^{t_{i+1}} f(t,y)dt$$

但事實上，一般 $f(t,y)$ 並不容易積分，因此只能使用現有已知的數據，即 $(y_i, f_i), (y_{i-1}, f_{i-1}), \cdots, (y_{i+1-m}, f_{i+1-m})$ 這些前面計算過的已知 m 點，進行 $f(t,y)$ 函數的近似猜測。這些利用已知點來猜測通過這些點之函數的公式，就稱為內插公式 (interpolation formula)。注意，亦可包含未知點 (y_{i+1}, f_{i+1})，則所推導出來的公式是屬隱含特性的。

　　本節這裡只介紹通過 m 點的牛頓反向差分內插公式 (Newton's backward difference interpolation formula) $P_m(t)$，假設 $P_m(t)$ 和 $f(t,y)$ 都通過 m 點 $(y_i, f_i), (y_{i-1}, f_{i-1}), \cdots, (y_{i+1-m}, f_{i+1-m})$，而 $P_m(t)$ 近似於 $f(t,y)$ 為

$$f(t,y) \approx P_m(t) = f_i + r\nabla f_i + \frac{r(r+1)}{2!}\nabla^2 f_i + \cdots$$
$$+ \frac{r(r+1)\cdots(r+m-1)}{(m-1)!}\nabla^{m-1} f_i \qquad (12.22)$$

$$r = r(t) = \frac{t - t_i}{h}$$

$$\nabla f_i = f_i - f_{i-1}$$

$$\nabla^2 f_i = \nabla(\nabla f_i) = \nabla(f_i - f_{i-1}) = \nabla f_i - \nabla f_{i-1}$$

$$= f_i - f_{i-1} - (f_{i-1} - f_{i-2}) = f_i - 2f_{i-1} + f_{i-2}$$

$$\nabla^3 f_i = f_i - 3f_{i-1} - 3f_{i-2} + f_{i-3}$$

（依此類推）

上式中，只有 r 是 t 的函數，其餘在代入 t_i 和 y_i 之後皆成為常數項了。

(a)若 $m = 1$（只通過點 (t_i, y_i, f_i)），

$$f(t) \approx P_1(t) = f_i \text{（即 } f(t_i) \approx f_i\text{）}$$

則得到尤拉差分方程式：

$$y_{i+1} = y_i + \int_{t_i}^{t_{i+1}} f_i dt = y_i + f_i(t_{i+1} - t_i) = y_i + hf(t_i, y_i)$$

(b)若 $m = 2$（通過點 (t_i, f_i) 和點 (t_{i-1}, f_{i-1})），

$$f(t) \approx P_2(t) = f_i + r\nabla f_i = f_i + r(f_i - f_{i-1})$$

$$\text{（即 } f(t_i) \approx f_i, \ f(t_{i-1}) \approx f_{i-1}\text{）}$$

則

$$y_{i+1} = y_i + \int_{t_i}^{t_{i+1}} [f_i + r(f_i - f_{i-1})]dt$$

代入 $r = (t - t_i)/h$ 和 $dt = hdr$，

$$y_{i+1} = y_i + \int_0^1 [f_i + r(f_i - f_{i-1})]hdr$$

$$= y_i + h\left[rf_i + \frac{1}{2}r^2(f_i - f_{i-1}) \right]\Bigg|_0^1$$

$$= y_i + h\left[f_i + \frac{1}{2}(f_i - f_{i-1}) \right]$$

$$= y_i + \frac{h}{2}(3f_i - f_{i-1}) \qquad\qquad (12.23)$$

上式即為雙步的亞當–貝斯福公式 (Adams-Bashforth formula)。一般常用的是 $m = 4$ 的亞當–貝斯福法, 即令 $P_4(t)$,

$$P_4(t) = f_i + r\nabla f_i + \frac{r(r+1)}{2!}\nabla^2 f_i + \frac{r(r+1)(r+2)}{3!}\nabla^3 f_i$$

經過如上述的一番推導, 得到亞當–貝斯福公式:

$$y_{i+1} = y_i + \frac{h}{24}(55f_i - 59f_{i-1} + 37f_{i-2} - 9f_{i-3}) \qquad (12.24)$$

上式是屬明顯公式 (explicit formula), 但需要四個已知點 (y_i, f_i), (y_{i-1}, f_{i-1}), (y_{i-2}, f_{i-2}), (y_{i-3}, f_{i-3})。因此, 多步法在最開始時, 即本題最先預測的點是 y_4, 即

$$y_4 = y_3 + \frac{h}{24}(55f_3 - 59f_2 + 37f_1 - 9f_0)$$

而由初值問題所給定的只有第一點的數據 (y_0, f_0), 故必須要能計算出另外三點 (y_1, f_1), (y_2, f_2), (y_3, f_3) 才能啟動亞當–貝斯福法。因此, 一般都先用高準確度的單步四階侖格–庫塔法來求得這未知的三點: (y_1, f_1), (y_2, f_2), (y_3, f_3), 之後再啟動亞當–貝斯福法。

現在介紹隱含性的亞當–摩登法 (Adams-Moulton method), 本法仍然用牛頓反向差分插入公式, 但通過的點卻包含要預測的點, 即所通過的 $(m+1)$ 點為 $(y_{i+1}, f_{i+1}), (y_i, f_i), \cdots, (y_{i+1-m}, f_{i+1-m})$。這時候, 只要將 (12.22) 的插入公式改為

$$f(t, y) \approx Q_m(t) = f_{i+1} + r\nabla f_{i+1} + \frac{r(r+1)}{2!}\nabla^2 f_{i+1} + \cdots$$
$$+ \frac{r(r+1)\cdots(r+m)}{m!}\nabla^m f_{i+1}$$
$$= P_{m+1}(t, f_i \to f_{i+1}) \qquad\qquad (12.25)$$
$$r = r(t) = \frac{t - t_{i+1}}{h}$$

對三步的亞當–摩登法而言，y_{i+1} 為

$$y_{i+1} = y_i + \int_{t_i}^{t_{i+1}} Q_3(t)dt = y_i + \int_{-1}^{0} Q_3(r)hdr$$

經過一番推導，得到亞當–摩登公式：

$$y_{i+1} = y_i + \frac{h}{24}(9f_{i+1} + 19f_i - 5f_{i-1} + f_{i-2}) \tag{12.26}$$

上式是屬於隱含的公式 (implicit formula)，通常要經過多次的 f_{i+1} 猜測，直到連續兩次猜測間的絕對誤差百分比小於設定範圍才停止下來。當然，若 $f(t,y)$ 很單純，則透過幾何運算，可將 (12.26) 式明顯化為 $y_{i+1} = G(y_i, f_i, f_{i-1}, f_{i-1})$，就不需要做猜測的動作，但實際上，明顯化是會有困難的。見表 12.4 收集的亞當–貝斯福和亞當–摩登之各步法。

亞當–摩登法通常比亞當–貝斯福法更準確，但是一般並不直接用隱含的亞當–摩登公式來計算 y_{i+1}（因為絕對誤差百分比可能沒辦法收斂到設定範圍之內），而是運用所謂的預測–修正法：先令亞當–貝斯福法去預測 y_{i+1}，標示為 y_{i+1}^*，再將 y_{i+1}^* 及 f_{i+1}^* 當作已知，代入強迫明顯化的亞當–摩登公式：

$$y_{i+1} = y_i + \frac{h}{24}(9f_{i+1}^* + 19f_i - 5f_{i-1} + f_{i-2}) \tag{12.27}$$

若 y_{i+1} 和 y_{i+1}^* 的絕對誤差百分比（即 $|(y_{i+1} - y_{i+1}^*)/y_{i+1}|$）在設定範圍之內，則 y_{i+1} 即是答案；否則繼續代入 (12.27) 式，直到誤差百分比收斂在設定範圍之內為止。

預測–修正法一般只做一次亞當–貝斯福的預測和一次亞當–摩登的修正；若誤差百分比尚未收斂，就將 h 減小，直到收斂為止；若誤差百分比太小，就增大 h，這樣可增減 h 的技巧，就稱為可變化步距的多步法(variable step-size multistep method)。

預測–修正法和侖格–庫塔法同是 $O(h^4)$，但是預測–修正法的計

算速度比較快、準確度較高、且相當穩定，故常用來取代侖格－修正法。

法則 12.3

四階亞當預測－修正法：肆步亞當－貝斯福法＋叁步亞當－摩登法初值問題，

$$y' = f(t,y);\ y(a) = \alpha,\ t \in [a,b]$$

將區間 $[a,b]$ 分成 N 等分。

【程式流程】

INPUT a, b, N, α

STEP 1 $h = (b-a)/N$

$t_0 = a$

$y_0 = \alpha$

OUTPUT (t_0, y_0)

STEP 2 DO $i = 1, 2, 3$（侖格－庫塔法預測前三點）

$k_1 = f(t_{i-1},\ y_{i-1})$

$k_2 = f(t_{i-1} + \dfrac{h}{2},\ y_{i-1} + \dfrac{h}{2}k_1)$

$k_3 = f(t_{i-1} + \dfrac{h}{2},\ y_{i-1} + \dfrac{h}{2}k_2)$

$k_4 = f(t_{i-1} + h,\ y_{i-1} + hk_3)$

$y_i = y_{i-1} + \dfrac{h}{6}(k_1 + 2k_2 + 2k_3 + k_4)$

$t_i = a + ih$

OUTPUT (t_i, y_i)

END DO

STEP 3   DO $i = 4, \cdots, N$

$t_i = a + ih$

$$y_i = y_{i-1} + \frac{h}{24}[55f(t_{i-1}, y_{i-1}) - 59f(t_{i-2}, y_{i-2})$$

$$+ 37f(t_{i-3}, y_{i-3}) - 9f(t_{i-4}, y_{i-4})] \quad (預測 y_i)$$

$$y_i = y_{i-1} + \frac{h}{24}[9f(t_i, y_i) + 19f(t_{i-1}, y_{i-1})$$

$$- 5f(t_{i-2}, y_{i-2}) + f(t_{i-3}, y_{i-3})] \quad (修正 y_i)$$

OUTPUT (t_i, y_i)

END DO

STEP 4   STOP

表12.4   亞當-貝斯福和亞當-摩登各步法

亞當-貝斯福法

(a)雙步法 $(O(h^2))$:

$$y_{i+1} = y_i + \frac{h}{2}[3f(t_i, y_i) - f(t_{i-1}, y_{i-1})]$$

(b)叁步法 $(O(h^3))$:

$$y_{i+1} = y_i + \frac{h}{12}[23f(t_i, y_i) - 16f(t_{i-1}, y_{i-1}) + 5f(t_{i-2}, y_{i-2})]$$

(c)肆步法 $(O(h^4))$:

$$y_{i+1} = y_i + \frac{h}{24}[55f(t_i, y_i) - 59f(t_{i-1}, y_{i-1})$$

$$+ 37f(t_{i-2}, y_{i-2}) - 9f(t_{i-3}, y_{i-3})]$$

(d)伍步法 $(O(h^5))$:

$$y_{i+1} = y_i + \frac{h}{720}[1901f(t_i, y_i) - 2774f(t_{i-1}, y_{i-1}) + 2616f(t_{i-2}, y_{i-2})$$

$$- 1274f(t_{i-3}, y_{i-3}) + 251f(t_{i-4}, y_{i-4})]$$

亞當-摩登法

(a)雙步法 $(O(h^3))$:

$$y_{i+1} = y_i + \frac{h}{12}[5f(t_{i+1}, y_{i+1}) + 8f(t_i, y_i) - f(t_{i-1}, y_{i-1})]$$

(b)叁步法 $(O(h^4))$：

$$y_{i+1} = y_i + \frac{h}{24}[9f(t_{i+1}, y_{i+1}) + 19f(t_i, y_i)$$

$$-5f(t_{i-1}, y_{i-1}) + f(t_{i-2}, y_{i-2})]$$

(c)肆步法 $(O(h^5))$：

$$y_{i+1} = y_i + \frac{h}{720}[251f(t_{i+1}, y_{i+1}) + 646f(t_i, y_i) - 264f(t_{i-1}, y_{i-1})$$

$$+106f(t_{i-2}, y_{i-2}) - 19f(t_{i-3}, y_{i-3})]$$

$$\boxed{\text{解題範例}}$$

【範例1】

解初值問題,

$$y' = -y + 2(t+1);\ y(0) = 1,\ t \in [0,1]$$

(a)求出真正解答。

(b)用尤拉修正法、宏恩法、雙步亞當-貝斯福法、雙步亞當-摩登法去求近似解及誤差值 $(h = 0.1)$。

【解】

(a) $y = e^{-t} + 2t$

(b)尤拉修正法:

$$y_{i+1} = y_i + \frac{h}{2}[f(t_i, y_i) + f(t_{i+1}, y_i + hf(t_i, y_i))]$$

宏恩法:

$$y_{i+1} = y_i + \frac{h}{4}\left[f(t_i, y_i) + 3f\left(t_i + \frac{2}{3}h,\ y_i + \frac{2}{3}hf(t_i, y_i)\right)\right]$$

雙步亞當-貝斯福法:

$$y_{i+1} = y_i + \frac{h}{2}[3f(t_i, y_i) - f(t_{i-1}, y_{i-1})]$$

雙步亞當-摩登法:

$$y_{i+1} = y_i + \frac{h}{12}[5f(t_{i+1}, y_{i+1}) + 8f(t_i, y_i) - f(t_{i-1}, y_{i-1})]$$

$$= y_i + \frac{h}{12}[5 \times (-y_{i+1} + 2t_{i+1} + 2) + 8f(t_i, f_i) - f(t_{i-1}, y_{i-1})]$$

$$= y_i - \frac{5h}{12}y_{i+1} + \frac{h}{12}[8f(t_i, y_i) - f(t_{i-1}, y_{i-1}) + 10(t_{i+1} + 1)]$$

或

$$y_{i+1} = \left(1 + \frac{5h}{12}\right)^{-1} \left\{ y_i + \frac{h}{12}[8f(t_i, y_i) - f(t_{i-1}, y_{i-1}) + 10(t_{i+1} + 1)] \right\}$$

因此，本題不用設定誤差範圍，直接以明顯方式解答之。

從表 12.5 中，可知雙步亞當－摩登法在 $O(h^2)$ 中是較準確的。

表 12.5

t_i	真正值	尤拉修正法	尤拉修正誤差	宏恩法	宏恩誤差
0	1.00000000000000	1.00000000000000	0	1.00000000000000	0
0.1	1.10483741803596	1.10500000000000	0.00016258196404	1.10500000000000	0.00016258196404
0.2	1.21873075307798	1.21902500000000	0.00029424692202	1.21902500000000	0.00029424692202
0.3	1.34081822068172	1.34121762500000	0.00039940431828	1.34121762500000	0.00039940431828
0.4	1.47032004603564	1.47080195062500	0.00048190458936	1.47080195062500	0.00048190458936
0.5	1.60653065971263	1.60707576531562	0.00054510560299	1.60707576531562	0.00054510560299
0.6	1.74881163609403	1.74940356761064	0.00059193151661	1.74940356761064	0.00059193151661
0.7	1.89658530379141	1.89721022868763	0.00062492489622	1.89721022868763	0.00062492489622
0.8	2.04932896411722	2.04997525696230	0.00064629284508	2.04997525696230	0.00064629284508
0.9	2.20656965974060	2.20722760755089	0.00065794781029	2.20722760755089	0.00065794781029
1.0	2.36787944117144	2.36854098483355	0.00066154366211	2.36854098483355	0.00066154366211

t_i	雙步亞當－貝斯福法	貝斯福誤差	雙步亞當－摩登法	摩登誤差
0	1.00000000000000	0	1.00000000000000	0
0.1	1.10483750000000	0.00000008196404	1.10483750000000	0.00000008196404
0.2	1.21911187500000	0.00038112192202	1.21873440000000	0.00000364692202
0.3	1.34148696875000	0.00066874806828	1.34082472240000	0.00000650171828
0.4	1.47121951718750	0.00089947115186	1.47032882647040	0.00000878043476
0.5	1.60761093804688	0.00108027833424	1.60654122629668	0.00001056658404
0.6	1.75003027319922	0.00121863710519	1.74882356937359	0.00001193327956
0.7	1.89790627912168	0.00132097533027	1.89659824796911	0.00001294417770
0.8	2.05072185091339	0.00139288679617	2.04934261873531	0.00001365461809
0.9	2.20800888723246	0.00143922749187	2.20658377237059	0.00001411262999
1.0	2.36934364669326	0.00146420552182	2.36789380099393	0.00001435982249

【範例 2】

解初值問題，

$$y' = \frac{1}{2} y^2 \cos(t); \ \ y(0) = \frac{2}{5}, \ \ t \in [0,1]$$

(a)求出真正解答。

(b)用四階侖格–庫塔法、肆步亞當–貝斯福法、叁步亞當–摩登法、四
　階亞當預測–修正法去求近似解和誤差值（令 $h = 0.1$，以四階侖格
　–庫塔法啟動多步法）。

【解】

(a)
$$\frac{dy}{dt} = \frac{1}{2} y^2 \cos(t)$$

$$\frac{dy}{y^2} = \frac{1}{2} \cos(t) dt$$

$$\int \frac{dy}{y^2} = \int \frac{1}{2} \cos(t) dt$$

$$-y^{-1} = \frac{1}{2} \sin(t) + c$$

$$y = \frac{-1}{\frac{1}{2} \sin(t) + c}$$

$$y(0) = \frac{-1}{c} = \frac{2}{5}$$

$$c = \frac{-5}{2}$$

得到

$$y(t) = \frac{-2}{\sin(t) - 5}$$

(b)四階侖格–庫塔法：

$$k_1 = f(t_i, y_i)$$

$$k_2 = f\left(t_i + \frac{h}{2}, \ y_i + \frac{h}{2} k_1 \right)$$

$$k_3 = f\left(t_i + \frac{h}{2},\ y_i + \frac{h}{2}k_2\right)$$

$$k_4 = f(t_{i+1},\ y_i + hk_3)$$

$$y_{i+1} = y_i + \frac{h}{6}(k_1 + 2k_2 + 2k_3 + k_4)$$

肆步亞當-貝斯福法：

$$y_{i+1} = y_i + \frac{h}{24}[55f(t_i, y_i) - 59f(t_{i-1}, y_{i-1}) + 37f(t_{i-2}, y_{i-2})$$

$$-9f(t_{i-3}, y_{i-3})]$$

叁步亞當-摩登法：

$$y_{i+1} = y_i + \frac{h}{24}[9f(t_{i+1}, y_{i+1}) + 19f(t_i, y_i) - 5f(t_{i-1}, y_{i-1})$$

$$+f(t_{i-2}, y_{i-2})]$$

（本題無法直接明顯化之，故必須設誤差界限）

四階亞當預測-修正法：

$$y_{i+1}^* = y_i + \frac{h}{24}[55f(t_i, y_i) - 59f(t_{i-1}, y_{i-1}) + 37f(t_{i-2}, y_{i-2})$$

$$-9f(t_{i-3}, y_{i-3})]$$

$$y_{i+1} = y_i + \frac{h}{24}[9f(t_{i+1}, y_{i+1}^*) + 19f(t_i, y_i) - 5f(t_{i-1}, y_{i-1})$$

$$+f(t_{i-2}, y_{i-2})]$$

由表 12.6 和表 12.7 可知四階亞當預測-修正法不但準確且計算速度相當快。

表 12.6　計算誤差

t_i	真正值	侖格－庫塔法	侖格－庫塔誤差	亞當－貝斯福法	亞當－貝斯福誤差
0	0.40000000000000	0.40000000000000	0	0.40000000000000	0
0.1	0.40814938961349	0.40814938979605	0.00000000018256	0.40814938979605	0.00000000018256
0.2	0.41655118920005	0.41655118955688	0.00000000035683	0.41655118955688	0.00000000035683
0.3	0.42512670642818	0.42512670696510	0.00000000053691	0.42512670696510	0.0000000053691
0.4	0.43378474745450	0.43378474819586	0.00000000074136	0.43378484137278	0.00000009391828
0.5	0.44242164731039	0.44242164830180	0.00000000099142	0.44242164936359	0.00000000205321
0.6	0.45092193538023	0.45092193668841	0.0000000130818	0.45092158469190	0.00000035068833
0.7	0.45915976887552	0.45915977058428	0.00000000170877	0.45915876390285	0.00000100497267
0.8	0.46700123625737	0.46700123845933	0.00000000220197	0.46699923643322	0.00000199982414
0.9	0.47430757783106	0.47430758061516	0.00000000278410	0.47430423026303	0.00000334756803
1.0	0.48093929192114	0.48093929535711	0.00000000343597	0.48093426821678	0.00000502370435

t_i	亞當－摩登法	亞當－摩登誤差	預測－修正法	預測－修正誤差
0	0.40000000000000	0	0.40000000000000	0
0.1	0.40814938979605	0.00000000018256	0.40814938979605	0.00000000018256
0.2	0.41655118955688	0.00000000035683	0.41655118955688	0.00000000035683
0.3	0.42512655841163	0.00000014801656	0.42512670696510	0.00000000053691
0.4	0.43378445897057	0.00000028848393	0.43378475301506	0.00000000556055
0.5	0.44242123565225	0.00000041165814	0.44242167284903	0.00000002553864
0.6	0.45092142581451	0.00000050956573	0.45092199944717	0.00000006406694
0.7	0.45915919399295	0.00000057488257	0.45915989296506	0.00000012408955
0.8	0.46700063400484	0.00000060225252	0.46700144360125	0.00000020734388
0.9	0.47430698843908	0.00000058939198	0.47430789147850	0.00000031364744
1.0	0.48093875392653	0.00000053799461	0.48093973216706	0.00000044024592

表 12.7　累積誤差

	累積誤差
四階侖格－庫塔法	0.00000000343597
肆步亞當－貝斯福法	0.00000502370435
叄步亞當－摩登法	0.00000053799461
四階亞當預測－修正法	0.00000031364744

習　題

1 ~12題，求出初值問題的真正解答，並且用宏恩法、中點法、雙步亞當–貝斯福法、雙步亞當–摩登法去求近似解及誤差 $(N = 10)$。（打 * 的題目，用伍步亞當–貝斯福法當真正解答，其餘要求出真正解答。）

1. $y' = 2y - t^2$; $y(0) = \dfrac{1}{2}$, $t \in [0, 1]$

2. $y' = 2 - y$; $y(0) = 4$, $t \in [0, 2]$

*3. $y' = 2\ln(t) + ty$; $y(1) = e^{\frac{1}{2}}$, $t \in [1, 2]$

4. $y' = t^{-2} - t^{-1}y - y^2$; $y(1) = -1$, $t \in [1, 2]$

*5. $y' = \sin^2(y) - 2t$; $y\left(\dfrac{\pi}{2}\right) = 1$, $t \in \left[\dfrac{\pi}{2}, \pi\right]$

6. $y' = 3t^2y$; $y(0) = 1$, $t \in [0, 1]$

*7. $y' = 1 - 2ty + \sinh(t)$; $y(0) = 1$, $t \in [0, 2]$

8. $y' = 1 + y^2$; $y(0) = 0$, $t \in [0, 0.5]$

*9. $y' = 4y^2 - t^2$; $y(2) = 0$, $t \in [2, 3]$

*10. $y' = (t + y - 2)^2$; $y(0) = 2$, $t \in [0, 0.5]$

*11. $y' = 2t^3 - 3ty + \cos(t)$; $y(0) = 2$, $t \in [0, 0.1]$

*12. $y' = 2t^2y^2 - 3y - t$; $y(0) = 2$, $t \in [0, 1]$

13 ~22題，用五階亞當預測–修正法且 $N = 20$ 當做初值問題的真正解答（打 * 的題目，則用真正解答），求出四階侖格–庫塔法、肆步亞當–貝斯福法、叁步亞當–摩登法、四階亞當預測–修正法的近似值及誤差 $(N = 5)$。

13. $y' = 3ty - y^3$; $y(0) = 2$, $t \in [0, 0.1]$

*14. $y' = 3t^{-1}y + t^3e^t$; $y(1) = 0$, $t \in [1, 1.2]$

15. $y' = t^2 e^t - 2\cos(t)$; $y(1) = -1$, $t \in [1, 1.5]$

*16. $y' = e^{y-1}$; $y(0) = 2$, $t \in [0, 0.2]$

17. $y' = (t-y)^3 - 2\cos(t)$; $y(\pi) = 1$, $t \in \left[\pi, \dfrac{8}{7}\pi\right]$

18. $y' = [t + \cosh(y)]^{-1}$; $y(3) = 1$, $t \in [3, 4]$

19. $y' = t\sin(y) - 2t^2$; $y(1) = -2$, $t \in [1, 1.5]$

20. $y' = 2 - \cos(t-y) + 2t^2$; $y(2) = 4$, $t \in [2, 2.5]$

21. $y' = y^3 - t^2 + t$; $y(-1) = 0$, $t \in [-1, 0]$

22. $y' = 2t^2 - ty + t\sin(y)$; $y(0) = 2$, $t \in [0, 1]$

12.4　高階常微分方程式之數值解法

9.6 節將高階常係數線性微分方程式轉換為單階的聯立系統方程式，再用矩陣之特徵向量方式解答之。然而 9.6 節的方法只能解常係數微分方程式，本節將運用其介紹之轉換技巧（高階轉換成單階系統），來解答高階非線性常微分方程式。首先介紹單階聯立方程式的數值解法，假設有 m 個變數 $y_1(t), y_2(t), \cdots, y_m(t)$，存在 m 個單階初值問題，

$$y_1' = f_1(t, y_1, y_2, \cdots, y_m)$$

$$y_2' = f_2(t, y_1, y_2, \cdots, y_m)$$

$$\vdots \tag{12.28}$$

$$y_m' = f_m(t, y_1, y_2, \cdots, y_m)$$

$$t \in [a, b]$$

$$y_1(a) = \alpha_1, \ y_2(a) = \alpha_2, \cdots, \ y_m(a) = \alpha_m$$

定理 12.2

設區間 $D = \{(t, y_1, y_2, \cdots, y_m) | t \in [a, b], \ u_i \in (-\infty, \infty), \ i = 1, \cdots, m\}$ 且 $f_i(t, y_1, y_2, \cdots, y_m), \ i = 1, \cdots, m$ 在區間 D 中是連續的且符合條件 $(L > 0)$：

$$|f(t_j, y_1(t_j), \cdots, y_m(t_j)) - f(t_j, y_{1j}, \cdots, y_{2j})| < L \sum_{i=1}^{m} |y_i(t_j) - y_{ij}|$$

則單階系統方程式 (12.28) 針對其初值條件有唯一解答。

定理 12.2 就如同定理 12.1 一樣，只用來支持系統方程式有解答之用，這裡不加以證明之。

對初值問題 (12.28) 式，以四階侖格–庫塔法為例，其解法如下：

(1)設 $y_{1j}, y_{2j}, \cdots, y_{mj}$ 在 $t_j = a + jh$ 時間已被計算出來。

(2)計算斜率

$$k_{1i} = f_i(t_j, y_{1j}, y_{2j}, \cdots, y_{mj}), \ i = 1, \cdots, m$$

$$k_{2i} = f_i \left(t_j + \frac{h}{2}, \ y_{1j} + \frac{h}{2}k_{11}, \ y_{2j} + \frac{h}{2}k_{12}, \cdots, \ y_{mj} + \frac{h}{2}k_{1m} \right),$$
$$i = 1, \cdots, m$$

$$k_{3i} = f_i \left(t_j + \frac{h}{2}, \ y_{1j} + \frac{h}{2}k_{21}, \ y_{2j} + \frac{h}{2}k_{22}, \cdots, \ y_{mj} + \frac{h}{2}k_{2m} \right),$$
$$i = 1, \cdots, m$$

$$k_{4i} = f_i(t_{j+1}, \ y_{1j} + hk_{31}, \ y_{2j} + hk_{32}, \cdots, \ y_{mj} + hk_{3m}), \ i = 1, \cdots, m$$

(3)計算下一步

$$y_{i(j+1)} = y_{ij} + \frac{h}{6}(k_{1i} + 2k_{2i} + 2k_{3i} + k_{4i}), \ i = 1, \cdots, m$$

法則 12.4　侖格–庫塔之聯立方程式解法

初值問題，

$$y_i' = f_i(t, y_1, y_2, \cdots, y_m), \ i = 1, \cdots, m$$

$$t \in [a, b]$$

$$y_i(a) = \alpha_i, \ i = 1, \cdots, m$$

將區間 $[a, b]$ 分成 N 等分。

【程式流程】

INPUT　$a, b, N, \alpha_i \ (i = 1, \cdots, m)$

STEP 1　$h = (b - a)/N$

　　　　$t = a$

　　　　DO　$i = 1, \cdots, m$

　　　　　　$y_i = \alpha_i$

　　　　END　DO

　　　　OUTPUT $(t, y_1, y_2, \cdots, y_m)$

STEP 2　DO　$j = 1, \cdots, N$

　　STEP 2a　DO　$i = 1, \cdots, m$

　　　　　　　　$k_{1i} = f_i(t, y_1, y_2, \cdots, y_m)$

　　　　　　END　DO

　　STEP 2b　DO　$i = 1, \cdots, m$

$$k_{2i} = f_i \left(t + \frac{h}{2}, \ y_1 + \frac{h}{2} k_{11}, \ y_2 + \frac{h}{2} k_{12}, \cdots, \right.$$

$$\left. y_m + \frac{h}{2} k_{1m} \right)$$

　　　　　　END　DO

　　STEP 2c　DO　$i = 1, \cdots, m$

$$k_{3i} = f_i \left(t + \frac{h}{2}, \ y_1 + \frac{h}{2} k_{21}, \ y_2 + \frac{h}{2} k_{22}, \cdots, \ y_m + \frac{h}{2} k_{2m} \right)$$

　　　　　　END　DO

　　STEP 2d　DO　$i = 1, \cdots, m$

$$k_{4i} = f_i(t + h, \ y_1 + h k_{31}, \ y_2 + h k_{32}, \cdots, \ y_m + h k_{3m})$$

　　　　　　END　DO

　　STEP 2e　DO　$i = 1, \cdots, m$

$$y_i = y_i + \frac{h}{6}(k_{1i} + 2k_{2i} + 2k_{3i} + k_{4i})$$

$$\text{END \quad DO}$$

STEP 2f $t = a + jh$

OUTPUT $(t, y_1, y_2, \cdots, y_m)$

$$\text{END \quad DO}$$

STEP 3   STOP

對 m 階微分方程式而言, 其型式為

$$y^{(m)} = f(t, y', y'', \cdots, y^{(m-1)}), \ t \in [a, b] \qquad (12.29)$$

或

$$y^{(m)} + a_{m-1}(t)y^{(m-1)} + \cdots + a_1(t)y' + a_0(t)y(t) = g(t)$$

初值條件: $y(a) = \alpha_1, \ y'(a) = \alpha_2, \cdots, \ y^{(m-1)}(a) = \alpha_m$

利用 9.6 節的高階轉換成單階系統的技巧,

(1)令 $y_1 = y, \ y_2 = y', \cdots, \ y_m = y^{(m-1)}$

(2)則得到單階系統,

$$y_1' = y' = y_2 = f_1(t, y_1, y_2, \cdots, y_m)$$

$$y_2' = y'' = y_3 = f_2(t, y_1, y_2, \cdots, y_m) \qquad (12.30)$$

$$\vdots$$

$$y_{m-1}' = y^{(m-1)} = y_m = f_{m-1}(t, y_1, y_2, \cdots, y_m)$$

$$y^{(m)}(t) = y_m' = f(t, y_1, y_2, \cdots, y_m) = f_m(t, y_1, y_2, \cdots, y_m)$$

(3)初值條件:

$$y(a) = y_1(a) = \alpha_1$$

$$y'(a) = y_2(a) = \alpha_2$$

$$\vdots$$

$$y^{(m-1)}(a) = y_m(a) = \alpha_m$$

很明顯的, (12.30) 式就是 (12.28) 式的單階系統方程式, 只要定理 12.2 符合, 則可用數值方法解答之（如法則 12.4）。

┏━━━━━━━━━━━━━━┓
解題範例
┗━━━━━━━━━━━━━━┛

【範例 1 】

一電路如圖 12.4, 用侖格–庫塔法求迴路電流的近似解和誤差, 令 $h =$ 0.5, $t \in [0,5]$。

圖 12.4

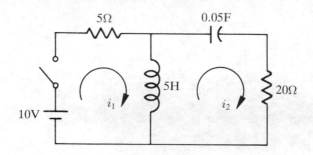

【解】

由迴路分析,

$$5i_1 + 5(i'_1 - i'_2) = 10$$

$$5(i'_2 - i'_1) + \frac{1}{0.05}\int i_2 dt + 20i_2 = 0$$

將 $5(i'_1 - i'_2) = 10 - 5i_1$ 代入上面第二式,

$$5i_1 - 10 + \frac{1}{0.05}\int i_2 dt + 20i_2 = 0$$

再取微分,

$$5i'_1 + 20i'_2 + 20i_2 = 0$$

得到聯立方程式

$$i_1' - i_2' = -i_1 + 2 \tag{12.31}$$

$$i_1' + 4i_2' = -4i_2$$

初值條件 $t = 0^+$ 時，電感斷路、電容短路，故得到初值電流

$$i_1(0^+) = i_2(0^+) = \frac{10\text{V}}{25\Omega} = \frac{2}{5}(\text{A})$$

將聯立方程式 (12.31) 整理一下，得到

$$i_1' = \frac{-4}{5}(i_1 + i_2) + \frac{8}{5}$$

$$i_2' = \frac{1}{5}(i_1 - 4i_2) + \frac{2}{5} \tag{12.32}$$

$$i_1(0) = i_2(0) = \frac{2}{5}$$

本題在 9.6 節的真正解答是

$$i_1(t) = 2 - \frac{4}{5}e^{-\frac{4}{5}t}\left[2\cos\left(\frac{2}{5}t\right) + \sin\left(\frac{2}{5}t\right)\right]$$

$$i_2(t) = \frac{2}{5}e^{-\frac{4}{5}t}\left[\cos\left(\frac{2}{5}t\right) - 2\sin\left(\frac{2}{5}t\right)\right]$$

用法則 12.4，以 (12.32) 式求近似解及誤差皆列在表 12.8。

表 12.8

t_j	i_{1j}	i_{2j}	$|i_1(t_j) - i_{1j}|$	$|i_2(t_j) - i_{2j}|$
0	0.40000000000000	0	0.40000000000000	0
0.1	0.49162948266667	0.00303394804626	0.41628292266667	0.07686358841370
0.2	0.57494433350053	0.01150720583837	0.43299317179911	0.14770486674681
0.3	0.65055840219965	0.02455293787755	0.44994411105350	0.21289090363604
0.4	0.71905166944836	0.04139869478091	0.46697492124842	0.27277627462698
0.5	0.78097096983116	0.06135816447485	0.48394797124960	0.32770228979052
0.6	0.83683085273897	0.08382350665310	0.50074640627504	0.37799643354487
0.7	0.88711455450428	0.10825824089231	0.51727193929105	0.42397198944584
0.8	0.93227505813748	0.13419065910527	0.53344283178776	0.46592782536860
0.9	0.97273621988258	0.16120773347323	0.54919205085103	0.50414831695321
1.0	1.00889394439002	0.18894949160519	0.56446559007956	0.53890338943615

【範例2】

二階微分方程式

$$y'' - 2y' + 2y = e^{2t}\sin(t), \ t \in [0, 1]$$

$$y(0) = -0.4, \ y'(0) = -0.6$$

用四階侖格–庫塔法及四階亞當預測–修正法去求近似解及比較誤差值。

【解】

令 $y_1 = y, \ y_2 = y'$

$$y_1' = y' = y_2$$

$$y_2' = y'' = 2y' - 2y + e^{2t}\sin(t) = 2y_2 - 2y_1 + e^{2t}\sin(t)$$

$$y_1(0) = y(0) = -0.4$$

$$y_2(0) = y'(0) = -0.6$$

用法則 12.4 和修改法則 12.3 去計算，其中只有 $y_1 = y$ 才是我們要的答案，故程式中，只要列出 y_1 的數值即可。本題的真正解答可由拉卜拉斯轉換求出為

$$y(t) = 0.2e^{2t}[\sin(t) - 2\cos(t)]$$

表 12.9 列出近似值與誤差。以侖格–庫塔法的 $j = 1$, y_{11} 為例：

$$y_{10} = -0.4, \ y_{20} = -0.6, \ t_0 = 0.0, \ h = 0.1$$

$$k_{11} = f_1(t_0, y_{10}, y_{20}) = y_{20} = -0.6$$

$$k_{12} = f_2(t_0, y_{10}, y_{20}) = 2y_{20} - 2y_{10} + e^{2t_0}\sin(t_0)$$

$$= -1.2 + 0.8 = -0.4$$

$$k_{21} = f_1\left(t_0 + \frac{h}{2}, \ y_{16} + \frac{h}{2}k_{11}, \ y_{20} + \frac{h}{2}k_{12}\right)$$

$$= y_{20} + \frac{h}{2}k_{12} = -0.62$$

$$k_{22} = f_2\left(t_0 + \frac{h}{2}, \ y_{10} + \frac{h}{2}k_{11}, \ y_{20} + \frac{h}{2}k_{12}\right)$$

$$= 2\left(y_{20} + \frac{h}{2}k_{12}\right) - 2\left(y_{10} + \frac{h}{2}k_{11}\right) + e^{2(t_0+0.05)}\sin(t_0 + 0.05)$$

$$= -0.324764476$$

$$k_{31} = y_{20} + \frac{h}{2}k_{22} = -0.616238224$$

$$k_{32} = 2\left(y_{20} + \frac{h}{2}k_{22}\right) - 2\left(y_{10} + \frac{h}{2}k_{21}\right) + e^{2(t_0+0.05)}\sin(t_0 + 0.05)$$

$$= -0.315240924$$

$$k_{41} = y_{20} + hk_{32} = -0.6315240924$$

$$k_{42} = 2(y_{20} + hk_{32}) - 2(y_{10} + hk_{31}) + e^{2(t_0+0.1)}\sin(t_0 + 0.1)$$

$$= -0.21786373$$

$$y_{11} = y_{10} + \frac{h}{6}[k_{11} + 2k_{21} + 2k_{31} + k_{41}]$$

$$= -0.4617333423$$

$$y_{21} = y_{20} + \frac{h}{6}[k_{12} + 2k_{22} + 2k_{32} + k_{42}]$$

$$= -0.6316312421$$

（依此類推）

表 12.9

t_i	真正值	侖格–庫塔法	侖格–庫塔誤差
0	−0.40000000000000	−0.40000000000000	0
0.1	−0.46173297065078	−0.46173334233131	0.00000037168053
0.2	−0.52555904759374	−0.52555988321746	0.00000083562372
0.3	−0.58860004612335	−0.58860143561575	0.00000138949240
0.4	−0.64661028409383	−0.64661230603799	0.00000202194416
0.5	−0.69356394644626	−0.69356665530143	0.00000270885518
0.6	−0.72114849055658	−0.72115189906959	0.00000340851300
0.7	−0.71814889622158	−0.71815295179675	0.00000405557517
0.8	−0.66970677306352	−0.66971132663055	0.00000455356703
0.9	−0.55643813683411	−0.55644290250539	0.00000476567128
1.0	−0.35339435690292	−0.35339886044797	0.00000450354506
t_i	四階亞當法	四階亞當誤差	
0	−0.40000000000000	0	
0.1	−0.46173334233131	0.00000037168053	
0.2	−0.52555988321746	0.00000083562372	
0.3	−0.58860143561575	0.00000138949240	
0.4	−0.64661067734917	0.00000039325534	
0.5	−0.69356092584262	0.00000302060364	
0.6	−0.72113916763147	0.00000932292511	
0.7	−0.71812932138840	0.00001957483318	
0.8	−0.66967189788295	0.00003487518057	
0.9	−0.55638163233202	0.00005650450209	
1.0	−0.35330844686692	0.00008591003599	

習　題

$1 \sim 10$ 題，求出真正解答，並且用四階侖格－庫塔法和四階亞當預測
－修正法求近似解及誤差 $(N = 10)$。

1. $y_1' = 2y_1 - 5y_2 + 5\sin(t); \ y_1(0) = 10, \ t \in [0, \pi]$
   $y_2' = y_1 - 2y_2 + 2\sin(t); \ y_2(0) = 5$

2. $y_1' = 3y_1 + 4y_2; \ y_1(0) = 1, \ t \in [0, 1]$
   $y_2' = 2y_1 + y_2; \ y_2(0) = 0$

3. $y_1' = -4y_1 + 3y_2 + \cos t + 4\sin t; \ y_1(0) = -1, \ t \in [0, 2]$
   $y_2' = -2y_1 + y_2 + 2\sin t; \ y_2(0) = 0$

4. $y_1' = 5y_1 - 4y_2 + 4y_3 - 3e^{-3t}; \ y_1(0) = 1, \ t \in [0, 1]$
   $y_2' = 12y_1 - 11y_2 + 12y_3 + t; \ y_2(0) = -1$
   $y_3' = 4y_1 - 4y_2 + 5y_3 + t; \ y_3(0) = 2$

5. $y_1' = y_2; \ y_1(0) = 3, \ t \in [0, 1]$
   $y_2' = -y_1 + 5e^{-2t} + 1; \ y_2(0) = -1$
   $y_3' = -y_1 + e^{-2t} + 1; \ y_3(0) = 1$

6. $y_1' = 3y_1 - y_2 - y_3; \ y_1(0) = 1, \ t \in [0, 1]$
   $y_2' = y_1 + y_2 - y_3 + t; \ y_2(0) = 2$
   $y_3' = y_1 - y_2 + y_3 + 2e^t; \ y_3(0) = -2$

7. $y_1' = y_2 - y_3 + t; \ y_1(0) = 0, \ t \in [0, 1]$
   $y_2' = 2t; \ y_2(0) = 1$
   $y_3' = y_2 + e^{-t}; \ y_3(0) = -1$

8. $y_1' = 2y_1 - 3y_2 + y_3 + 10e^{2t}; \ y_1(0) = 5, \ t \in [0, 0.5]$
   $y_2' = 2y_2 + 4y_3 + 6e^{2t}; \ y_2(0) = 11$
   $y_3' = y_3 - e^{2t}; \ y_3(0) = -2$

9. $y_1' = 3y_1 - 4y_2 + 2$; $y_1(0) = 2$, $t \in [0, 1]$

   $y_2' = 2y_1 - 3y_2 + 4t$; $y_2(0) = 0$

   $y_3' = y_3 - 2y_4 + 14$; $y_3(0) = 1$

   $y_4' = -6y_3 + 7t$; $y_4(0) = -1$

10. $y_1' = y_1 - 3y_2 + 2te^{-2t}$; $y_1(0) = 6$, $t \in [0, 1]$

    $y_2' = 3y_1 - 5y_2 + 2te^{-2t}$; $y_2(0) = 2$

    $y_3' = 4y_1 + 7y_2 - 2y_3 + 22t^2e^{-2t}$; $y_3(0) = 3$

11 ~24題，轉換成單階系統方程式，求出真正解答，並且用四階侖格 –庫塔法和四階預測–修正法求近似解及誤差 ($N = 10$)。

11. $y''' - 4y'' - 3y' + 18y = t - e^{2t}$; $y(0) = -1$, $y'(0) = 1$, $y''(0) = 0$, $t \in [0, 1]$

12. $4t^2y'' + 4ty' + (t - 9)y = 0$; $y(1) = 1$, $y'(1) = 1$, $t \in [1, 2]$

13. $y''' - 6y'' + 25y' = -3e^{-2t}$; $y(0) = 1$, $y'(0) = 0$, $y''(0) = 0$, $t \in [0, 2]$

14. $9t^2y'' + 9ty' + (4t^{\frac{2}{3}} - 16)y = 0$; $y(1) = 1$, $y'(1) = 1$, $t \in [1, 2]$

15. $y^{(4)} - 16y = 0$; $y(0) = -2$, $y'(0) = y''(0) = 0$, $y'''(0) = 3$, $t \in [0, 1]$

16. $36t^2y'' - 12ty' + (36t^2 + 7)y = 0$; $y(1) = 1$, $y'(1) = 1$, $t \in [1, 2]$

17. $y^{(4)} + 4y''' + 6y'' + 4y' + y = 3e^{-t}$; $y(0) = y'(0) = y''(0) = 0$, $y'''(0) = 1$, $t \in [0, 2]$

18. $4t^2y'' + 20ty' + (9t + 7)y = 0$; $y(1) = 1$, $y'(1) = 1$, $t \in [1, 2]$

19. $t^3y''' - 2t^2y'' + 5ty' - 5y = 5$; $y(1) = y'(1) = y''(1) = 0$, $t \in [0, 1]$

20. $t^2y'' - 2ty' + 2y = t^3 \ln t$; $y(1) = 1$, $y'(1) = 0$, $t \in [1, 3]$

21. $y''' + 9y'' + 15y' - 25y = t^2 + 2$; $y(0) = y'(0) = -3$, $y''(0) = 1$, $t \in [0, 1]$

22. $t^2y''' + 4t^2y'' - 3ty' + 3y = 2t^{-3} + t$; $y(1) = -2$, $y'(1) = 1$, $y''(1) = 2$, $t \in [1, 2]$

23. $y''' = -6y^4$; $y(1) = y'(1) = -1$, $y''(1) = -2$, $t \in [1, 1.5]$

24. $y_1'' - 2y_1' = -y_1 + y_2 + 5e^{-t}$; $y_1(0) = 1$, $y_1'(0) = -4$

    $2y_1' - y_2' = 2y_1 + e^{-t}$; $y_2(0) = 1$, $t \in [0, 1]$

25. 寫出電路系統的聯立方程式，求出真正解答，並且用四階侖格–庫

塔法和四階亞當預測–修正法求近似解及誤差 ($t \in [0, 2]$, $N = 20$)。
假設在 $t < 0$ 時, 電感無電流且電容無電荷; 在 $t = 0$ 時開關才關閉
之。

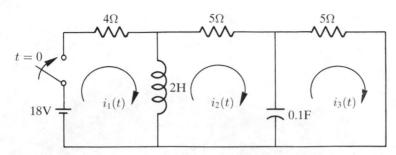

26. 寫出彈簧系統的聯立方程式, 求出真正解答, 並且用四階侖格–庫
塔法和四階亞當預測–修正法求近似值及誤差 ($t \in [0, 2]$, $N = 20$)。
假設初值位置和初值速度都是零, 而且加一外力 $f(t) = 4\sin(t)$ 在
m_1 物體上。

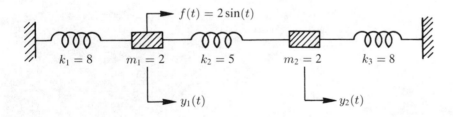

三民科學技術叢書 (一)

書名	著作人	任職
統計學	王士華	成功大學
微積分	何典恭	淡水學院
圖學	梁炳光	成功大學
物理	陳龍英	交通大學
普通化學	王澄霞、陳朝棟、洪志明	師範大學、臺灣師大、師大
普通化學	王澄霞、魏明通	師範大學
普通化學實驗	魏明通	師範大學
有機化學（上）、（下）	王澄霞、陳朝棟、洪志明	師範大學、臺灣師大、師大
有機化學	王澄霞、魏明通	師範大學
有機化學實驗	王澄霞、魏明通	師範大學
分析化學	林洪志	成功大學
分析化學	鄭華生	清華大學
環工化學	黃汝賢、紀長國、吳春生、何俊杰、尤伯卿	成功大學、大仁藥專、崑山工專、高雄縣環保局
物理化學	卓靜哲、施良垣、黃守仁、蘇世剛、何瑞文	成功大學
物理化學	杜逸虹	臺灣大學
物理化學	李敏達	臺灣大學
物理化學實驗	李敏達	臺灣大學
化學工業概論	王振華	成功大學
化工熱力學	鄧禮堂	大同工學院
化工熱力學	黃定加	成功大學
化工材料	陳陵援	成功大學
化工材料	朱宗正	成功大學
化工計算	陳志勇	成功大學
實驗設計與分析	周澤川	成功大學
聚合體學（高分子化學）	杜逸虹	臺灣大學
塑膠配料	李繼強	臺北技術學院
塑膠概論	李繼強	臺北技術學院
機械概論（化工機械）	謝爾昌	成功大學
工業分析	吳振成	成功大學
儀器分析	陳陵援	成功大學
工業儀器	周澤川、徐展麒	成功大學

大學專校教材，各種考試用書。

三民科學技術叢書（二）

書名	著作人	任職
工業儀錶	周澤川	成功大學
反應工程	徐念文	臺灣大學
定量分析	陳壽南	成功大學
定性分析	陳壽南	成功大學
食品加工	蘇茀第	前臺灣大學教授
質能結算	呂銘坤	成功大學
單元程序	李敏達	臺灣大學
單元操作	陳振揚	臺北技術學院
單元操作題解	陳振揚	臺北技術學院
單元操作（一）、（二）、（三）	葉和明	淡江大學
單元操作演習	葉和明	淡江大學
程序控制	周澤川	成功大學
自動程序控制	周澤川	成功大學
半導體元件物理	李嗣涔、管傑雄、孫台平	臺灣大學
電子學	黃世杰	高雄工學院
電子學	李浩	
電子學	余家聲	逢甲大學
電子學	鄧知晞、李清庭	成功大學、中原大學
電子學	傅勝利、陳光福	高雄工學院、成功大學
電子學	王永和	成功大學
電子實習	陳龍英	交通大學
電子電路	高正治	中山大學
電子電路（一）	陳龍英	交通大學
電子材料	吳朗	成功大學
電子製圖	蔡健藏	臺北技術學院
組合邏輯	姚靜波	成功大學
序向邏輯	姚靜波	成功大學
數位邏輯	鄭國順	成功大學
邏輯設計實習	朱惠勇、康峻源	成功大學、省立新化高工
音響器材	黃貴周	聲寶公司
音響工程	黃貴周	聲寶公司
通訊系統	楊明興	成功大學
印刷電路製作	張奇昌	中山科學研究院
電子計算機概論	歐文雄	臺北技術學院
電子計算機	黃本源	成功大學

大學專校教材，各種考試用書。

三民科學技術叢書（三）

書　　　　　　　　名	著作人	任　　　　職
計　算　機　概　論	朱惠勇　黃煌嘉	成　功　大　學　臺北市立南港高工
微　算　機　應　用	王　明　習	成　功　大　學
電　子　計　算　機　程　式	陳澤生　吳建臺	成　功　大　學
計　算　機　程　式	余　政　光	中　央　大　學
計　算　機　程　式	陳　　敬	成　功　大　學
電　工　學	劉　濱　達	成　功　大　學
電　工　學	毛　齊　武	成　功　大　學
電　機　學	詹　益　樹	清　華　大　學
電　機　機　械　（上）、（下）	黃　慶　連	成　功　大　學
電　機　機　械	林　料　總	成　功　大　學
電　機　機　械　實　習	高　文　進	華　夏　工　專
電　機　機　械　實　習	林　偉　成	成　功　大　學
電　磁　學	周　達　如	成　功　大　學
電　磁　學	黃　廣　志	中　山　大　學
電　磁　波	沈　在　崧	成　功　大　學
電　波　工　程	黃　廣　志	中　山　大　學
電　工　原　理	毛　齊　武	成　功　大　學
電　工　製　圖	蔡　健　藏	臺　北　技　術　學　院
電　工　數　學	高　正　治	中　山　大　學
電　工　數　學	王　永　和	成　功　大　學
電　工　材　料	周　達　如	成　功　大　學
電　工　儀　錶	陳　　聖	華　夏　工　專
電　工　儀　表	毛　齊　武	成　功　大　學
儀　表　學	周　達　如	成　功　大　學
輸　配　電　學	王　　載	成　功　大　學
基　本　電　學	黃　世　杰	高　雄　工　學　院
基　本　電　學	毛　齊　武	成　功　大　學
電　路　學　（上）、（下）	王　　醴	成　功　大　學
電　路　學	鄭　國　順	成　功　大　學
電　路　學	夏　少　非	成　功　大　學
電　路　學	蔡　有　龍	成　功　大　學
電　廠　設　備	夏　少　非	成　功　大　學
電　器　保　護　與　安　全	蔡　健　藏	臺　北　技　術　學　院
網　路　分　析	李祖添　杭學鳴	交　通　大　學

大學專校教材，各種考試用書。

三民科學技術叢書（四）

書　　　　　　　　　　　名	著作人	任　　　　　職
自　　動　　控　　制	孫育義	成　功　大　學
自　　動　　控　　制	李祖添	交　通　大　學
自　　動　　控　　制	楊維楨	臺　灣　大　學
自　　動　　控　　制	李嘉猷	成　功　大　學
工　　業　　電　　子	陳文良	清　華　大　學
工　業　電　子　實　習	高正治	中　山　大　學
工　　程　　材　　料	林　立	中正理工學院
材料科學（工程材料）	王櫻茂	成　功　大　學
工　　程　　機　　械	蔡攀鰲	成　功　大　學
工　　程　　地　　質	蔡攀鰲	成　功　大　學
工　　程　　數　　學	羅錦興	成　功　大　學
工　　程　　數　　學	孫育義 高正治	成　功　大　學 中　山　大　學
工　　程　　數　　學	吳　朗	成　功　大　學
工　　程　　數　　學	蘇炎坤	成　功　大　學
熱　　　力　　　學	林大惠 侯順雄	成　功　大　學
熱　力　學　概　論	蔡旭容	臺北技術學院
熱　　工　　學	馬承九	成　功　大　學
熱　　　處　　　理	張天津	臺北技術學院
熱　　　機　　　學	蔡旭容	臺北技術學院
氣　壓　控　制　與　實　習	陳憲治	成　功　大　學
汽　　車　　原　　理	邱澄彬	成　功　大　學
機　械　工　作　法	馬承九	成　功　大　學
機　械　加　工　法	張天津	臺北技術學院
機　械　工　程　實　驗	蔡旭容	臺北技術學院
機　　　動　　　學	朱越生	前成功大學教授
機　　械　　材　　料	陳明豐	工業技術學院
機　　械　　設　　計	林文晃	明　志　工　專
鑽　模　與　夾　具	于敦德	臺北技術學院
鑽　模　與　夾　具	張天津	臺北技術學院
工　　具　　機	馬承九	成　功　大　學
內　　　燃　　　機	王仰舒	樹　德　工　專
精　密　量　具　及　機　件　檢　驗	王仰舒	樹　德　工　專
鑄　　　造　　　學	唱際寬	成　功　大　學
鑄　造　用　模　型　製　作　法	于敦德	臺北技術學院
塑　　性　　加　　工　　學	林文樹	工業技術研究院

大學專校教材，各種考試用書。

三民科學技術叢書（五）

書　　　　　　　名	著作人	任　　　　　職
塑　性　加　工　學	李榮顯	成　功　大　學
鋼　鐵　材　料	董基良	成　功　大　學
焊　　接　　學	董基良	成　功　大　學
電　銲　工　作　法	徐慶昌	中區職訓中心
氧乙炔銲接與切割工作法及實習	徐慶昌	中區職訓中心
原　動　力　廠	李超北	臺北技術學院
流　體　機　械	王石安	海　洋　學　院
流體機械（含流體力學）	蔡旭容	臺北技術學院
流　體　機　械	蔡旭容	臺北技術學院
靜　　力　　學	陳　健	成　功　大　學
流　體　力　學	王叔厚	前成功大學教授
流　體　力　學　概　論	蔡旭容	臺北技術學院
應　用　力　學	陳元方	成　功　大　學
應　用　力　學	徐迺良	成　功　大　學
應　用　力　學	朱有功	臺北技術學院
應用力學習題解答	朱有功	臺北技術學院
材　料　力　學	王叔厚 陳　健	成　功　大　學
材　料　力　學	陳　健	成　功　大　學
材　料　力　學	蔡旭容	臺北技術學院
基　礎　工　程	黃景川	成　功　大　學
基　礎　工　程　學	金永斌	成　功　大　學
土　木　工　程　概　論	常正之	成　功　大　學
土　木　製　圖	顏榮記	成　功　大　學
土　木　施　工　法	顏榮記	成　功　大　學
土　木　材　料	黃忠信	成　功　大　學
土　木　材　料	黃榮吾	成　功　大　學
土　木　材　料　試　驗	蔡攀鰲	成　功　大　學
土　壤　力　學	黃景川	成　功　大　學
土　壤　力　學　實　驗	蔡攀鰲	成　功　大　學
土　壤　試　驗	莊長賢	成　功　大　學
混　凝　土	王櫻茂	成　功　大　學
混　凝　土　施　工	常正之	成　功　大　學
瀝　青　混　凝　土	蔡攀鰲	成　功　大　學
鋼　筋　混　凝　土	蘇懇憲	成　功　大　學
混　凝　土　橋　設　計	彭耀南 徐永豐	交　通　大　學 高　雄　工　專

大學專校教材，各種考試用書。

三民科學技術叢書（六）

書　　　　　　　　　名	著作人	任　　　　職
房　屋　結　構　設　計	彭耀南 徐永豐	交通大學 高雄工專
建　　築　　物　　理	江哲銘	成　功　大　學
鋼　結　構　設　計	彭耀南	交　通　大　學
結　　　構　　　學	左利時	逢　甲　大　學
結　　　構　　　學	徐德修	成　功　大　學
結　構　設　計	劉新民	前成功大學教授
水　利　工　程	姜承吾	前成功大學教授
給　水　工　程	高肇藩	成　功　大　學
水　文　學　精　要	鄒日誠	榮　民　工　程　處
水　質　分　析	江漢全	宜　蘭　農　專
空　氣　污　染　學	吳義林	成　功　大　學
固　體　廢　棄　物　處　理	張乃斌	成　功　大　學
施　工　管　理	顏榮記	成　功　大　學
契　約　與　規　範	張永康	審　計　部
計　畫　管　制　實　習	張益三	成　功　大　學
工　廠　管　理	劉漢容	成　功　大　學
工　廠　管　理	魏天柱	臺北技術學院
工　業　管　理	廖桂華	成　功　大　學
危　害　分　析　與　風　險　評　估	黃清賢	嘉　南　藥　專
工　業　安　全　（工　程）	黃清賢	嘉　南　藥　專
工　業　安　全　與　管　理	黃清賢	嘉　南　藥　專
工　廠　佈　置　與　物　料　運　輸	陳美仁	成　功　大　學
工　廠　佈　置　與　物　料　搬　運	林政榮	東　海　大　學
生　產　計　劃　與　管　制	郭照坤	成　功　大　學
生　產　實　務	劉漢容	成　功　大　學
甘　蔗　營　養	夏雨人	新　埔　工　專

大學專校教材，各種考試用書。